谨以此书献给中国石化特殊类型

气田高效开发的辛勤工作者

作者介绍

石兴春，1958年生，1982年7月参加工作，中国人民大学硕士，中国石油大学博士，教授级高级经济师。长期从事油气田开发和企业经营管理工作。在吐哈油田参与组织了鄯善、温米、丘陵三大油田的产能建设和玉门老油田的开发管理工作；在中国石化负责天然气开发工作，先后组织了普光高含硫气田、大牛地致密气田、雅克拉凝析气田、松南火山岩气田和元坝超深生物礁气田的产能建设和开发管理工作。率先提出了“今天的投资就是明天的成本”“承认历史，着眼未来，新老资产分开考核，着重评价经营管理者当期经营成果”的经营理念；在气田开发上提出了“搞好试采，搞准产能产量，优化方案部署，总体规划、分步实施、跟踪调整，确保钻井成功率”“多打高产井、少打低产井、避免无效井”“酸性气田地面工程湿气集输、简化流程、确保安全”“气田开发稳气控水”的工作思路，组织实施了相关领域的技术攻关，形成了特殊类型气田高效开发技术，实现了气田高效开发，促进了中国石化天然气的大发展。对发展更加注重质量和效益、转换发展方式进行了有益的探索。

孙伟，1975年生，1997年7月参加工作，中国石油大学（华东）油气田开发工程专业博士，北京大学地质学博士后，教授级高级工程师，现任中国石油化工股份有限公司油田勘探开发事业部天然气开发高级专家。长期从事油气田开发研究与管理、储气库建设工作，参与组织了普光、元坝、川西、大牛地、中江、松南和雅克拉等气田的产能建设及开发调整，参与编写专著4部，发表学术论文16篇，获得省部级奖励10项，其中获得中国石化科学技术进步奖一等奖1项、“十三五”油气开发项目特别贡献奖1项、“十二五”油气开发项目特别贡献奖1项。曾获得“闵恩泽青年科技人才奖”“胜利油田青年岗位能手”等荣誉称号。

胡向阳，博士，教授级高级工程师。分别在1987年和1990年于兰州大学地质系获得学士和硕士学位，2001年于中国石油大学（北京）获得博士学位后分配到中国石化石油勘探开发研究院工作，曾任中国石化石油勘探开发研究院油田开发研究所副所长及天然气研究所副所长、所长，现任中国石化石油勘探开发研究院首席专家。长期从事油气田开发工作，主持并完成国家重大科技专项课题2项、国家重点基础研究发展计划（973）项目课题2项和中国石化科技攻关项目30余项。2017年荣获“中国石化开发生产管理先进工作者”称号，2018年被授予“中国石化突出贡献专家”。获省部级科技进步奖10项；出版专著3部，授权国家发明专利9项，公开发表论文30余篇。

特殊类型气田高效开发丛书⑥

特殊类型气田
高效开发技术与实践

石兴春　孙　伟　胡向阳　等　编著

中国石化出版社

内 容 提 要

通过本书，作者重点总结了中国石化特殊类型气田高效开发中具有普遍指导性的技术和实践成果，深入分析了中国石化首次开发特殊类型气田即实现高效开发的原因、做法和规律，创新并形成特殊类型气田高效开发的“两种开发模式、十项配套开发工程技术和方法、三大组织保障”，成为“勘探开发一体化、地质工程一体化、地下地面一体化、生产科研一体化、技术经济一体化”的成功案例，对今后类似气田的高效开发具有一定的参考价值。

本书可作为高等院校油气相关专业的教学参考用书，也可供从事油气田开发工作的科研、生产、管理人员阅读参考。

图书在版编目(CIP)数据

特殊类型气田高效开发技术与实践／石兴春等编著
.— 北京 ：中国石化出版社，2022.12
(特殊类型气田高效开发丛书)
ISBN 978-7-5114-6945-8

Ⅰ. ①特… Ⅱ. ①石… Ⅲ. ①气田开发 Ⅳ.
①TE37

中国版本图书馆 CIP 数据核字(2022)第 238196 号

中国石化出版社出版发行
地址：北京市东城区安定门外大街 58 号
邮编：100011　电话：(010)57512500
发行部电话：(010)57512575
http://www.sinopec-press.com
E-mail:press@sinopec.com
北京科信印刷有限公司印刷
全国各地新华书店经销
*
787×1092 毫米 16 开本 16 印张 376 千字
2022 年 12 月第 1 版　2022 年 12 月第 1 次印刷
定价：188.00 元

序

天然气作为一种清洁化石能源，在一次能源消费结构中占比稳步提升。据《中国天然气发展报告(2022)》：2021年，全国天然气消费量约3690亿立方米，比2020年增加约410亿立方米，天然气占一次能源消费总量的比例升至8.9%，但仍远低于世界约25.0%的平均水平。随着"碳达峰、碳中和"目标的提出和实施，我国化石能源结构将面临重大调整，天然气将迎来前所未有的发展机遇。2021年，我国天然气产量约2076亿立方米，远远不能满足国内需求，因此加快天然气发展对于保障国家能源安全和实现"双碳"目标具有重要战略意义。

中国石化天然气资源类型丰富，既有普光、元坝等高含硫碳酸盐岩气田，又有大牛地、川西中浅层等致密砂岩气田，还有松南火山岩气田和雅克拉、大涝坝等凝析气田，但这些气田储层岩性变化大、时空分布复杂，气藏埋藏深浅不一，流体特性差异大，气水关系十分复杂。由于受资源禀赋及技术条件限制，开发这些特殊类型气田面临着动用难度大、安全风险高、投资额度大、生产成本高，以及难以实现效益开发等严峻挑战。十几年来，中国石化针对特殊类型气田开发中遇到的这些世界级难题，充分发挥集团公司集中力量办大事的优势，始终坚持"实事求是、问题导向、不断创新"的科学态度，积极组织全集团的科研力量，披荆斩棘、攻坚啃硬，持续进行技术创新和管理创新，攻克气田开发中的一个又一个难关，取得这些特殊类型气田高效开发的丰硕成果，实现中国石化天然气大发展。中国石化天然气产量由2004年的58亿立方米增长到2020年的214亿立方米，产量翻了约两番。此外，"特大型超深高含硫气田安全高效开发技术及工业化应用"荣获国家科学技术进步奖特等奖，"超深高含硫生物礁大气田高效开发技术"荣获中国石化科学技术进步奖一等奖，等等。

这些特殊类型气田高效开发的成功实践，是中国石化坚决贯彻落实国家有关"绿色发展、创新发展"理念的结果，是充分发挥集团公司优势、有效组织国内外科技力量持续创新的结果，是广大天然气勘探开发科技人员、管理人员等无私奉献、不懈奋斗的结果，对此表示衷心的祝贺和感谢！

为了总结这些特殊类型气田高效开发的成功经验和失败教训，中国石化组织了有关科技人员、管理人员编写了《特殊类型气田高效开发丛书》(6 册)。其中，《特殊类型气田高效开发技术与实践》是该套丛书的收官之作。对该套丛书的正式出版发行表示祝贺！对广大创作人员、编辑人员等的辛勤付出表示感谢！

《特殊类型气田高效开发技术与实践》重点总结了中国石化特殊类型气田高效开发的技术创新和管理创新成果，概括为“两种开发模式、十项配套开发工程技术和方法、三大组织保障”。该书的出版发行有助于丰富天然气开发的理论体系和配套技术，有助于我国天然气的持续发展和进步，并为实现“双碳”目标贡献智慧和力量。本人先睹为快，十分愿意将该套丛书推荐给油气田开发战线的科技人员、管理人员。

中国工程院院士 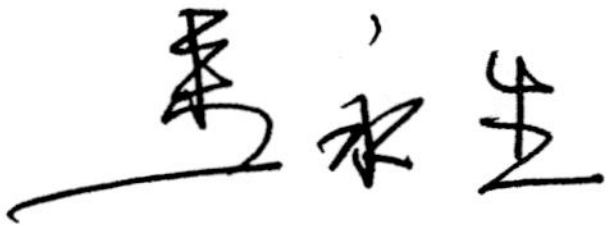

序二

天然气属于清洁化石能源，在实现“碳达峰、碳中和”目标中将会发挥越来越重要的作用。经过十多年的努力，中国石化天然气实现了大发展，取得了引人注目的开发成果：高效开发了大牛地低渗致密砂岩气田，保障了2008年北京奥运会的天然气需求，推动了致密砂岩气田的开发，开创了中国石化华北油气分公司的转型发展新局面；高效开发了我国第一个大型高含硫气田——普光气田，引领了我国高含硫气田开发技术的进步；创新了生物礁发育与储层分布的开发地质理论和超深条带状小礁体气藏有效开发模式，建成了世界上第一个深度超过7000米水平井开发的高含硫生物礁气田——元坝气田，实现了低效气田的高效开发；创新了凝析气田均衡采气开发理论，开创了水平井开发雅克拉凝析气田衰竭式开采的先河；提出了火山岩气藏立体开发理念，通过采用多功能、多目标水平井立体开发井网，实现了少井高产的目标，奠定了中国石化东北油气分公司生存和发展的经济基础。以上五类气田的高效开发，是中国石化气田开发科技人员、管理人员直面挑战、持续攻关、不断创新的结果。

中国石化石油勘探开发研究院自始至终积极参与了这些特殊类型气田开发的科技攻关，与中国石化各油气田、有关高等院校和科研院所的广大科技工作者通力合作，破解了诸多气田开发难题，为这些特殊类型气田的高效开发提供了技术支撑。认真总结特殊类型气田高效开发过程中的关键技术和有益实践，不仅对研究中国石化不同类型气田的气藏特点、开发方式、开发技术政策等具有重要价值和意义，还对促进开发方案的实施和调整、提高不同类型气田的开发技术水平、助力天然气不断发展具有深远影响。

时任中国石化油田勘探开发事业部副主任的石兴春教授级高级经济师自始至终组织并实际参与了上述气田开发的技术和管理工作，在他退休之后，又主动承担起编纂《特殊类型气田高效开发丛书》的繁重工作，令我非常钦佩和感动。该套丛书包含6个分册，分别为《普光高含硫气田高效开发技术与实践》《雅克拉凝析气田高效开发技术与实践》《元坝超深高含硫生物礁气田高效开发技术与实践》《松南火山岩气田高效开发技术与实践》《大牛地致密砂岩气田高效开发技术与实践》《特殊类型气田高效开发技术与实践》，系统总结了中国石化不同类型气田的气藏特点、开发技术、开发效果与实践经验。《特殊类型气田高效开发技术与实践》为收官之作，主要由中国石化油田勘探开发事业部、石油勘探开发研究院及相关油气田的专家和学者编写。它在前5个分册的基础上，重点总结了中国石化特殊类型气田高效开发中具有普遍性、指导性的技术和实践成果，深入分析了这些特殊类型气田取得高效开发的原因、做法和规律。这是中国石化从事天然气开发的广大科技工作者与管理人员集体智慧的结晶，是广大气田开发一线人员无私奉献、默默奋斗的结果。希望该书的出版能为天然气开发工作者提供有益的指导和借鉴，也为类似气田的高效开发提供一些参考。

对于该书的出版发行，本人由衷地表示祝贺！同时，本人希望早日将这部高水平著作推广到天然气开发一线，进一步促进相关人员技术和管理水平的提高。

中国科学院院士

前　言

天然气作为化石能源中最清洁的能源，在化石能源消费结构调整中正发挥越来越重要的作用，尤其随着国家“碳达峰、碳中和”目标的提出和实施，天然气等清洁能源的消费需求将持续快速增长。因此，持续加快天然气勘探开发步伐、大力推动天然气实现跨越式发展、着力提高天然气等清洁能源的消费占比，是石油石化行业和各石油公司实现国家“双碳”目标最现实、最可行、最经济的选择之一，也是保障国家能源安全、改善大气环境质量和提升人民群众生活幸福感的必然选择。

中国石化天然气大发展始于2005年，期间勘探开发的气田大多是特殊类型的气田，既有大型块状超深层海相高含硫碳酸盐岩的普光气田、超深薄层点礁状和礁滩相分布高含硫的元坝气田，又有大牛地、川西中浅层等处于经济效益边际的致密砂岩气田，还有松南火山岩气田和雅克拉、大涝坝等凝析气田。这些气田储层岩性变化大、时空分布复杂，气藏埋藏深浅不一，流体特性差异大，气水关系十分复杂，针对上述气田的诸多特点，当时中国石化缺乏有针对性的开发工程技术。例如，对高含硫气田，要实现安全生产面临严峻挑战，此外还面临开发建设投资大、生产成本高、经济效益差、储量有效动用难的巨大挑战。首次开发这些特殊类型的气田，中国石化既没有成熟的历史经验可以借鉴，又没有成功的开发实践案例可以参考，这对于广大气田开发工作者来说，无疑是遭遇了世界级的开发难题。面对这些严峻挑战，中国石化充分发挥集团化优势，始终坚持“实事求是、问题导向、不断创新”的科学态度，有效组织国内外一切可以动用的科技力量，持续不断地进行科技创新和管理创新，成功实现对这些特殊类型气田的高效开发，为中国石化天然气大发展作出了突出贡献。普光气田、大牛地气田和元坝气田分别被授予国家科学技术进步奖特等奖、国家科学技术进步奖二等奖和中国石化科学技术进步奖一等奖等，雅克拉气田、松南气田被评定为中国石化高效开发油气田。

《特殊类型气田高效开发技术与实践》是《特殊类型气田高效开发丛书》的最后一册，它在前五个分册的基础之上，重点总结了中国石化特殊类型气田高效开发中具有普遍指导性的技术和实践成果，深入分析了中国石化首次开发特殊类型气田即实现高效开发的原因、做法和规律，创新并形成特殊类型气田高效开发的“两种开发模式、十项配套开发工程技术和方法、三大组织保障”，成为“勘探开发一体化、地质工程一体化、地下地面一体化、生产科研一体化、技术经济一体化”的成功案例，对今后类似气田的高效开发具有一定的参考价值。

1. 特殊类型气田高效开发的两种开发模式

（1）直井（大斜度井）开发模式。

（2）水平井（丛式水平井）开发模式。

2. 十项配套开发工程技术和方法

（1）创新并形成探井、评价井试气试采配套工程技术和方法。

（2）创新并形成开发先导试验和开发评价工程技术和方法。

（3）创新并形成地质沉积体系指导下的沉积相、沉积微相和储层精细刻画技术和方法。

（4）创新并形成储层含气性检测技术和方法。

（5）创新并形成气藏评价和精细描述技术和方法。

（6）创新并形成“整体部署、分批实施，先易后难、先肥后瘦，跟踪分析、及时调整”的开发方案优化思路、技术和方法。

（7）创新并形成先进适用、经济可靠的直井、水平井优快钻井技术和配套钻完井工程技术和方法。

（8）创新并形成大幅提高单井产量的储层改造关键技术和方法。

（9）创新并形成特殊类型气田地面集输及净化工艺技术和方法。

（10）创新并形成稳气控水（液）的开发生产技术和方法。

十项配套开发工程技术和方法为特殊类型气田高效开发提供了强有力的技术支撑。切实做好试气试采、先导试验和开发评价攻关是正确认识气藏、高效开发特殊类型气田的前提条件；认真做好沉积相、沉积微相、储层特征研究和储层含气性检测，以及精细气藏描述和评价是高效开发特殊类型气田的根基；把“整体部署、分批实施，先易后难、先肥后瘦，跟踪分析、及时调整”和“多打高产井、少打低产井、避免无效井”的原则真正落实到位，是实施好开发方案优化，确保高效开发特殊类型气田的核心；先进适用、安全可靠、经济实用的钻采工程、地面集输及净化工程技术是特殊类型气田高效开发的技术保障；切实做好“稳气控水”，确保边水、底水、裂缝水均匀推进，尽量延长气井无水采气期，是保障气田稳产、降低开采成本、提高采收率的关键举措，用好这一举措，可以获得事半功倍的效果，希望能引起气田开发管理者的高度重视，切忌为了一时利益而盲目提高产量，导致气井过早见水，带来不可挽回的损失。

3. 三大组织保障

（1）“集团化运作、项目化管理、市场化竞争、社会化服务”是气田高效开发的组织保障。

（2）实施勘探开发一体化是加快勘探开发节奏、实现高效开发的机制保障。

（3）抓好投资控制、实施低成本战略，为气田高效开发提供保障。

该书是口国石化从事天然气开发的广大科技和管理人员集体智慧的结晶，是广大气田开发人员无私奉献、默默奋斗的结果，该书的出版发行可以助力中国石化乃至全国天然气大发展，助力我国“双碳”目标的顺利实现。全书由石兴春、孙伟、胡向阳组织并亲自编写。其中：前言由石兴春、孙伟、胡向阳执笔；第一章由王钒潦、曾大乾、胡文革、武恒志执笔；第二章由王卫红、孙伟、石志良、黎华继执笔；第三章由郭艳东、李广月、高青松、陈付虎执笔；第四章由游瑜春、刘彬、陈舒薇、刘国萍执笔；第五章由魏水建、林昌荣、夏一军执笔；第六章由刘华、孙伟、王卫红、孙兵扰笔；第七章由严谨执笔；第八章由王荣娟、张园园、屈丹龙、李广月执笔；第九章由孙兵、宿亚仙、李宗宇执笔；第十章由石兴春、胡向阳、孙伟执笔。此外，参加本书编写的人员还有张鸣、郑和荣、任玉林、胡宗全、王光付、元涛、李江龙、王寿平、张庆生、刘玉江、张文亮、郝蜀民、陈陆原、邢景宝、王红兵、张百灵、刘言、刘正中、余凯、沈琛、罗东明、聂士荣、张数球、周德华、张秉铭、刘俊锋、张华、范照伟、朱学谦、刘忠群、史云清、刘传喜、龙胜祥、汪鑫、王志章、李相方、吴亚军、彭鑫岭、陈奎、雷涛、陈晓华、徐孝轩、宋传真、黄业千、郑荣臣、石志良、陈召佑、王念喜、郭平、宿亚仙和岑芳等。全书由石兴春、孙伟、胡向阳统稿，中国石化出版社组织专家进行了审稿。

中国石化有关领导给予了大力支持，中国石化油田勘探开发事业部、石油勘探开发研究院李阳、金之钧、孙焕泉院士和胡广杰、郭洪金、樊中海、张鸣、任玉林和胡宗全等同志，以及科技部和各油气分公司给予了大量的帮助、支持和指导。此外，各有关科研究所、高等院校等领导和专家，以及天然气开发基层广大干部员工都为高效开发这些特殊类型气田作出了重要贡献，在此笔者表示最诚挚的感谢！由于笔者水平有限，书口不妥之处在所难免，敬请批评指正。

目　录

第一章　中国石化天然气大发展

第一节　天然气开发现状

截至2020年底，中国石化常规天然气累计探明地质储量为32519.45×10^8m^3，累计动用地质储量为16535.45×10^8m^3，技术可采储量为5202.64×10^8m^3，采收率为31.46%。

其中：气层气累计探明地质储量为27704.80×10^8m^3，累计动用地质储量为12982.80×10^8m^3，经济可采储量为4259.51×10^8m^3，采收率为32.81%；总井数为5269口，开井数为4365口，年产井口气量为236.16×10^8m^3，年产工业气量为199.66×10^8m^3，地质储量采气速度为1.8%，地质储量采出程度为23.5%，剩余经济可采储量为1501.90×10^8m^3。

溶解气累计动用地质储量为3552.70×10^8m^3，经济可采储量为943.10×10^8m^3。年产井口气量为16.80×10^8m^3，年产工业气量为14.71×10^8m^3，气油比为50m^3/t，累计产气量为839.40×10^8m^3，地质储量采出程度为23.6%，剩余经济可采储量为112.80×10^8m^3。

中国石化天然气开发始于20世纪70年代，目前已开发气田151个，按照储层岩性、相态、渗透性等因素可以分为碳酸盐岩气田、低渗致密砂岩气田、凝析气田、火山岩气田和中、高渗砂岩气田。截至2020年底，共开发碳酸盐岩气田12个，主要为普光气田、元坝气田等，年产井口气量为121.30×10^8m^3，占气层气井口气量的51.4%；共开发低渗致密砂岩气田47个，主要为大牛地气田、东胜气田、新场气田、中江气田、龙凤山气田等，年产井口气量为77.40×10^8m^3，占气层气井口气量的32.8%；共开发凝析气田39个，主要为雅克拉气田、东海海域气田、东濮气田等，年产井口气量为27.70×10^8m^3(份额气量为19.10×10^8m^3)占气层气井口气量的11.7%；共开发火山岩气田3个，分别为松南营城组气田、龙凤山火石岭组气田和长岭火石岭组气田，年产井口气量为8.60×10^8m^3，占气层气井口气量的3.6%；共开发中、高渗砂岩气田50个，主要为胜利油田、河南油田和江苏油田等，年产井口气量为1.20×10^8m^3，占气层气井口气量的0.5%。回顾中国石化天然气开发历程，可以将其分为中国石化天然气初步发展阶段和快速发展阶段(图1-1)。

一、初步发展阶段(2004年以前)

在初步发展阶段，以小气藏和溶解气开发为主。开发的气藏对象：低渗致密砂岩气田，如文23气田、新场气田、洛带气田等；凝析气田，如桥口气田、白庙气田等；中、高渗砂岩气田，如孤岛气田、垦西气田、孤东气田等；碳酸盐岩气田，如建南气田等。文23气田、新场气田和洛带气田是该阶段投入开发规模的相对较大的气田，动用地质储量均超过100.0×10^8m^3，年产气量均大于1.0×10^8m^3，其他气田动用地质储量均小于50.0×10^8m^3，年产气量均小于0.5×10^8m^3。1995年以前，溶解气开发占比超过50.0%。自1996

说明：本书统计数据来自中国石化各油气田的统计资料，数据信息量巨大，为了保持数据的真实性、有效性和实用性，本书中未对统计数据有效位数作统一调整，仅在局部进行了适当处理。

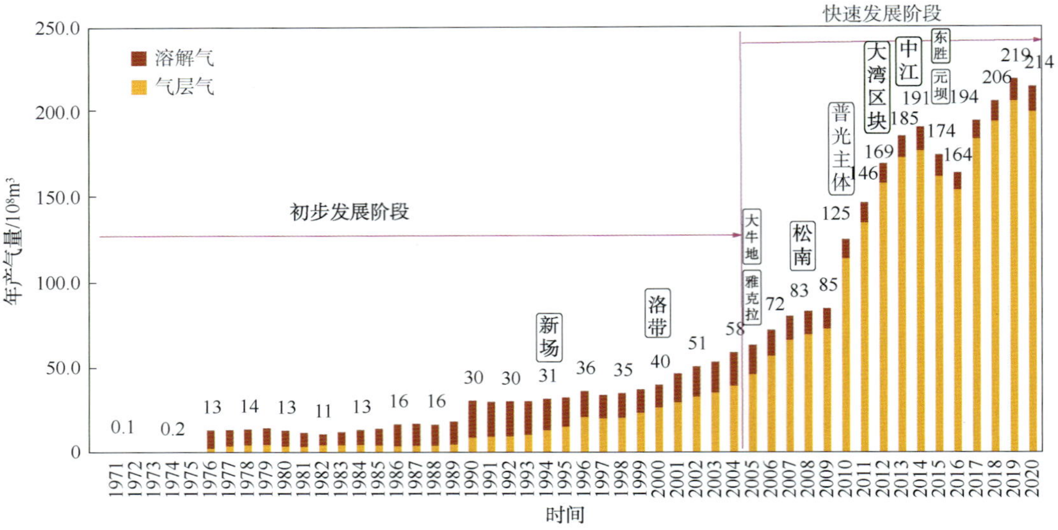

图 1-1　中国石化天然气历年产量变化曲线

年开始，气层气的产量超过溶解气的产量。该阶段是中国石化天然气开发的起步阶段，这些小气田的开发为中国石化天然气的快速发展初步奠定了开发技术和人才队伍基础。

二、快速发展阶段(2005 年以后)

2005 年，随着雅克拉气田、大牛地气田投入开发，天然气产量持续快速增长。自此，中国石化天然气开发进入大、中型气田开发阶段。细述如下：随着复杂气田开发技术的不断突破和发展，大批难动用天然气储量投入开发，相继建成并投产了雅克拉气田、大牛地气田、松南气田、普光气田、中江气田、元坝气田、东胜气田等，中国石化开发的特殊类型气田数量逐渐增多、类型也越来越齐全。单个气田动用储量的规模从百亿立方米级别增长到千亿立方米级别，年产量也从几亿立方米增长到几十亿立方米。2010 年，普光气田投入开发，中国石化常规天然气年产量首次突破 $100.0\times10^8m^3$，之后产量节节攀升，随着中江气田、元坝气田、东胜气田的相继投产，2018 年，中国石化常规天然气产量突破 $200.0\times10^8m^3$。特殊类型气田开发技术的进步，以及气田开发人才队伍的储备和建设，有力促进了中国石化常规天然气的优质、快速发展。

第二节　特殊类型气田勘探开发简况

一、雅克拉凝析气田

(一) 勘探开发简史

雅克拉凝析气田构造上位于塔里木盆地沙雅隆起上的雅克拉断凸中段(图 1-2)。1989 年，白垩系卡普沙良群第一段(即亚格列木组 T_3^4 反射面)沙 5 井获得高产工业油气流，日产凝析油量为 $105.6m^3$，日产天然气量为 $50.1\times10^4m^3$，从而发现了中国石化最大的凝析气田——雅克拉凝析气田。该气田被发现后，通过试采及三维地震资料解释，基本弄清了雅克拉凝析气田储层分布和含油气情况，1992—2002 年，技术人员分两次提交了探明地质储量，探明含气面积为 38.6km^2，天然气探明地质储量为 245.57×10^{8}m^3，凝析油探明地质储量为 442.00×10^{4}t。1993—2004 年，技术人员先后进行了 5 次气藏开发方案的编制与论证，最终形成“应用水平井+衰竭式开发方式、不锈钢防 CO_2 采气工艺、一级布站处理、自动控制”的开发方案，年产天然气量为 8.60×10^{8}m^3。2005 年，该气田被正式投入开发，自 2009 年以来开展了井网调整完善、气井工作制度调整、措施挖潜等工作，气田已保持 16 年的稳产。

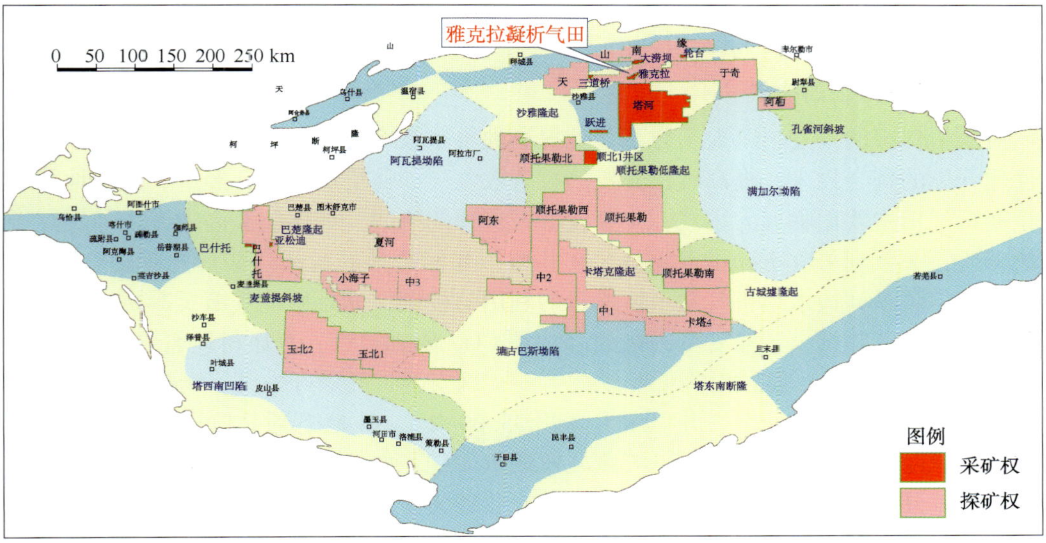

图 1-2　雅克拉凝析气田地理位置图

（二）气田基本概况

雅克拉凝析气田构造上呈东窄西宽的长条形，上、下气层顶面构造形态相似，背斜构造东西长度约 22km，南北方向最宽处宽度约 5km，圈闭面积约 65km^2。断层主要发育在构造东南翼，为继承性断层，断层基本上为北东（NE）向或北东东（NEE）向，断层的走向与对应的构造轴线平行或呈一定的微小角度。白垩系亚格列木组上、下气层为主要的含油气层，其次为侏罗系、三叠系及古生界奥陶系、寒武系和震旦系。白垩系亚格列木组地层厚度约 50m，上砂体（即上气层）厚度约 20m，岩性以长石岩屑细砂岩为主，颗粒分选性较好，呈孔隙式胶结，胶结物以高岭石为主；下砂体（即下气层）厚度约 24m，岩性以砾质粗粒长石砂岩、细粒岩屑长石砂岩、砂砾岩、细砂岩为主。总体上属于三角洲沉积体系，主要沉积物为辫状河纵坝及水下辫状平原的分流河道砂。平面上，两类砂体连片叠置；纵向上，具有多期叠置、频繁交替的特点。孔隙类型主要为粒间孔，其次为粒内溶孔、晶间孔和石英加大后的残余粒间孔，另有少量微裂缝和压溶缝。上气层岩性主要为长石岩屑细砂岩，孔隙度主要集中在 11.50%～15.50% 之间，平均为 13.44%，渗透率主要集中在（10.0～70.0）×10^{-3}μm^2 之间，平均为 35.8×10^{-3}μm^2。下气层岩性主要为砾质粗粒长石砂岩、细粒岩屑长石砂岩、砂砾岩、细砂岩，孔隙度主要集中在 10.50%～14.50%之间，平均为 13.00%，渗透率主要集中在（8.0～70.0）×10^{-3}μm^2 之间，平均为 25.0×10^{-3}μm^2。储层具有弱速敏、中等水敏、中等酸敏、弱—中等盐敏特征。气藏凝析油含量为 189.7～234.5g/m³，最大反凝析液量为 8.0%，地露压差为 1.72～2.44MPa，最大反凝析压力为 15.00～22.00MPa。天然气中，甲烷含量为 81.47%～90.35%，平均为 85.63%，CO_2 含量为 1.56%～2.68%，平均为 2.07%，不含或只含极微量的 H_2S。上、下气层中天然气成分相似，均具有凝析气藏天然气的特点。上、下两套气层均有边水，统一气水界面深度为 4380m；上、下气层同属一套压力系统，原始地层压力为 58.34MPa（深度为 5378m），地层压力系数为 1.10，地层温度为 134.9℃，属于正常压力、温度系统。

该气田被综合评价为具有边水、弱弹性水驱、背斜层状、中孔低渗、常温常压、中含凝析油、不带油环的凝析气田。

（三）开发面临的挑战

对凝析气田的开发，既要千方百计地提高油气采收率、发挥资源的最大效益，又要注重优化开发的资金投入，提高气田开发的投资效益。如何更加安全、经济、高效地开发雅克拉凝析气田主要面临五大挑战：①开发方式选择的挑战。如何解决高效开发与反凝析之间的矛盾，关系到采收率和投资效益。②井型、井网选择的挑战。如何选择适合的井型、井网，不但关系到边水凝析气藏水体能量的利用与控制，而且影响气藏反凝析控制和开发的最终收益。③井控、集输安全的挑战。一是 CO_2 腐蚀问题，普通材质管柱一般 2～3 年就出现腐蚀穿孔，CO_2 腐蚀对降低开发成本和实现安全、高效开发是一个极大的挑战；二是高温和高压井控安全问题，井口压力高达 35.00MPa，从地下到井口再到集输管线所面临的安全风险很高，高温和高压是气藏开发的双刃剑，如何既利用好高温和高压，又实现安全、高效开发是一个新的挑战。④从以勘探业务为主向开发管理转型的挑战。雅克拉凝析气田被投入开发时，正值中国石化西北油田分公司从勘探业务向开发业务的转型期，如何开发并管理好这样的凝析气田是一个挑战。⑤提高天然气利用的挑战。在 20 世纪 90 年代，中国西北地区由于经济欠发达，天然气管网和销售市场极不完善，如何避免出现“重油、轻水、不要气”的现象，以实现投资少、建产快、效益高，并利用好宝贵的天然气资源是一个挑战。

（四）应对策略

根据雅克拉凝析气田整体特点和面临挑战，技术人员通过广泛调研和类比国内外类似气田的地质特征、流体特征、能量特征，分析、总结了类似气田的开发方式选择、开发中暴露的问题及应对的成功经验和失败教训。在油气并举和社会效益、经济效益最大化的总原则下，针对制约气田开发的五大挑战进行了联合攻关，研究和引进了先进、适用的开发技术和政策，解决了雅克拉凝析气田开发面临的核心问题。一是坚持油气并举开发技术政策，在落实了天然气销售出路之后再投入开发，在最大限度地提高油气采收率的前提下高速、高效开发。二是综合考虑技术与经济适应性，在充分研究和论证的基础上，选用衰竭式开发方式，衰竭式开发不需要建设费用昂贵的注气增压设施，开发费用较低。三是以“高部位水平井+边部直井的组合井网”实现“高部位水平井立体引流高速、高产，边部直井横向分层引流控制边水”，最大限度地防止和治理反凝析，实现衰竭式开发前提下的高速、高效开发。四是研发了以“不锈钢套管+永久式封隔器+13Cr 油管+井下安全阀+FF 级采气树+地面安全阀”组合为特征的高压、高产、中含 CO_2 完井工艺技术，实现气井安全生产零事故。五是攻关并形成地下—井筒—地面—管理等相关理论技术，探索了凝析气藏均衡采气、均衡水侵开发技术，发展并完善了配套的钻完井工艺技术、水平井开发技术、高温高压气井井控管理技术、集输处理技术等，提高了凝析气田油气采收率。

（五）气田开发状况

在缺乏成熟经验和技术借鉴的情况下，根据雅克拉凝析气田气藏的特殊性，技术人员通过试气试采深化气藏认识，科学制定了开发技术政策，反复论证了开发方案，利用水平井与直井整体协调开发，有效控制了反凝析，保障了在高采气速度下实现高采收率。雅克拉凝析气田最终优化方案为动用天然气地质储量 $245.0\times10^8m^3$，动用凝析油地质储量 442.0×10^4t，部署开发井 8 口(4 口水平井、4 口直井)，利用老井 2 口，新建天然气产能 $8.6\times10^8m^3/a$，日产气量 $260.0\times10^4m^3$，采气速度 3.48%，稳产 10 年。在气田开发过程中，技术人员研发了均衡采气技术、雾状反凝析控制技术和均衡水侵控制技术等核心技术，并充分利用水侵能量实现精细开发，没有出现较严重的反凝析，对边水控制较好，整体生产状况良好，开发效果十分显著，成功探索出一条凝析气田衰竭式高效开发之路。

截至 2020 年底，雅克拉凝析气田总井数为 36 口，开井 25 口，平均油压为 11.2MPa，日产气量为 $195.0\times10^4m^3$，日产凝析油量为 292.0t，日产水量为 $279.0m^3$，综合含水为 48.8%，气油比为 $6676m^3/t$，年产井口气量为 $7.2\times10^8m^3$，累计产井口气量为 $138.6\times10^8m^3$，采气速度为 2.7%，采出程度为 51.5%；年产凝析油量为 11.0×10^4t，累计产凝析油量为 317.1×10^4t，累计实现利润 166 亿元(图 1-3、图 1-4)。

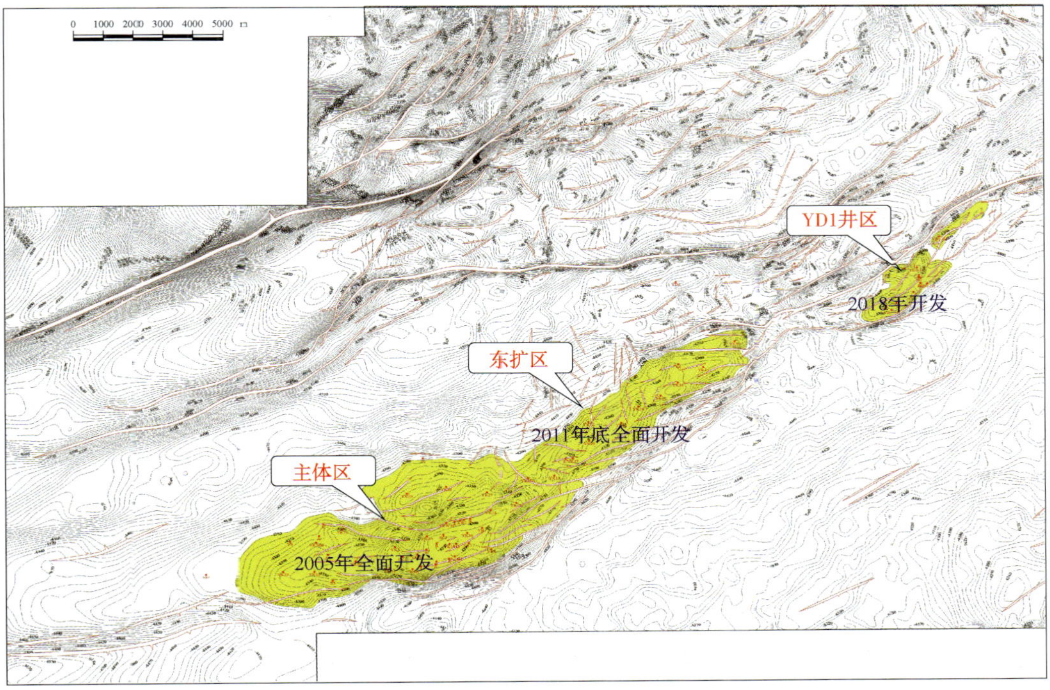

图 1-3　雅克拉凝析气田构造、井位部署图(截至 2020 年 12 月底)

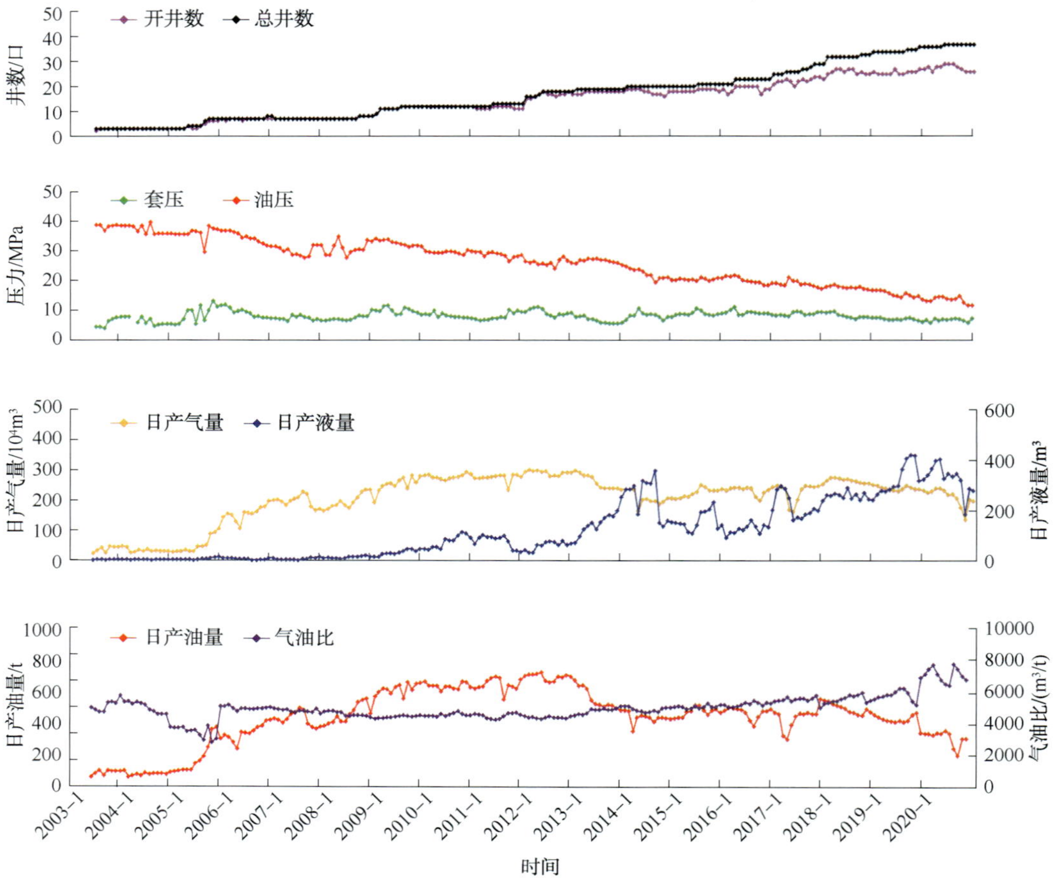

图 1-4　雅克拉凝析气田综合采气曲线

二、普光碳酸盐岩气田

（一）勘探开发简史

普光碳酸盐岩气田(普光气田)构造上位于四川盆地川东断褶带东北段双石庙—普光北东(NE)向构造带，介于大巴山推覆带前缘褶断带与川中平缓褶皱带之间(图 1-5)。2001 年，技术人员在普光、毛坝两个圈闭上分别部署了普光 1 井和毛坝 1 井。其中，普光构造-岩性复合圈闭上的普光 1 井获得重大突破，从而发现了普光气田。2005 年 1 月，根据普光 1 井、普光 2 井和普光 4 井资料，上报飞仙关组探明含气面积 27.20km^2，天然气地质储量 1143.63×10^8m^3。2006 年 2 月，在新增加的普光 3 井、普光 5 井、普光 6 井、普光 7 井 4 口井资料的基础上，重新上报普光 2 井区长兴组—飞仙关组探明含气面积 40.86km^2，探明天然气地质储量 2310.51×10^8m^3；2007 年 2 月，又在新增加的普光 8 井、普光 9 井资料的基础上，上报普光 8 井区长兴组—飞仙关组探明含气面积 27.94km^2，探明天然气地质储量 272.25×10^8m^3。截至 2020 年底，累计探明天然气地质储量 4157.00×10^8m^3。2005 年 2 月，中国石化启动了普光气田开发工作，于 2006 年 12 月编制完成《普光气田主体开发方案》，实时跟踪并研究了新钻开发井资料，不断深化了气藏地质认识。2008年3月31日，又编制完成《普光气田主体开发调整(优化)方案》，为实现普光气田的高效开发奠定了坚实的基础。2005年12月，第一口开发井——普光302-1井开钻，标志着普光气田正式进入产能建设阶段。2009年10月，普光气田主体实现投产。2012年，大湾气田投入开发。历时7年，成功建成 $110.0\times10^8m^3/a$ 的混合气产能(净化气产能为 $80.0\times10^8m^3/a$)，成为中国第一个百亿立方米级储量的特大型高含硫气田。

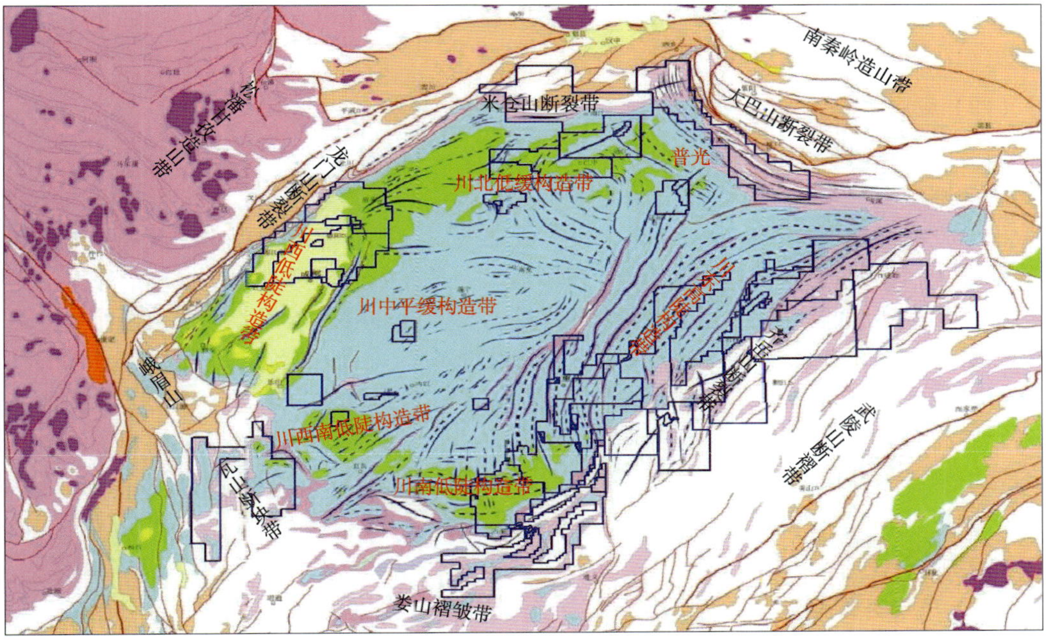

图1-5　普光气田地理位置图

(二) 气田基本概况

普光气田主要含气层系为二叠系上统长兴组及三叠系下统飞仙关组，气层埋藏深度为4800～5900m，地层压力为55～57MPa，地层温度为120～133℃，H_2S 含量为11.42%～17.05%，平均为14.28%；CO_2 含量为7.77%～14.25%，平均为9.57%。该气田储层岩石以白云岩为主，其中鲕粒和残余鲕粒白云岩、结晶白云岩、砾屑白云岩和海绵礁白云岩是主要的储层岩石类型。储层溶蚀孔发育，储集空间以孔隙为主，局部发育裂缝。总体上，长兴组—飞仙关组储层物性均较好，以中、高孔隙度、渗透率储层为主，孔隙度大于5%的储层占75%，纵向上飞一段、飞二段中、下段储层物性好于其他层系，平面上构造高部位储层物性好于边部。气田主体气层厚度大，实钻垂直厚度为100～400m，但纵向上非均质性严重，不同类型(Ⅰ类、Ⅱ类、Ⅲ类)储层交错分布。气田在飞仙关组和长兴组均有边水和底水，且气水关系复杂，此外飞仙关组和长兴组具有不同的气水系统。

该气田被综合评价为特高含 H_2S、中含 CO_2、气藏埋藏超深、压力大、储量大、储层非均质性强、气水关系复杂的碳酸盐岩气田。

（三）开发面临的挑战

要安全、高效开发特大型、超深、高含 H_2S 的普光气田，主要面临两方面严峻的挑战：一方面，开发普光高含硫气田存在巨大的安全和环保隐患。要确保安全和环保开发，必须从人员、制度、管理、监督等方面“严防死守”，在开发过程中，必须采用高等级的安全控制和环保控制工艺技术和设备，且必须建立先进、完善的应急救援体系和广播疏散系统。这就决定了开发高含硫气田的安全环保投资巨大。另一方面，基于高含硫气田安全环保方面的投资要比常规气田高得多，要实现普光高含硫气田有效开发，就必须在开发过程中更加注重科技攻关与应用。

（四）应对策略

面对上述挑战，中国石化采取“走出去、请进来”的办法，在广泛开展国内外类似气田调研的基础上，积极与国内外知名专业公司开展技术交流与合作，充分吸收国内外高含硫气田开发的成熟经验，充分发挥国内外高含硫气田开发专家的作用，在引进、消化和吸收的基础上，大胆地进行技术创新和管理创新。一是在安全环保方面。保持设计安全等级高标准，确保本质安全；建立健全安全环保监测、处置和救援体系，为安全环保生产保驾护航；密切监督钻井、投产作业等安全环保隐患集中的关键环节。二是在高效开发方面。建立普光高含硫气田安全、高效开发科技支撑体系；加强地质与工程一体化，多专业人员协调开展高效开发论证工作；整体部署、分批设计、分步实施，并优先设计和实施最有把握的处于构造高部位的开发井；密切跟踪投产作业实施效果，总结开发经验，及时优化新井投产设计；建立开发设计三级审查机制，确保气田开发设计科学合理、应用技术先进适用、安全保障措施切实可行。

（五）气田开发状况

在普光气田开发过程中，技术人员攻关并形成 5 项开发关键技术和 1 套保障体系，保证了普光气田的高效开发。5 项开发关键技术：①“多打高产井、少打低产井、避免无效井”优化布井技术。②提高单井产量的钻完井技术。③优化开发技术政策和气藏数值模拟技术。④酸性气田湿气输送技术。⑤稳气控水和调整治理高产稳产技术。1 套保障体系：平行研究、开发方案、单井钻井方案和投产方案的项目部—分公司—总部三级审查、跟踪优化调整保障体系。普光气田主体最终优化方案为动用储量 $1811.1\times10^8m^3$，部署开发井数 40 口（利用探井 1 口），设计新建混合气产能 $80.0\times10^8m^3/a$，采气速度 4.4%，稳产期 8 年。通过实施，普光气田开发井成功率达 100%，储层钻遇率达 86.5%，产能达标率达 100%。将这些关键技术同时应用到大湾气田后，在普光气田主体和大湾气田共建成混合气生产能力 $110.0\times10^8m^3/a$。通过加强动态监测和动态调整，细化单井合理配产，以及稳气控水调整治理，实现气田天然气的高产和稳产。

截至 2020 年底，普光气田累计动用地质储量为 $2679.5\times10^8m^3$，技术可采储量为 $1571.8\times10^8m^3$，采收率为 58.7%。总井数为 66 口（图 1-6、图 1-7），开井 55 口，年产混合气量为 $82.6\times10^8m^3$，累计产混合气量为 $905.3\times10^8m^3$，采气速度为 3.1%，采出程度为 33.8%，年产净化气量为 $61.8\times10^8m^3$，累计产净化气量为 $694.8\times10^8m^3$，年产硫黄量为 174.7×10^4t，累计产硫黄量为 1867.7×10^4t，累计实现利润 350.51 亿元（图 1-8）。

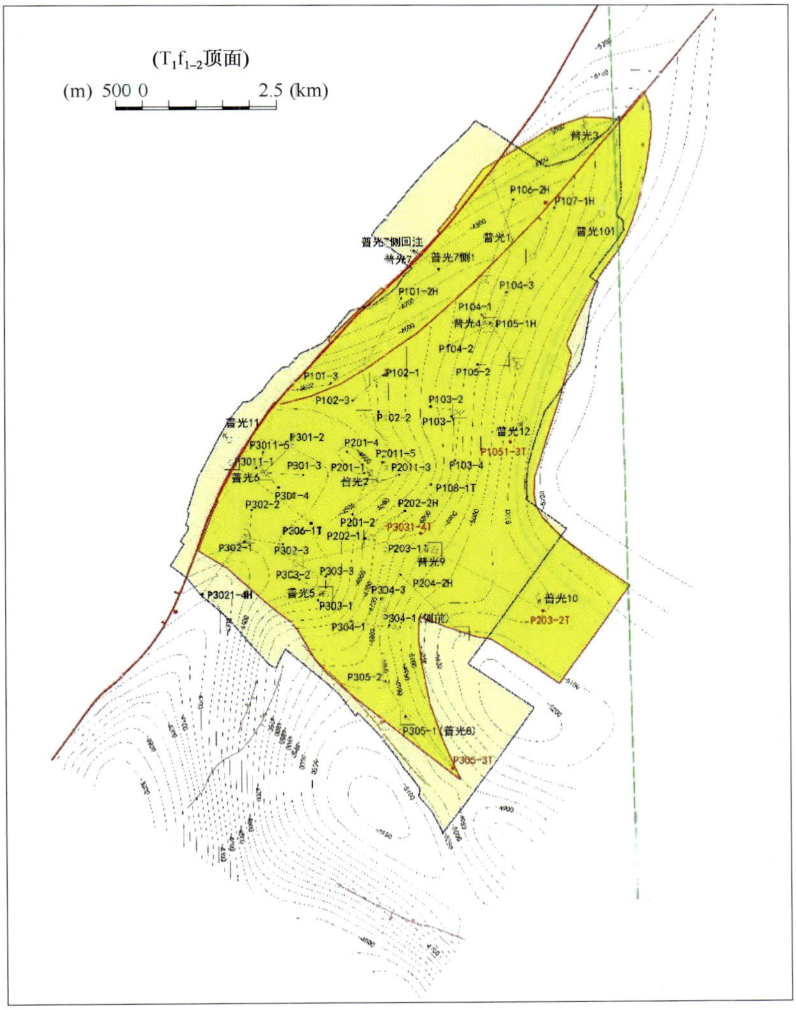

图 1-6　普光气田主体构造、井位部署图

三、元坝碳酸盐岩气田

（一）勘探开发简史

元坝碳酸盐岩气田（元坝气田）构造上位于四川盆地川北坳陷与川中低缓构造带结合部，西北部与九龙山背斜构造带相接，东北部与通南巴构造带相邻，南部与川中低缓构造带相连（图 1-9）。2007 年，元坝 1-侧 1 井在长兴组获得 50.3×10^{4}m^3/d 高产工业气流，标志着元坝气田的发现。2009 年 5 月—2011 年 6 月为元坝气田开发评价阶段，提交探明地质储量 1073.0×10^{8}m^3。2013 年 12 月，技术人员编制完成《元坝地区长兴组滚动区 17.0×10^{8}m^3/a 净化气开发方案》，以及提出了元坝 205-3 井、元坝 27-4 井等井位的调整建议等，为实现元坝气田的高效开发奠定了坚实的基础。2011 年 12 月，元坝 27-1H 井（第一口开发井）开钻，标志着元坝气田正式进入产能建设阶段，2014 年 10 月，元坝气田

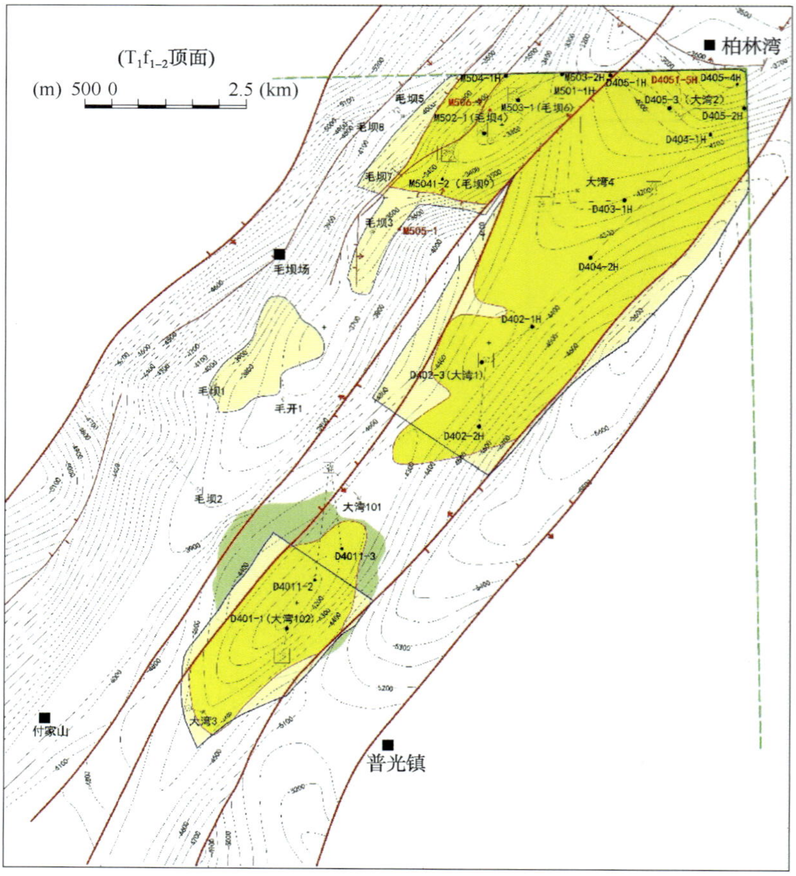

图 1-7　大湾气田构造、井位部署图

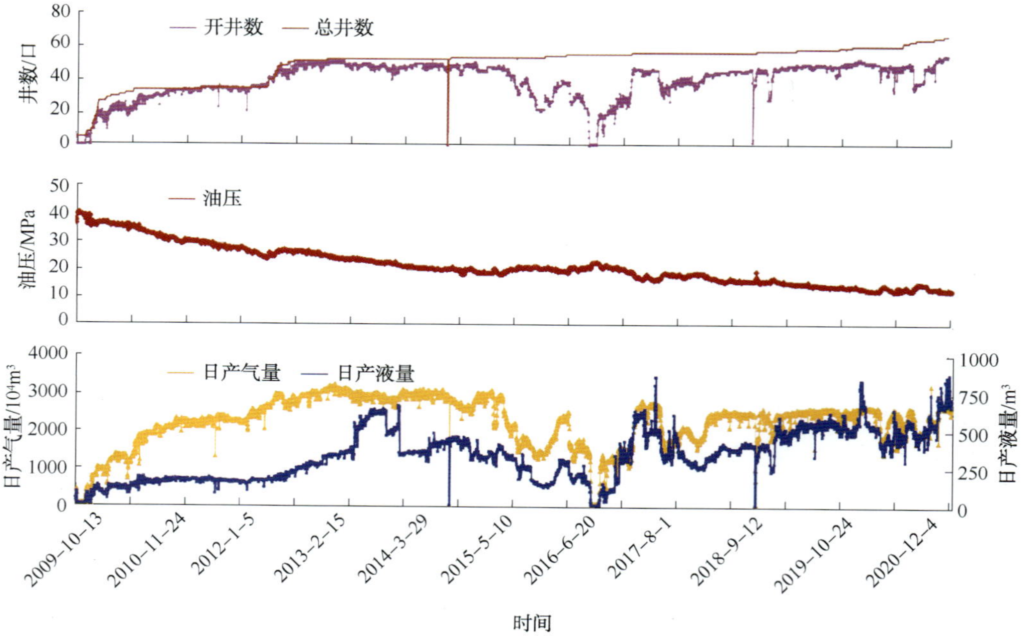

图 1-8　普光气田综合采气曲线

投入试生产，2015 年 1 月，元坝气田建成投产，2016 年 12 月，元坝气田全面建成投产。历时 5 年，成功建成 $40.0\times10^8m^3/a$ 的天然气生产能力。至此，中国石化建成了世界上第一个埋藏深度大于 7000m 的高含硫生物礁大气田，也实现了元坝气田的高效、安全开发。

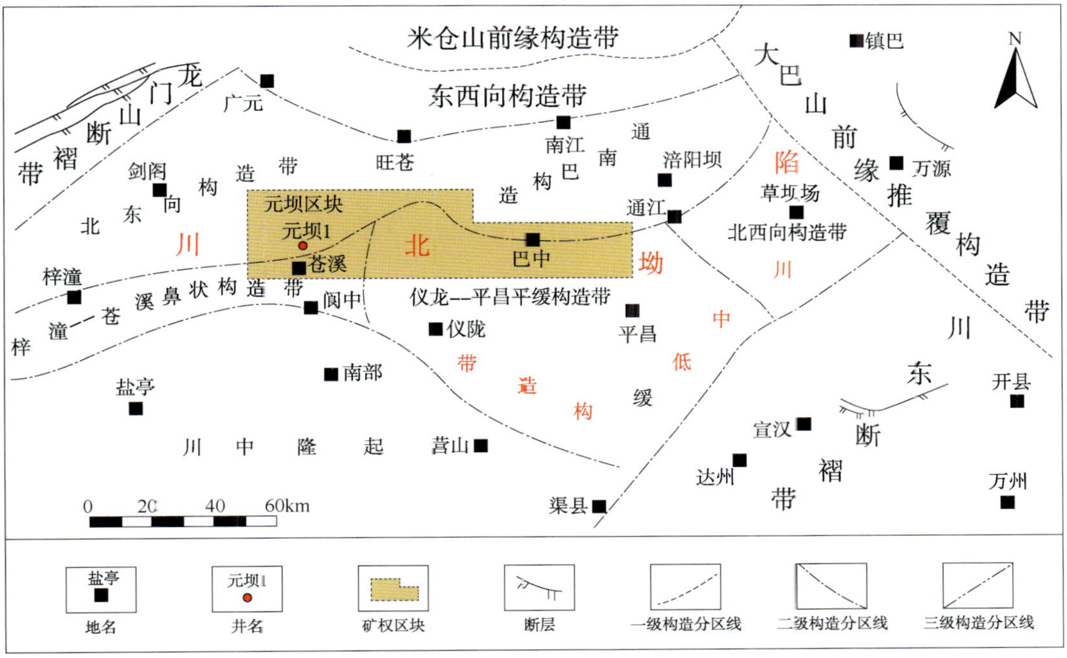

图 1-9　川东北地区构造位置图

（二）气田基本概况

元坝气田具有“一超、三高、五复杂”的特点，即气藏埋藏超深、高温高压高含硫、礁体与储层复杂、天然气组分复杂、气水关系复杂、压力系统复杂、地形地貌复杂。主要目的层为长兴组，气藏埋藏深度为 6240～7250m，平均埋藏深度约 6770m，厚度约 260m。长兴组属碳酸盐岩缓坡沉积，以台缘礁滩相沉积为主。长兴组发育生物礁相和生屑滩相两类储层，生物礁储层以白云岩为主，生屑滩储层主要发育灰色（溶孔）晶粒白云岩。长兴组储层物性中等偏差，孔隙度平均值为 4.6%，渗透率平均值为 $0.62\times10^{-3}\mu m^2$。储层以孔隙型储层为主，局部地区储层表现为低孔隙度、高渗透率特征，裂缝较发育。元坝气田天然气中高含 H_2S（5.30%）、中含 CO_2（6.56%），天然气相对密度为 0.63。地层压力为 66.66～70.62MPa，压力系数为 1.00～1.08，属于常压系统。地层温度为 145.20～157.41℃，温度梯度为（1.90～2.11）℃/100m，属于低地温梯度。

元坝气田被综合评价为超深层、高含 H_2S、中含 CO_2、常压、孔隙型、局部存在边（底）水、受礁滩相控制的构造-岩性气田。

（三）开发面临的挑战

元坝气田复杂的地质特点与地面工程条件决定了其开发的复杂性、对工程技术的挑战性，以及经济开发的艰巨性。元坝气田要实现高效、安全开发，面临的严峻挑战：一是对地质规律认识不清，礁滩相气藏精细描述难度大。超深高含硫生物礁气田开发在我国尚属首例，生物礁礁体小、类型多，多期叠置，礁滩展布复杂，储层认识、气藏描述、流体预测难度大，总体上为一礁、一滩、一藏，给气藏布井带来严峻挑战。二是早期直井产能偏低，提产、降本、减费、增效难度大。在早期测试的8口直井中，7口井的测试无阻流量普遍较低。此外，超深钻井在川东北地区尚属首次，已有的钻机、钻井工程技术都难以与之相适应，因此制定科学的开发井网，实现超深水平井钻井、井眼轨迹设计和跟踪调整，以及提高钻井成功率与保证钻井安全均面临严峻挑战。三是地面工程条件复杂，高含硫气田安全开发难度大。元坝气田地形、地貌复杂，人口稠密，地面集输管线半径大、输送距离长，涉及范围广，管道跨越段和隧道多，长距离湿气输送面临巨大的安全风险和挑战。此外，天然气中 H_2S 含量特别高，特别是有机硫含量高，酸性气深度净化也面临挑战。

（四）应对策略

按照“科学规范、安全高效、绿色低碳、和谐一流”的思路，以创新管理模式为基础，以创新理论和技术为支撑，以“打造一流酸性气田、创建国家优质工程”为目标，以质量和效益为核心，以安全为保障，推进元坝气田高效开发。针对元坝气田开发面临的世界级难题，中国石化及时转变开发与管理观念，积极并提前介入开发工作，在开展先导试验、系统测试与短期试采，以及组织和推进国内外超深高含硫气田开发技术调研的同时，以创新驱动为基础，创新决策、管理、科研与控制运行模式，形成“集团化决策、项目化管理、集成化创新、精神化传承”的元坝项目管理模式。针对开发面临的难点，开展理论和技术攻关，创新并形成一套高效、安全的超深高含硫生物礁气田开发关键技术系列，解决了元坝气田产能建设中的主要技术难题，为元坝气田的安全、高效开发提供了技术支撑和保障，推进了气田的高效建设。

（五）气田开发状况

按照“先礁后滩、整体部署、分批实施、滚动调整”的总体原则，并基于“积极稳妥、先优后劣”的思路，将长兴组气藏分两期开展产能建设，并编制了相应的开发方案。一期试采工程开发方案设计部署生产井14口，动用储量约 $574.4\times10^8m^3$，平均单井配产 $42.8\times10^4m^3/d$，新建混合气产能 $20.0\times10^8m^3/a$。二期滚动建产方案设计生产井23口，动用储量约 $612.8\times10^8m^3$，平均单井配产 $26.1\times10^4m^3/d$，新建混合气产能 $20.0\times10^8m^3/a$。从2007年发现元坝气田开始，到2016年全面建成投产，经过近10年的不懈努力和攻关，建成全球首个埋藏深度超过7000m、年产 $40.0\times10^8m^3$ 混合气的超深高含硫生物礁大气田和具有中国石化自主知识产权的净化厂，实现了元坝气田的安全生产和效益开发。

截至2020年底，元坝气田累计动用地质储量为 $1061.9\times10^8m^3$，技术可采储量为 $529.8\times10^8m^3$，采收率为49.9%，净化气经济可采储量为 $427.4\times10^8m^3$。截至2020年底，总井数为34口（图1-10），开井30口，平均油压为21.3MPa，日产混合气量为 $1105.0\times10^4m^3$（日产净化气量为 $1024.0\times10^4m^3$），日产液量为 $619.0m^3$，平均液气比为 $0.6m^3/10^4m^3$。年产混合气量为 $36.6\times10^8m^3$，累计产混合气量为 $197.2\times10^8m^3$，采气速度为3.5%，采出程度为18.6%。年产净化气量为 $33.9\times10^8m^3$，累计产净化气量为 $18.1\times10^8m^3$，年产硫黄量为 28.9×10^4t，累计产硫黄量为 152.8×10^4t，累计实现利润58.47亿元（图1-11）。

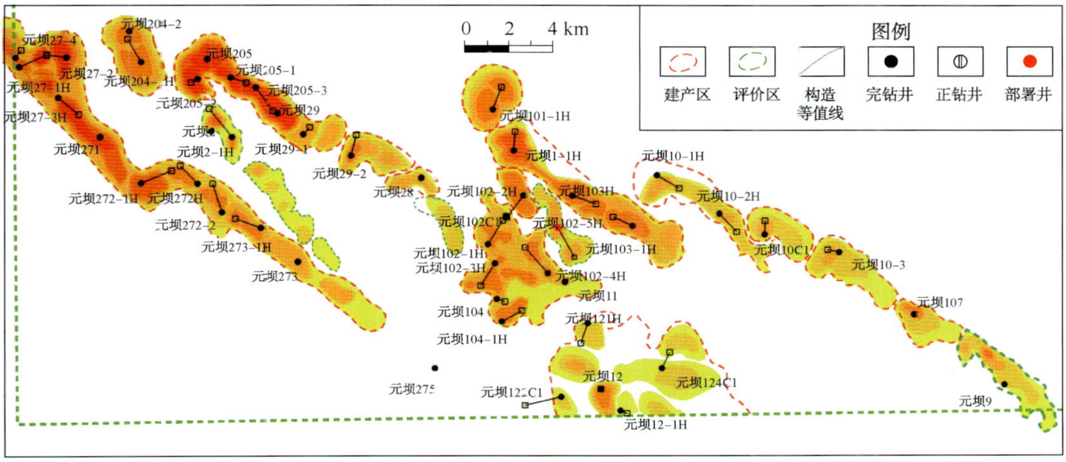

图 1-10　元坝气田井位部署图

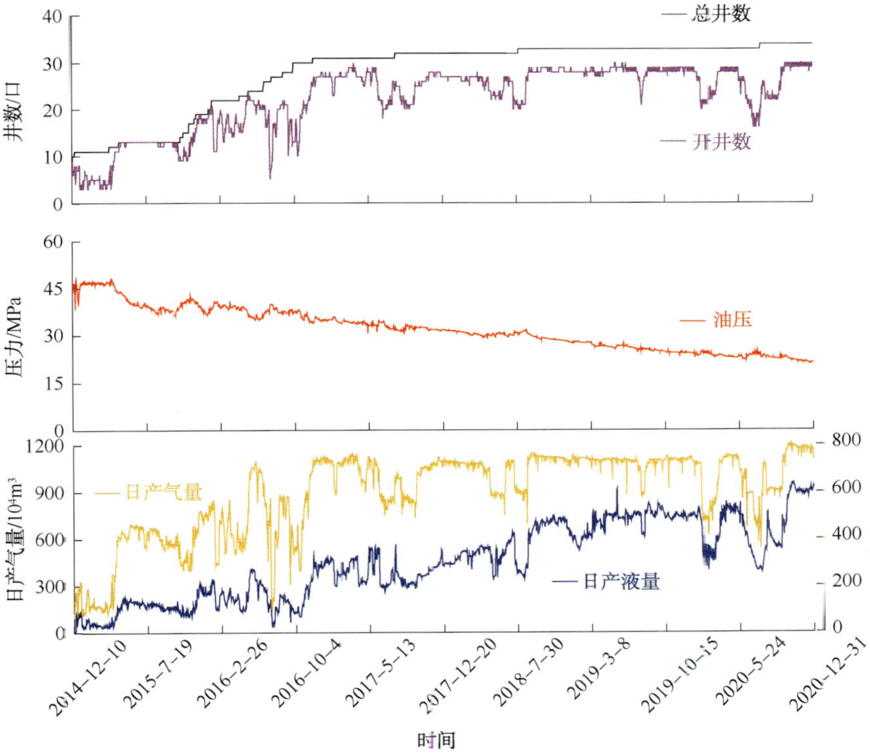

图 1-11　元坝气田长兴组气藏综合采气曲线

四、大牛地低渗致密砂岩气田

（一）勘探开发简史

大牛地低渗致密砂岩气田（大牛地气田）地处陕西省榆林市与内蒙古自治区鄂尔多斯

市交界处，构造上位于鄂尔多斯盆地伊陕斜坡东北部(图 1-12)。1999 年以后，技术人员开展了以上古生界碎屑岩为主要目的层的勘探，大探 1 井经钻探获得工业气流，正式揭开了上古生界天然气勘探的序幕，之后又部署了大 2 井、大 3 井、大 4 井、大 5 井，在山 1 段、盒 1 段获得工业气流，取得了天然气勘探的重大突破，标志着大牛地气田的发现。2000 年，提交山 1 段天然气探明地质储量 $164.0\times10^8m^3$，2003 年，大 15 井、大 16 井获得高产工业气流突破后上报盒 2 段、盒 3 段天然气探明地质储量 $517.0\times10^8m^3$，随后又在太 1 段、太 2 段和山 2 段取得突破，在上古生界二叠系 7 套地层中均发现工业气流，连续 3 年获得天然气探明地质储量 $500.0\times10^8m^3$ 以上，截至 2020 年底，累计天然气探明地质储量 $4819.6\times10^8m^3$。2003—2004 年，针对大牛地气田特低渗透率、气藏压力低、含气丰度低、产能低的“四低”特点，技术人员实施了先导性开发试验并获得成功，利用 34 口新钻井加 14 口老井新建天然气产能 $2.2\times10^8m^3/a$，实现了天然气产量零的突破，当年生产天然气 $657.0\times10^4m^3$、销售天然气 $616.0\times10^4m^3$，从单一的勘探向勘探开发一体化迈出了坚实的一步，开启了大牛地气田投入开发的新篇章。2005 年，优选天然气富集层太 2 段、山 1 段、盒 2 段、盒 3 段等开展了 $10.0\times10^8m^3/a$ 产能建设，实现“四个当年”(当年部署、当年建设、当年投产、当年生产)，建成产能 $10.0\times10^8m^3/a$，当年生产天然气 $4.3\times10^8m^3$，标志着大牛地气田进入规模高效开发的新阶段。在大牛地气田开发起步之初，技术人员就开展了水平井开发先导试验研究，2002—2011 年，经过近 10 年的持续攻关，取得了利用“水平段快速钻井、多级分段压裂”获得较高产量的突破。2012 年，实施了水平井整体开发 $10.0\times10^8m^3/a$ 产能示范区建设，拉开了大牛地气田水平井开发的序幕，实现了中国石化首个低渗致密气田的水平井整体经济、有效开发，也实现了大牛地气田的跨越式发展。自大牛地气田投入开发以来，先后经历了直井单层开采、直井多层合采、水平井开发、老区综合调整 4 个阶段。

(二) 气田基本概况

大牛地气田上古生界是典型的大型低渗致密砂岩岩性气藏，具有特低渗透率、气藏压力低、含气丰度低和产能低的“四低”特征。主要发育二叠系下石盒子组、山西组和石炭系太原组储层，储层埋藏深度为 2600~2900m。太原组为具有障壁的滨海相沉积，山西组为三角洲相沉积，下石盒子组为河流相沉积。储层岩性主要为岩屑砂岩和石英砂岩，少量为长石岩屑砂岩、纯石英砂岩，储集类型主要为粒间余孔和溶蚀孔。气藏储层物性较差，各气层组有效储层平均孔隙度为 8.64%，平均渗透率为 $0.77\times10^{-3}\mu m^2$，其中太 2 段、盒 2 段、盒 3 段储层物性较好，山 1 段、山 2 段、盒 1 段储层物性相对较差。气藏压力系数为 0.85~0.99，属于低压—常压系统。该气田气藏类型为典型的低孔低渗致密砂岩气藏或者特低孔低渗致密砂岩气藏。

(三) 开发面临的挑战

大牛地气田要实现规模开发，需要走出一条低渗致密砂岩气田高效开发之路。主要面临的挑战：一是上古生界含油气层段为一套海相—陆相河流沉积，储层薄且非均质性强，普遍发育岩性圈闭，使天然气高产富集因素分析和高渗高产带的预测极为困难。二是上古生界含煤岩系煤层的屏蔽作用和砂泥岩速度差小，导致波阻抗差小及砂体多为多期叠合，加大了储层及含气性预测的难度。三是低压致密砂岩气藏的渗流特征和气井产出规律，以

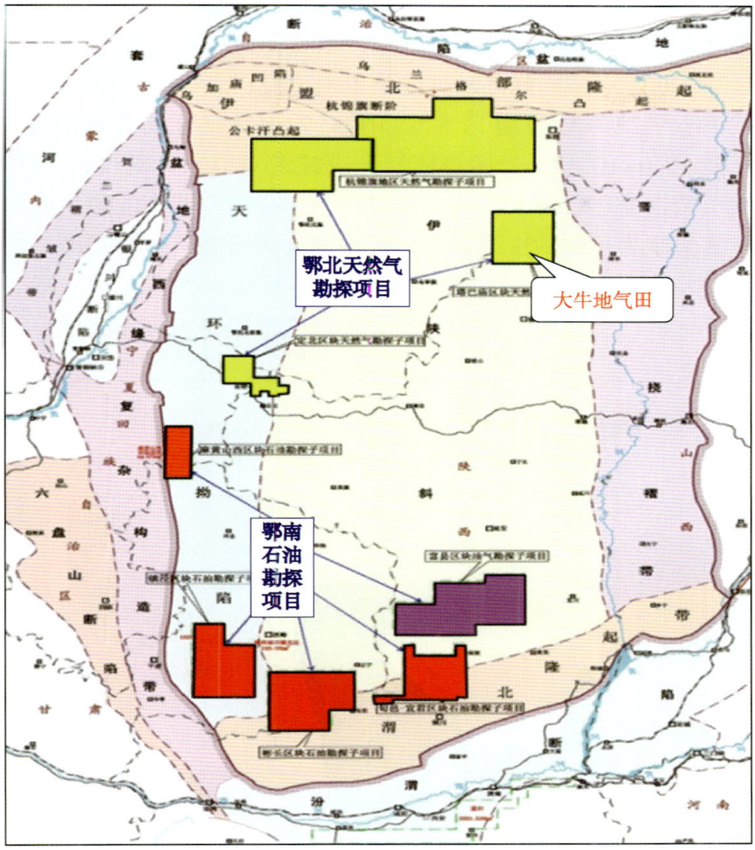

图 1-12 大牛地气田位置图

及合理确定各项开发指标和采气工艺还有待进一步探索。四是气田为典型的低压低渗致密砂岩气田，而且气层多、单层厚度小、单井产能低，属于经济边际气田，如何有效保护和改造该类储层没有成功经验可以借鉴。

（四）应对策略

针对大牛地气田特征及气田开发面临的挑战，技术人员提出了低渗致密砂岩气田的开发对策：一是勘探开发一体化对策。大牛地气田气藏属于典型的岩性气藏，具有很强的隐蔽性，探明储量是分层位、分区域且在不同年度获得的，同时低渗致密低产气田开发难度大、风险高，要实现高效、经济开发，开发前期评价工作至关重要。因此，需要坚持勘探开发一体化，早期介入开发，走滚动开发的道路。二是先易后难、先肥后瘦、整体开发对策。低压致密气田开发的最大难点就是气层产能低，但在低产背景下，气层也存在相对高产的层位和部位，在开发中应本着“先肥后瘦”的原则，优先动用认识较清楚、大面积分布的高产气层的优质储量，在短期内形成产能并获得最佳投资效益，利用高产优质储量的开发带动中、低产气层储量的动用，从而达到整体开发气田的目的。三是坚持开发试验、点面结合对策。在大牛地气田开发中，技术人员坚持开发试验、点面结合，一方面通过试验，获取编制开发方案所需的资料和认识，另一方面在鄂尔多斯盆地北部，还没有以下石盒子组盒 2 段、盒 3 段气层为主要开发目的层。同时，尚未有大规模成功开发的先例，为确保大牛地气田开发成功，必须进行开发试验。2000—2002 年，编制完成《大牛地气田开发先导试验方案》；2004 年，依据开发试验成果编制完成《大牛地气田 $10.0\times10^8m^3/a$ 开发方案》(图 1-13) 和《大 23—大 47 井区 $5.0\times10^8m^3/a$ 天然气开发方案》，并于 2005—2006 年实施，建成产能 $16.0\times10^8m^3/a$。四是依靠先进技术对策。针对气田产能低和储层非均质性强，以及储层精细描述难度大的特点，开展了以提高单井产能为目的的大规模压裂和以精细描述高产富集区为目的的三维地震储层预测攻关研究。提高了山 1 段、盒 2 段和盒 3 段气层的产能，达到单层可经济开采的界限，较为精确地圈定了山 1 段、盒 2 段和盒 3 段气层的高产富集区。以上对策为成功开发大牛地气田提供了可靠的保证。

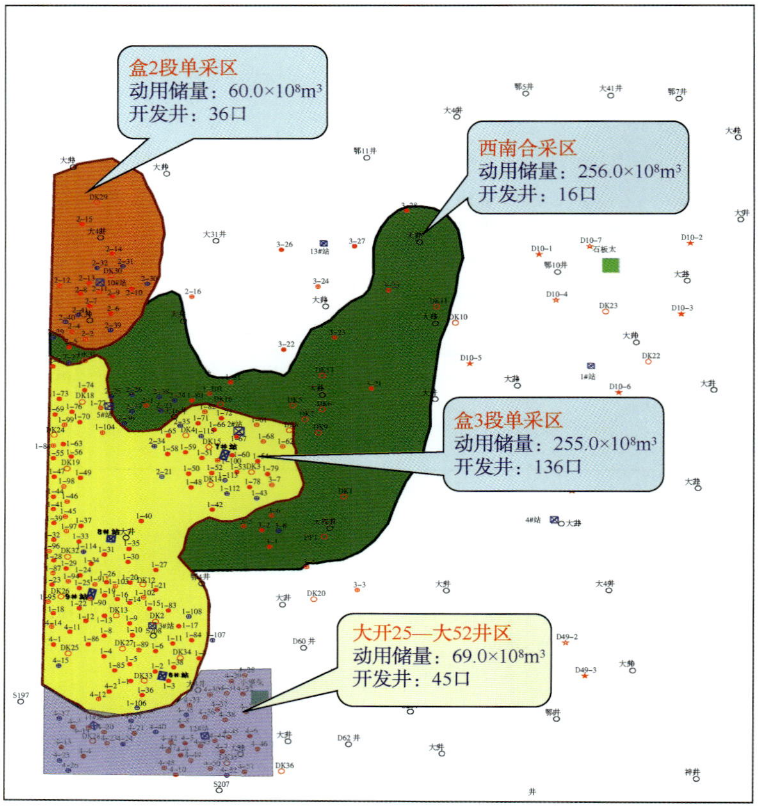

图 1-13 《大牛地气田 $10.0\times10^8m^3/a$ 开发方案》部署图

(五) 气田开发状况

按照“先易后难、先肥后瘦”的原则，2003 年的先导试验首先在山 1 段、盒 2 段和盒 3 段石英砂岩储层等 I 类储层中展开，后期逐步扩展到其他层位，并形成成熟的开发配套技术，为开发相对低产、较难研究和认识的储量奠定了基础。如此不断地滚动开发，最终实现对气田的整体、经济、有效开发。

截至 2020 年底，累计动用天然气地质储量为 $3661.8\times10^8m^3$，技术可采储量为 778.8×

10^8m^3，采收率为21.3%，经济可采储量为$715.9\times10^8m^3$。共有生产井1752口(图1-14)，开井1529口，平均油压为2.3MPa，平均套压为3.8MPa，日产气量为$924.0\times10^4m^3$，日产液量为$1257.0m^3$，年产井口气量为$32.6\times10^8m^3$，累计产井口气量为$418.9\times10^8m^3$，采气速度为0.9%，采出程度为11.4%，自然递减率为5.9%，综合递减率为5.3%，累计实现利润140亿元(图1-15)。

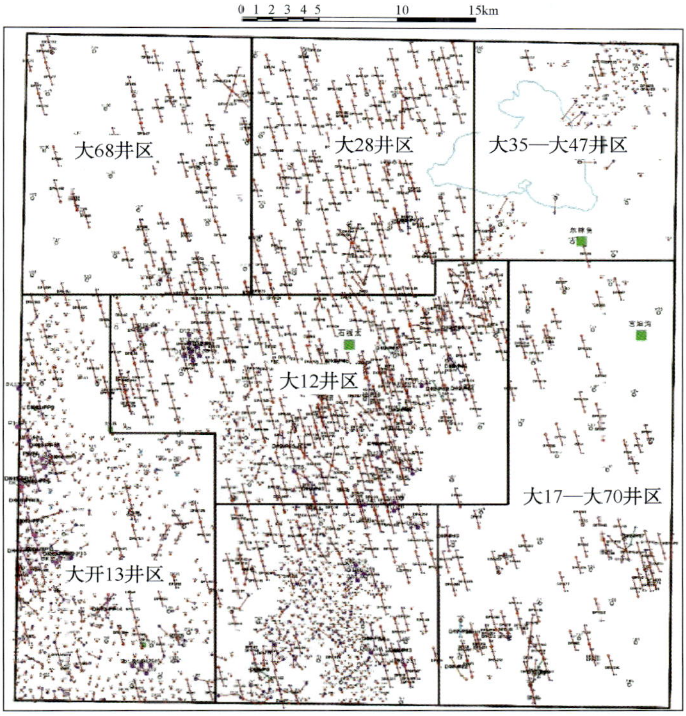

图1-14 大牛地气田井位部署图

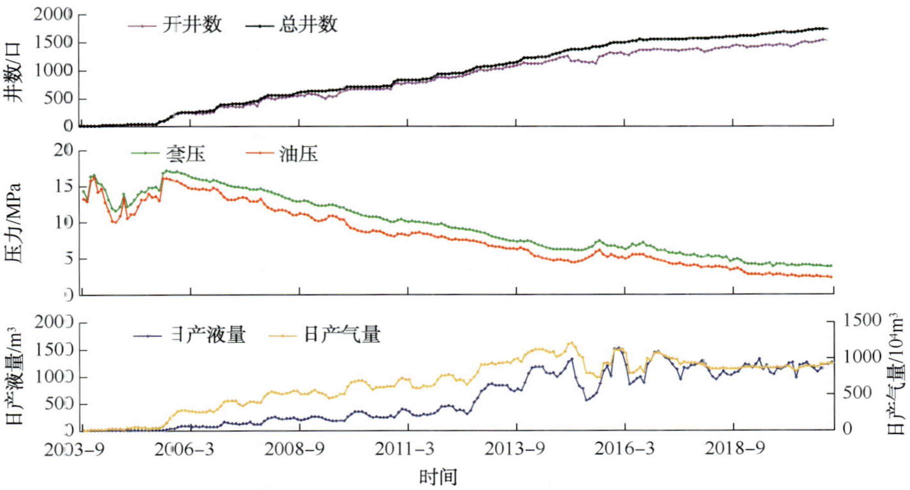

图1-15 大牛地气田综合采气曲线

五、松南火山岩气田

（一）勘探开发简史

松南火山岩气田（松南气田）构造上位于松辽盆地南部长岭断陷中央隆起达尔罕断凸带，开发层位为营城组，气藏类型为低渗火山岩气藏（图 1-16）。2006 年，在腰英台深层构造上部署钻探的腰深 1 井，在营城组火山岩储层测试获得天然气无阻流量 $30.0\times10^4m^3/d$，标志着松南气田的正式发现。继腰深 1 井钻探成功后，于 2006 年下半年到 2007 年上半年，先后在构造南部和北部分别部署了腰深 101 井和腰深 102 井两口评价井，在营城组分别获得天然气无阻流量 $34.0\times10^4m^3/d$ 和 $18.5\times10^4m^3/d$，进一步证实了松南气田营城组火山岩气藏是一个具有工业开发价值的气藏。2007 年底，技术人员申报了松南气田腰深 1 井区探明地质储量，含气面积为 $16.83km^2$，天然气地质储量为 $433.6\times10^8m^3$。此外，利用松南气田已钻的 3 口探井，编制了 26 口开发井的开发概念设计，设计动用地质储量 $400.0\times10^8m^3$，新建产能 $12.7\times10^8m^3/a$（图 1-17）。由于直井产能低，气田开发的经济效益较差。为进一步提高气田开发效益，技术人员开展了水平井提高单井产量的开发评价工作，于 2007 年 9 月完钻的大斜度开发准备井即腰平 1 井测试获得天然气无阻流量 $351.0\times10^4m^3/d$，进一步证实了松南气田可以应用水平井进行开发的可行性。通过深化气藏地质研究，将直井全部优化为水平井（大斜度井），编制了 15 口水平井开发气田的整体开发方案。在方案实施过程中，先后 4 次优化了 5 口水平井的方位、井眼轨迹，最终方案中总井数减少为 12 口，大幅提高了气田的开发效益。2008 年，松南气田开始了产能建设。松南气田经历了开发评价、产能建设、气藏稳产 3 个阶段。

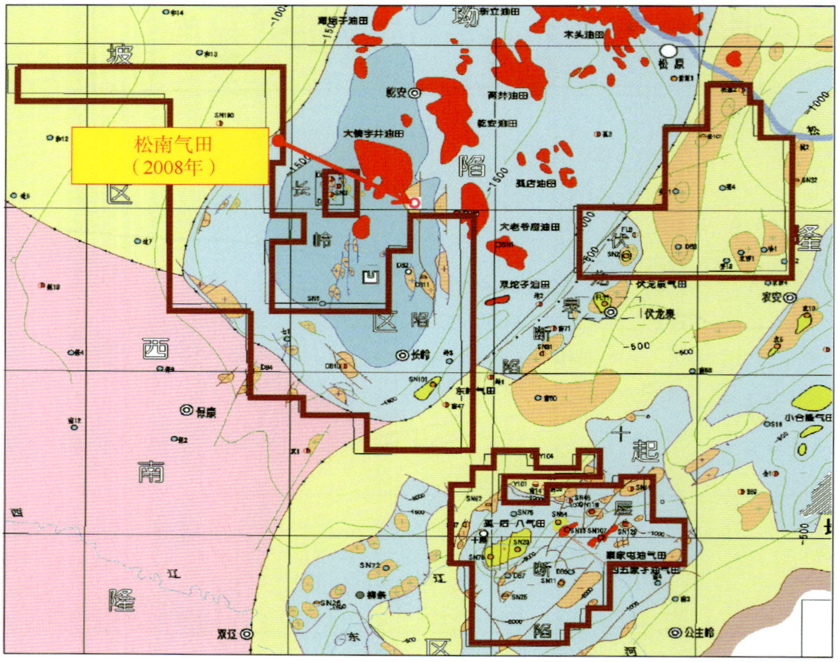

图 1-16　松南气田地理位置图

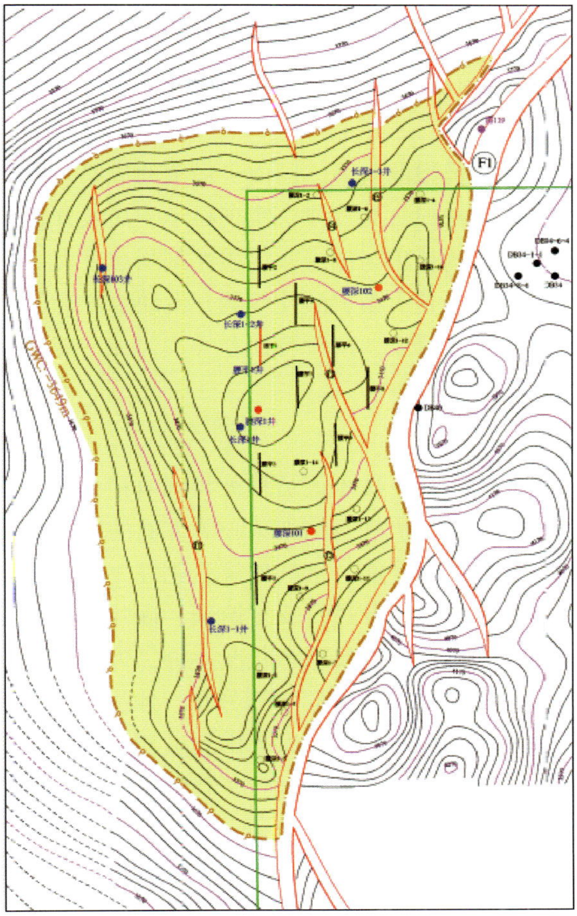

图 1-17 评价前期《松南气田 $10.0\times10^8m^3/a$ 开发方案》部署图

（二）气田基本概况

松南气田地层自下而上为上侏罗系火石岭组、下白垩系沙河子组、营城组。本区的营城组火山岩是天然气成藏最有利的储层。岩性主要以流纹岩和原地角砾岩为主，孔隙相对发育，储层纵向厚度大、横向展布范围大。火山岩相以喷溢相和爆发相为主。松南气田主体发育了 3 个火山机构，在平面上呈南北向分布，目前技术人员在各个火山机构上均进行了钻井。火山喷发旋回由 3 个喷发期次组成，第一期、第二期均为溢流相，第三期为爆发相，不同的期次具有不同的物性分布特征。储层物性与岩性相关性较大：火山碎屑岩孔隙度主要为 3.0%~8.0%，渗透率一般小于 $0.16\times10^{-3}\mu m^2$；火山熔岩孔隙度和渗透率分布不均匀，孔隙度为 1.0%~29.0%，渗透率为 $(0.01\sim81.92)\times10^{-3}\mu m^2$。松南气田地层压力系数为 1.18，温度梯度为 3.55℃/100m，属于常温、常压系统。天然气中，CH_4 含量为 69.02%~72.73%，C_2H_6 含量为 0~2.08%，N_2 含量为 0~8.55%，CO_2 含量为 18.1%~27.41%。由此可知，天然气中以 CH_4 为主，N_2、CO_2 含量偏高，不含 H_2S。天然气密度为 0.76~0.82g/cm^3。气藏的气水界面复杂，无统一的气水界面，属于底水气藏。综上所述，松南气田营城组火山岩气藏是一个受断裂控制、具有底水的常温、常压岩性-构造气藏。

（三）开发面临的挑战

面对火山岩气藏这一特殊类型的气藏，国内可借鉴的成熟开发经验较少，如何精确描述有效储层的空间分布，准确把握气藏规律，实现科学、高效开发是科研人员必须应对的挑战。一是火山岩地层内幕结构认识与储层非均质性刻画难度大。二是对火山岩气藏开发规律的准确把握有一定难度。三是火山岩酸性气藏开发缺少配套的工程工艺技术。四是国内在火山岩中成功开发的气田数量少、气藏特征差异大，在产能评价、开发规律、稳产技术等方面都缺乏可借鉴的成功经验。

（四）应对策略

针对松南气田开发面临的难题，技术人员积极与国内相关研究单位开展了火山岩地层内幕精细解剖、火山岩成藏和储集机理及精细刻画等方面的联合攻关和技术合作。加强气藏试气试采工作，掌握气井压力、产能、水气比等变化规律，为科学制定开发技术政策提供可靠的依据。同时，对开发方案设计进行反复论证、逐井优化，形成松南气田高效开发的思路和对策：一是积极开展气井产能及稳产状况评价，为气田有效开发和制定合理的开发方案奠定基础。二是精细刻画有效储层的空间分布，加强储层含气性预测，按照"优先部署火山口—近火山口相带，积极跟进中距离火山斜坡相带，逐步拓展远火山斜坡相带"的思路，进行优化布井。三是积极开展先导试验，有效指导了井型优化。根据火山岩优势储层和裂缝的分布规律，创新性地采用水平井+不规则井网的开发方式，实现少井高产目标。四是在开发过程中强化稳气控水观念，制定"生产红线"，延长无水采气期。五是加强建模与数模一体化研究，落实"顶、间、边"三类剩余气潜力分布，采用多功能、多目标水平井立体开发井网，分类型、分批次部署井位，实现松南气田的科学、高效挖潜。六是加强火山岩气藏工程工艺技术攻关，研发高效破岩和储层保护钻井技术，使气田开发取得良好的综合效益。

（五）气田开发状况

经过多轮次优化论证，形成松南气田最终开发方案并落地实施，按照"整体部署、分批实施、逐井优化"的思路进行了部署。动用天然气地质储量为 160.0×10^{8}m^3，部署水平井（开发井）9 口，利用直井（探井）3 口，新建混合气产能 10.2×10^{8}m^3/a，采气速度为 3.4%。

截至 2020 年底，松南气田营城组火山岩气藏累计动用天然气地质储量为 160.0×10^{8}m^3，总井数为 29 口（图 1-18），开井数为 28 口，平均油压为 5.5MPa，日产井口气量为 225.0×10^{4}m^3，日产水量为 869.0m^3，水气比为 3.8m^3/10^{4}m^3，年产混合气量为 7.7×10^{8}m^3，累计产混合气量为 70.9×10^{8}m^3，采气速度为 4.8%，采出程度为 44.3%，年产工业气量为 4.9×10^{8}m^3，累计产工业气量为 49.2×10^{8}m^3（图 1-19）。

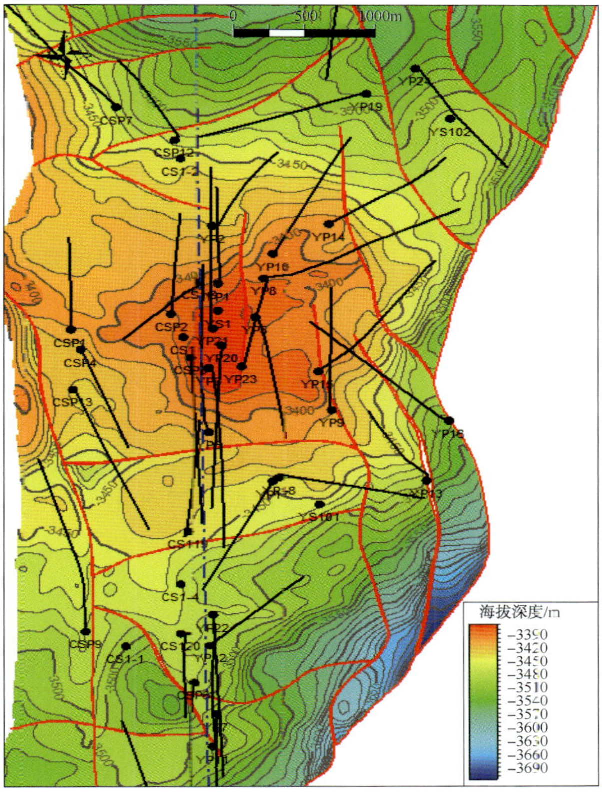

图 1-18 松南气田营城组气藏井位部署图

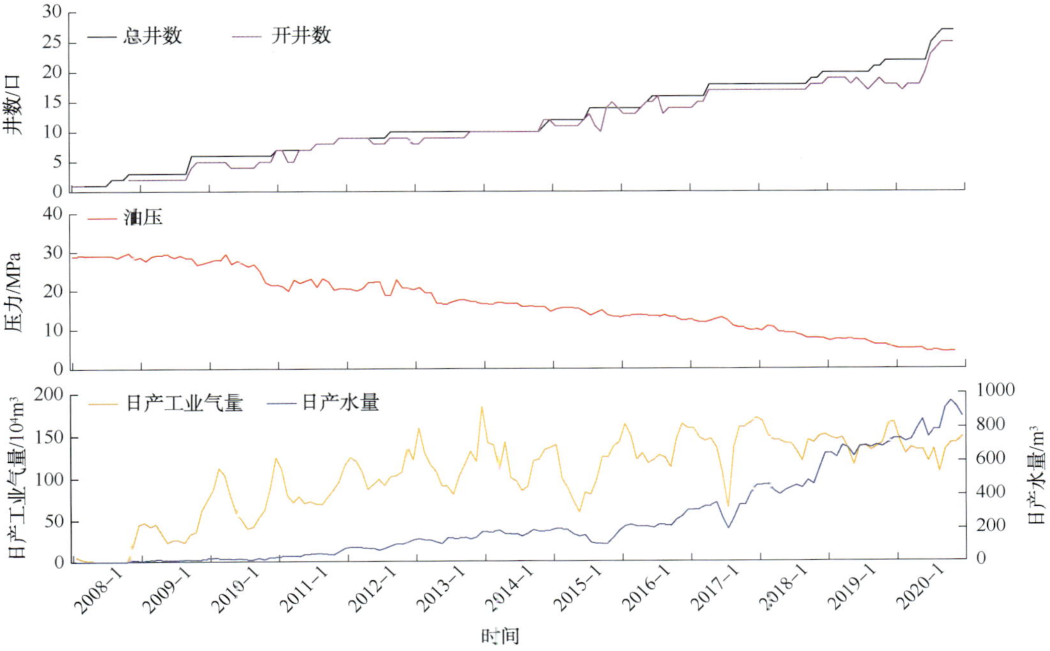

图 1-19 松南气田营城组气藏综合采气曲线

第二章　搞好试气试采评价是正确认识气藏的前提

气井试气试采是气田开发之前不可缺少的重要工作，其目的是深化气藏静态地质特征认识，评价气井产能与生产规模，掌握气藏开发动态特征，研究气、水关系，确定气藏类型，评价储量可动用性，分析采气工艺的适应性，为计算和落实气藏储量、编制气田开发方案提供依据。气井试气试采在气田开发中具有十分重要的作用和地位，搞好试气试采评价是正确认识气藏的前提。

在中国石化开发的气田中，气藏类型多样，其中致密砂岩气藏、高含硫碳酸盐岩气藏、火山岩气藏等复杂气藏占主体地位，本章根据中国石化不同类型气藏的勘探开发实践，有针对性地对不同类型气藏的试气试采工作和成果进行了总结，为今后气藏的开发评价及高效开发提供了借鉴。

第一节　气井试气试采的任务和产能评价方法

一、气井试气试采的任务

气井在完钻后要进行试气，其目的是了解钻探目的层中有无油气，评价目的层产能大小，落实流体性质，认识储层的特征及物性参数，并分析影响试气效果的各种因素，为气层评价和气藏开发提供依据。

气井试采是在开发前期评价阶段确定气井稳定产量、合理工作制度、压降规律、稳产年限、供气范围，以及控制储量、气井产水和气井能量的关键环节，是做好气藏评价和开发方案编制的前提，也是气藏效益开发、降低开发风险的根本保障。在气藏开发前，对气藏的认识仅依赖于少数井的地质和试气资料，此时得到的对气藏的认识有限，存在很大的局限性，尤其是对气藏是否有边水和底水、气藏储量是否落实、产能规模大小等影响气藏开发的关键认识，需要有更丰富的资料加以证实。因此，为了更好地认识气藏的地质与开发特征，在气藏开发初期，必须进行一定时间的试采。在试采过程中，要根据试采的阶段性资料进行分析，不断深化对气藏的认识，及时调整试采工作制度和按需采取相应的措施，为优化开发方案和实现气藏科学、高效开发提供依据。

试气试采的主要任务如下：

（1）认识气井的生产能力。通过部分探井、评价井或试采井组的产能测试资料和试生产数据，评价气井产能与生产规模，建立气井产能方程，计算气井无阻流量，分析气藏纵向和平面上产能的分布特点，以及影响气井产能的主要因素；研究气井/气藏生产动态特征、产能变化规律及稳产能力，确定气井合理的生产方式和工作制度。

（2）利用动态资料分析和验证气藏的地质特征。应用气井试采过程中的不稳定试井和生产动态资料，分析气井产层的地质特征，判断流体渗流模式，确定井底附近地层污染或改善状况、储层特性及物性变化、边界类型、井间干扰等，以及单井供给区域内的地层压力；研究气藏连通关系，判断断层封闭情况，确定水动力系统；进行典型井的井流物 *PVT* 取样及相态研究，分析流体性质及组分，确定凝析油含量及其平面变化和气藏类型；验证气藏气水界面，研究油、气与水关系及分布规律，确定气藏的驱动类型。

（3）通过试采井生产动态资料，用动态法核实气藏天然气储量，预测可采储量，分析气藏储量分布及动用情况，为开发方案设计提供依据。

（4）评价完井、采气工艺的适应性，分析气井储层污染状况，进行完井方法的评价和优化；针对出水气井，开展排液采气工艺试验，制定有效的排液措施；进行压裂及酸化等工艺试验，优选气井生产的合理工艺技术和储层改造措施。

（5）评价天然气集输和处理系统工艺流程及主要设施的适应性，选择有效的地面集输工艺流程和设备。

二、气井产能测试评价方法

气井产能测试以气体的稳定渗流理论为基础，其目的是确定气井的产能方程和合理的生产制度。气井产能测试的基本方法是首先关井并取得静止地层压力，然后开井生产，在短期内多次改变气井的工作制度，待每个工作制度下的压力和产量稳定后，可测量该制度下的产气量、井底流动压力及井口油压、套压等，求出气井产能方程和绝对无阻流量，分析、预测气井的生产能力。目前，产能测试常用的方法有一点法测试、回压试井测试、等时试井测试和修正等时试井测试。

（一）多工作制度测试气井产能评价方法

1. 系统试井产能评价方法

系统试井是气井在多个稳定产量（4～5 个工作制度）生产下，测取相应的稳定井底流动压力的测试方法，也称为常规回压试井。但在现场实施时，对低渗透气藏要快速达到井底流动压力稳定很困难，需要长时间的开井生产。因此，系统试井方法只适合在中、高渗透气藏中应用。

对气井测试资料的分析方法主要有压力平方法和拟压力分析法，分析并求得方程的形式有二项式和指数式。对于恒定边界气藏，当气井以定产量生产且未达到稳定状态时，气井产量与井底流动压力之间满足以下关系：

$$p_r^2-p_{wf}^2=4.242\times10^4\frac{p_{sc}}{T_{sc}}\frac{q_g\mu ZT}{Kh}\left[\lg\frac{8.091\times10^{-3}KT}{\phi\mu r_w^2}+0.8686(S+Dq_g)\right] \tag{2-1}$$

式中 p_r——原始地层压力，MPa；

p_{wf}——井底流动压力，MPa；

p_{sc}——标准状态压力，取 0.101325MPa；

T_{sc}——标准状态温度，取 293.15K；

q_g——气井产量，$10^4m^3/d$；

μ——气体黏度，mPa·s；

T——气层温度，K；

K——地层渗透率，μm^2；

Z——气体偏差系数，无因次；

h——地层厚度，m；

ϕ——孔隙度，%；

S——污染系数，%；

r_w——井眼半径，m；

D——紊流系数；$(10^4m^3/d)^{-1}$。

当气体流动达到稳定状态或拟稳态时，气井的产能方程为：

$$p_r^2-p_{wf}^2=Aq_g+Bq_g^2 \tag{2-2}$$

气井无阻流量的计算公式为：

$$q_{AOF}=\frac{\sqrt{A^2+4B(p_r^2-0.101^2)}-A}{2B} \tag{2-3}$$

$$A=\frac{84.84Tp_{sc}\mu Z}{KhT_{sc}}\left(\lg\frac{0.472r_e}{r_w}+0.434S\right) \qquad B=\frac{36.91Tp_{sc}\mu Z}{KhT_{sc}}D \tag{2-4}$$

式中　A、B——产能方程系数；

q_{AOF}——无阻流量，$10^4m^3/d$；

r_e——外边界距离，m。

其余物理量意义同前。

产能方程右边第一项表示黏滞性引起的压力损失，第二项表示惯性引起的压力损失，这两项之和构成气流入井的总压降。由式(2-2)可知，$(p_r^2-p_{wf}^2)/q_g \sim q_g$ 之间满足线性关系，其直线斜率为系数 B，直线截距为系数 A。通过图解法确定产能方程系数 A、系数 B，即可计算气井无阻流量。由式(2-2)和式(2-3)可知：气井的无阻流量与地层压力成正比；在地层压力一定的条件下，气井的产能主要受产能方程系数 A 和系数 B 的影响，系数 A、系数 B 值越小，则相应的产能越大，即气井产能与产能方程系数 A、系数 B 成反比。产能方程系数 B 主要表征气井的非达西流程度，而产能方程系数 A 是储层物性、测试时间、气井边界等多种因素的综合体现。因此，影响产能方程系数 A 和系数 B 的因素便是影响气井产能的主要因素。

指数式产能公式是气井井底流动压力和产量之间的经验关系方程：

$$q_g=C(p_r^2-p_{wf}^2)^n \tag{2-5}$$

n 值通常介于 0.5~1.0 之间。$n=1$，气流入井相当于层流，符合达西渗流规律；$n=0.5$，气流入井符合非达西渗流规律。

2. 等时试井产能评价方法

等时试井是在若干个不同的产量(至少 3 个以上工作制度)下以相同的时间生产；在以每一产量生产一定时间后均要关井一段时间，使压力恢复到气层静止压力；最后再以某一定产量生产较长一段时间，直至井底流动压力达到稳定。等时试井是为缩短试井时间而提出的，其理论基础是气流入井的有效泄流半径仅与测试流量的生产持续时间有关，而与测试流量数值大小无关。因此，利用等时测试资料可以获得不稳定产能曲线，然后通过稳定点作不稳定产能曲线的平行线，便可获得稳定产能曲线。等时试井法大幅缩短了开井流动时间，但由于关井必须恢复到地层压力稳定状态，因此难以有效减少测试时间。

3. 修正等时试井产能评价方法

修正等时试井是对等时试井的进一步简化和改进。在等时试井中，要求各次生产之间的关井时间足够长，使压力恢复到气藏静止压力，因此一般来说各次关井时间都是不相等的。在修正等时试井中，各次关井时间相同(一般与生产时间相等，也可以与生产时间不相等，不要求压力恢复到静止压力)，最后也以某一稳定产量生产较长时间，直至井底流动压力达到稳定。由此可以看出，修正等时试井最大的特点就是，开井和关井时间相同，不要求压力恢复到静止压力，这大幅缩短了不稳定测试时间。这样，在分析测试资料并求取 n 值或 B 值时，计算每个点的压力差值是以前一次关井的恢复值减去本次开井的井底流动压力值，整个处理过程与等时试井分析过程相似。修正等时试井是目前低渗致密气藏产能测试的主要方法。

从产能评价的理论基础可知，要想获得可靠的气井产能，必须满足一定的测试时间(达到拟稳态流动)，即探测半径达到气井所控制的范围，否则，计算的无阻流量会产生较大误差。如果测试时间过短，气井远未达到稳定生产，计算的无阻流量偏大；如果测试时间过长，则会在储层中形成一定的压降，储层偏离原始状态，使评价结果偏小。

为获得反映气井实际产能的测试资料，在现场实施系统试井时要满足以下条件：①各测试工作制度下的流动压力达到稳定状态，压力稳定是指 8h 内气井井底流动压力变化量不超过该时间段初始点井底稳定流动压力的 0.5%，即可认为气井压力已稳定，各稳定产出测试阶段产量变化幅度小于 5%。②试井的产量应从小到大，按正顺序进行，在进行气井试井时，最小产量工作制度的确定方法是能够控制产量稳定，不能造成井底积液，生产压差约等于地层压力的 5%，最大产量工作制度的确定方法是生产压差低于地层压力的 20%，最大产量不大于无阻流量的 50%。同时，还需要考虑地层情况、工程因素等，如不会引起气井出砂，则不会造成地层水舌进或锥进，以及对凝析气井要防止在地层中或井底凝析出液态烃。③对气水井、凝析气井要将压力计下到产层中部进行测试。

(二) 一点法测试气井产能评价方法

一点法测试是在关井测得地层压力的情况下，开井生产取得一个工作制度下的稳定产量和井底流动压力数据，计算气井无阻流量。一点法测试气井产能评价公式是在二项式产能方程的基础上建立起来的，其无阻流量计算公式为：

$$q_{\mathrm{AOF}}=\frac{\dfrac{2(1-\alpha)}{\alpha}q_{\mathrm{g}}}{\sqrt{1+4\left(\dfrac{1-\alpha}{\alpha^{2}}\right)p_{\mathrm{D}}}-1} \tag{2-6}$$

$$p_{\mathrm{D}}=\frac{p_{\mathrm{r}}^{2}-p_{\mathrm{wf}}^{2}}{p_{\mathrm{r}}^{2}}$$

$$\alpha=A/(A+Bq_{\mathrm{AOF}})$$

式中，物理量意义同前。

一点法测试公式是根据气井系统产能测试成果回归出来的经验公式，公式中 α 不同，产能评价公式则不同。α 与二项式产能方程中的系数 A、系数 B 有关，气藏的储层特征、储层物性、流体性质不同，由此得到的一点法测试公式也有较大不同。在一个新区块中，在条件允许的情况下，应尽可能采用系统产能试井确定气井产能，若要采用单点方法评价气井产能，一定要建立适合本地区的单点气井产能计算公式。一般做法是，通过多口气井的系统试井，统计得到适合本气田的一点法产能公式，然后采用一点法试井来评价气井产能。

我国许多气田都建立了与自己相适合的一点法产能评价公式，例如应用广泛的陈元千公式，就是根据四川省 16 个气田 16 口气井的多点稳定试井取得的分析结果：

$$q_{\mathrm{AOF}}=\frac{6q_{\mathrm{g}}}{\sqrt{1+48p_{\mathrm{D}}}-1} \quad （其中，\alpha=0.25） \tag{2-7}$$

式中，物理量意义同前。

从一点法测试公式[式(2-6)]来看，α 值不同，计算的无阻流量也不同，α 值越大，计算的无阻流量越大，但当测试压差超过地层压力的 25%时，α 值对采用一点法计算的气井无阻流量结果的影响可以忽略不计。

（三）特殊类型气田气井产能评价方法

对于一些特殊类型气田，如高含 H_2S、低渗致密、异常高压等气田，因为其流体渗流机理不同于常规气田，或者气井录取测试资料没有达到稳定状态，采用常规方法处理这类气井的试井资料误差较大，有时甚至无法进行分析。因此，在用产能测试资料评价气井产能时，应在气田流体渗流机理研究的基础上，建立适合特殊类型气田渗流规律的气田流体渗流微分方程及产能评价方法。

普光气田天然气中高含 H_2S，采用常规放喷燃烧方式试气测试时间短，再加上含气井段长、地层非均质性强，准确评价气井产能难度大；大牛地气田低渗致密气藏渗流机理不同于常规气藏，在多工作制度下用传统二项式分析方法确定的不稳定产能直线斜率为负数，无法进一步进行分析；河坝气田超高压气藏开发早期存在明显的岩石变形效应，采用常规方法评价的产能结果明显偏高。针对普光、大牛地、河坝等特殊类型气田气井测试产能评价中存在的问题，在气田开发初期，技术人员研究并提出了短时测试气井产能评价方法、低渗致密气藏考虑启动压力梯度产能评价方法和多层合采气井产能确定方法等，通过气田产能建设实践对比取得较好效果，为普光、大牛地等气田产能建设的顺利完成奠定了基础。

1. 特殊测试资料分析方法

对于一口以定产量生产的气井，其生产压差与气井产量之间满足式(2-1)关系，由该公式可知，在储层物性已确定的情况下，影响气井产能评价结果的因素主要为测试方法和测试条件，如测试时间和测试压力等。根据产能试井分析理论，无论采用单点测试资料还是多工作制度测试资料评价气井产能，均要求气井流体流动达到稳定状态。若测试时间短，流体流动没有进入稳定状态，则采用常规方法难以准确评价气井产能。目前，压力恢复法和模拟校正法能较好地解决这个问题。

1）压力恢复法

根据流体渗流理论，对于具有边界限制的气藏，当压力变化波及气藏边界以后，或者地层压力变化进入拟稳态以后，气井产量与生产压差的关系式为式(2-2)~式(2-4)，由以上公式可以看出，只要知道气井储层物性参数和流体高压物性参数，井网条件和完井条

件 r_e、r_w 值，以及非达西流(紊流)系数 D，即可求出气井二项式产能方程。

在实际应月时，通过现代试井方法分析气井关井压力恢复资料，在求出地层物性参数和流体高压物性参数之后，将其代入相关方程[式(2-2)、式(2-3)]，计算二项式产能方程系数 A、系数 B 和无阻流量。

压力恢复资料确定气井产能的方法适用于测试段气体流动不稳定，但压力恢复较为充分(可以反映储层特征参数)的测试井的产能评价。

2）短时测试气井产能评价方法——模拟校正法

根据产能试井理论，一点法测试和系统试井产能评价方法都要求所有测试点达到稳定流动状态，普光气田天然气中高含 H_2S，在生产管线建成之前进行稳定试井成本高、风险大，在评价阶段主要采用一开一关的测试方法，开井测试时间一般是 2~10h，大部分气井井底压力未达稳定状态，造成采用常规产能评价方法确定的气井无阻流量偏高。

采用模拟校正法确定气井产能的思路：①利用一口气井的试气关井压力恢复测试资料，进行不稳定试井解释，分析并确定测试层和测试井的特性及储层参数，建立反映测试井地层特性的单井地质模型。②采用建立的测试井地质模型，模拟气井产能试井过程，即试气过程中的压力变化，确定达到拟稳定状态的井底流动压力。③用测试井试气的产量、地层压力及确定的稳定井底流动压力，选择适合这类气藏的一点法测试公式或多工作制度产能评价方法评价气井产能。

普光气田在进行气井试气后，取得了比较完整的压力恢复资料。例如，普光 6 井在飞一段—飞二段中部进行一开一关测试，测试时间为 7h，测试产量为 $128.0\times10^4m^3/d$，测试后关井恢复时间为 115h。采用模拟校正方法，计算气井无阻流量为 $438.5\times10^4m^3/d$，采用测试 7h 后的不稳定流动压力，计算气井无阻流量为 $663.3\times10^4m^3/d$，比用模拟校正法确定的气井无阻流量偏大约 51.3%。

模拟校正法是针对高含硫气田气井测试时间短、确定的气井产能偏高而被提出的校正方法，此方法的理论基础是用气井不稳定试井资料建立反映气藏动态特性的地质模型，进而评价气井产能。因此，该方法还可用于其他因测试时间短而影响气井产能评价结果的气藏中，如低渗、特低渗气藏。

2. 低渗致密气藏气井产能评价方法

1）具有启动压力梯度的低渗致密气藏气井产能评价

低渗致密气藏普遍具有低孔、低渗、高束缚水饱和度的特点。国内和国外研究表明，对于束缚水饱和度较高的低渗致密气藏，只有当压力梯度大于某个起始值时，气体才能流动，即低渗致密气藏气体渗流存在启动压力梯度。启动压力梯度的存在，使得气井生产时井底流动压力下降快，关井后压力恢复相对较慢，导致产能曲线出现异常，采用实测资料并用传统二项式分析方法确定的产能直线斜率为负值(图 2-1)，进而导致无法进行分析。针对此问题，可以建立考虑

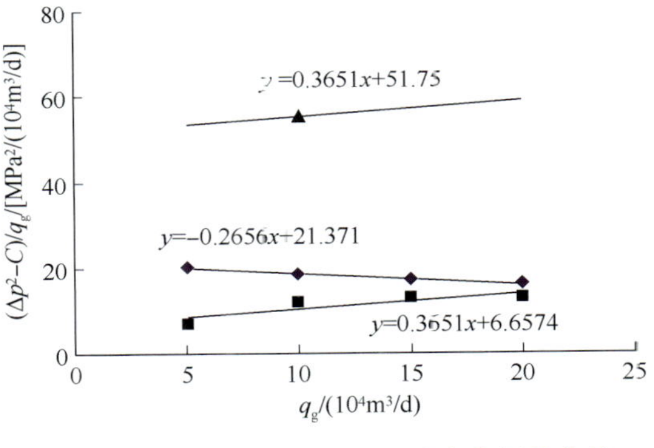

图 2-1　大牛地气田气井二项式产能评价曲线

启动压力梯度的低渗致密气藏渗流微分方程及气井产能试井评价新方程。

具有启动压力梯度的低渗致密气藏气井的不稳定渗流产能方程为：

$$p_r^2 - p_{wf}^2 = Aq_g + Bq_g^2 + C \tag{2-8}$$

新的产能方程中多了一个常数项 C，其反映由启动压力梯度引起的附加压力降。其他物理量意义同前。采用式(2-8)所示产能方程可以准确评价气井产能。

2）大牛地气田一点法产能评价方法

2003—2004 年，在大牛地气田产能建设阶段，为了准确地通过一点法测试评价气井产能，技术人员开展了 7 口井的多工作制度测试，对这 7 口井开展了二项式产能评价，确定了气井产能方程、方程系数 A 和方程系数 B，计算了气井绝对无阻流量，并计算了一点法中的 α 值，建立了适用于大牛地气田直井的一点法产能公式：

$$q_{AOF} = \frac{0.5861q_g}{\sqrt{1+1.4588p_D}-1} \quad （其中，\alpha=0.7788） \tag{2-9}$$

2012 年，在大牛地气田部分地区开始采用水平井开发，通过开展 4 口气井的系统试井，建立了适用于大牛地气田水平井的一点法产能公式：

$$q_{AOF} = \frac{0.3015q_g}{\sqrt{1+0.6939p_D}-1} \quad （其中，\alpha=0.8690） \tag{2-10}$$

3）多层合采井产能评价方法

大牛地气田发育了多套气层，大部分井采用多层合采方式，合采井全井段试气以单层分试为主。因此，确定合采井全井段的产能非常重要，它是指导气井初期配产的依据。

针对大牛地气田合采井单层试气资料，通过分析多层合采井垂直管流压降，建立评价多层合采井产能的方法。具体计算步骤：假设合采气井由下至上有 3 个生产层段，分别是 1 层、2 层和 3 层，首先进行单层试气，分别确定各层产能方程；然后根据 3 个层段的产能方程，按垂直管流原理，以最下部的 1 层为起点，从下往上依次计算出 1 层、2 层和 3 层的流动压力和产量；第三步将计算出的 3 个层段产量相加，得到 3 个合采层段总产量；最后根据计算出的合采总产量与合采层段中部所对应的井底流动压力，计算得到 3 个层段合采的产能方程。

在大牛地气田的开发过程中，采用上述方法对 10 余口多层合采气井的全井段无阻流量进行了计算。实际应用表明，大牛地气田储层物性差、气层薄、气井产量低(绝大部分气井无阻流量小于 $10.0\times10^4 m^3/d$)，大部分含气井段长度小于 100m，根据垂直管流原理并考虑层间影响，由计算分析结果可知，合层开采全井段无阻流量只略小于各个层段的无阻流量之和，此差距可以忽略不计。因此，可认为多层合采井全井段无阻流量等于各个层段的无阻流量之和。

3. 超高压气藏气井产能评价方法

超高压气藏不同于常规气藏，在开发过程中，随着地层压力的不断下降，储层会发生明显变形，导致其物性发生变化。由于超高压气藏气体渗流规律与传统多孔介质中气体渗流规律存在较大差异，如果用常规的二项式和指数式方法评价超高压气藏气井产能会产生较大误差。运用气体稳定渗流理论，考虑气体渗流中非线性渗流和岩石变形等特点，可建立起反映超高压应力敏感性气藏特性的气井产能方程：

$$\psi_r - \psi_{wf} = Aq_{sc} + Bq_{sc}^2 \quad (2-11)$$

其中：$\Psi = 2\int_{p_i}^{p} \frac{K(p)}{\mu Z}dp$

渗透率随压力变化为：

$$K(p) = K_i \exp[-\alpha(p_i - p)] \quad (2-12)$$

式中 ψ——拟压力，$MPa^2/(mPa \cdot s)$；

ψ_r、ψ_{wf}——p_r 和 p_{wf}对应的拟压力，$MPa^2/(mPa \cdot s)$；

q_{sc}——气井地面标准状况下的产量，$10^4 m^3/d$；

$K(p)$——覆压力下的渗透率，$10^{-3} \mu m^2$；

K_i——空气渗透率，$10^{-3} \mu m^2$；

p_i——有效覆压，MPa。

其余物理量意义同前。

河坝气田飞三段气藏为碳酸盐岩超高压气藏，其岩心室内应力敏感实验结果表明，气藏渗透率应力敏感性强，生产过程中随着有效应力的增加，储层渗透率大幅下降，下降幅度达 60%～80%。技术人员对河坝 1 井进行了 4 个工作制度的系统试气，采用应力敏感气井产能方程计算无阻流量为 $198.1 \times 10^4 m^3/d$，而采用常规二项式方法评价该气井无阻流量为 $291.0 \times 10^4 m^3/d$。河坝 1 井在试采半年后再次进行系统试井，评价后得气井产能无阻流量为 $180.0 \times 10^4 m^3/d$，与开发初期考虑应力敏感评价的产能基本吻合。因此，对应力敏感性气藏，应采用应力敏感气井产能方程评价气井产能。

综上所述，影响气井产能的因素有很多，任何一个因素都可以给气井产能评价结果带来误差。对某一口气井，要想达到准确确定气井产能的目的，必须采用合适的产能试井方法，并满足要求的测试条件（测试时间和测试压力等），以及取得规范的测试资料。不同类型气藏气井产能测试的方法并不相同，而且根据测试资料评价气井产能的方法也不相同，在气田开发初期通过测试资料进行产能评价的具体思路如下：

（1）以试气或产能测试井的测试资料为基础，剖析测试资料的特点及存在的问题。

（2）分析不同产能评价方法的适用条件和可靠性，结合气井测试方式和测试资料特点，评判、优选或研究、提出适合本气藏特点的气井产能评价方法。

（3）利用优选出的产能评价方法，针对不同类型的测试资料，建立测试井的产能方程，计算绝对无阻流量，并依据计算结果分析、评价气井产能潜力及产能的分布规律。

（4）分析影响气井产能的主要因素，应用统计学等方法建立储层物性与气井产能关系的预测模型，并提出新井产能的预测方法。

三、气井试采重要性

从气井产能测试评价理论模型可知，影响气井产能的主要因素是井底附近的地层系数、完井质量及产能测试点选取的时间。在勘探阶段和开发早期，通过试气测试认识气井产能，由于测试时间比较短，探测半径范围有限，主要反映的是气藏中井筒附近的产气能力，即气井的初期瞬时产能，而难以反映出气井的稳产能力、气藏连通性和储层物性，计算出的产能值一般都较高，得到的往往是不稳定的无阻流量。所以，只有通过长时间的试采，才能准确确定稳定产量、稳产期限、储层连通性及能量状况，这对气田开发井距和开发指标的确定是非常重要的，特别是对于裂缝性、河道型低渗致密等非均质性较强的气藏，气井试采更为重要，只靠气井短期试气测试评价获得的气井产能存在较高的风险。因此，在气藏开发前期评价阶段，在气井试气测试的基础上，要创造一切条件进行试采，包括直接进管道试采、撬装装置试采、焚烧试采，尽一切可能延长试采时间，并做好动态监测工作，以准确确定气井产能大小及稳产能力，认识储层特征参数和采取有效工艺措施，降低开发风险。中国石化在各种特殊类型气田的试气试采方面积累了一些成功经验，对准确评价气田及实现高效开发具有指导意义。

第二节　气井试气试采成功案例

一、大牛地气田气井试气试采

大牛地气田位于鄂尔多斯盆地伊陕斜坡北部东段，其主要含气层段为上古生界二叠系下石盒子组、山西组，以及石炭系太原组，埋藏深度为2600~2900m。该气田具有典型的“四低”特点，而且气层多、单层厚度小、单井产能低、储层非均质性严重，各气层在压裂前基本无产能，所有气井均在压裂后进行了产能试井。

2000—2004年，大牛地气田进入勘探评价和开发准备阶段，技术人员先后对40余口井进行了试气。针对大牛地气田储层低渗、致密及其测试资料的特点，通过系统研究和实践，建立了大牛地气田直井和水平井一点法产能评价方法、致密气井产能评价方法及多层合采气井产能评价方法，应用上述方法评价试气井产能，计算出气井无阻流量，初步明确了大牛地气田气井产能分布特征及影响因素。为落实大牛地气田不同区域、不同层位气井的稳产能力、储层物性及连通性，技术人员选取了20余口不同类型的试气井（盒2段、盒3段、山1段、山2段、太2段气层单层开采井和多层合采井），试气后不关井直接进管道进行试采。通过进行长时间试采及试采动态资料分析，落实了气田不同类型气井的稳产能力和合理产量，初步认识了气井产能变化规律、井控储量及储层连通性，确定出适合大牛地气田开发的技术政策和工作制度，指明了先导试验工程技术的攻关方向，为编制大牛地气田第一个$10.0\times10^8m^3/a$产能建设开发方案和尽快实现大牛地气田规模效益开发提供了重要依据。

（一）试气井试井分析及产能评价

截至2004年5月，技术人员对大牛地气田共进行一点法试气48口井、95层次，采用多工作制度测试7次，关井压力恢复试井31井次。应用一点法公式和合采井产能评价方法，计算出大牛地气田目标区内试气井的无阻流量，采用不稳定试井方法评价了储层物性参数。大牛地气田气井试气产能及储层特征如下：

（1）从整体上分析看，低产井层多，高产井层少。气井无阻流量大于或等于$10.0\times10^4m^3/d$的相对高产井有8井层，占工业气流井的8.99%；气井无阻流量介于$(5.0\sim10.0)\times10^4m^3/d$之间的中、低产井有7井层，占工业气流井的7.87%；气井无阻流量介于$(0.5\sim5.0)\times10^4m^3/d$之间的低产井有74井层，占工业气流井的83.14%，见表2-1。

表 2-1　大牛地气田绝对无阻流量分类表

$q_{AOF}/(10^4m^3/d)$	井层数	比例/%	无阻流量/($10^4m^3/d$)		
			最高值	最低值	平均值
≥10.0	8	8.99	52.17	10.16	21.65
5.0~10.0	7	7.87	8.57	5.34	6.58
0.5~5.0	74	83.14	4.13	0.55	1.60

(2) 储层纵向上、横向上产能差异较大，盒2段、盒3段气井产能较高。大牛地气田纵向上产能差异大，气井无阻流量自下而上明显增大，高产层位均位于盒2段、盒3段气层中。盒2段、盒3段气层的11口井的单井平均无阻流量为$11.27\times10^4m^3/d$，其中盒3段单井平均无阻流量为$14.60\times10^4m^3/d$，盒2段单井平均无阻流量为$4.11\times10^4m^3/d$，大15井、大16井、大开2井和大开4井的气层无阻流量为$(16.44\sim38.87)\times10^4m^3/d$，大开13井盒3段气层无阻流量高达$52.20\times10^4m^3/d$；山1段气层20井次的单井平均无阻流量为$1.67\times10^4m^3/d$，最高无阻流量为$3.59\times10^4m^3/d$；山2段气层11井次的单井平均无阻流量为$1.86\times10^4m^3/d$，最高无阻流量为$7.03\times10^4m^3/d$；盒1段气层单井平均无阻流量为$1.64\times10^4m^3/d$，最高无阻流量为$4.13\times10^4m^3/d$(大开6井)；太2段气层单井平均无阻流量为$1.77\times10^4m^3/d$，最高无阻流量为$2.68\times10^4m^3/d$(大23井)。各气层无阻流量在平面上分布变化较大，气井相隔几百米距离，产能差异很大，反映出储层在平面上沉积相、物性、含气性等变化很大，以及非均质性严重。

(3) 气藏为低压-正常压力系统，压裂后储层有效渗透率仍偏低，储层为典型的低渗致密储层。山1段气藏压力系数为0.94~0.97，平均为0.96；山2段气藏压力系数为0.88~0.97，平均为0.91；盒2段、盒3段气藏压力系数为0.95~1.02，平均为0.98，盒1段气藏压力系数平均为0.89，太2段气藏压力系数平均为0.92。关井恢复试井分析表明，压裂后储层有效渗透率介于$(0.003\sim0.900)\times10^{-3}\mu m^2$之间，其中盒2段、盒3段气层渗透率相对较高，试井解释气层有效渗透率大于$0.1\times10^{-3}\mu m^2$的井都集中在这两个层段中；山西组储层有效渗透率较低，几乎全部小于$0.1\times10^{-3}\mu m^2$。气井渗流均符合线性渗流特征(图2-2)，其中23井次的压力恢复资料出现有限导流垂直裂缝流动特征，即压力曲线和导数双对数曲线呈斜率为1/4的直线，5井次的压力恢复资料出现无限导流垂直裂缝特征，即压力曲线和导数双对数曲线呈斜率为1/2的直线，解释裂缝半长为13.9~200.7m，大部分裂缝半长介于35.0~75.0m之间，平均为64.4m。

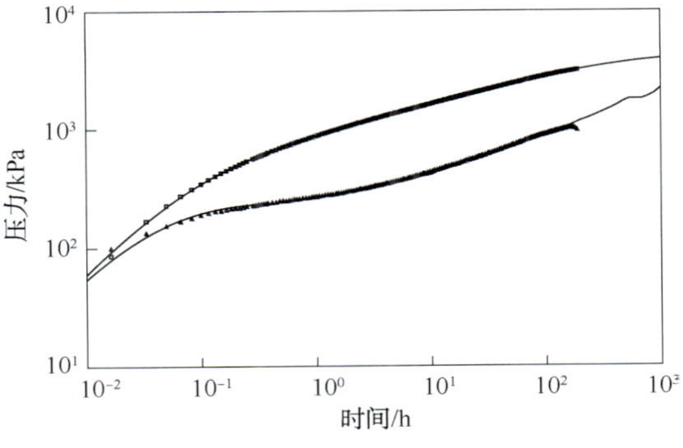

图2-2　大开2井盒3段压力恢复导数双对数曲线

(4) 气层物性、含气性、气层厚度等参数是影响大牛地气田气井产能的主要地质因素。大牛地气田是受储层控制的岩性气藏，根据试气测试层产能评价结果，分析储层参数与气井无阻流量的关系，无阻流量受气层厚度、物性、地层系数、含气性、沉积微相等多种地质因素影响，气层厚度、含气饱和度、孔隙度与无阻流量的相关性最强，是影响产能的主要地质参数。其中，气层无阻流量与气层厚度为线性正相关关系，而与孔隙度、含气饱和度为指数正相关关系，如图 2-3 所示。

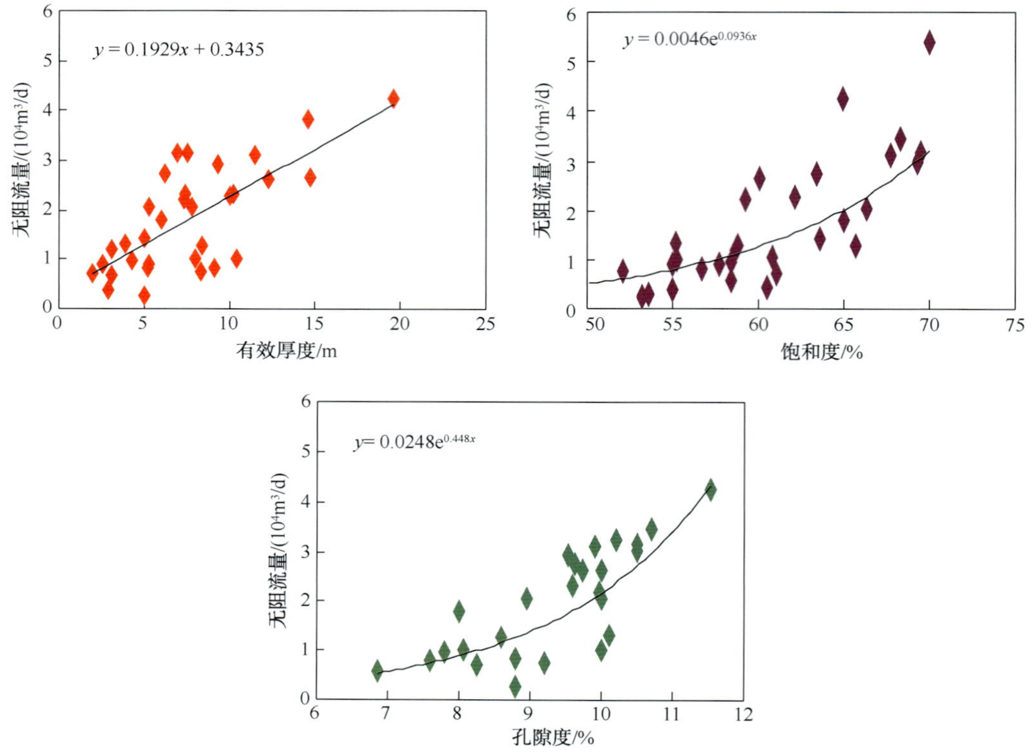

图 2-3　气层有效厚度、饱和度和孔隙度与无阻流量的关系

根据分析得到的气井无阻流量与地层系数、孔隙度、含气饱和度等储层参数的相关关系，以无阻流量为因变量，以试气层的厚度、孔隙度、含气饱和度等参数为自变量，进行多元线性回归，可以建立新井无阻流量预测方程，见表 2-2。利用所建的产能预测模型，根据储层参数计算不同气井无阻流量，并与实际测试产能进行对比，其相关性达到 0.83~0.90。通过试气资料建立的气井产能预测经验公式为大牛地气田滚动建产选区评价奠定了坚实的基础。

表 2-2　不同层位无阻流量计算模型

层　位	无阻流量计算模型
盒 2 段、盒 3 段	$q=0.532h+0.801e^{Sg}+3.012e^{\phi}-4.640$
盒 1 段	$q=0.089h+2.239e^{Sg}+5.182e^{\phi}-9.116$
山西组	$q=0.280h+0.569e^{Sg}+8.140e^{\phi}-9.520$
太原组	$q=0.216h+1.234e^{Sg}-2.089$

注：计算模型中物理量意义同前。

（二）气井试采动态分析

2001—2004 年，在大牛地气田勘探评价和开发准备阶段，技术人员对多口气井进行了试采，其中在先导性试验区对 7 口井进行了试采（单层试采井 5 口，多层试采井 2 口），在其他区对 16 口井开始了采气（单层开采井 10 口，多层合采井 6 口）。截至 2004 年 8 月，试采井数达 27 口，该气田已累计产气 $4709.4\times10^4m^3$，累计产油 $95.8m^3$，累计产水 $973.4m^3$。对其中开采时间较长的部分气井进行了采气动态分析，基本搞清了气井压力、产量变化规律和控制因素，以及储层的连通性，为开发井距、合理工作制度等开发技术政策的确定奠定了基础。总结不同类型气井试采动态特征，主要得到以下认识：

（1）在盒 2 段和盒 3 段气层见高产气井，按无阻流量的 1/9～1/7 配产，压力下降平稳，日产气量稳定。

如盒 3 段气层试采井大 15 井，其测试无阻流量为 $16.0\times10^4m^3/d$，共生产 278d，累计生产天然气 $590.67\times10^4m^3$，单位压降产气量为 $256.00\times10^4m^3$，如图 2-4 所示。在 2003 年 4 月—2004 年 8 月试采期间，初期按照无阻流量的 1/5 配产到 $3.0\times10^4m^3/d$，油压和套压下降较快，之后调低配产到 $2.0\times10^4m^3/d$（无阻流量的 1/8～1/7），压力下降平稳、缓慢，下降速度为 0.01～0.02MPa/d，生产压差低于 3MPa，日产气量稳定，大致可以稳产 3～4 年。

如盒 3 段气层试采井大 16 井，其测试无阻流量为 $13.3\times10^4m^3/d$，共生产 254d，累计生产天然气 $426.03\times10^4m^3$，单位压降产气量为 $228.00\times10^4m^3$。试采初期，按照无阻流量的 1/7～1/6 配产到 $(2.0～2.7)\times10^4m^3/d$，油压和套压下降较快，平均下降速度为 0.08MPa/d，在调低配产到 $(1.5～1.7)\times10^4m^3/d$（无阻流量的 1/9～1/8）后，平均压力下降速度为 0.02MPa/d。可见，按照无阻流量的 1/9 配产压力下降缓慢，气井可稳定生产。

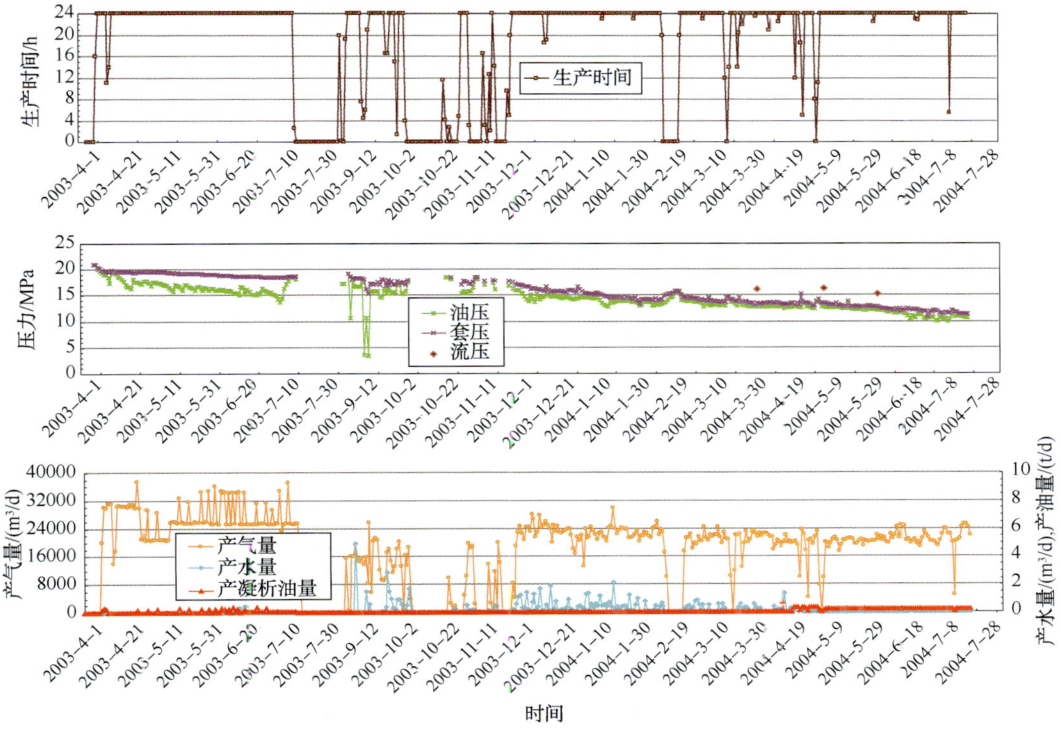

图 2-4　大 15 井采气曲线

（2）不同层位、不同类型气井井控储量差异大，盒 2 段、盒 3 段高产井气井压力波及范围大、井控动态储量大，其他单层与合层低产气井泄气半径小、井控动态储量小。

根据试采期间的生产动态数据，采用压力恢复曲线法与物质平衡法，确定盒 2 段、盒 3 段气层气井泄气半径为 400~500m，单井控制储量为 $0.8\times10^8m^3$，一次井网可考虑采用 800~1000m 井距。其他单层与合层开采区低产气井泄气半径为 200~250m，单井控制储量为 $0.4\times10^8m^3$，多层合采井控制储量可达 $(0.7\sim0.8)\times10^8m^3$。低产气井由于储层物性差、试采时间短（不到 1 年）、压力传导慢，由此评价的泄气半径和井控动态储量均较小。

（3）低产气井（无阻流量小于 $10.0\times10^4m^3/d$）按照无阻流量的 1/6~1/5 配产生产，井底有积液，气井稳产时间短、产量波动大、压力下降快，难以达到稳产状态。

如大探 1 井为山 1 段气层单层试采井，试气无阻流量为 $3.7\times10^4m^3/d$，其中 2001 年以 $0.6\times10^4m^3/d$ 的产量试采（无阻流量的 1/6），83d 内油压降低到 5.3MPa；在 2003 年 4 月第二次试采前，井口油压恢复到 17.7MPa，静压（静止压力）恢复到 23.2MPa，该井第二次试采仍以 $0.6\times10^4m^3/d$ 的产量配产，共计生产 118d，累计生产天然气 $67.10\times10^4m^3$，油压下降到 6.0MPa，平均压降为 0.042MPa/d，试采曲线如图 2-5 所示。在试采过程中，油压、套压压差逐步增大，表明井底存在积液，该产量不具备携液能力，期间又进行了泡排试验，产水量为 $0.36\sim1.80m^3/d$，油压下降速度变缓，泡排对减少井底积液具有一定的效果。可见，大探 1 井由于气层渗透性差，试采时稳产期短，压力下降快，但关井后压力可以逐渐恢复，能量并未衰减，因而对此类低产气井可以采用间歇开井的生产方式。

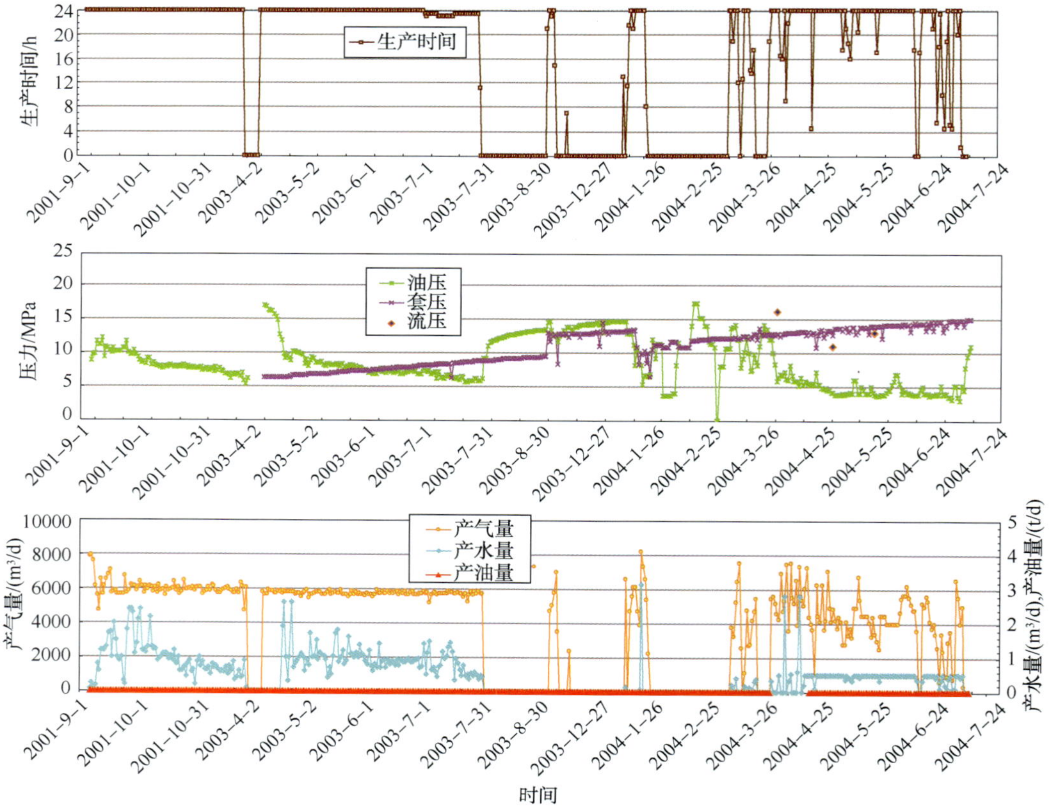

图 2-5　大探 1 井采气曲线

大牛地气田低产层气井由于产能较低，试采期间一般均有井底积液，在生产初期配产时可以适当放大压差，不追求长期稳产，遵循“低产高配”原则，采用间歇生产、提产带液排水、柱塞气举排水的手段提高气井产出程度。

(4) 多层合采气井层间干扰小，对大牛地气田低产气层，可以采用多层合采方式进行开发。

为了解合采气井的层间干扰情况，技术人员对多层合采气井大开5井(山1段、山2段、盒1段和盒2段)及鄂9井(山1段、山2段和盒1段)进行了生产测试，生产测试结果表明，各产气层均有天然气产出，且产出比例与模拟理论计算结果基本一致，表明层间干扰不严重。对鄂9井进行了3次不同工作制度的测试，结果表明，鄂9井各个气层产气量随井底压力的降低而增加，虽然增加的幅度不同，但没有出现倒灌的现象，这也说明气层之间相互干扰、相互作用的程度较小，对全井总的产气量影响不大。因此，对大牛地气田可采用多层合采工艺进行开发。

在大牛地气田开发评价阶段，技术人员通过试气和试采动态资料分析，落实了山1段、山2段、盒2段、盒3段的储量和产能，初步认识了高产气井、低产气井、合采气井的生产动态特征，指明了先导试验提高单井产量的工程技术攻关方向，明确大牛地气田开发技术政策指标优化措施。盒2段、盒3段气层储量作为优质储量可以优先被动用，盒2段和盒3段气层高产气井按照无阻流量的1/9~1/7配产可稳产3年。单层低产气井效益差，可采用单层压裂多层合采方式开采，试采确定气井泄气半径为400~500m，一次井网可采用800~1000m井距，在此基础上，于2004年10月编制了大牛地气田第一个$10.0\times10^8m^3/a$产能建设开发方案，并于2005年11月4日顺利完成该产能建设。截至2020年底，大牛地气田累计生产天然气$418.9\times10^8m^3$，成为具备年产$30.0\times10^8m^3$天然气能力的中国石化第三大气田。

二、普光气田气井试气产能评价

2006年，技术人员在对普光气田长兴组—飞仙关组气藏编制开发方案时，已完钻10口探井的20个层段测试获得高产工业气流。由于普光气田天然气中高含H_2S，在天然气净化厂和生产管线建成之前，采用稳定试井测试方法确定气井产能成本高、风险大，在气田投产前基本没有进行过系统测试，所有探井产能测试主要采用一开一关或二开一关的工作方式，每个开井测试段采用1~4个工作制度，开井时间最长27.4h，每个工作制度测试时间只有2~10h，除个别测试层达到稳定状态外，其余大部分测试层均未达到稳定状态。

针对普光气田气井测试时间短、井底压力未稳定，以及常规方法确定的无阻流量偏高的问题，在气田开发初期，技术人员运用气井渗流理论，研究并提出了针对探井短时测试气井的产能评价方法——模拟校正法，对测试井产能进行了评价；同时，针对普光气田试气井都有较好的关井恢复资料，技术人员采用压力恢复数据分析、解释了储层参数，用二项式产能方程计算了测试段产能。在产能建设阶段，为进一步落实产能，引进了配套焚烧炉和EE级/HH级组合流程放喷试气工艺，对高含H_2S气井开展了长时间的系统试气，并采用多种方法研究、确定了普光气田的气井产能。

（一）试井对储层特征的认识

在普光气田勘探开发评价阶段，技术人员对含气面积内的每一口试气井均进行了关井测试，取得了较好的气井关井恢复资料，为准确地评价储层地质特征和地质参数奠定了基础。根据普光气田主体普光1井、普光2井、普光4井、普光5井、普光6井和普光7-侧1井等14层次的压力恢复数据，通过压力曲线特征分析，结合地质研究成果，得到以下几个方面的认识：

（1）普光2井区、普光3井区气藏的长兴组、飞仙关组气藏各气层测试层段压力系数接近，介于1.09~1.18之间，皆为常压气藏。

（2）飞仙关组气藏主要表现为单一的渗流介质特征，关井压力导数双对数曲线出现径向流水平段，反映出复合气藏和均质气藏的流动特征；长兴组气藏多表现出双重介质特征，表明长兴组储层较飞仙关组储层裂缝更为发育，这与从地质上取得的认识一致。

（3）飞仙关组储层平面非均质性严重，长兴组储层渗透性平面差异小。长兴组气藏含气范围主要分布在构造位置相对较高的普光2井、普光5井和普光6井井区，有效渗透率分别为$1.68\times10^{-3}\mu m^2$、$1.18\times10^{-3}\mu m^2$和$1.15\times10^{-3}\mu m^2$，数值非常接近，表明储层渗透性平面差异较小；飞仙关组气藏平面上表现出较强的非均质性。在同一层位上，构造位置较低的普光1井飞一段、飞二段中部储层有效渗透率为$0.73\times10^{-3}\mu m^2$；构造位置较高的普光2井和普光6井飞一段、飞二段中部储层有效渗透率分别为$13.30\times10^{-3}\mu m^2$和$7.17\times10^{-3}\mu m^2$；普光7-侧1井飞一段、飞二段中部储层有效渗透率为$4.30\times10^{-3}\mu m^2$。另外，普光气田主体绝大部分层段的压力恢复曲线都表现出平面非均质性特征，因而对此多采用复合模型进行解释，近井地带和远井区域储层有效渗透率存在不同程度的差异，反映出飞仙关组储层平面非均质性严重。

（4）纵向上储层渗透性差异大，飞仙关组气藏飞一段—飞二段中、下部储层渗透性较好，长兴组次之。通过试井解释的有效渗透率，构造高部位飞一段—飞二段中、下部储层内、外部有效渗透率明显高于其他各层段，其有效渗透率介于$(4.00\sim56.00)\times10^{-3}\mu m^2$之间，是普光气田主体的主力层段；长兴组次之，平均有效渗透率为$1.34\times10^{-3}\mu m^2$。飞一段—飞二段上部、飞三段储层渗透性最差，其有效渗透率仅为$0.40\times10^{-3}\mu m^2$。

（5）在完井过程中，均对储层造成不同程度的污染，渗透性越好的储层遭受的污染越严重。普光2井和普光6井飞一段—飞二段中部、普光2井飞一段—飞二段上部、普光4井飞一段—飞二段下部、普光7-侧1井飞一段—飞二段中部等储层有效渗透率高，测试评价产能也较高，但是这5个层段被解释的总表皮系数也很高，分别为185.00、210.00、8.48、8.68和15.00（无量纲），其他各井各层段被解释的表皮系数为0.20~3.72，相对较小。说明该气藏各测试层段都遭受了不同程度的污染。

（6）酸化压裂后，储层污染得以解除，储层渗透性得到不同程度的改善。普光2井飞三段被酸化压裂后，出现明显的裂缝特征（图2-6、图2-7），解释的裂缝半长为23.8m；储层的渗流能力得到一定的改善，渗透率由酸化压裂前的$0.44\times10^{-3}\mu m^2$提高到酸化压裂后的$1.03\times10^{-3}\mu m^2$。普光6井飞一段—飞二段中部酸化压裂后，表皮系数由酸化压裂前的210.00下降为酸化压裂后的-4.16，储层有效渗透率变化不大。说明该层段的酸洗效果比较明显。

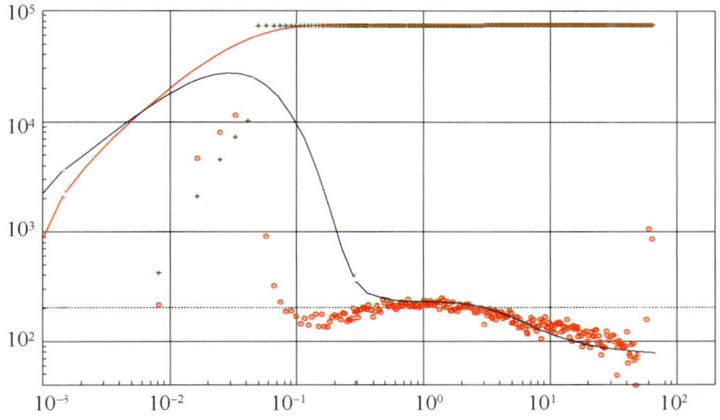

图 2-6 普光 2 井飞一段—飞二段中部压力试井曲线

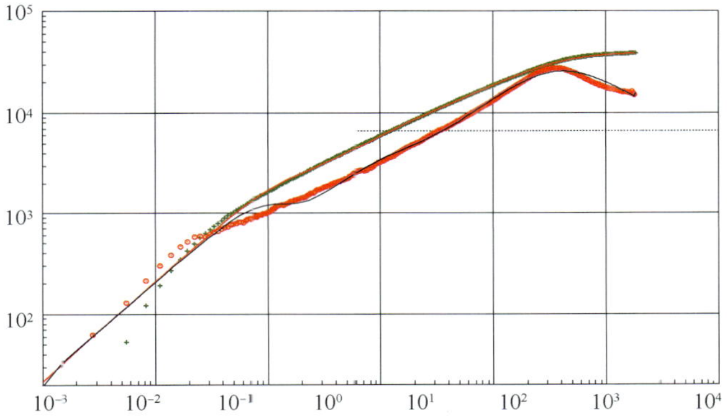

图 2-7 普光 2 井飞三段酸化压裂后试井曲线

（二）测试层段产能评价

1. 长兴组测试层段无阻流量

普光气田探井长兴组气层试气生产压差小、测试时间短，而测试时间的长短对产能影响较大，因此在对长兴组进行产能评价时，首先采用前文中提出的模拟校正法模拟产能试井曲线，确定出试气达到稳定状态时的井底压力，然后采用陈元千的一点法公式计算产能。采用模拟校正法和一点法计算的长兴组气藏各测试层段的无阻流量结果见表 2-3。

表 2-3 长兴组测试层段无阻流量计算表

井 名	层 段	测试段/m	模拟校正法 q_{AOF}/(10^4m^3/d)	一点法 q_{AOF}/(10^4m^3/d)
普光 2 井	长兴组	5237.0~5281.6	110.2	84.8
普光 5 井	长兴组	5141.0~5243.8	132.9	92.5
普光 6 井	长兴组	5295.0~5385.2	134.2	98.7
普光 8 井	长兴组	5509.0~5592.0		18.6

从表 2-3 中可以看出，普光气田长兴组气层产能在平面上有较大差异，处于构造高部位的普光 2 井、普光 5 井和普光 6 井长兴组气层产能高，无阻流量为(84.8~98.7)×

$10^4 m^3/d$，而处于构造低部位的普光 8 井长兴组气层产能低，且无阻流量很低，仅有 $18.6 \times 10^4 m^3/d$。

2. 飞仙关组测试层段无阻流量

普光气田探井飞仙关组气层试气生产压差大，测试时间对产能计算结果影响不大，无须校正测试时间对气井产能的影响，采用一点法及压力恢复法计算飞仙关组各测试层段无阻流量，结果见表 2-4。

表 2-4　飞仙关组测试层段无阻流量计算表

井　名	层　段	测试段/m	压力恢复法 q_{AOF}/($10^4 m^3/d$)	一点法 q_{AOF}/($10^4 m^3/d$)
普光 1 井	飞一段—飞二段中部	5610.3~5666.2	49.4	56.3
普光 2 井	飞三段	4776.8~4826.0	18.9	33.2
	飞一段—飞二段上部	4933.9~4985.4	16.9	23.3
	飞一段—飞二段中部	5027.5~5102.0	74.9	71.6
普光 4 井	飞一段—飞二段下部	5759.3~5791.6	92.7	90.2
普光 5 井	飞三段	4830.0~4868.0	16.2	15.8
普光 6 井	飞三段	4850.7~4892.8		48.4
	飞一段—飞二段中部	5030.0~5160.0	55.0	35.4
普光 7-侧 1 井	飞一段—飞二段上部	5484.7~5546.7	25.1	20.7
	飞一段—飞二段中部	5571.7~5590.7	46.4	35.9
普光 9 井	飞一段—飞二段中、下部	5915.8~6099.5	133.0	121.4
	飞一段—飞二段中、下部	5915.8~5993.0(酸压)	266.4	275.8

通过综合分析地质特征及产能评价结果，普光气田飞仙关组各层段纵向上产能表现出明显差异的特点，飞一段—飞二段中、下部气层的产能高，飞一段—飞二段上部、飞三段气层的产能低，飞一段—飞二段中、下部气层是普光气田飞仙关组气藏的主力产层。

（三）气井酸化压裂效果分析

通过试井分析可知，普光气田和罗家寨气田飞仙关组气藏大部分气井在钻井、完井过程中，其产层存在严重污染情况。为提高气井单井产量，技术人员对普光气田和罗家寨气田飞仙关组气藏进行了部分气井的酸化或酸化压裂改造。其中，普光 6 井、普光 9 井和罗家 6 井酸化层段以Ⅰ类、Ⅱ类储层为主，普光 2 井酸化压裂飞三段以Ⅲ类储层为主。通过分析以上几口气井酸化或酸化压裂前、后试气结果，飞仙关组不同类型储层在被酸化或酸化压裂后都获得一定的增产效果，受污染越严重的井，其增产效果越好。普光气田测试层段在被酸化或酸化压裂后气井无阻流量较之前增长倍数平均为 1.42，罗家寨气田飞仙关组罗 6 井被酸化后产能较之前增加 2.56 倍。由此可见，高含硫碳酸盐岩气藏通过酸化或酸化压裂可以改善近井地带储层的渗流条件，并提高单井产量。

（四）气井全井段产能预测

普光气田储层巨厚、生产层位多，在产能测试过程中，对各探井采用分层测试的方式，且每一层都没有被全部射开，只射开部分层段进行了测试。因此，须准确分析、预测全井段产能，这对普光气田开发方案的编制具有重要借鉴意义。

普光气田全井段产能预测以各测试层段评价结果为基础，综合考虑投产工艺措施等对产能的影响，再应用叠加原理求取全井段产能。具体思路：依据各测试层段产能评价结果，分析对应层段无阻流量和地层系数，确定不同测试层段(长兴组、飞仙关组)单位地层系数对应的无阻流量；在预测新井全井段无阻流量时，采用不同测试层段(长兴组、飞仙关组)单位地层系数对应的无阻流量的平均值，分别计算各个层段的无阻流量，同时对飞仙关组气藏考虑酸化压裂效果因素，在自然产能的基础上提高1倍，求出各层段实施酸化压裂后的无阻流量；由于长兴组气层酸化压裂后产能尚不清楚，因而对长兴组不考虑酸化压裂效果因素，最后将长兴组和飞仙关组各层段无阻流量相加确定全井段无阻流量。依据上述计算方法，普光气田各气井全井段酸化压裂后无阻流量见表2-5。

表2-5 普光气田全井段酸化压裂后无阻流量计算结果表

层位	q_{AOF}/(10^4m^3/d)					
	普光1井	普光2井	普光4井	普光5井	普光6井	普光7-侧1井
飞三段	10.8	77.8	3.2	84.1	98.0	
飞一段—飞二段上部	1.8	71.0	24.7		26.0	57.4
飞一段—飞二段中部	129.4	144.8	90.0	12.5	438.5	95.2
飞一段—飞二段下部		74.0	180.4	19.7		
长兴组		85.2		97.1	108.8	
全井段	142.0	452.9	298.4	213.5	671.3	152.6

从表2-5中结果可以看出，普光气田平面上不同区域气井的产能差异较大，其中处于构造高部位的普光2井和普光6井的产能最高；处于构造中部位的普光4井、普光5井的产能次之；处于构造低部位的普光1井和普光7-侧1井的产能较差。这与构造高部位储层厚度大、物性好，构造低部位储层厚度小、物性差的特征认识相一致。

(五) 气井长时间系统测试技术

在普光气田产能建设阶段，为进一步落实气井产能，通过借鉴国外高含硫气田测试经验，引进国外焚烧炉，以及研究地面试气流程及装备，对试气过程中的高含H_2S天然气进行了高温焚烧处理。焚烧炉地面试气流程由四进四出、70MPa—35MPa—35MPa三级降压EE级放喷流程和105MPa—35MPa二级降压HH级流程两部分组成，具备单路、多路同时放喷功能，可实现压井、替喷等同一流程作业。焚烧炉试气试采成功解决了含H_2S气井产能系统测试不能满足环保排放要求的问题，实现了高含硫气井的长时间系统测试，为进一步准确评价气井产能奠定了基础。

2008年8月，普光气田技术人员采用高温焚烧炉试气技术对普光302-2井进行了系统试气。普光302-2井产能测试采用修正等时试井+压力恢复试井的方式进行，试气采用修正等时试井的方式进行，形成4个工作制度，等时距为36h，试气产量依次为$25.0\times10^4m^3/d$、$38.0\times10^4m^3/d$、$53.0\times10^4m^3/d$和$86.0\times10^4m^3/d$，稳定产量为$47.0\times10^4m^3/d$，稳定生产时间为96h，最后关井进行了108h的压力恢复测试。试气过程中，在4个工作制度下均启用了焚烧炉，且6台焚烧炉点火均一次成功，累计试气时长为240h，燃放天然气量约498.9×10^4m^3，测试气完全燃烧，燃烧效率大于99.99%。根据井底压力和试气产量数据，利用二项式方法对普光302-2井产能进行了计算，同时根据相应的影响参数对测试数据进行了修正，得出普光302-2井无阻流量为768.2×$10^4m^3/d$。

普光气田主体部分于2009年6月全面完成产能建设，投产后共有33口开发井完成试气，测试无阻流量为(94.0~705.0)×$10^4m^3/d$。其中，无阻流量大于500.0×$10^4m^3/d$的气井有17口，无阻流量在(300.0~500.0)×$10^4m^3/d$之间的气井有13口，测试反映的气井产能与产能方案预测的结果基本吻合。

在普光气田开发前期评价阶段，技术人员没有进行较长时间的试采，但通过试气测试井结合取得的地质认识，较准确地评价和预测了气井产能，原因如下：①普光气田储层整体上物性较好，以中孔中渗、高孔高渗储层为主，平面上储层连通性较好。②对探井和评价井均取得了优质的气井关井恢复资料，通过试井分析可以准确地评价和预测储层地质特征和地质参数。③针对普光气田探井测试资料的特点，在系统分析不同产能评价方法的适用条件及影响气井产能主要因素的基础上，提出了适合普光气田的短时测试气井产能的评价方法。④针对普光气田储层巨厚的特点，对气井进行了不同层段的产能测试(包括酸化压裂前、后产能测试)，同时借鉴罗家寨气田气井产能测试结果，为准确预测普光气田气井多层合采及酸化压裂后的产能奠定了基础。

三、松南气田气井试气试采

松南气田位于松辽盆地南部长岭断陷达尔罕断凸带腰英台深层构造之上，主要开发营城组火山岩气藏，气藏埋藏深度为3545~3745m。松南气田被发现后，中国石化缺少与该气田相似气田的开发经验，为准确认识松南气田气藏地质特征、气井生产能力，以及降低投资风险，技术人员于2007年初针对第一口探井——腰深1井，通过安装撬装脱碳装置，进行了CNG试采和产能不稳定试井，在利用CNG试采动态资料进行气井产能评价后，证实了该火山岩气藏具有单井产能高、稳产能力强的特点。同年，部署在腰深1井南部和北部构造低部位的两口探井——腰深101井、腰深102井获得工业气流。在此基础上，于2007年12月初步编制了26口井的《松南气田10.0×$10^8m^3/a$开发方案》(其中直井17口，大斜度井9口)。

为提高松南火山岩气田气井单井产量，以及进一步提高气田整体开发效益，技术人员开展了水平井开发先导试验，并部署了腰平1井和腰平7井两口水平井。随后，根据气田3口直井评价井和腰平1井、腰平7井这两口水平评价井的试采资料，开展了气井试井分析、产能及试采稳产状况评价。通过不同类型气井试气试采产能评价及动态分析，基本掌握了气藏储层特征及连通性，落实了气藏直井和水平井产能与储量规模，摸清了气藏生产动态特征，为科学确定气田开发方案及实现气田高效开发奠定了基础。

(一) 试井认识储层特征

为认识气藏储层特征、物性参数及产能，松南气田技术人员开展了5口井关井恢复测试，根据所取得的资料，采用试井解释软件，对腰深1井、腰深101井及腰平7井获得的营城组的压力恢复数据进行了解释和分析，并综合地质研究成果，得到以下认识：

(1) 松南气田平均地层压力为42MPa，压力系数为1.13~1.15，温度梯度为(3.495~

3.547)℃/100m，为常温、常压气藏。天然气为干气，其中 CH_4 含量为 69.02%～72.73%，C_2H_6 含量为 0～2.08%，N_2 含量为 3.08%～8.55%，CO_2 含量为 18.10%～24.75%。

(2) 松南气田气井储层有效渗透率为 $(0.2\sim6.0)\times10^{-3}\mu m^2$，为中、低渗储层，储层平面渗透性差异大、非均质性强(表 2-6)。腰深 1 井压力导数双对数拟合曲线后期向下掉(趋势向下)，反映出气井外围储层物性变好的渗流特征(图 2-8)，其他井如腰深 101 井压力导数双对数拟合曲线后期均上翘，反映出气井外围储层物性变差或存在阻流边界的特征(图 2-9)。

表 2-6　不同井试井解释主要成果

测试井	选择模型	表皮系数	外推压力/MPa	渗透率/$10^{-3}\mu m^2$	地层系数/$10^{-3}\mu m^2\cdot m$	备　注
腰深 1 井	复合气藏	1.14	41.91	0.20/1.70	18.7/155.8	试采前
	复合气藏	0.78	41.84	0.22/6.00	20.4/551.3	试采后
腰深 101 井	井储+表皮+不渗透边界	-1.98	42.23	1.25	23.8	
腰平 1 井	水平井+均质不渗透边界	2.56	41.72	4.05	367.0	第一次压力恢复
	水平井+均质不渗透边界	2.05	41.71	3.95	358.0	第二次压力恢复
腰平 7 井	水平井+均质+阻流边界	1.54	40.68	1.22	40.3	

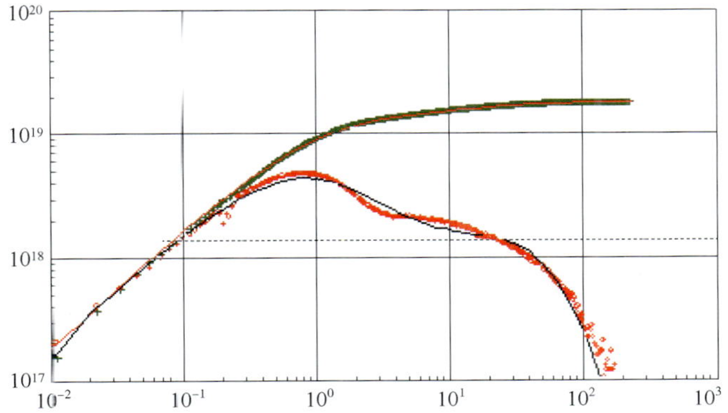

图 2-8　腰深 1 井关井恢复压力及压力导数双对数拟合曲线

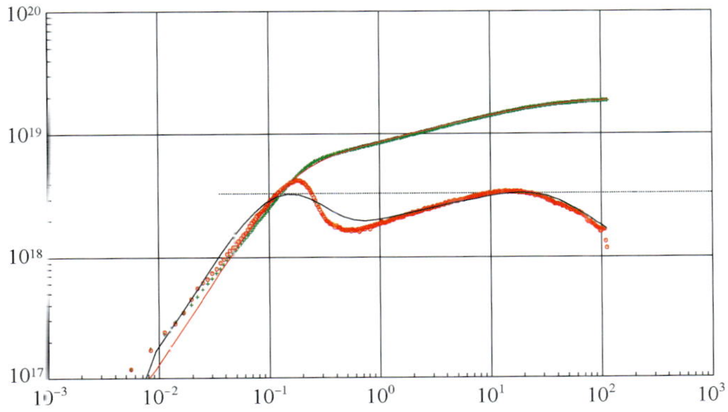

图 2-9　腰深 101 井关井恢复压力及压力导数双对数拟合曲线

（3）关井压力导数双对数拟合曲线表现出径向流水平段特征，反映出储层主要为孔隙型储层，在气井压力恢复曲线分析中选用“均质气藏”或“复合气藏”进行解释，没有明显的双重介质储层特征，与邻区长岭气田储层特征一致。

（4）腰深 101 井关井初期压力恢复较慢，选用“井储+表皮+不渗透边界”模型进行解释，认为腰深 101 井储层宽度不到 200m，井控范围和储量均较小。

（二）试气井产能评价

1. 直井试气产能评价

2006—2007 年，技术人员在松南气田共完钻 3 口气井(腰深 1 井、腰深 101 井和腰深 102 井)，并对这 3 口气井先后在营城组进行了产能测试。2006 年 7 月，对腰深 1 井营城组 3545.0~3745.0m 井段进行了 5 个工作制度的系统测试；2007 年 7 月，对腰深 101 井营城组 3745.5~3764.5m 井段进行了 7 个工作制度的系统测试；2007 年 10 月，对腰深 102 井营城组 3680.0~3726.0m 井段(压裂段)进行了 4 个工作制度的测试。根据实测井底流动压力数据和实测气井产量数据，技术人员采用二项式产能评价方法对系统试井资料进行了分析，确定了气井产能方程和无阻流量，结果见表 2-7。

表 2-7　松南气田气井产能评价结果表

井　名	测试层段/m	每个工作制度测试时间/h	测试产量/($10^4m^3/d$)	无阻流量/($10^4m^3/d$)	备　注
腰深 1 井	3545.0~3745.0	10~20	7.8~15.4	27.14	试采前
腰深 101 井	3745.5~3764.5	13~23	5.4~14.4	30.90	
腰深 102 井	3680.0~3726.0		4.5~7.9	18.48	

根据上述 3 口气井产能评价结果可以看出，松南气田不同部位气井产能变化大，处于构造高部位的腰深 1 井、腰深 101 井无阻流量分别为 $27.14\times10^4m^3/d$、$30.90\times10^4m^3/d$，产能相对较高，而处于构造低部位的腰深 102 井被压裂后无阻流量仅有 $18.48\times10^4m^3/d$，产能较低。

2. 水平井试气产能评价

国内外气田开发实践表明，采用水平井开发气田有两个优势：一是可以增加泄气面积，大幅提高单井控制储量和气井产能，减少生产井数。二是可以减小生产压差，控制底水锥进，提高气藏采收率。因此，水平井在气田开发中得到广泛应用。松南气田营城组火山岩体内部气孔发育，纵向上连通性好，发育大量高角度裂缝，垂向渗透率较大，气层垂向渗透率与水平渗透率相差不大。为了大幅提高单井控制储量和气井产能，以及减少钻井数，松南气田技术人员部署了两口水平评价井(腰平 1 井和腰平 7 井)，并进行了开发试验。

腰平 1 井位于腰深 1 井北部。2007 年 11 月，技术人员对腰平 1 井营城组 3597.2~4287.7m 井段进行了 7 个工作制度的系统测试，每个工作制度测试时间为 6~12h，日产气量为$(11.9\sim44.2)\times10^4m^3$，在分析测试数据后发现，该井二项式产能曲线出现反转，认为因试气初期产量低、时间短、压力未稳定造成。计算该气井无阻流量为262.0×$10^4m^3/d$。

腰平7井位于腰英台深层构造的南部。2008年9月，技术人员对腰平7井营城组3758.5~4333.9m井段进行了4个工作制度的系统测试，每个工作制度测试时间为6~10h，日产气量为(18.7~31.8)×10^4m^3，计算该气井无阻流量为145.5×$10^4m^3/d$。

技术人员分析了腰平1井和腰平7井这两口水平井的试气产能评价结果，并对比了水平井和直井通过试气得到的产能数据，水平井的初期产能(无阻流量)是直井初期产能的4~8倍。因此，松南气田水平井产能远高于直井产能，水平井开发方式有利于提高火山岩气藏单井产能和气田整体开发效果。

(三) 气井试采动态分析

2007—2008年，为了进一步落实松南气田营城组火山岩气藏气井的稳定产量、储层物性特征及连通性，腰深1井、腰深101井及腰平1井和腰平7井先后投入试采，在取得生产动态资料的基础上，分析了产量和压力变化规律、气井泄气范围、动态储量、气井产能变化等动态特征，为松南气田主体气藏开发和优化提供了可靠依据。主要表现出以下特征：

(1) 腰深1井外围储层物性好，具有较高的产能及稳产能力。

腰深1井经试气测试获得无阻流量为30.0×$10^4m^3/d$，为了进一步确定营城组火山岩气藏的稳定产量，技术人员在腰深1井上安装了撬装脱水装置，并通过CNG槽车拉气方式进行试采，共试采106d。在试采过程中，产气量基本稳定在10.0×$10^4m^3/d$，井口油压基本稳定在30MPa，微产凝析水，累计产气量为1134.3×10^4m^3，期间进行了压力恢复不稳定试井和4个工作制度修正等时试井，采用二项式评价方法对该井修正等时试井资料进行了处理，经系统测试确定无阻流量为30.7×$10^4m^3/d$。

对比试采前和试采后结果发现，腰深1井试采后无阻流量略有增加。综合分析认为，试采后确定的无阻流量反映了气井的稳定产能。根据试采前、后关井恢复试井分析结果可知，试采期间井底污染有所缓解，表皮系数由1.14降为0.78，储层渗流能力增加(试井解释成果见表2-6)。该井外围储层物性好，随着试采时间的延长，泄气范围扩大，远处渗透性好的储层流体参与流动，能量供应充足。因此，进一步落实了松南气田营城组火山岩具有较高的产能及稳产能力。

(2) 初步确定了直井、水平井稳定生产的合理产量。

腰深1井于2007年11月20日第二次开井试采，试采初期以10.0×$10^4m^3/d$生产，井口油压基本稳定在26.5MPa，试采110d后关井。关井1年后，当气井以12.0×$10^4m^3/d$正式投产时，井口油压基本稳定在22.0MPa，初期水气比较高，后期下降，平均为0.12$m^3/10^4m^3$。可见，腰深1井的合理产量为10.0×$10^4m^3/d$，约为无阻流量的1/3。

腰平1井经试气测试获得无阻流量为262.0×$10^4m^3/d$，于2008年11月投入试采，试采初期气井以25.0×$10^4m^3/d$生产时，井口压力基本稳定在29.0MPa；以(30.0~35.0)×$10^4m^3/d$生产时，井口压力波动不大，但水气比明显上升；以40.0×$10^4m^3/d$生产时，井口压力下降明显，如图2-10所示。因此，腰平1井合理配产应为(25.0~30.0)×$10^4m^3/d$，约为无阻流量的1/10~1/9。

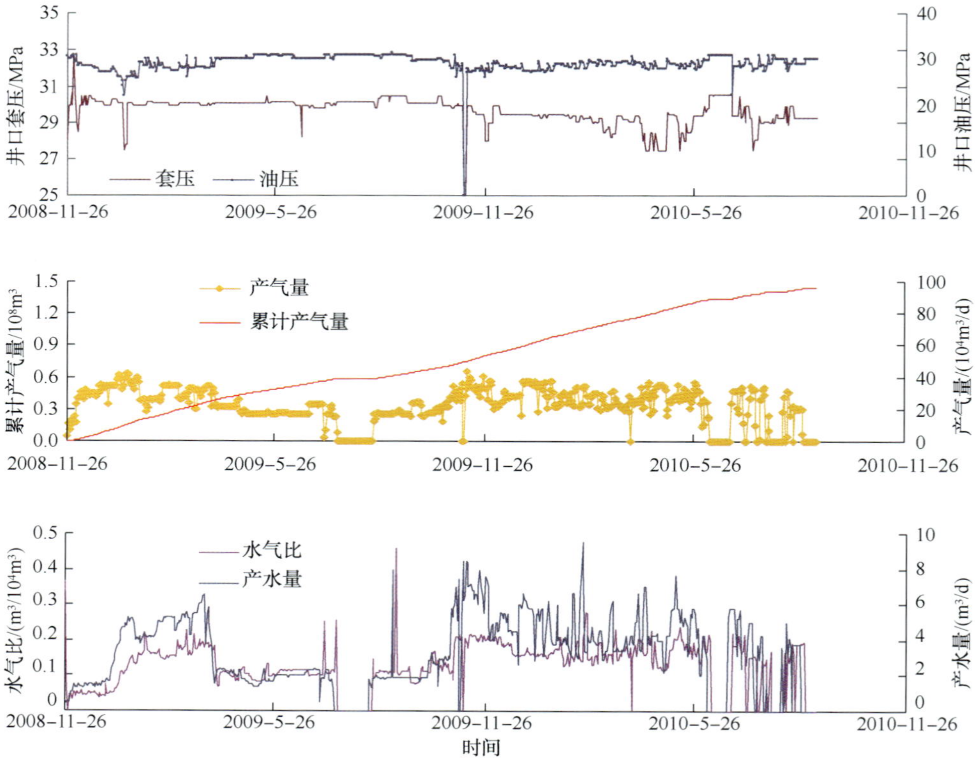

图 2-10　腰平 1 井试采综合曲线

腰平 7 井于 2008 年 8 月投入试采，该井投产即产水。在试采过程中，气井以 $16.5\times10^4m^3/d$ 生产时，油压下降速度为 0.0127MPa/d，但产水量由 $4.0m^3/d$ 上升到 $8.6m^3/d$；以 $13.4\times10^4m^3/d$ 生产时，油压下降速度为 0.0070MPa/d，产水量为 $6.0\times10^4m^3/d$，须将该井合理配产控制在 $15.0\times10^4m^3/d$ 以内，约为无阻流量的 1/10。

（3）腰深 1 井和腰平 7 井所处井区为不同火山机构，具有独立的天然气成藏体系和气水系统。

从松南气田气井的流体组分分析结果可以看出，腰深 1 井所处井区流体中 CO_2 含量为 20%～25%，为高含 CO_2 气体，腰平 7 井所处井区流体中 CO_2 含量为 5%，流体组分存在较大差异，因此腰深 1 井和腰平 7 井所处井区为不同火山机构。

从松南气田测压情况来看（图 2-11），腰深 1 井和腰平 1 井中深度和压力相当（即气藏压力与深度关系表示为直线），而腰平 7 井数据点在气藏压力与深度直线关系左侧，压力偏低。根据火山机构和构造分析结果，腰深 1 井、腰平 1 井、腰深 101 井应处于同一火山机构中。腰深 1 井、腰平 1 井完钻井底在含气区，腰深 101 井在 3794m 以上深度未钻遇水层，腰平 7 井钻遇气水过渡带，推测气水界面在 3790m 深度以下。生产动态特征表明，腰平 1 井、腰平 3 井与腰平 9 井是连通的，而与腰平 7 井是不连通的，腰深 1 井和腰平 7 井所处井区属于不同的气水系统，如图 2-12 所示。

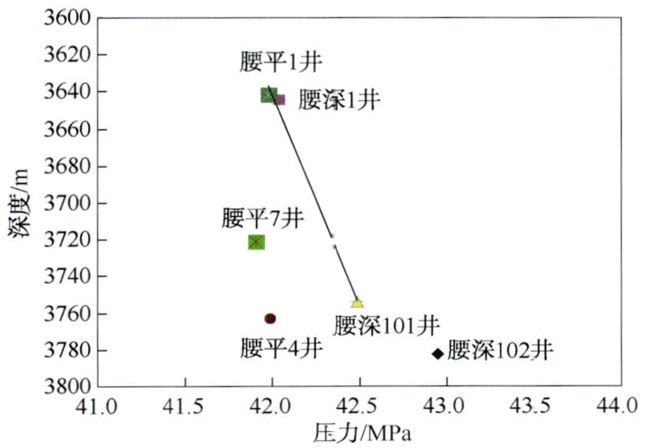

图 2-11　松南气田气藏压力与深度关系

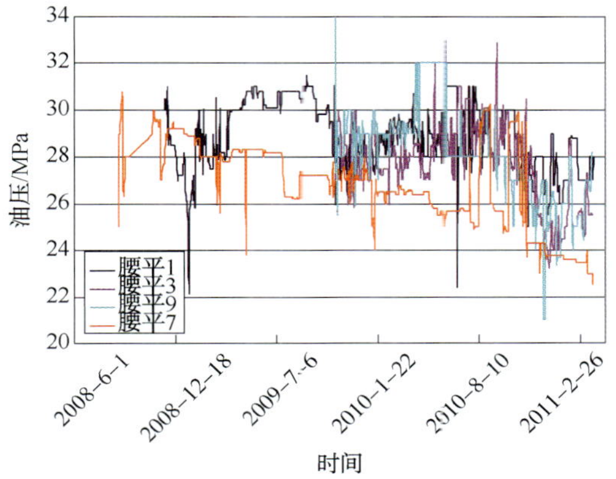

图 2-12　气井井口压力变化曲线

（4）不同井区气井井控动态储量差异大。

根据试采井生产动态数据，采用物质平衡法、产量不稳定法及玉差曲线法分析和计算气井井控动态储量，结果显示，腰深 1 井井控动态储量为 $6.2\times10^8m^3$，弹性产率为 $1200\times10^4m^3/MPa$，腰深 101 井井控动态储量为 $0.6\times10^8m^3$，弹性产率为 $190\times10^4m^3/MPa$，腰平 1 井、腰平 7 井井控动态储量分别为 $20.1\times10^8m^3$、$10.9\times10^8m^3$，弹性产率分别为 $5180\times10^4m^3/MPa$、$1760\times10^4m^3/MPa$。可见，火山岩气藏不同构造位置气井井控动态储量差异大，同一火山机构水平井井控动态储量远大于直井。从地质和试井资料分析来看，火山岩储层类型多样、岩性复杂且变化快、物性差异大、平面非均质性强，导致井控动态储量差异大。腰深 1 井试井解释近井区地层系数与腰深 101 井相当，但外围地层系数是腰深 101 井地层系数的 10 倍；腰深 101 井外围为窄条带储层，宽度不到 200m；腰平 1 井地层系数是腰平 7 井地层系数的 9 倍。

（5）腰深 1 井所处井区产水为凝析水及少量地层可动水，腰平 7 井所处井区产水为地层可动水。

通过室内实验分析，明确了气井生产过程中是否有地层可动水（地层水）的判断标准。在气藏压力 41.4MPa、温度 132℃ 条件下，腰深 1 井所处井区气井井口水气比大于 $0.14m^3/10^4m^3$，腰平 7 井所处井区气井井口水气比大于 $0.10m^3/10^4m^3$，表明气井产出地层可动水。目前，腰深 1 井所处井区平均水气比为 $0.12m^3/10^4m^3$，表明产出凝析水及少量地层可动水。腰平 7 井所处井区平均水气比为 $0.80m^3/10^4m^3$，表明产出地层可动水。

在松南气田开发评价阶段，通过对不同类型气井的试气试采产能评价及动态分析，初步认识了气藏储层特征、物性参数及非均质性，基本搞清了直井、水平井气井产能变化特征，确定了气藏气井的稳产能力及合理产量、井控动态储量及连通性。通过对比分析直井和水平井的产能及试采动态特征，证实了水平井的稳定产能和井控动态储量较直井有明显优势，是直井的 2~3 倍，进一步将气藏开发井型优化为水平井，并将最初设计的 26 口直井和斜井开发方案优化为 15 口水平井开发方案，单井配产从直井的 $(7.0\sim10.0)\times10^4m^3/d$ 提高到水平井的 $(15.0\sim30.0)\times10^4m^3/d$，实现了松南气田的少井高效开发目标。

第三节　气井试采避免重大决策失误

一、河坝气田气井试采

河坝气田构造上位于四川盆地通南巴地区通江县境内，是通南巴构造最南端南阳场断背斜构造上的一个次级构造单元。2005 年，河坝 1 井在飞仙关组三段、嘉陵江组二段(简称飞三段、嘉二段)获得工业气流，射孔测试产气量分别为 $29.8\times10^4m^3/d$、$30.0\times10^4m^3/d$；2007 年，河坝 1 井、河坝 2 井飞三段被酸化压裂后，经测试分别获得产气量为 $166.0\times10^4m^3/d$ 和 $182.0\times10^4m^3/d$ 的高产工业气流，计算无阻流量达 $300.0\times10^4m^3/d$。通过地质研究认为，飞三段储层主要发育亮晶鲕粒灰岩、亮晶砂屑灰岩，嘉二段储层主要发育粉晶残余(藻)砂屑白云岩、细粉晶白云岩等，河坝 1 井、河坝 2 井这两口试气井的高产能表明，河坝构造可能是川东北天然气大规模建产的重要阵地。

为了尽快落实河坝构造气藏地质储量和气井产能变化特征，为“川气东送”提供资源保障，技术人员于 2007 年编制了《河坝气藏开发概念设计方案》，设计动用储量为 $420.0\times10^8m^3$，共部署开发井 21 口，天然气产能为 $16.0\times10^8m^3/a$，其中飞三段气藏产能为 $10.0\times10^8m^3/a$。根据地质和地震研究成果，技术人员部署了河坝 102 井、河坝 1-1D 井、河坝 104 井、河嘉 203H 井等 7 口评价井。

为了准确确定河坝气田气井稳产能力，以及认识储层特征和非均质性，技术人员于 2007 年 4 月开始对河坝 1 井飞三段进行试采，试采动态资料显示，该气井具有初期产量高、生产过程中产量和压力递减快的特点，稳定产能只有 $(20.0\sim30.0)\times10^4m^3/d$。河坝 2 井于 2008 年初也投入试采，该井开井生产即见水，稳定产量不到 $10.0\times10^4m^3/d$。

截至 2010 年底，为河坝气田飞三段、嘉二段气藏新部署的 7 口评价井(河坝 101 井、河坝 102 井、河坝 1-1D 井、河坝 104 井、河坝 107 井、河嘉 203H 井和河飞 302 井)完钻并进行测试，其中仅河嘉 203H 井测试获得无阻流量为 $43.0\times10^4m^3/d$，其余井测试获得无阻流量均小于 $10.0\times10^4m^3/d$，河坝 102 井、河坝 1-1D 井、河坝 107 井、河坝 104 井、河嘉 203H 井和河飞 302 井测试均产水。

因此，根据河坝 1 井、河坝 2 井长时间试采和评价井的试气测试结果，基本搞清了气藏的储层展布、可动用储量规模、超高压气藏气井稳定产能及试采动态特征，该评价结果为河坝气田的整体开发提供了科学的决策依据。

(一) 气井产能评价

在河坝气田评价初期，技术人员对河坝 1 井飞三段、嘉二段进行了酸化压裂前、后系统产能测试和关井恢复试井，对河坝 2 井飞三段也进行了简单的产能测试。截至 2010 年底，在河坝气田完成产能测试 9 口井，其中 5 口井获工业气流(河坝 1 井、河坝 2 井、河坝 102 井、河坝 104 井和河嘉 203H 井)，测试单井产量为 $(2.3\sim182.0)\times10^4m^3/d$，6 口井测试产水(河坝 102 井、河坝 1-1D 井、河坝 107 井、河坝 104 井、河嘉 203H 井和河飞 302 井)。通过产能测试和关井恢复资料分析获得了以下认识：

(1) 河坝 1 井飞三段和嘉二段均为超高压地层，其地层压力分别为 95.2MPa 和 112.5MPa，压力系数分别为 2.16 和 2.30。

（2）钻井过程中储层受到严重污染，飞三段和嘉二段测试层表皮系数分别为 72.1 和 116.0，气井储层被酸化压裂后有效缓解了储层污染，并大幅提高了产能。2005 年 4 月，技术人员对河坝 1 井飞三段（4970～4984m）进行了 4 个工作制度的 APR 射孔测试联作施工，计算无阻流量为 $30.3\times10^4m^3/d$，试井分析得有效渗透率为 $3.3\times10^{-3}\mu m^2$。2006 年 12 月，技术人员对该井段进行了酸化施工，之后又进行了系统测试，酸化后储层有效渗透率达 $18.8\times10^{-3}\mu m^2$，气井无阻流量达 $291.7\times10^4m^3/d$。

（3）河坝气田在平面和纵向上气井产能差异大，飞三段产能高，嘉二段产能低，裂缝是影响气井产能的主控因素。根据多口井的产能评价结果，河坝气田飞三段气藏 5 口井的测试无阻流量为 $(1.0\sim325.0)\times10^4m^3/d$，嘉二段气藏 5 口井的测试无阻流量为 $(2.2\sim43.7)\times10^4m^3/d$，高产井分布于孔隙度和渗透率较高、裂缝发育的部位。河坝 1 井、河坝 2 井飞三段初始无阻流量最高达 $300.0\times10^4m^3/d$ 左右，河坝 1 井和河嘉 203H 井嘉二段试气无阻流量处于 $(43.0\sim60.0)\times10^4m^3/d$ 之间；其余测试井各层段试气无阻流量均小于 $10.0\times10^4m^3/d$。

（二）试采动态分析

河坝 1 井飞三段于 2007 年 4 月 17 日投入试采，截至 2008 年 3 月 30 日，累计产气量为 $1.3\times10^8m^3$，累计产水量为 $6336.0m^3$。在生产过程中，技术人员先后多次调整了工作制度，气井由无水采气阶段进入见水采气阶段。河坝 2 井于 2008 年 4 月 8 日投入试采，截至 2008 年 12 月 31 日，累计产气量为 $2056.8\times10^4m^3$，累计产水量为 $1.1\times10^4m^3$。

结合地质认识及试井分析等资料，初步分析气井的产量和压力变化规律、动态地质储量、气井产能和稳产期等，主要表现出以下几个特征：

（1）河坝气田飞三段为异常高压气藏，气井试采初期地层弹性能量很大、产能高、产能下降快。河坝 1 井飞三段初始无阻流量约 $291.0\times10^4m^3/d$，在试采半年后进行了系统测试，此时无阻流量约 $180.0\times10^4m^3/d$，气井产能较初始测试产能大幅下降，下降了约 38.1%。上述特征反映出异常高压气藏初期弹性能量很大，而且由于飞三段储层裂缝发育，而初期系统测试时间短、范围有限，主要反映气藏中裂缝储层的产气能力，且是气井的初始产能，并不代表该井相对稳定的产能，因而必须经过一定时间的试采后，才能反映出储层的非均质性和井控动态储量对产能的影响。

（2）超高压裂缝-孔隙型气藏气井配产高，压力下降速度大，生产初期按无阻流量的 1/10～1/9 配产较为合理。河坝 1 井试采期间的产量、井口压力变化曲线如图 2-13 所示，从该图中可以看出，气井在选取不同工作制度定产量生产时，井口压力下降明显不同。气井初期以 $(42.0\sim62.0)\times10^4m^3/d$ 配产时，生产压差高达 5～8MPa，井口压力下降快，且下降速度大于 0.10MPa/d；气井配产调整为 $29.0\times10^4m^3/d$ 左右时，井口压力和压力下降速度相对稳定，压力下降速度仅为 0.02MPa/d，说明此时气井工作制度较为合理。因此，气井在见水前，较为合理的配产应小于 $30.0\times10^4m^3/d$，约为试气初期无阻流量的 1/10～1/9。

（3）试采初期气井配产高，出水严重从而影响气井产能，因此对底水气藏须重视早期的合理配产。河坝 2 井初期以 $35.0\times10^4m^3/d$ 配产，开井即见水，日产水量上升很快，仅试采 40d 产水量就达 $397.8m^3/d$，产气量降到 $14.1\times10^4m^3/d$。在调整工作制度后，将产

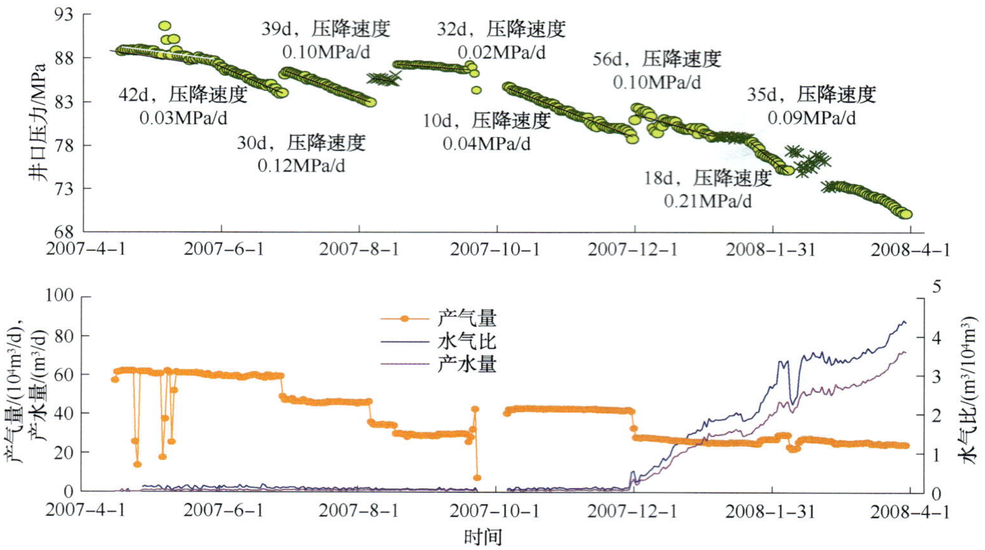

图 2-13　河坝 1 井试采期间产量、井口压力变化分析曲线

气量控制在 $5.5\times10^4m^3/d$ 左右，产水量明显减小，水气比稳定在 $3.0m^3/10^4m^3$ 以下，限产控水效果十分显著。

（4）河坝 1 井和河坝 2 井处于一个封闭的且具有有限边水的气藏中，河坝 2 井与河坝 1 井不连通，分属两个独立的气水系统，井控动态储量差异大。通过试采数据拟合计算表明：河坝 1 井动用面积约为 $4.45km^2$，动用地质储量约为 $11.8\times10^8m^3$；河坝 2 井开井即见水，气藏可动用储量较低，动用面积约为 $2.72km^2$，动用地质储量约为 $2.5\times10^8m^3$。

河坝气田试气试采评价结果表明，飞三段和嘉二段气藏为超高压裂缝-孔隙型气藏，储层平面非均质性强，Ⅰ类、Ⅱ类储层储量规模有限，裂缝是气井高产的主控因素，试气获得高产的井——河坝 1 井、河坝 2 井、河嘉 203H 井均处于裂缝较发育地区。试采井动态资料表明，裂缝型气藏气井初期产量高，但递减快，气井出水后严重影响产能，井控动态储量决定气井的稳产能力。综合评价认为，河坝气田总体上不具备规模建产的储量基础。上述认识有助于中国石化避免在河坝气田大规模投入开发而遭受经济损失。

二、大邑气田气井试采

大邑气田构造上位于四川盆地西部龙门山冲断带前缘断褶构造带，其主要目的层为上三叠统须家河组（发育暗色含煤的河湖沼泽相的陆相碎屑岩）。须家河组气藏主力含气砂层组为须三段和须二段，埋藏深度大于 4500m，储层属于多期河道叠置的砂体沉积，其厚度大、分布较稳定。2006 年 6 月，大邑 1 井在须家河组须三段和须二段测试获得无阻流量为 $11.5\times10^4m^3/d$，经酸化压裂后无阻流量达 $51.6\times10^4m^3/d$，由此发现了大邑气田须三段、须二段两个工业气藏，而大邑 1 井的钻探展现了川西深层致密砂岩气藏广阔的勘探开发前景。为了尽快探明大邑气田地质储量和落实不同构造部位的储层特征和产能状况，为气田整体开发做好准备，技术人员于 2007 年部署了 3 口勘探井(大邑 2 井、大邑 3 井和大邑 4 井)和 1 口开发准备井(大邑 101 井)，期间在大邑气田须三段、须二段气藏共提交天然气控制储量 $704.8\times10^8m^3$，同年 7 月，大邑 1 井投入试采；2008 年，技术人员又部署了 3 口探井(大邑 5 井、大邑 6 井和大邑 7 井)、5 口开发评价井(大邑 102 井、大邑 103 井、大邑 201 井、大邑 301 井和大邑 401 井)，并编制了《大邑气田须家河组气藏开发框架方案》(图 2-14)。方案中部署开发井 31 口，规划建设天然气产能 $5.8\times10^9m^3/a$。

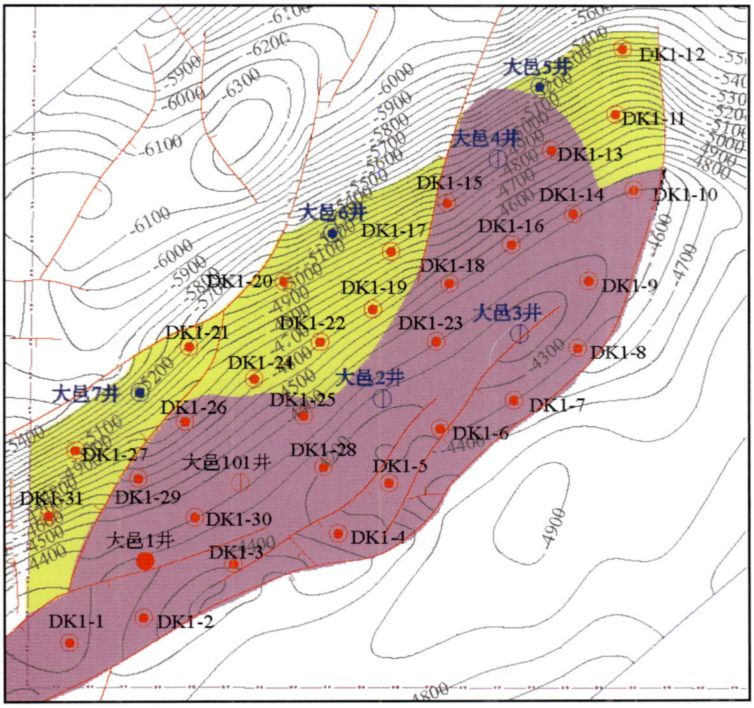

图 2-14 《大邑气田须家河组气藏开发框架方案》部署图

大邑 1 井于 2007 年 7 月投入试采，初期配产为 $8.0\times10^4m^3/d$，油压下降速度为 0.02MPa/d，在无水稳定生产 22 个月后，气井开始产水，气井见水后产量、油压递减明显增大，反映出该井的稳产能力和井控动态储量有限。

截至 2010 年 7 月底，大邑气田须家河组气藏共有 8 口井完钻，并进行了产能测试，其中 1 口井进行了 2 次关井压力恢复试井，大邑 101 井、大邑 102 井经酸化压裂后测试获得工业产能，5 口井在完井改造后未获得产能。大邑 2 井须二段测试全为干层；大邑 3 井须三段中途测试无阻流量为 $17.1\times10^4m^3/d$，完井后经酸化压裂测试为非工业气层，且须二段也未获得工业产能；大邑 101 井完井测试须二段为非工业气层，经酸化压裂后无阻流量为 $16.8\times10^4m^3/d$；大邑 4 井须二段完井测试无阻流量为 $1.6\times10^4m^3/d$，为非工业气层。完钻的大邑 101 井、大邑 102 井和大邑 103 井分别于 2008 年 12 月、2009 年 9 月和 2009 年 11 月投入试采。

综合分析大邑气田探井、评价井试气试采动态资料，得到以下认识：

(1) 大邑气田须二段、须三段气藏为常温、常压干气藏，须三段原始地层压力为52.29~53.27MPa，压力系数为1.14，须二段原始地层压力为53.00~68.24MPa，压力系数为1.17，且纵向上不连通。

(2) 气井整体产能低，平面上不同区域气井的产能差异较大，裂缝是控制大邑气田单井产能的主要因素。须三段6口井经完井测试后无阻流量为$(0.8\sim4.2)\times10^4m^3/d$；须二段8口井经完井测试后，有5口井未获得工业产能，产能最高的大邑1井经酸化压裂后无阻流量为$51.6\times10^4m^3/d$，大邑101井和大邑102井经酸化压裂后无阻流量分别为$16.8\times10^4m^3/d$和$15.0\times10^4m^3/d$。大邑气田须家河组储层具有特低孔、特低渗、裂缝非均质性较强的特征，须二段裂缝总体较须三段更为发育，须二段西南部大邑102井—大邑1井—大邑101井井区气井产能比同井区须三段整体上高，气井的单井产能与裂缝密度呈正相关关系。

(3) 试井分析结果表明，致密储层受钻井液污染严重，采用酸化解堵措施后有一定效果，气井产能得到明显提高。大邑1井试井分析测试层在酸化压裂前表皮系数为21.5，经酸化压裂后表皮系数降至6.5，该气井在经酸化压裂后产能显著提高，无阻流量从$10.1\times10^4m^3/d$上升到$51.6\times10^4m^3/d$。

(4) 气井稳产能力差，见水时间早，受产水影响较大，见水后井口压力下降趋势明显增大，且产量大幅降低。大邑1井无水采气时间为22个月，无水采气期累计产气量为$5500.0\times10^4m^3$，无水采气期内井口压力下降速度为0.02MPa/d，见水后井口压力下降速度增至0.05MPa/d；大邑101井无水采气时间为7个月，无水采气期内平均日产气量为$4.1\times10^4m^3$，该气井在生产1.5年后累计产气量为$2048.0\times10^4m^3$，目前已被水淹；大邑102井开井即见水。

(5) 气藏单井控制半径和控制储量较小，弹性产率较低。对大邑1井、大邑101井和大邑103井的生产数据进行历史拟合，这3口井单井泄气半径为309~630m，弹性产率为$(158\sim563)\times10^4m^3/MPa$，平均为$363\times10^4m^3/MPa$，井控动态储量为$(1.9\sim5.7)\times10^8m^3$。

根据大邑气田勘探开发评价阶段气藏描述结果及试气试采情况可以看出，须二段、须三段Ⅰ类优质储层分布有限，且主要以Ⅱ类、Ⅲ类储层为主，裂缝整体不发育，Ⅰ类储层主要分布于大邑102井—大邑1井—大邑101井井区，经评价得Ⅰ类储量仅为$22.7\times10^8m^3$，目前Ⅰ类储量区被大邑1井、大邑101井控制，基本已被全部动用，且水侵严重，气藏已无进一步部署的空间。根据四川盆地气田实际开发情况，技术人员进行了气藏单井经济界限研究，大邑气田只有大邑1井能够达到经济界限最低要求。Ⅱ类、Ⅲ类储量区气井产能较低，达不到经济界限最低要求，目前暂无法动用。因此，停止了大邑气田须家河组气藏原方案中开发井的部署实施，避免了经济损失。

三、清溪场气田气井试采

清溪场气田构造上为清溪场北西向构造带上的一个背斜构造，北部与普光气田主体构造——老君构造相连，西北部与东岳寨构造相连。清溪1井是部署在川东断褶带清溪场构造高点的一口重点预探井，设计井深为5620m，主要目的层为石炭系储层，兼探嘉陵江组、飞仙关组、长兴组、茅口组及其他陆相层系。2006年12月20日，该井在井深4285m

处飞仙关组四段（飞四段）钻遇高压气层，井口发生天然气溢流，放喷点火火焰高度为30~50m，经气样检测，天然气主要成分为CH_4（含量为98.83%）。2006年12月24—27日，技术人员先后两次对该井实施了压井施工作业，但由于井下压力过高、气量巨大，估算该井无阻流量可能达1000.0×10^4m^3/d左右，难以建立和维持井内平衡地层压力的平衡点，致使两次压井未获成功。2007年1月3日，该井在放喷点火13d后，第三次压井施工取得成功。

为了尽快探明清溪场构造的地质储量，认识气藏储层展布及产能规模，技术人员于2007年整体部署了3口评价井——新清溪1井、清溪2井和清溪3井，新清溪1井位于清溪1井旁，清溪2井位于清溪场构造北部边缘，清溪3井位于清溪场构造中部，这3口井基本控制了整个气藏。

（一）新清溪1井试气试采特征

新清溪1井于2007年4月9日开钻，到2008年6月15日完钻，在飞四段钻获好的天然气显示后，中途对飞四段—嘉一段（4199.50~4272.37m井段，厚度为72.87m）进行了裸眼测试，测试产水量为58.4m^3/d，产气量为432.0m^3/d。在钻至目的层之后，对该井飞三段—飞四段（4272.37~4371.00m井段）进行了裸眼完井测试。测试中采用了一开一关的工作制度，一开期间采用Φ18mm油嘴、Φ32mm孔板临界速度、流量生产，油压为25.69MPa，测得产气量为106.8×10^4m^3/d；采用Φ14mm、Φ32mm孔板临界速度、流量生产，油压为35.08MPa，测得产气量为94.5×10^4m^3/d。采用一点法测试公式，计算测试层段无阻流量为167.7×10^4m^3/d，因此该井为高产气井。

分析新清溪1井关井压力导数双对数试井曲线可知：①储层初始压力高，压力系数为1.97，属于异常高压气藏。②储层渗透率高，流动性好，试井解释后有效渗透率高达94.6×$10^{-3}\mu m^2$，这与地质认识中解释该层为Ⅰ类裂缝含气层相符合。③近井地带储层物性较好，远井地带储层物性较差，且存在岩性变化边界，岩性变化边界距离分别为500m和400m。

新清溪1井于2009年2月20日开始试采，投产初期气井以50.0×10^4m^3/d稳定生产，初期油压为64.0MPa，井口压力下降较快，下降速度为0.10MPa/d，弹性产率为376.0×10^4m^3/MPa，表明气井流动达到拟稳定状态。2010年后，技术人员采用间歇生产方式，产气量为（30.0~50.0）×10^4m^3/d，分析新清溪1井压力、产气量变化特征，认为具有井口压力持续下降、关井压力恢复较慢的特点，表明气井控制储量较低，能量供应不充足。此外，技术人员采用弹性二相法、Blasingame产量递减分析法，对试采数据进行了历史拟合和动态分析，计算新清溪1井井控动态储量为4.0×10^8m^3，地层系数为155.6×$10^{-3}\mu m^2$·m，储层渗透率为20.0×$10^{-3}\mu m^2$。试采动态资料表明，清溪场气田气井井控动态储量有限，是一个有限封闭的小气田。

（二）清溪2井和清溪3井试气评价

清溪2井于2007年5月28日开钻，在钻入飞三段100m后未发现储层，钻井中天然气显示较差。FMI成像测井显示，裂缝及溶蚀孔洞发育均较差。

清溪3井于2007年6月2日开钻，在钻井过程中发现天然气显示异常的嘉陵江组（厚度为12.00m）、飞仙关组（厚度为1.99m），测井解释各类储层厚度为44.70m；2008年3

月，技术人员对飞仙关组飞三段—飞四段(4228.00～4406.27m)的裸眼段进行了测试，在洗井时出现微量气体，将其评价为干层。

根据完钻的新清溪1井、清溪2井及清溪3井的试气试采资料分析，技术人员搞清了清溪场构造飞仙关组和嘉陵江组气藏储量规模、气藏类型、储层特征，确定了气井产能及可动用储量。清溪场储层主要分布在飞三段—飞四段构造高部位裂缝发育区，井间连通性差；储层物性差，裂缝较为发育，为孔隙-裂缝型储层；储层有效厚度小，含气面积小，气藏含气面积约为4.74km^2，天然气地质储量约为7.3×10^8m^3，目前已被新清溪1井控制和动用。因此，通过评价井的试气试采得出清溪场气田天然气储量规模小的结论，因而该气田不具备规模建产的条件。

第三章　加强先导试验和开发评价是气田高效开发的基础

先导试验和开发评价对实现气田高效开发具有重要意义。重视气田先导试验和开发评价是中国石化气田开发的一条成功经验。

气田先导试验的主要任务是根据气藏特点，落实气田合理开发技术政策，优选气田开发主体工程工艺技术，优化开发方案。气田的开发方案涉及很多内容，在对气田大规模开发之前，通过先导试验对拟采用的开发技术政策和工艺技术进行验证，对不合适的技术政策和工艺技术及时进行调整，避免在大规模开发时因为技术政策和工艺技术不符造成经济损失和资源浪费。

气田开发评价的主要任务是以实现气田科学开发为目标，深化气藏地质认识，评价储量，落实产能，制定合理开发技术政策，完成开发概念设计或开发方案编制，最终为规模储量转化成规模产能创造条件。气田开发评价对认识气田地质特征至关重要。在气田正式开发之前，对地质的认识大部分来自勘探成果，因而对气田的地质特征认识比较粗。通过气田开发评价，部署评价井，获取相关地质资料，对气田的地质特征进行更深入、更细致的研究，进一步认识气田地质特征，落实储量，以及落实开发有利区。此外，气田开发评价对落实气井产能至关重要。在勘探阶段，井控程度低，加之受储层非均质性的影响，气井的产能具有不确定性，需要通过开发评价在不同的位置部署评价井，进一步落实气井的产能，从而落实合理的开发技术政策，完成开发方案编制工作。

第一节　大牛地气田开发先导试验和开发评价

大牛地气田天然气资源丰富，“十五”期末在塔巴庙区块累计探明天然气地质储量达 $2000.0\times10^8m^3$，拥有建成 $30.0\times10^8m^3/a$ 产能的资源基础，因此中国石化制定了“加快鄂北天然气勘探开发步伐，争取 2005 年产量达 $10\times10^8m^3$”的目标。

截至 2002 年 11 月底，中国石化华北油气分公司已完成钻井 28 口，获得探明储量为 $669.0\times10^8m^3$，控制储量为 $694.0\times10^8m^3$，预测储量为 $1120.5\times10^8m^3$。在气田开发初期，气井产量低，气田单井平均产量为 $0.8\times10^4m^3/d$，处于经济开发边界上，如何提高单井产量、降低投资始终是致密气田开发的首要难题。2003 年，针对大牛地气田含气层系多、平面分布变化大、初期无自然产能或单井产量低、开发效益差的问题，技术人员实施了直井开发先导试验并获得成功，开启了大牛地气田投入开发的新篇章，累计建成产能 $32.5\times10^8m^3$。2008—2011 年，随着相对优质储量的直井开发，剩余大量的薄、散、差的储量无法通过直井开发，但通过实施水平井开发先导试验，实现了难采储量水平井的经济、有效开发，也实现了大牛地气田开发的跨越式发展。

一、直井开发先导试验和开发评价

2003—2004 年，针对大牛地气田含气层系多、储层平面分布变化大、初期无自然产能或单井产量低、开发效益差的问题，技术人员主要对盒 2 段和盒 3 段气藏进行了直井开发先导试验评价，同时适当兼顾山 1 段和山 2 段气藏。通过直井开发先导试验优选了气田开发有利区带，落实了可动用储量和富集层系，评价了产能，以及开展了以优快钻井、大型压裂提高单井产量、高压集气为主的工程和工艺试验，验证了技术和经济上的可行性。

(一) 直井开发先导试验目的及内容

2003—2004 年为大牛地气田开发先导试验实施阶段，根据当时气田的实际情况，技术人员编制完成《大牛地气田开发先导试验方案》，主要目的如下：

(1) 进一步认识大牛地气田的气藏特征，了解储层展布特征，落实产能，评价储量，研究适合大牛地气田的开发方式、开发指标、工作制度和开采工艺，为编制气田开发方案提供依据。

(2) 通过钻井、完井、压裂和采气等工程和工艺试验，优选适合大牛地气田低孔隙度、低渗透率(低孔、低渗)储层开发的钻井、完井、压裂和采气等工程和工艺技术。

(3) 通过地面集输工艺试验，优选适合大牛地气田的地面集输工艺技术。

(4) 评价山 1 段、山 2 段、盒 2 段、盒 3 段等气藏的开发有利区和可动用储量，为编制气田开发方案提供依据。

主要包含以下试验内容：

(1) 部署新井 9 口，进行了钻井、完井和压裂工艺试验，并落实了储量、评价了产能和验证了三维地震预测成果的可靠性。

(2) 利用 9 口新井和 9 口老井形成 2 个试验井组和多口单采试验井，进行了井组试验和单层及多层采气、排水采气、水合物防治等试验，优选出适合大牛地气田的开发方式、技术政策、采气工艺等。

(3) 建设集气站 2 座、大牛地—杭锦旗外输管线 1 条(长度为 138km)，开展了“高压进站、低温分离”集输工艺试验，形成适合大牛地气田开发的地面集输工艺。

(二) 直井开发先导试验成果

通过直井开发先导试验，取得如下成果：

1. 深化地质特征认识

大牛地气田气藏是河流相、三角洲相和滨海相沉积控制的无边(底)水弹性驱动的岩性气藏。沉积相控制着储层，储层控制着产能，气田共发育 6 套储层，6 套储层的特征和含气性也存在差异。其中，盒 2 段、盒 3 段储层条件和含气性最好，是气田开发的主力气层。该气田资源丰富且储量落实，以及具有多套气层叠合的特点，表现出良好的开发前景。

2. 初步落实单井单层产能，进一步评价储量

大牛地气田单井单层产能以低产能为主，高产能次之。其中，太 2 段、山 1 段、山 2 段、盒 1 段为低产层，无阻流量一般小于 $5.0\times10^4m^3/d$，盒 2 段、盒 3 段为高产层，平均无阻流量为 $11.6\times10^4m^3/d$，最高达 $38.4\times10^4m^3/d$，其储量为优质储量。技术人员初步确定了产能评价方法，对低产层采用修正的一点法，对高产层采用修正等时试井法。单层开采可动用储量为 $217.0\times10^8m^3$，多层合采可动用储量为 $756.0\times10^8m^3$，合计可动用储量为 $973.0\times10^8m^3$，可建成 $17.2\times10^8m^3/a$ 的产能。

3. 初步确定气田开发指标

技术人员采用衰竭式开采方式，将盒 2 段和盒 3 段高产层作为一套独立开发层系，将低产层作为一套开发层系。合理配产为无阻流量的 1/6~1/5，盒 2 段和盒 3 段高产层采气速度以 3.0%为宜，低产层合层采气速度以 1.5%为宜。高产层和合采层井距均为 1000m。盒 2 段和盒 3 段高产层单层开采具有较好的经济效益，太 2 段、山 1 段、山 2 段、盒 1 段低产层只有通过合层开采才具有较好的经济效益。

4. 初步确定气田采气工艺

对高产层采用单层开采，对低产层采用合层开采。单层开采选用 2⅞in 油管，合层开采选用 2in 油管。排水采气采用化学排液法，水合物防治采用注醇法。

5. 形成适合气田开发的工程和工艺技术

钻井方式以钻直井为主。满足储层保护功能的钻井液基本配方为：原钻井液+4%~6%复合暂堵剂 FH+1%~2%屏蔽暂堵剂 PD-1+2%~3%油溶性暂堵剂 WZD-2+稀胶液。完井方式为套管射孔完井。固井方案为全井封固。压裂液为全程拌氮压裂体系，压裂规模一般为：施工压力 40~60MPa，加砂量 30~60m^3，砂比 25%~30%，排量 2.5~3.0m^3/min。

6. 初步形成适合气田开发的地面集输工艺

地面集输系统为辐射枝状组合式管网系统，井口工艺有两种方式：一种是加热、节流、分离、储存、缓冲流程；另一种是高压集气流程。在集气站应用撬块装置，为每座站配置 10~15 口井，采用“多井集气、切换计量、常温分离”流程。天然气处理采用“常温重力分离及乙二醇脱水”工艺。外输管线分为两段，起输压力为 6.3MPa。

2003 年，直井开发先导试验取得成功，技术人员编制了规模建产开发方案，建成 $1.5\times10^8m^3$/a 的天然气产能。2003 年 9 月，正式向用户供气，实现当年生产天然气 $657.0\times10^4m^3$、外销天然气 $616.0\times10^4m^3$，开启了大牛地气田开发的新篇章。

（三）直井开发评价和 $10.0\times10^8m^3$/a 产能建设

在直井开发先导试验获得成功的基础上，技术人员进行了直井开发评价。2003 年，通过先导试验部署新井 9 口。2004 年，部署开发评价井 25 口，继续深化对大牛地气田的认识，并进一步落实产能和评价储量。同时，继续完善钻(完)井工艺、采气工艺和集输工艺。在先导试验和开发评价的基础上，编制了 $10.0\times10^8m^3$/a 的产能建设方案。2005 年，开始组织实施第一个 $10.0\times10^8m^3$/a 产能建设，共投产新井 188 口，取得大牛地低渗致密砂岩气田开发的成功。此外，建立了大牛地气田“分层压裂、合层开采”的直井开发模式。其总体思路：在气田基本地质特征和整体评价的基础上，实施勘探开发一体化；按照“先易后难、先肥后瘦”原则和“先导试验、开发评价、实施建产、开发生产”4 个阶段，对开发层系、有利区带进行分类评价和动用，根据不同的高产富集层、富集区制定主力层 1~2 层、低产层多层合采的开发方案；通过气藏精细描述和气藏渗流机理研究，建立大牛地气田产能预测公式和产量预测模型，揭示气井生产规律，评价气井产能，确定合理开发井网，优化开发指标，确定开发政策，有效指导气田开发。通过开发方案的“整体部署、分批实施、跟踪调整”，保证了钻井成功率和方案实施效果。通过直井开发评价，形成直井规模开发配套技术，主要包括致密砂岩储层精细描述及预测和储层含气性检测技术、直井优快钻井技术、钻(完)井保护技术等。2005 年底，成功建成 $10.0\times10^8m^3$/a 的天然气产能，取得直井开发大牛地气田的重大突破，实现经济效益“边际气田”的规模、有效开发，先导试验和开发评价的成功实施在其中发挥了重要作用。

二、水平井开发先导试验和开发评价

2002 年，大牛地气田技术人员对水平井开发进行了探索。2008—2011 年，随着气田相对优质的储量被直井开发，剩余大量的薄、散、差的储量无法通过直井开发。开发前期，虽然在大牛地气田应用直井+压裂工艺技术基本满足了相对高产区的开发需要，但就压裂改造配套工艺技术而言，压裂后泄气面积依然有限。然而，水平井能够增大泄油(泄气)面积，改变流体渗流方式，大幅提高单井产量。为了扩大泄气面积，了解气田自然产能，评价利用水平井开发气田的技术、经济可行性，技术人员实施了水平井开发先导试验，并获得了成功，实现气田的经济、有效开发，累计新建产能 $36.1\times10^8m^3$，促进了大牛地气田的跨越式发展。

（一）水平井开发先导试验目的及内容

2002 年，为试验水平井及多分支水平井提高气井产能的效果，探索Ⅰ类储层中水平井自然建产的技术和经济可行性，为水平井及多分支水平井的部署、设计及跟踪积累经验，华北油气分公司积极开展了水平井开发试验评价，实施了大平 1 井、大斜 1 井。

从 2008 年开始，技术人员先后在大牛地气田部署了大平 4 井、大平 5 井、大平 6 井等几十口水平井，进行了不同水平井类型、不同钻井方式、不同水平段长度、不同压裂改造方式的水平井开发攻关先导试验，经历了探索试验、自然建产试验、压裂建产试验及压裂建产成熟完善 4 个阶段。试验期间，采用了裸眼完井、筛管完井、压裂改造等多种完井方式，对气田主体采用欠平衡钻井实现自然建产，采用氮气泡沫、无土相漂珠钻井液，取得了初步成效，在山 1 段、盒 3 段气层获得经济可采自然产能，从气田开发方案设计到现场实施积累了丰富的经验。但欠平衡钻井成本高，且大牛地气田储层非均质性强、含气非均质性更强，以及部分水平井储层钻遇率低、产量低，不能实现经济、有效建产，平均单井产量仅为 $2.0\times10^4m^3/d$。因此，须结合储层特点不断进行优化和完善，并于 2011 年取得了“水平段快速钻进、多级分段压裂”获得较高产量的突破。

（二）水平井开发先导试验成果

2002 年，技术人员实施了两口水平开发试验井。其中，大斜 1 井因卡钻未能顺利完钻，大平 1 井完钻后自然产能低，未能连续生产。因经验不足和施工不顺利，水平井开发先导试验以失败告终。通过本阶段试验，得到以下几点认识：

（1）水平井的顺利施工高度依赖地质认识和三维储层预测，因此需要对单砂体进行精细刻画，同时要求具备针对深度域的储层预测技术。

（2）虽然两口水平开发试验井施工并不顺利，但这两口井在钻井过程中均有良好气体显示，大平 1 井自然产能达到 $5.0\times10^3m^3/d$，大斜 1 井放喷点火火焰高度为 3~6m，与直井无自然产能相比，水平井展示了其在提高气井产能方面的巨大优势。

（3）因经验不足和施工不顺利，Ⅰ类储层中水平井自然建产的技术和经济可行性未能得到充分验证。

自 2008 年开始，针对Ⅰ类和Ⅱ类储层，技术人员采用水平井自然建产技术、中短水平井压裂建产技术、中长水平井压裂建产技术分别开展了攻关试验，并扩大了试验规模和类型。2011 年，针对Ⅱ类和Ⅲ类储层选用的水平井压裂建产技术取得突破，部署的水平井均取得了良好效果，气层钻遇率和压裂测试无阻流量相对较高，同时丛式井组开发试验进展顺利，钻(完)井、压裂改造等作业的施工成功率达 90%以上，于 2011 年压裂的盒 1 段 6 口水平井平均无阻流量为 $11.0\times10^4m^3/d$。通过多轮次的水平井开发攻关试验，形成水平井开发储量评价与选区、薄储层三维地震综合预测与单砂体精细刻画、水平井开发技术政策优化、水平井钻(完)井、水平井多级分段压裂、水平井排水采气六大水平井整体开发配套技术，为水平井的规模建产奠定了坚实的基础。2012 年，技术人员针对大牛地气田组织并实施了水平井整体开发 $10.0\times10^8m^3/a$ 产能示范区建设，通过示范区建设，钻水平开发井 100 口，动用面积约 $223km^2$，动用天然气储量约 $411.0\times10^8m^3$，水平段长度为 1000~1500m，压裂段数为 8~15 段，单井配产为 $3.0\times10^4m^3/d$，建成产能 $10.0\times10^8m^3/a$，采用水平井整体开发难动用储量获得了巨大成功。

(三) 水平井开发评价

通过水平井开发先导试验，技术人员进行了水平井开发评价。通过水平井开发评价，建立了低渗致密砂岩气田“交错井网、多段压裂”的水平井开发模式：

(1) 创新并形成以“效益最优、增加动用、提高产量、降低投资”的气藏工程研究为核心的水平井开发理念，并形成“多级多层压裂、排状交错井网、优先部署井组”的开发模式，扩大了气田开发效益，实现低品位储量的经济、有效开发。

(2) 创新并形成水平段多靶点井眼轨迹控制技术和水平井钻井液流变参数控制技术，使钻井轨迹与设计轨迹符合率达 95.6%，机械钻速是示范区建设工程立项前钻速的 2.46 倍，钻井周期缩短了 40.0%，大幅提高了钻井效率和降低了成本。

(3) 创新并形成三维压裂设计方法和水平段二元破胶技术，实现对低渗致密储层的有效改造，单井产量平均达 $3.0\times10^4m^3/d$，是该类储层直井单井产量的 8~10 倍，使单井产量得到大幅提高，实现了气田的经济、有效开发。

根据水平井开发先导试验和开发评价成果，通过近年来水平井、丛式水平井整体开发，共部署水平井 413 口，动用天然气储量约 $1584.6\times10^8m^3$，累计新建产能 $36.1\times10^8m^3$，实现中国石化首个低渗致密气田的水平井整体经济、有效开发，也实现大牛地气田的跨越式发展，使其成为年产 400.0×10^4t 油气当量的大气田，并成为中国石化低渗致密砂岩气田高效开发的一张靓丽名片。

第二节　松南气田开发先导试验和开发评价

松南气田是中国石化继发现普光气田之后，在深层获得勘探突破的又一个新区，也是中国石化开发建设的第一个火山岩气田。对松南气田的开发评价主要经历了前期开发评价、水平井开发先导试验和开发评价优化两个阶段。2012 年，松南气田顺利建成 $5.0\times10^8m^3/a$ 的工业气产能。

1. 前期开发评价阶段

2007 年，技术人员通过细致研究松南气田营城组火山岩气藏，提交了探明地质储量 $433.7\times10^8m^3$。评价初期，共钻了 3 口井，根据初期获得的地质认识，编制了 26 口井的

《松南气田 $10.0\times10^8m^3/a$ 开发方案》，方案中以钻直井为主。但是，由于直井产能低，经济效益较差。

2. 水平井开发先导试验和开发评价优化阶段

2009 年 7 月，技术人员在松南气田完成 9 口钻井，其中 3 口直井、6 口水平井。随着新井资料的增加和开发评价的不断进行，对地质的认识和对井型的认识较之前发生了变化，从而将方案设计中的直井全部优化为水平井，大幅提高了气田开发效益。

一、松南气田前期开发评价

（一）前期开发评价地质认识

2007 年，在松南气田钻成直井 3 口（腰深 1 井、腰深 101 井和腰深 102 井），技术人员根据获得的相关地质资料情况开展了评价，得到下文中的地质认识。

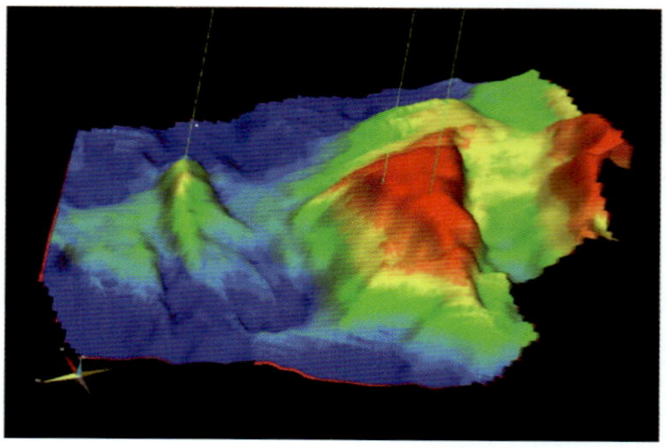

图 3-1　松南（腰英台）气田构造三维可视化图

1. 构造认识

松南气田构造上位于松辽盆地中央坳陷带长岭断陷内，主产层为营城组火山岩气藏。松南气田构造形态为北北东（NNE）走向且向西倾没的鼻状构造；含气性主要受构造控制，其次受火山岩岩体影响，为岩性-构造气藏（图 3-1）。

2. 岩性和岩相认识

松南火山岩岩性以流纹岩为主，岩相以爆发相和溢流相为主；火山岩在纵向上被划分为三个期次，其中第一期岩相、第二期岩相以溢流相为主，第三期岩相为爆发相（图 3-2、图 3-3）。溢流相上部储层物性最好。

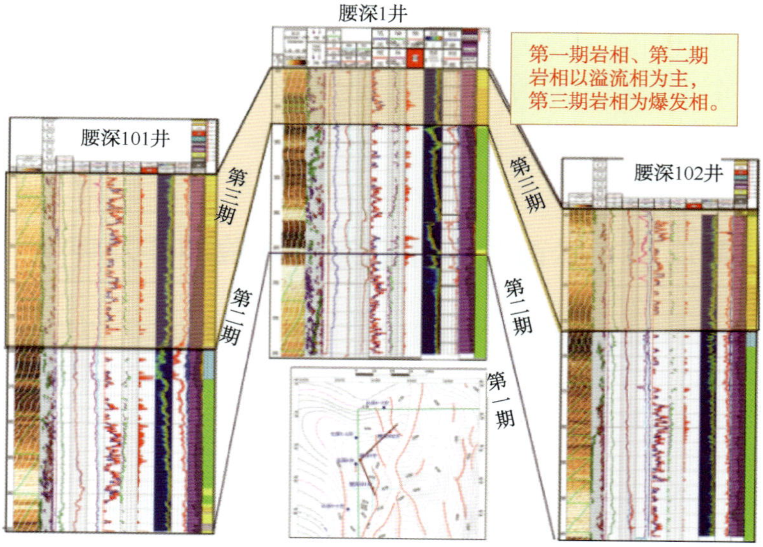

图 3-2　松南气田腰深 101 井—腰深 1 井—腰深 102 井气藏剖面图

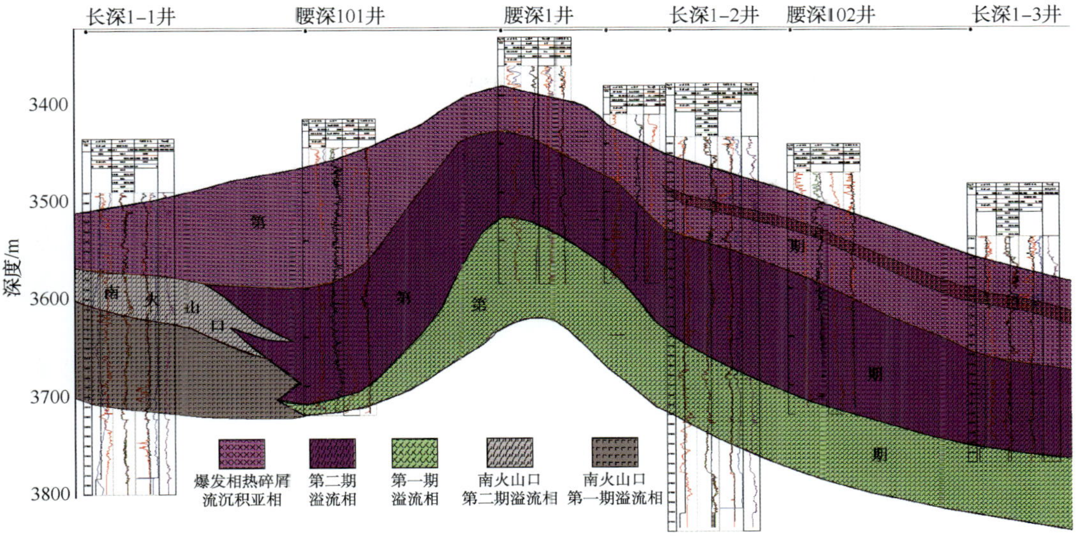

图 3-3　长深 1-1 井—腰深 101 井—腰深 1 井—长深 1-2 井—腰深 102 井—长深 1-3 井沉积相剖面图

3. 储集空间认识

松南火山岩储集空间类型主要为孔隙型，裂缝较发育，且裂缝主要作为渗流通道。有利火山岩储集空间以气孔、溶蚀孔和粒间孔为主，裂缝起重要的导流作用（图 3-4、图 3-5）。

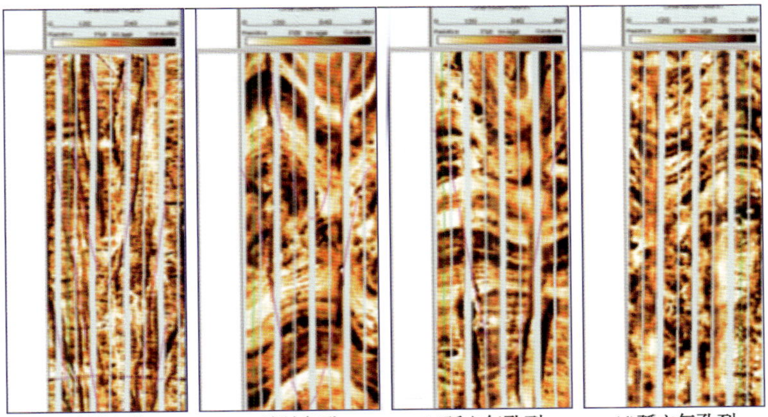

图 3-4　腰深 1 井营城组部分井段 FMI 测井成像图

4. 气水系统认识

松南气田营城组气藏气水分布主要受构造控制，岩性控制次之；纵向上为上气下水分布，气柱高度为 260m，具有统一的气水系统，气水界面深度为 3649m，属于底水驱动的块状气藏（图 3-6）。

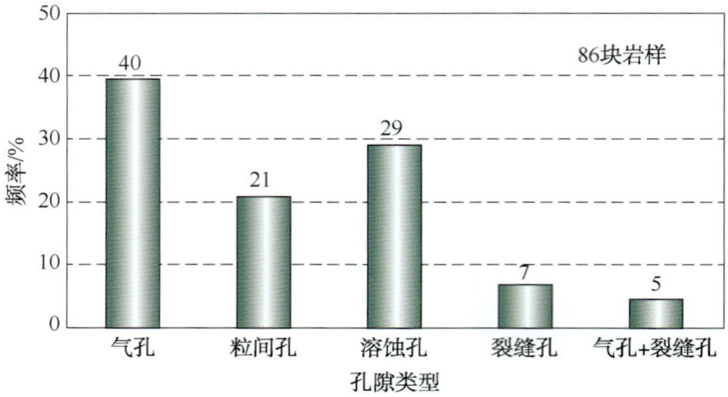

图 3-5 松南(腰英台)气田营城组火山岩孔隙类型图

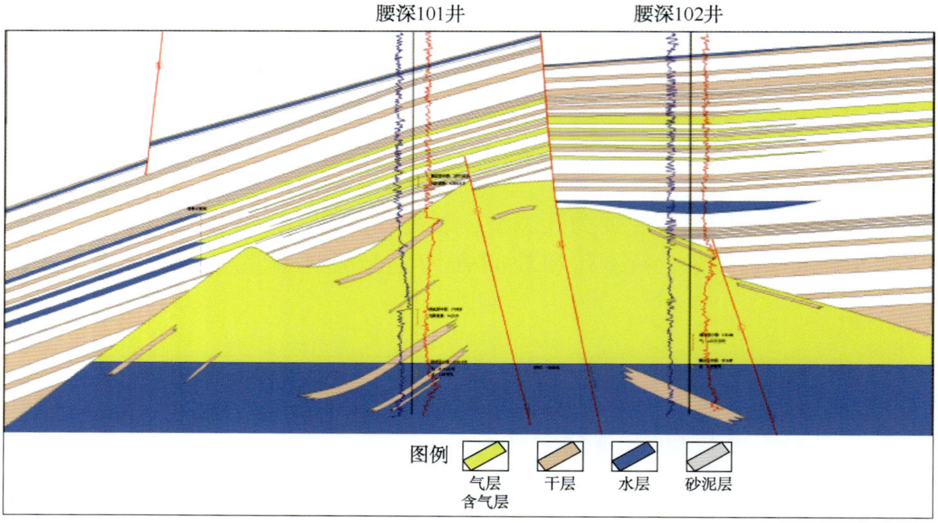

图 3-6 松南(腰英台)气田营城组腰深 101 井—腰深 102 井气藏剖面图

5. 储量认识

2007 年底，技术人员针对营城组火山岩气藏提交探明地质储量约 433.7×$10^8$$m^3$，技术可采储量约 260.2×$10^8$$m^3$，叠合含气面积约 16.83$km^2$。

(二) 试气试采认识

在评价初期(2007 年)，技术人员对 3 口直井进行了测试，并对腰深 1 井进行了试采。腰深 1 井在 Φ(4.2~8.0) mm 油嘴、Φ(20.5~22.0) mm 孔板的工作制度下，产气量为(5.7~17.7)×$10^4$$m^3$/d，计算无阻流量为 30.0×$10^4$$m^3$/d；腰深 101 井在 Φ(4.0~7.9) mm 油嘴、Φ(20.5~22.0) mm孔板的工作制度下，产气量为(5.4~14.4)×$10^4$$m^3$/d，计算无阻流量为 34.0×$10^4$$m^3$/d；腰深 102 井在 Φ6.0mm 油嘴、Φ(20.5~22.0) mm 孔板的工作制度下，产气量为 7.5×$10^4$$m^3$/d，计算无阻流量为 18.5×$10^4$$m^3$/d。对腰深 1 井采用撬装装置开展了试采，共试采 110d，在试采过程中，油压基本稳定在 30.0MPa，平均产气量为

$10.2\times10^4m^3/d$，产微量凝析水，累计产气量为 $439.0\times10^4m^3$。通过试气试采，明确了营城组气藏气井产量稳定、压力稳定、产水不大的特点，表明该气藏具有较大的工业开发价值。

（三）前期开发方案评价

根据前期评价认识，2007 年底，松南气田技术人员编制了《松南气田 $10.0\times10^8m^3/a$ 开发方案》（图 3-7），确定营城组气藏为主力开发层系，登娄库组和泉一段砂岩气藏作为开发接替层系；主要利用大斜度井控制生产压差，防止底水锥进。采气速度为 3.2%，基础开发井网合理井距为 800～1200m，直井配产为 $10.0\times10^4m^3/d$，大斜度井配产为 $25.0\times10^4m^3/d$。该方案中动用含气面积约 $16.0km^2$，动用地质储量约 $400.0\times10^8m^3$，动用可采储量约 $240.0\times10^8m^3$，总井数为 26 口，其中利用探井 3 口，单井控制地质储量为 $15.4\times10^8m^3$，新钻井数为 23 口，其中直井 14 口、大斜度井 9 口，新建产能 $12.7\times10^8m^3/a$。

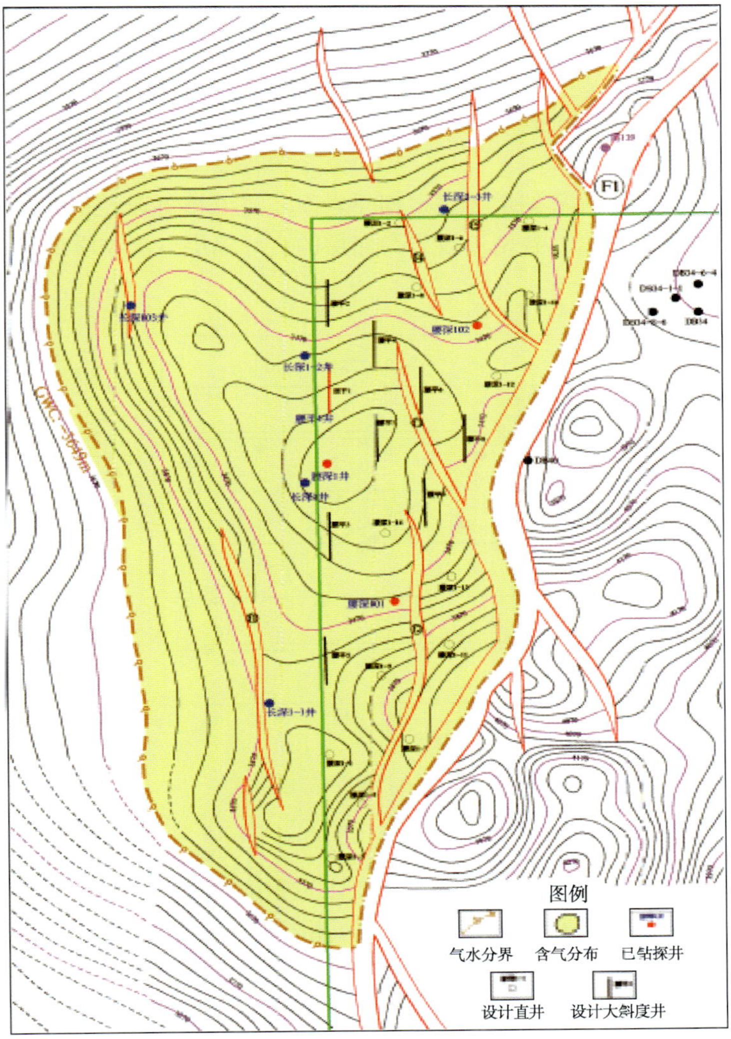

图 3-7　评价前期《松南气田 $10.0\times10^8m^3/a$ 开发方案》部署图

二、水平井开发先导试验和开发评价优化

根据前期地质认识编制的 26 口井的开发方案在经济上并不高效，为了进一步提高气田开发效益，松南气田技术人员开展了水平井提高单井产量的先导试验。2007 年 9 月，在腰深 1 井以北 700m 处部署了腰平 1 井（水平井），测试获得（30.0~40.0）$\times10^4m^3/d$ 的稳定产量，无阻流量达 351.0$\times10^4m^3/d$。2008 年 9 月，对部署的腰平 7 井（水平井）进行了测试，无阻流量达 145.5$\times10^4m^3/d$，产水量为 12.0m^3/d，产水来自地层可动水。腰平 4 井测试产气量为 2.1$\times10^4m^3/d$，产水量为 9.6m^3/d，产水来自地层可动水。腰深 102 井测试产气量为 2.5$\times10^4m^3/d$，产水量为 6.7m^3/d，产水来自地层可动水。通过腰平 1 井、腰平 4 井和腰平 7 井这 3 口水平井先导试验及腰深 102 井试气情况，证实对松南气田实施水平井开发可以增加泄气面积，大幅提高产能，水平井的产能和井控动态储量较直井具有明显优势，是直井的 2~3 倍，同时水平井也能抑制底水锥进，延长气井稳产时间，因此将前期评价时设计的直井全部优化为水平井，可大幅提高气田开发效益。

（一）地质认识变化

技术人员对松南气田火山岩气藏的地质认识不断加深，主要体现在：

1. 岩性和岩相认识

通过地质研究认为，优质储层为爆发相浮岩而非溢流相角砾岩，气孔流纹岩次之，再次为流纹质气孔熔结凝灰岩；致密流纹岩为储层的良好隔层，流纹质致密熔结凝灰岩次之（图 3-8）。

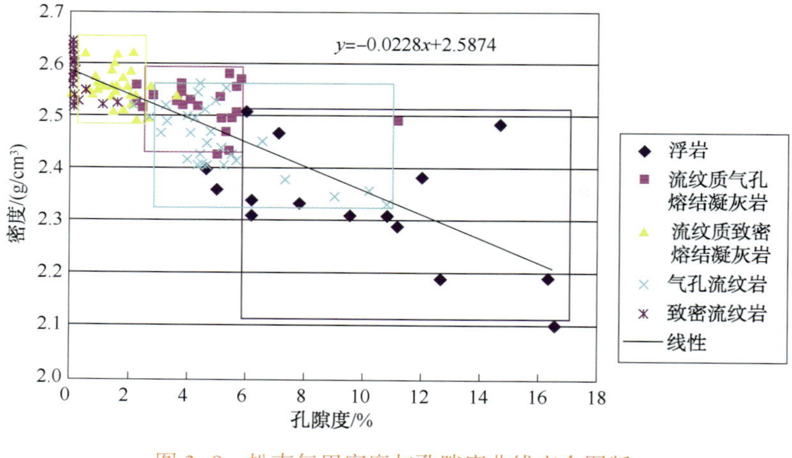

图 3-8　松南气田密度与孔隙度曲线交会图版

2. 火山岩相模式认识

溢流相和爆发相中均发育了优质储层，储层主要分布在相界面附近，从而明确了储层发育的有利位置。研究后认为：斯通博利式溢流相模式中，储层主要发育在顶部气孔流纹岩中；普林尼式爆发相模式中，储层主要发育在下部浮岩中。

3. 测井解释认识

在应用新方法重新进行解释后，显示气层厚度减小，气水同层厚度增大。

4. 火山机构内幕认识

通过地球物理手段识别出 3 个火山机构。通过储层预测，表明火山机构具有层状分布特征(图 3-9、图 3-10)。

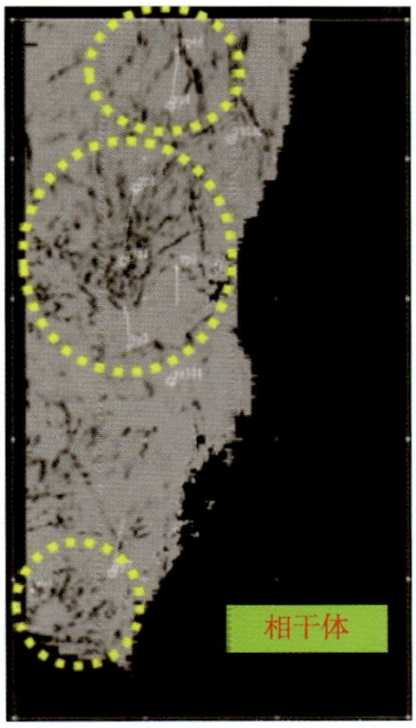

图 3-9　松南气田地震相干体分布

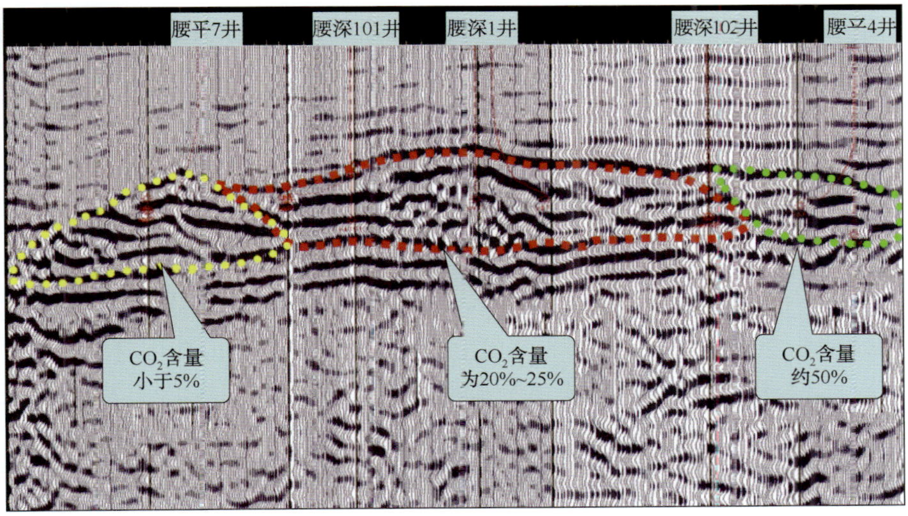

图 3-10　腰平 7 井—腰深 101 井—腰深 1 井—腰深 102 井—腰平 4 井连井剖面

5. 气水系统认识

通过前期评价认为，松南气田是具有统一气水系统的块状气藏。而新认识表明：气田在纵向上总体为上气下水，储层具有层状特点，主火山机构气层未直接接触边(底)水；气藏不具有统一的气水界面，存在多个气水系统(图 3-11)。因此，技术人员对火山岩储层的认识从“块状”向“似层状”转变，该认识为水平井部署奠定了坚实的基础。

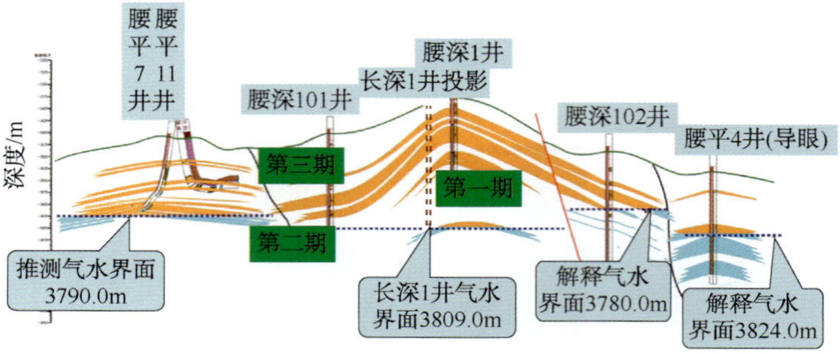

图 3-11　松南气田主体气藏剖面图

6. 储量认识

在地质综合研究成果的基础上，技术人员重点细化了储量计算单元，进一步落实了储层含气面积及有效厚度，计算了松南气田主体动用储量为 $201.0\times10^8m^3$。

（二）开发方案优化

基于以上地质认识和动态认识的变化，技术人员对前期评价中设计的开发方案进行了优化和调整，将原 26 口井的直井+大斜度井方案调整为 3 口直井+9 口水平井方案，调整后总井数为 12 口，其中利用探井(直井)3 口，部署水平井 9 口，实现了少井高产开发目标，大幅提高了气田的开发效益。2012 年，松南气田顺利完成产能建设任务，建成原料气产能 $6.7\times10^8m^3/a$、工业气产能 $5.0\times10^8m^3/a$。

在松南气田水平井开发先导试验和开发评价过程中，技术人员总结并形成火山岩气田水平井高效开发模式，在该模式的指导下，实现松南气田的高效开发，因此开发先导试验和开发评价对松南气田具有重要意义。

第三节　大湾气田开发评价

2015 年，中国石化提出了加快川东北天然气开发的要求，要求中明确提出，尽快把川东北丰富的天然气资源转化为生产能力，形成中国石化新的经济增长点，实现天然气产业的跨越式发展。2008 年 10 月，普光气田主体投入试生产，2010 年 3 月，普光气田主体整体正式投产。大湾气田位于普光主体西北部，包括大湾和毛坝两个构造，与普光主体普西构造相邻。大湾气田是继普光气田主体之后投入开发的又一特大型、超深、特高含 H_2S 气田，其地质特征与普光气田主体相似。为了开发建设好该气田，技术人员广泛应用了普光气田主体开发建设过程中形成的高效开发技术、思路、方法、审查机制，开展了技术攻关和地质研究，编制了开发方案，实现实时跟踪和优化开发部署，取得很好的应用效果。所以，在大湾气田开发过程中，没有进行开发先导试验，而直接进行了开发评价。大湾气田的开发评价主要经历了初步开发评价和开发评价优化两个阶段。

1. 初步开发评价阶段

2007 年 5 月，技术人员在大湾气田完钻 8 口评价井，根据由初步开发评价取得的研究成果，并参考普光气田主体的开发经验，编制了第一套开发方案——《大湾气田初步开发方案》。

2. 开发评价优化阶段

随着开发评价的不断深入，技术人员对大湾气田的地质认识也在不断深化，2008 年 3 月和 2009 年 11 月，根据取得的评价认识，对大湾气田开发方案先后进行了两次优化，并编制完成《大湾气田开发优化方案》。

一、大湾气田初步开发评价

（一）前期评价认识

2007 年 5 月，技术人员在大湾构造上完钻 8 口井，对其中 2 口井进行了测试，分别为大湾 1 井和大湾 2 井；在毛坝构造上完钻 6 口井，分别为毛坝 1 井、毛坝 2 井、毛坝 3 井、毛坝 4 井、毛坝 6 井和毛开 1 井。根据以上完钻井取得的资料，技术人员开展了前期评价，得到以下地质认识：

1. 构造认识

大湾构造是两条背冲断层形成的背冲褶皱，是轴向为北北东（NNE）向的背斜构造。毛坝构造是受毛坝东断层、毛坝西断层及多条次级断层控制的长轴背斜构造，背斜长轴走向为北东（NE）向（图 3-12）。

图 3-12 大湾气田 T_1f_{1-2} 顶面构造图

2. 储层认识

大湾气田飞仙关组储层主要发育在相变线以北区域，预测储层厚度在60~250m之间。在北部构造高部位，预测储层厚度较大，厚度在100~250m之间，毛坝4井储层最厚，达200m以上；在构造南部，储层厚度次之，厚度在80~100m之间。同时，在大湾气田中部大湾1井所处井区，预测储层厚度较小(约70m)，在大湾3井以北还有一个储层厚度局部高值区。大湾—毛坝构造北部是储层发育区，储层厚度较大、物性较好。

大湾构造储层以飞仙关组为主，长兴组储层局部发育。飞仙关组储层孔隙度为0.78%~18.10%，平均为8.60%，渗透率为$(0.01\sim4562.60)\times10^{-3}\mu m^2$，平均为$10.93\times10^{-3}\mu m^2$。长兴组储层仅发育于大湾1井及其南部，物性较普光气田主体长兴组储层差，平均孔隙度为6.50%。毛坝构造飞仙关组储层孔隙度为0.71%~28.12%，平均为10.30%，渗透率为$(0.02\sim3665.40)\times10^{-3}\mu m^2$，平均为$12.50\times10^{-3}\mu m^2$，储层渗透性相对较好。长兴组储层主要发育在毛坝3井所处井区，以低、中孔和中、高渗储层为主，孔隙度为1.81%~15.19%，平均为3.89%，渗透率变化大，为$(0.02\sim1699.40)\times10^{-3}\mu m^2$。

3. 流体认识

大湾气田测试段的天然气组分与普光气田主体天然气组分基本相似。在大湾气田天然气组分中，CH_4含量为70.05%~77.87%，H_2S含量为11.11%~12.84%，CO_2含量为8.61%~11.78%，天然气密度为0.7206~0.7689g/cm^3，属于高含H_2S、中含CO_2、过成熟干气。在毛坝4井所处井区天然气组分中，CH_4含量为71.87%~73.51%，H_2S含量为15.48%~16.87%，CO_2含量为9.14%~10.10%，属于高含H_2S、中含CO_2干气。

4. 地层压力认识

大湾气田地层压力为51.85~61.15MPa，地层压力系数为1.09~1.24，温度梯度为1.9℃/100m，为常压、低温系统，这与普光气田主体基本一致。毛坝3井所处井区气藏中部外推地层压力为56.48~79.70MPa，地层压力系数为1.38~1.84，温度梯度为(2.0~3.6)℃/100m，为异常高压、常温系统；毛坝4井所处井区气藏中部外推地层压力为49.28~49.96MPa，地层压力系数为1.28~1.30，温度梯度为2.1℃/100m，为常压、低温系统。

5. 气水系统认识

2007年5月，大湾气田气藏气水界面尚未被识别出来，但根据前期资料，技术人员初步判断其气水界面深度至少应在4660m及以下。在毛坝4井所处井区气井中未发现水层；毛坝3井长兴组气藏气水界面深度为3884m。

6. 储量认识

在评价前期，大湾构造北部探明天然气地质储量为$777.8\times10^8m^3$；大湾构造、毛坝构造未探明区天然气地质储量为$522.4\times10^8m^3$。大湾—毛坝构造气藏合计含气面积约53.9km^2，探明与预测天然气地质储量约$1300.2\times10^8m^3$。因此，在本储量基础上，技术人员进行了初步开发评价。

7. 试气认识

大湾1井和大湾2井飞一段—飞二段中、上部气层无阻流量大，分别为$134.4\times10^4m^3/d$和$89.8\times10^4m^3/d$，远高于大湾1井飞一段—飞二段下部及长兴组经酸化压裂后的无阻流量。

纵向上，毛坝构造飞仙关组和长兴组产能有明显差异，其中毛坝 6 井飞一段—飞二段中、上部气层无阻流量最高，为 95.6×10^4m^3/d，飞三段次之，毛坝 1 井飞三段气层无阻流量为 43.9×10^4m^3/d，而长兴组较差，气层无阻流量仅为(15.7~21.5)×10^4m^3/d，这与储层物性特征一致。

（二）初步开发方案

2007 年 5 月，基于对大湾气田前期的地质认识，技术人员编制完成《大湾气田初步开发方案》。方案设计如下：对大湾气田采用衰竭式开采方式，以及采用一套开发层系，考虑到储层变化大，采用不规则井网；主要部署直井和斜井，在储层有效厚度较小的区域部署水平井；大湾气田北部井距为 1100~1300m，大湾气田南部井距为 1300~1500m，毛坝 4 井所处井区合理井距为 1000~1200m；按无阻流量的 1/7~1/5 配产；大湾气田（区块）采收率达 65%，毛坝区块采收率达 70%。

方案中动用天然气地质储量为 1050.0×10^8m^3，共部署开发井 25 口，其中新钻井 17 口（包含直井 3 口、斜井 12 口、水平井 2 口），利用探井 8 口，设计井场 13 座，年产天然气量达 33.0×10^8m^3，采气速度为 3.1%（图 3-13）。

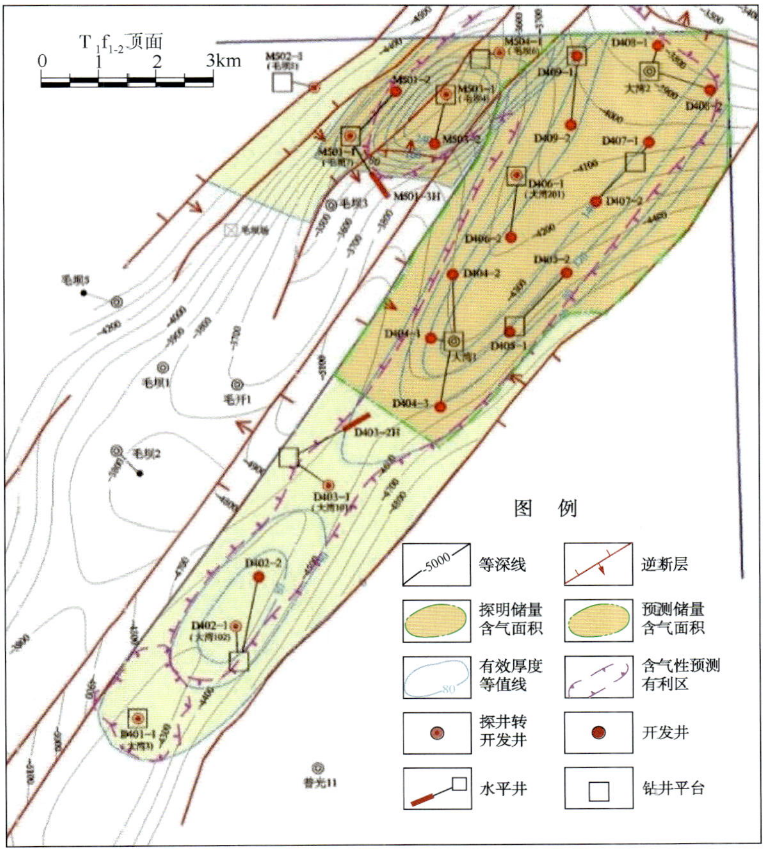

图 3-13 《大湾气田初步开发方案》部署图

二、大湾气田开发评价优化

随着对普光气田主体的开发及对本区认识的深化和钻井数量的不断增加，技术人员对大湾气田的评价不断深入，并取得了地质上的新认识，大湾气田储层厚度比普光气田主体小，用大斜度井和直井控制的储量比普光气田主体小，因此难以获得较好的经济效益。为此，2008 年初，中国石化组织专家赴美国康菲石油公司考察调研，学习国外高含硫气田水平井开发的设计理念和开发技术。通过参考普光气田开发钻井实践，技术人员对大湾气田的井型进行了优化设计，将井型全部优化为水平井。2009 年 11 月，在此基础上编制完成《大湾气田开发优化方案》，为大湾气田的高效开发奠定了基础。

1. 储量新认识

2007 年 12 月，技术人员在毛坝 4 井、毛坝 6 井试气获得工业气流。2008 年 12 月，技术人员又在大湾 102 井和大湾 1 井飞三段试气获得工业气流。随着完钻评价井的不断增加，技术人员对大湾气田的地质认识发生了变化，导致该气田的动用地质储量也发生了变化，动用地质储量从 $1050.0\times10^{8}m^{3}$ 减少到 $768.0\times10^{8}m^{3}$。

2. 水平井评价认识

通过调研得知，国外高含硫气田水平井开发有成功案例，这增强了技术人员在大湾气田进行水平井开发的信心。通过水平井开发评价，对水平井的适用性也有了新的认识。

水平井具有增大泄气面积、大幅提高单井控制储量和气井产能、减小生产压差等特点。在不考虑水平井井筒摩阻的情况下，随着水平井长度的增加，水平井产量与直井产量之比近似呈直线增加；随着气层厚度增加，水平井产量与直井产量之比增加的趋势变缓，即气层厚度越小，水平井增产效果越明显。因此，水平井更适合于气层厚度相对较小的气藏的开发。实测地层垂向渗透率为水平渗透率的 0.5 倍，当水平井长度约为 500m 时，水平井产能是直井产能的 2.2 倍左右。大湾气田储层厚度相对较小，为了兼顾飞仙关组和长兴组气藏开发和尽可能地增加钻遇气层厚度，以提高单井产能，新钻开发井宜选用水平井，而在气层厚度大的主体区域主要采用井斜角度接近 70°的水平井。在气藏边部气层厚度小于 70m 的区域，可部署水平段长度为 400~600m 的水平井。

3. 开发方案优化

基于对大湾气田新的地质认识，技术人员优化调整了该气田的开发指标，并编制完成《大湾气田开发优化方案》。

方案设计如下：动用天然气地质储量 $768.0\times10^{8}m^{3}$，部署开发井 13 口，其中利用探井 5 口，新钻水平井 8 口；设计井场 7 座(新建井场 1 座)；平均单井配产为 $70.0\times10^{4}m^{3}/d$，设计产能为 $30.0\times10^{8}m^{3}/a$，采气速度为 3.9%，预测稳产期为 9 年(图 3-14)。

该优化开发方案实施后，大湾气田实际新完钻水平井 8 口，钻井成功率达 100%。13 口井实现投产作业，投产成功率达 100%，实测产气量为 $(32.0\sim82.0)\times10^{4}m^{3}/d$，计算无阻流量为 $(425.0\sim676.0)\times10^{4}m^{3}/d$，平均单井无阻流量达 $566.0\times10^{4}m^{3}/d$，实际产能达到或超过方案设计产能，达产率为 100%。2012 年 5 月 14 日，大湾气田全面投入生产，产气量超过 $900.0\times10^{4}m^{3}/d$，单井平均产气量超过 $70.0\times10^{4}m^{3}/d$，大湾气田实现了高效开发。此外，通过对大湾气田的开发，形成碳酸盐岩较薄储层水平井开发模式。

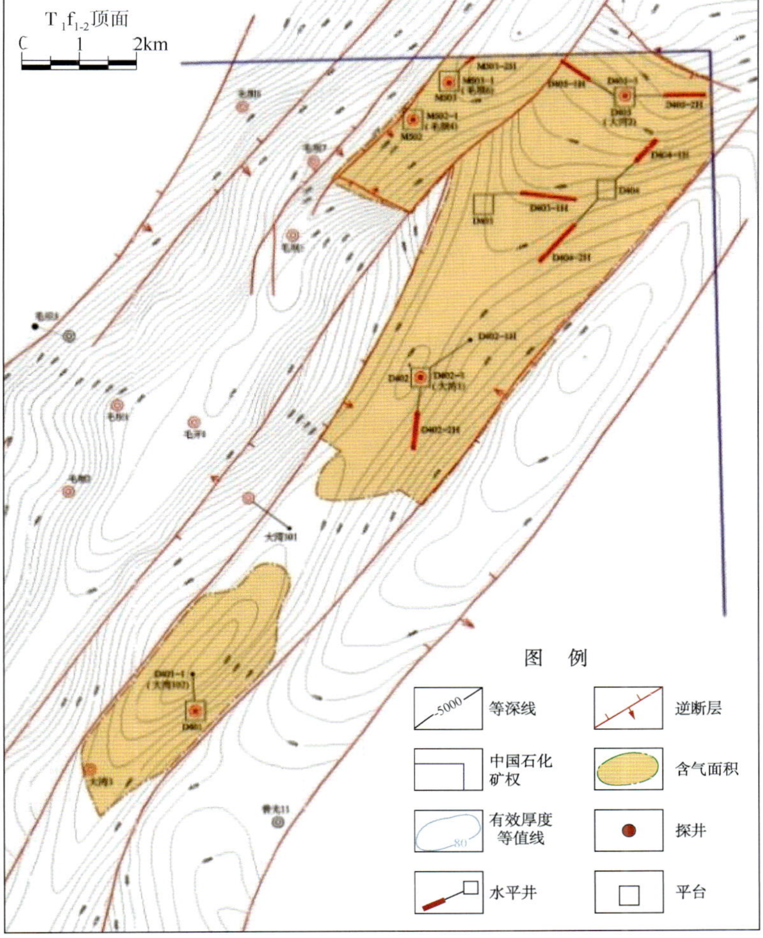

图 3-14 《大湾气田开发优化方案》部署图

第四节 河坝气田开发评价

2008 年，中国石化在河坝气田嘉二段、飞三段气藏提交天然气控制储量 743.4×10^8m^3，预测天然气地质储量 112.9×10^8m^3。河坝 1 井、河坝 2 井经测试后获得高产气流，为了尽快利用好河坝气田的天然气资源，技术人员决定对河坝气田进行开发评价，并为整体开发河坝气田做好开发技术储备。对河坝气田的开发评价主要经历了前期评价部署和评价突破建产两个阶段。开发评价在河坝气田开发过程中起到显著作用。

一、前期评价部署阶段

2008 年，技术人员在对河坝气田评价初期，河坝 1 井和河坝 2 井经测试获得高产气流，其中飞三段无阻流量达 300.0×$10^4m^3/d$，研究后认为，河坝气田具有一定的储量规模，因此进行了初期的开发部署，编制完成 16.0×$10^8m^3/a$ 的产能建设方案。其中，在河坝气田飞三段气藏共部署开发井 13 口，平均单井配产为 $23.0\times10^4m^3/d$，设计产能为 $10.0\times10^8m^3/a$；在河坝气田嘉二段气藏部署开发井 8 口，平均单井配产为 $22.8\times10^4m^3/d$，设计产能为 $6.0\times10^8m^3/a$。

2010 年，根据在河坝气田新实施的 6 口井的地质资料，技术人员对气藏进行了开发评价，因而对河坝气田的地质认识发生了变化，该气田有利区的范围较前期认识变小。2010 年底，在河坝气田飞三段气藏已完成测试 9 口井，仅有河坝 1 井、河坝 2 井、河嘉 203H 井这 3 口井获得了较高的测试产量，为 $(30.0\sim204.0)\times10^4m^3/d$，其余 6 口井产量均低于 $10.0\times10^4m^3/d$。其中，河坝 102 井、河坝 1-1D 井、河坝 107 井、河坝 104 井、河嘉 203H 井和河飞 302 井经测试后产水。气井测试结果远远没有达到预期效果。虽然河坝 1 井和河坝 2 井初期产量高，但在试采期间产量、压力递减快，且弹性产率低，表现出裂缝型超高压气井的特征，气井的产能也没有达到预期结果。因此，根据新部署的评价井和试气试采新认识，技术人员决定暂不进行该气田的开发部署，以避免因为盲目建设而造成巨大经济损失。

二、评价突破建产阶段

2018 年，随着河坝气田开发评价井的完钻，以及建产区面积的缩小，技术人员重新对河坝气田进行了评价，对河坝气田气藏取得新的认识：河坝气田飞三段气藏较差，而嘉二段气藏具备建产潜力。通过研究，明确了砂屑滩优质储层展布，滩核部位优质储层厚度相对较大。滩核部位优质储层厚度为 4.4~10.0m，平均为 7.0m；滩缘及滩间优质储层厚度为 1.8~4.2m，平均为 3.2m。滩体主要发育在河坝气田中、东部的河坝 1—河坝 2 井区、河坝 101 井区及河飞 302 井区（图 3-15）。根据取得的新认识，技术人员对嘉二段气藏进行了综合评价，河坝 101 井区面积为 $19.4km^2$，天然气储量为 $42.7\times10^8m^3$，河坝 1—河坝 2 井区面积为 $15.5km^2$，天然气储量为 $35.5\times10^8m^3$。

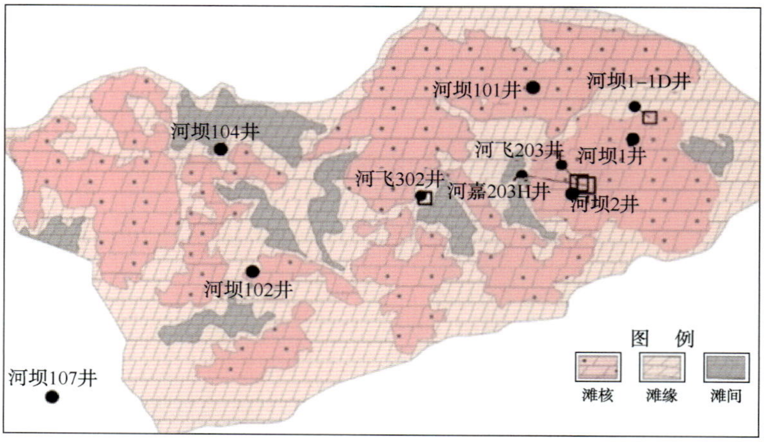

图 3-15　河坝气田嘉二段气藏沉积相平面图

在此阶段，在河坝气田嘉二段气藏中应用的钻（完）井技术也得到了发展。技术人员通过精细部署、井震结合、精细跟踪，以及准确入靶，确保了较高的优质储层钻遇率，河嘉 201H 井钻遇白云岩段长度为 1061.0m，其中水平段长度为 929.8m，测井解释储层长度为 828.3m，储层钻遇率约 78.1%。此外，采月滑套分级、暂堵分流等技术实施分段改造，取得较好的测试效果。河嘉 201H 井经测试获得高产气流，无阻流量为 $197.0\times10^4m^3/d$。河嘉 202H 井无阻流量为 $136.0\times10^4m^3/d$。2019 年，河嘉 201H 井和河嘉 202H 井平均无阻流量达 $167.0\times10^4m^3/d$，较前期河嘉 203H 井无阻流量提高了约 4.2 倍。

基于以上开发评价认识，2019 年，技术人员编制完成《河坝气田 101 井区嘉二段气藏产能建设方案》。方案中，部署开发井 3 口，新建产能 $2.0\times10^8m^3/a$，在河坝气田西区滚动部署评价井 1 口，预计可建成产能 $(3.0\sim4.0)\times10^8m^3/a$。综上所述，在河坝气田的开发过程中，开发评价不仅直接决定了开发策略，还在河坝气田实现高效开发的过程中发挥了重要作用。

第四章 精细沉积、储层研究和气藏认识是气田高效开发的根基

地质体系控制着岩性、岩相、沉积相和储层的发育，要提高特殊类型气田的开发效益，就必须以精确的地质体系认识为基础，加强对岩性、岩相、沉积相、沉积微相的精细研究，落实有利储层的分布。同时，需要加强对气藏的认识，搞清气藏类型和气水分布，这是提高钻井成功率的关键。因此，高质量的岩性、岩相、沉积相精细研究、储层研究和气藏认识是实现气田高效开发的根基。

中国石化开发的气田类型多样，其中致密砂岩气田、高含硫碳酸盐岩气田、火山岩气田等复杂气田占主体地位，本章即根据中国石化不同类型气田的勘探开发实践，对基于精细沉积、储层研究和气藏认识而实现气田高效开发的有代表性的成果进行总结，旨在为今后同类气田的开发评价及高效开发提供良好借鉴。

第一节 大牛地气田沉积相、沉积微相精细研究保证气田开发钻井成功率

如前所述，大牛地气田在构造上位于鄂尔多斯盆地伊陕斜坡东北部，具有特低渗透率、气藏压力低、含气丰度低和产能低的“四低”特征。其主要开发目的层为上古生界石炭系太原组、二叠系山西组和下石盒子组，为一套由海陆过渡相向陆相转化的砂泥岩多期叠合沉积。由于沉积微相控制着储层的发育，因此精细沉积相及沉积微相研究成为确保气田开发钻井成功率的关键因素。

一、沉积背景

在晚古生代时期，鄂尔多斯地块与华北地块统一发展，仅其西南一隅濒临古特提斯海域。在中石炭世，其西部形成与古特提斯海域连通的南北向海湾，并沉积了靖远组和羊虎沟组的黑色泥页岩、砂岩、生物灰岩与煤层；其东部为与华北克拉通凹陷相通的潮坪，并沉积了本溪组的黑色页岩、砂岩和灰岩，厚度达数十米。在晚石炭世，该区进一步发生海侵，导致沉积范围扩大，其西侧的祁连海与东侧的华北海连成一片，形成该区的浅海台地沉积（图 4-1）。该区山西组为煤系地层，且该时期古隆起仍然存在，主要为一套三角洲相沉积（图 4-2）；该区下石盒子组与山西组的沉积背景相同，但该时期气候逐渐变得干旱，主要为一套河流相碎屑岩沉积（图 4-3）。

二、沉积相和储层初步认识

由于大牛地气田存在海相、海陆过渡相和河流相三大沉积体系，表现出相变快，以及沉积微相精细描述难度大等特点。因此，基于区域沉积背景，结合野外露头观察及岩心描述，在岩石相、测井相分析的基础上，技术人员进行了单井相和连井剖面相分析，逐步认

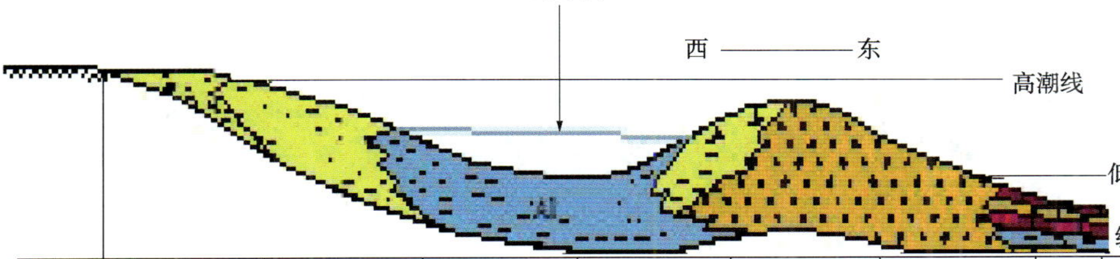

亚相	潮上	潮间				潮下	环境	剖面	海平面变化
相	潮坪		潟湖	潮坪	障壁岛	潮坪			
岩石类型	泥岩、灰质、泥岩加煤线	泥岩加粉砂岩、灰岩透镜体	铁铝质泥岩、页岩、泥灰岩	页岩加砂岩及煤层、煤线	粉、细粒砂岩—中粗粒砂岩	薄层砂泥岩互层加薄层灰岩	潮下	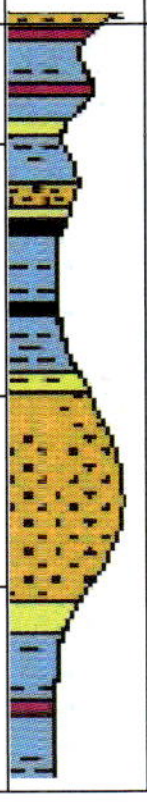	降 升
结构构造	水平层理、干裂、鸟眼、垂直钻孔	羽状层理、脉状层理、透镜状层理、水平层理	水平层理	同靠陆部分潮坪	正反粒序、波状层理、板状层理、束状层理	水平层理	潮间		
颜色	灰色—黄绿色	棕褐色—灰黑色	灰黑色	灰黑色	灰白色	灰黑色	障壁岛		
生物化石	植物	腹足、腕足、介形虫、头足和植物	以介形虫为主，见鱼类和植物	同靠陆部分潮坪	腕足和腹足类碎片	腕足、头足等	潟湖		

图 4-1　大牛地气田障壁滨海相沉积模式图

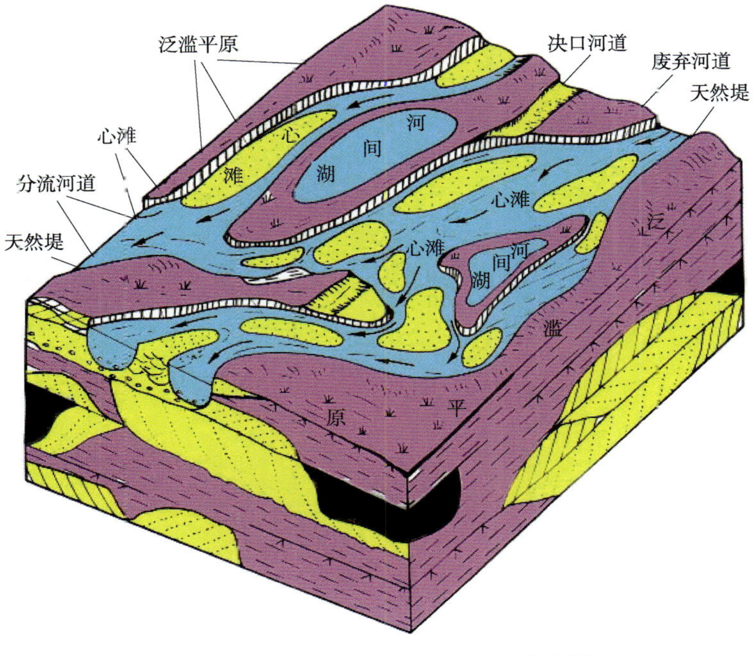

图 4-2　大牛地气田三角洲相沉积模式图

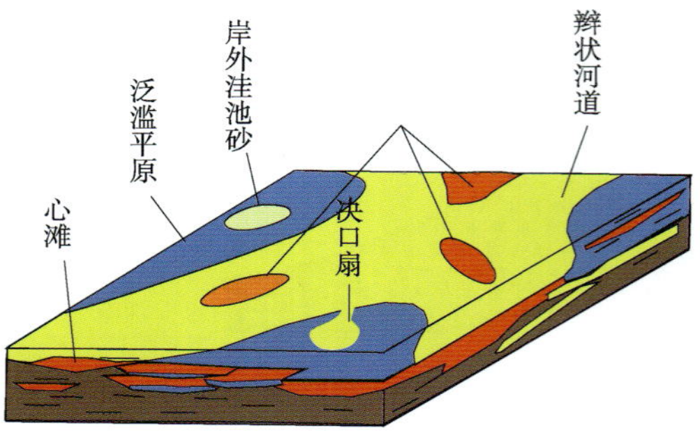

图 4-3　大牛地气田辫状河流相沉积模式图

识了太原组—下石盒子组沉积相平面展布及演化特征。

大牛地气田从开始勘探到 2002 年，已完钻探井 28 口，完成二维地震勘探 5828km，完成三维地震勘探 101km²，由于当时钻井测试产量较低，所以对该气田进行了先导试验方案的编制工作，此时期在产气量方面取得突破，新增完钻井 56 口，新增二维地震勘探 3733km，新增三维地震勘探 800km²，基于这些资料，技术人员对沉积相、沉积微相及储层展布有了初步认识。

分析后得出：太 2 段主要为滨海相障壁砂坝沉积，障壁砂坝呈北东—南西向展布（图 4-4）；山 1 段主要为分流河道和分流间湾沉积，有 3 条分流河道，分流河道呈北东—南西向、近南北向展布（图 4-5）；山 2 段主要为分流河道和分流间湾沉积，在气田中、北部，有 4 条分流河道，在气田南部有 2 条分流河道，分流河道呈北东—南西向、北西—南东向展布（图 4-6）；盒 2 段主要为河道和泛滥平面沉积，河道展布以近南北向为主，兼有北东—南西向，气田内共有 3 条河道（图 4-7）；盒 3 段河道展布方向与盒 2 段类似，以近南北向为主，但也有北东—南西向和北西—南东向河道，在气田中、北部有 4 条河道，在气田南部有 2 条河道（图 4-8）。

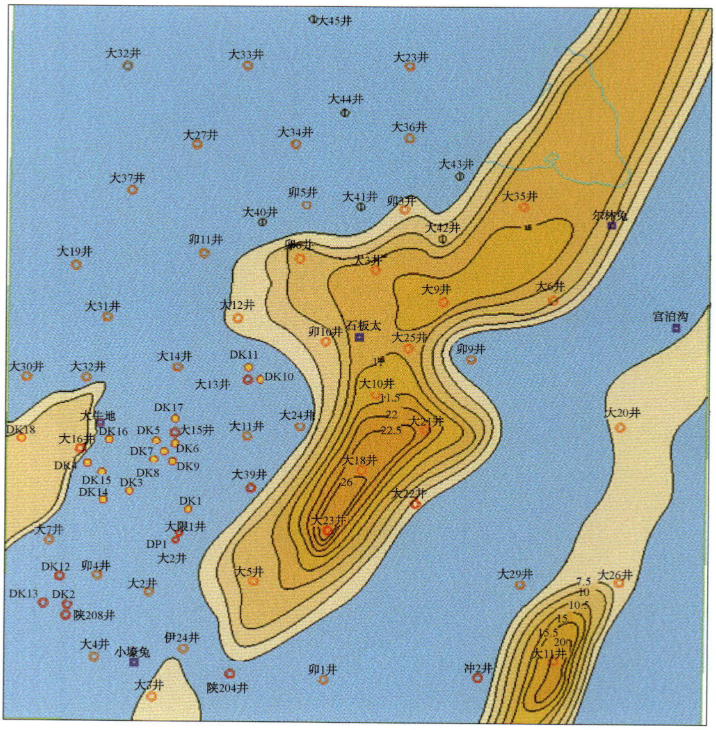

图 4-4　大牛地气田太 2 段沉积相平面图（2004 年）

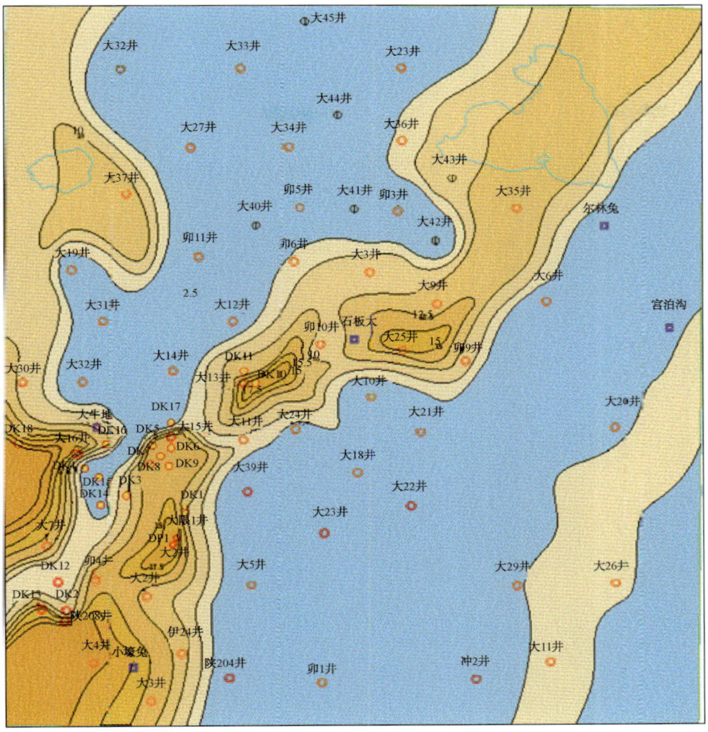

图 4-5 大牛地气田山 1 段沉积相平面图(2004 年)

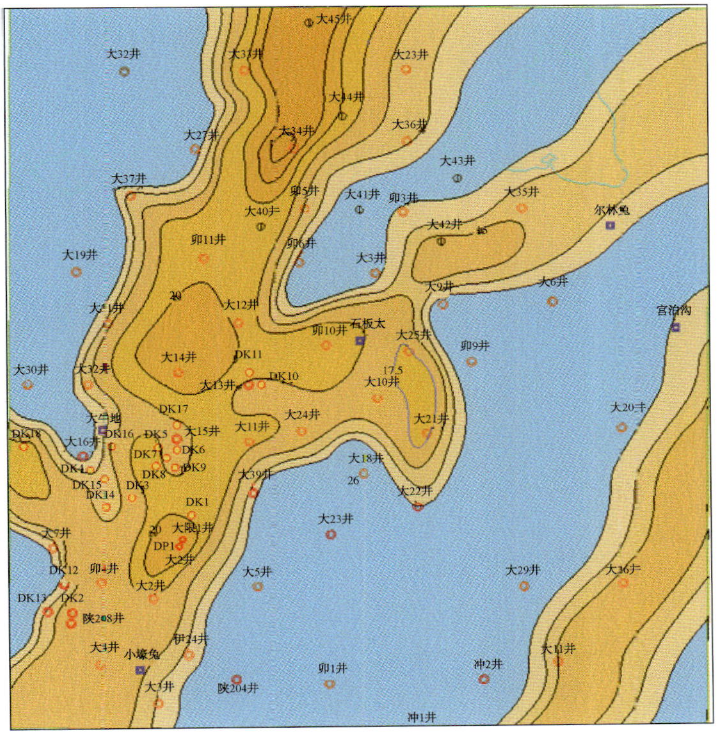

图 4-6 大牛地气田山 2 段沉积相平面图(2004 年)

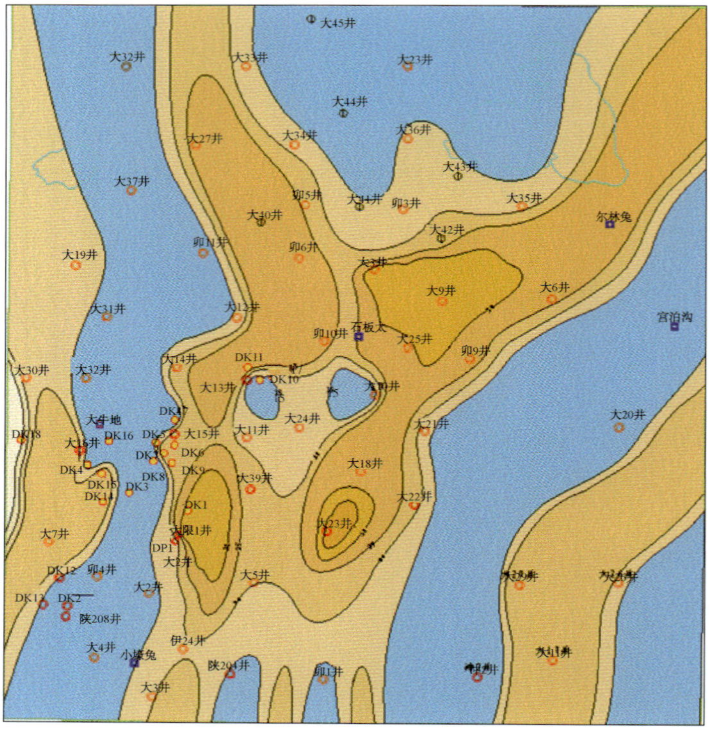

图 4-7　大牛地气田盒 2 段沉积相平面图(2004 年)

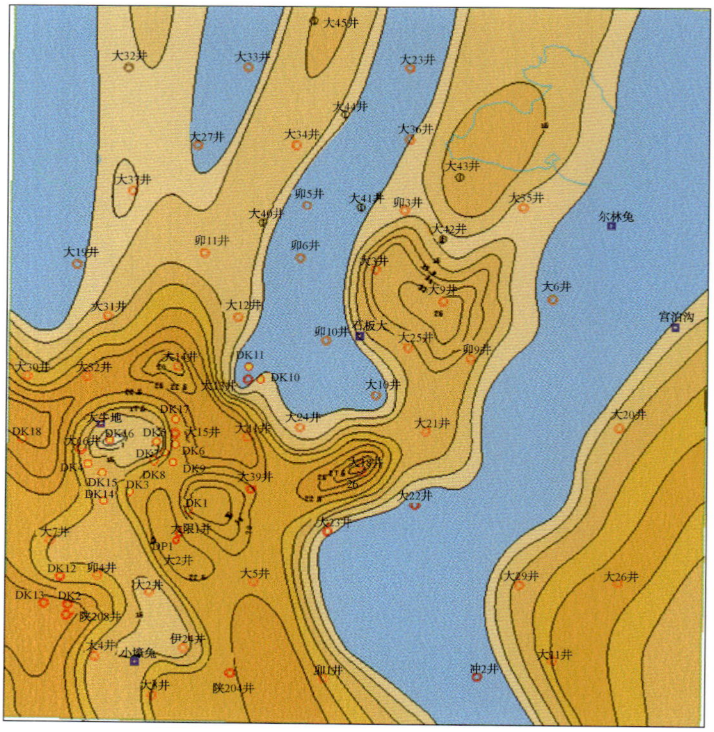

图 4-8　大牛地气田盒 3 段沉积相平面图(2004 年)

综合沉积相和储层展布认识，并结合先导试验成果，技术人员编制了大牛地气田的第一个 $10.0\times10^8m^3/a$ 产能建设井位部署方案。该方案中选定的开发区块共 4 个，即盒 3 段开采区、盒 2 段开采区、西南合采区和中部合采区（图 4-9）。方案中：动用面积为 $248.4km^2$，动用天然气储量为 $718.0\times10^8m^3$；钻井 216 口，平均单井产气量为 $1.5\times10^4m^3/d$，新建产能为 $10.6\times10^8m^3/a$。其中：盒 2 段开采区、盒 3 段开采区动用面积为 $118.9km^2$，动用天然气储量为 $315.7\times10^8m^3$，钻井 111 口，平均单井产气量为 $1.7\times10^4m^3/d$，新建产能为 $6.2\times10^8m^3/a$；西南合采区、中部合采区动用面积为 $129.5km^2$，动用天然气储量为 $402.4\times10^8m^3$，钻井 105 口，平均单井产气量为 $1.3\times10^4m^3/d$，新建产能为 $4.3\times10^8m^3/a$。

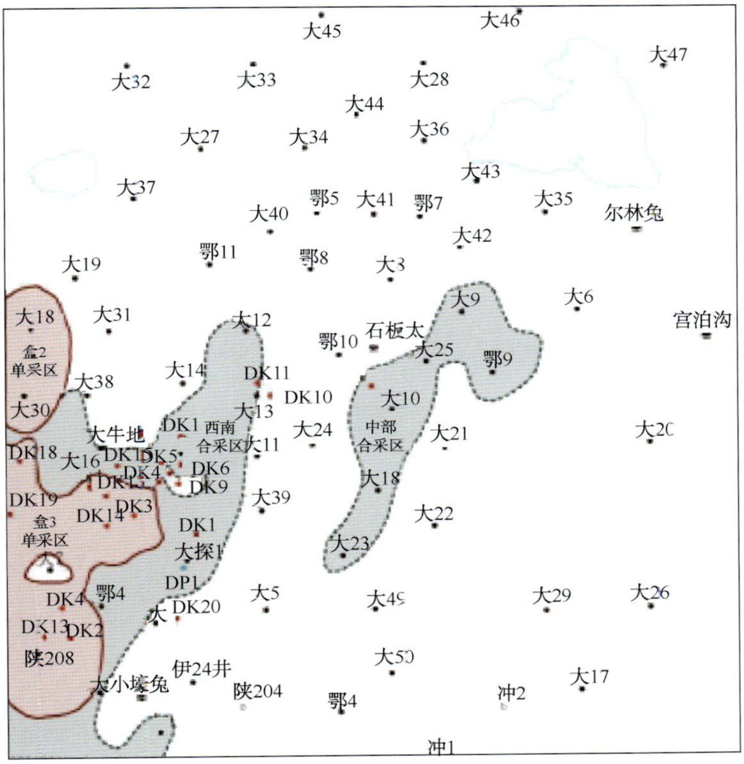

图 4-9 大牛地气田开发区块分区示意图

三、沉积相、沉积微相和储层展布研究保证钻井成功率

在 $10.0\times10^8m^3/a$ 产能建设过程中，由于大牛地气田储层具有相变快、低渗致密、物性差、非均质性强等特点，为了避免不必要的失误，技术人员对开发井的实施都是分批次、分轮次进行的，并结合每一批次、每一轮次开发井的钻探结果，以及以往所得资料进行精细跟踪研究，不断调整、不断完善前期沉积相、沉积微相研究成果，使之更为精细。与前期认识相比，太原组障壁砂坝的连续性和展布方向，以及山西组、下石盒子组分流河道的条数、范围和展布方向均有所变化（图 4-10～图 4-12）。

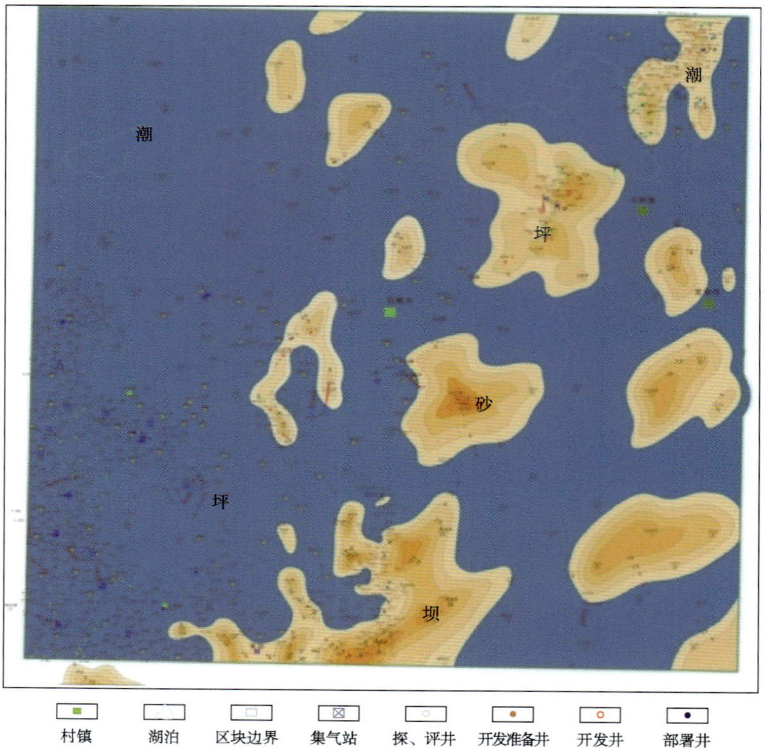

图 4-10 大牛地气田太 2 段沉积相图

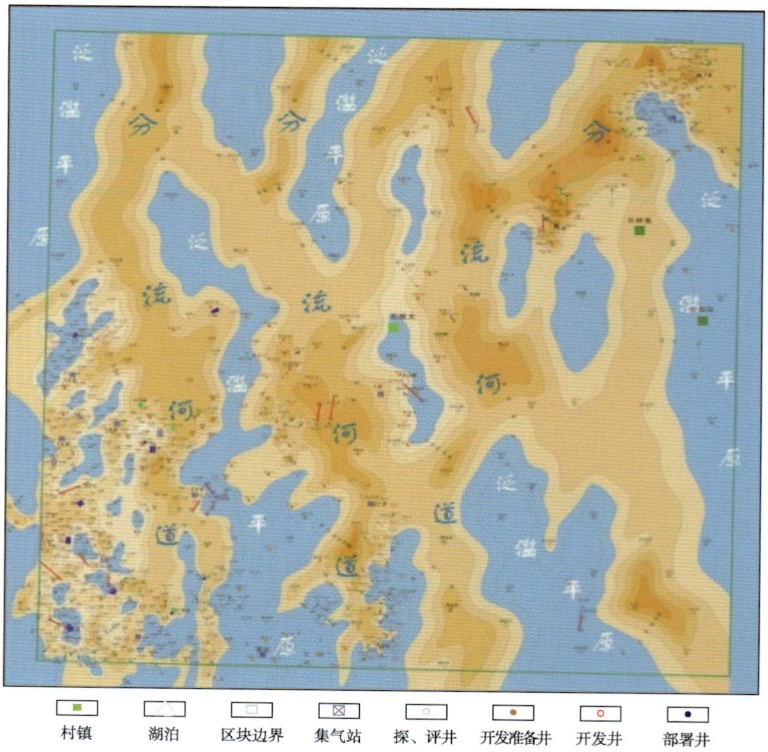

图 4-11 大牛地气田山 2 段沉积相图

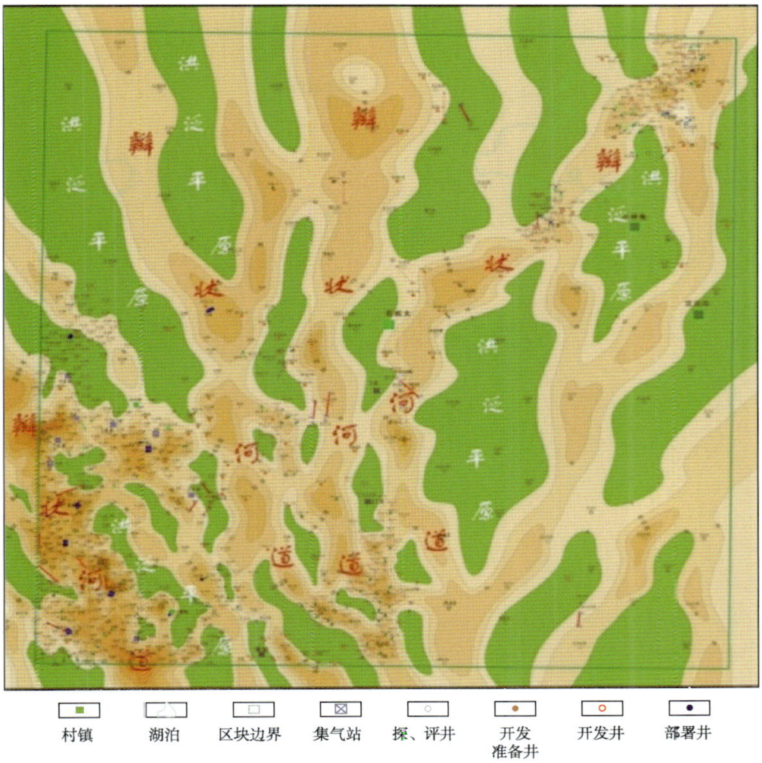

图 4-12 大牛地气田盒 3 段沉积相图

随着对沉积相、沉积微相和储层展布认识的不断深化，技术人员对部署的井位也不断进行着调整，最后确定钻开发井 233 口，其中盒 2 段单采区钻 38 口井，盒 3 段单采区钻 124 口井，大开 25—大 52 井区钻 55 口井，西南合采区钻 16 口井(表 4-1、图 4-13)。由于对山西组沉积微相的认识与前期获得的认识变化较大，导致西南合采区大部分井被调整至盒 2 段、盒 3 段单采区，该区减少井数较多，由原来的 67 口被调整到 16 口。正是由于对沉积微相的精细研究指导了开发井的部署及调整，确保了钻井成功率，最终统计失利井共 11 口，开发井成功率约 95.3%。

表 4-1 方案设计与实际实施井位对比表

井　区	方案设计井数/口	实际实施井数/口
盒 3 段单采区	86	124
盒 2 段单采区	25	38
西南合采区	67	16
大开 25—大 52 井区	55	55
合　计	233	233

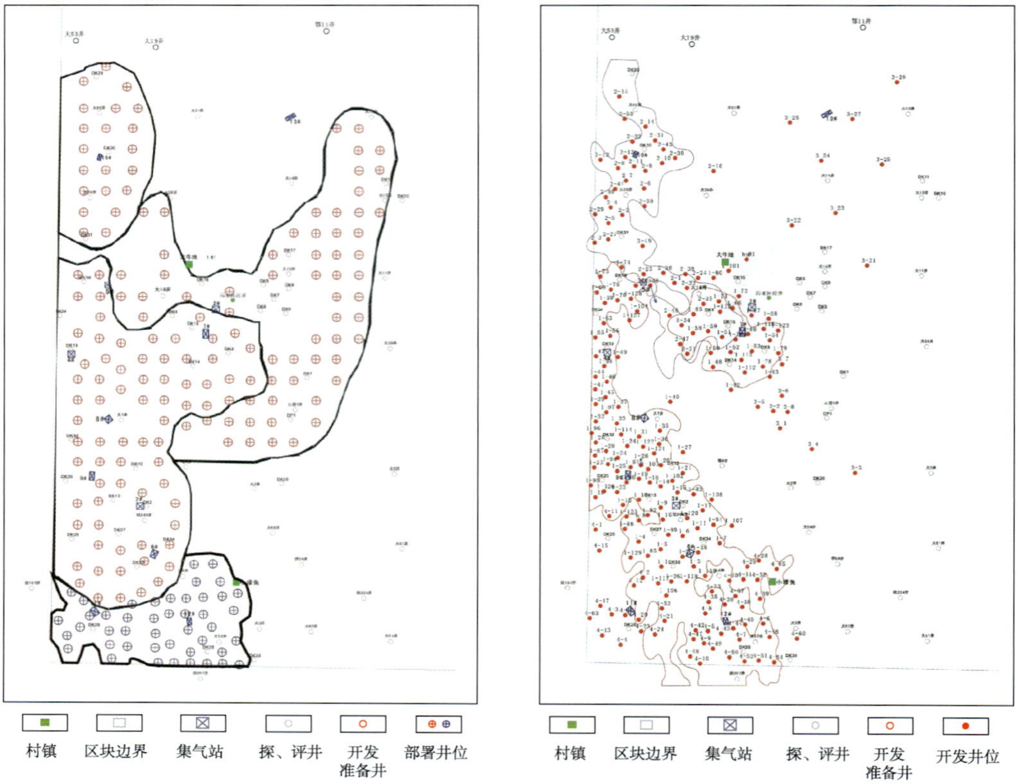

(a)方案设计井位　　(b)方案实际井位

图 4-13　方案设计井位和实际实施井位图

综上所述，对大牛地气田气井的分批部署、分批实施，以及跟踪研究、跟踪调整，保证了钻井的成功率，实现大牛地气田第一个 $10.0\times10^8m^3/a$ 产能建设的任务和目标，为该类气田的成功开发奠定了坚实的基础。

第二节　超深复杂生物礁滩储层精细刻画确保元坝气田成功开发

元坝气田是继普光气田之后的另一个大型隐蔽台缘礁滩岩性气田，其储层主要是上二叠统长兴组生物礁滩体。然而，该气田具有如下特征：埋藏超深，最深的井深度达 7871m；生物礁单体规模小，纵向多期叠置，平面规模、组合方式不一；优质储层厚度小、物性差、非均质性极强；地震主频低，在 25Hz 左右，生物礁储层地震响应特征复杂。所以，精细刻画生物礁储层空间展布，以及明确优质储层分布成为确保元坝气田成功开发的关键。

一、区域地质背景

元坝气田构造上位于四川盆地川北坳陷与川中低缓构造带结合部，西北部与九龙山背斜构造带相接，东北部与通南巴构造带相邻，南部与川中低缓构造带相连。

长兴组整体表现为一个大型低缓构造带。西北部高，为九龙山背斜构造带西南倾末端；东北部为凹陷区；南部为川中低缓构造带的北部斜坡。构造整体上较平缓，仅在区域内西部、南部及西北部九龙山背斜构造带东南翼发育一些小型北西(NW)向展布的低幅构造，这些低幅构造与生物礁的生长发育相关。区域内裂缝不发育。

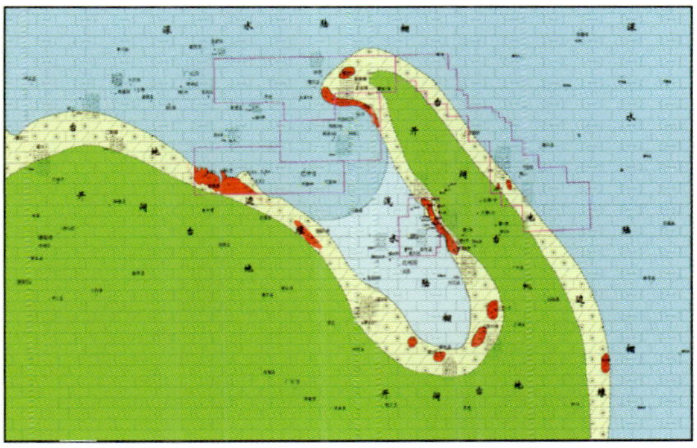

图 4-14　川东北地区长兴组区域沉积相分布图

在长兴组沉积时期，川东北地区古地理面貌呈北西—南东向展布，陆棚与台地相间，主要发育开阔台地、台缘礁滩、台缘斜坡和陆棚沉积(图 4-14)。元坝气田位于开江—梁平陆棚的西侧，整体上表现为宽缓的低角度缓坡台缘，台缘生物礁滩较发育，具有礁滩共生、下滩上礁的特点，最为有利的储集微相为生物礁盖，次为生物礁核。

二、生物礁滩沉积和储层初步认识

2007 年，元坝 1-侧 1 井经测试获得工业气流，并由此发现了元坝气田。2009 年 1 月，技术人员在提交元坝 1-侧 1 井区、元坝 2 井区探明储量时，认为元坝气田长兴组发育台地边缘礁滩相沉积，并经历两个沉积旋回，形成两套礁相、滩相白云岩储层。长兴组在早期主要发育生屑滩相沉积，在晚期主要发育生物礁相沉积，生屑滩相、生物礁相是有利沉积微相，且生物礁、生屑滩连片分布、范围较大，主要分布于元坝气田的中部(图 4-15、图 4-16)。

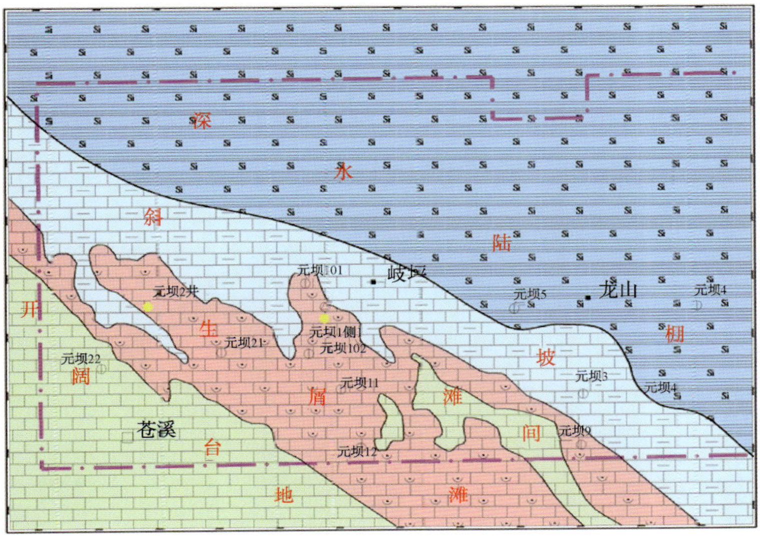

图 4-15　元坝气田长兴组早期沉积相图

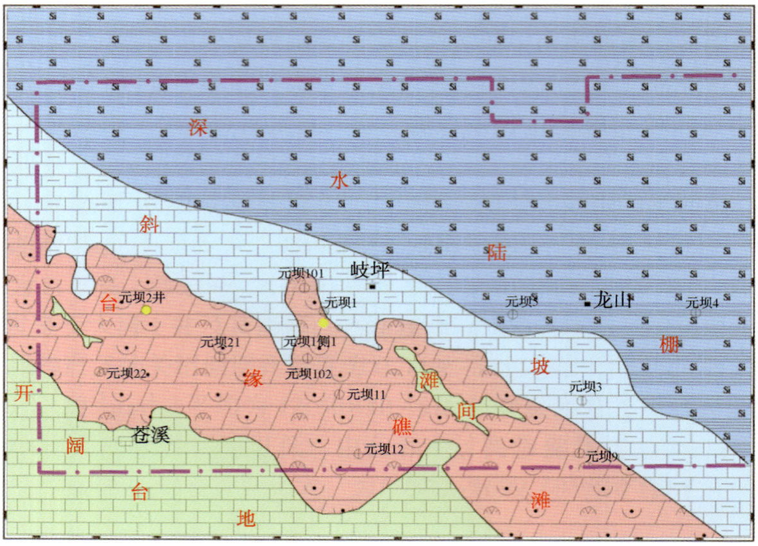

图 4-16　元坝气田长兴组晚期沉积相图

根据储层预测结果，技术人员认为长兴组下部储层厚度不大，一般为 10~20m。平面上，储层主要发育于斜坡相以西，以及元坝 22 井以东的区域(图 4-17)；长兴组上部储层厚度一般为 20~70m。沿台地边缘且靠近相变线的元坝 27 井—元坝 2 井—元坝 102 井—元坝 9 井一带为长兴组礁滩主体，储层厚度较大，最厚处可达 80m 左右。而西南部开阔台地相和北部斜坡—陆棚相储层不发育。同时，从储层横向分布特征来看，在礁滩相内部，厚度的横向变化较大，厚储层主要分布在相变线以南的元坝 1-侧 1 井—元坝 2 井—元坝 9 井一带(图 4-18)。礁滩相储层总体上均表现为连片分布的特征，预示了该气田良好的勘探开发前景。

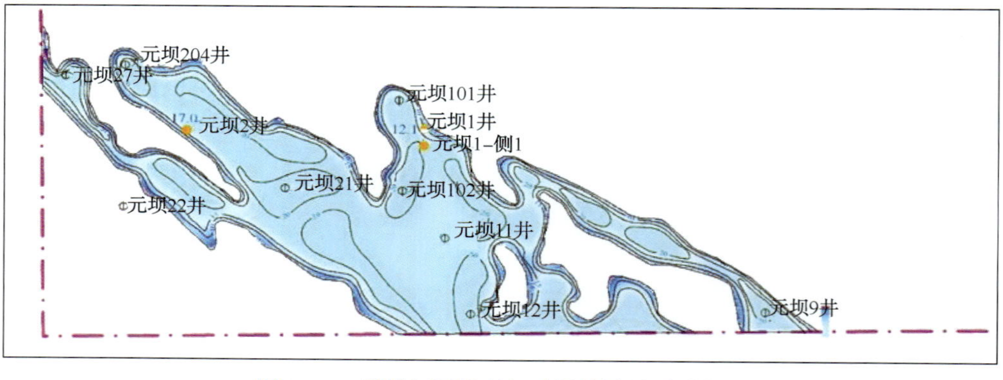

图 4-17　元坝气田长兴组下部储层预测厚度图

三、深化生物礁滩储层展布认识，确保元坝气田成功开发

2009 年，元坝气田进入开发评价阶段，为了提高开发井成功率，实现少井高产目标，并成功开发元坝气田这种超深复杂生物礁滩气田，中国石化积极组织、开展了技术攻关，

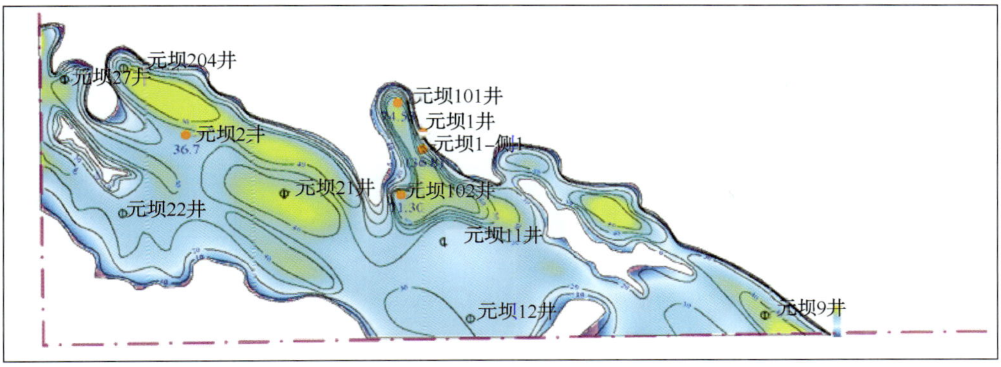

图 4-18　元坝气田长兴组上部储层预测厚度图

针对元坝气田长兴组生物礁滩储层平面相变快、规模变化大、纵向多期次发育，储层岩性复杂、物性较差、非均质性较强，以及地震响应特征复杂和储层精细刻画难度大的难题，通过采用基于地质约束，以及与地震技术相结合的思路，创新并形成一套相控多属性三维交互约束的生物礁滩储层精细刻画技术，并利用一维剖面识别-二维平面约束-三维空间展布雕刻-生物礁储层结构模型，从多个维度来精细刻画生物礁滩储层的空间展布，明确了优势储层的发育部位及规律。

2011 年，技术人员利用已形成的生物礁滩储层精细刻画技术对元坝气田长兴组生物礁滩储层进行了精细刻画，与前期勘探时取得的储层认识相比，发生了较大的变化：前期时认为，生物礁滩连片分布，分布范围较大。精细刻画后认为：生物礁呈北西—南东向条带状展布(图 4-19)，分布较散，生物礁储层面积共 187.16km^2；生屑滩在平面上主要呈点状分布，按生屑滩发育期次分别对其进行了刻画，其中Ⅰ期、Ⅱ期生屑滩在纵向上位于长兴组下部，在平面上主要发育于该气田东南部，且分为 5 个区，面积共 130.23km^2，厚度为 5~80m，储层厚度较大的区域主要位于元坝 12 井区(图 4-20)；Ⅲ期生屑滩位于长兴组上段，总体上储层质量较差，以Ⅲ类储层为主，分布面积共 158.94km^2，分为东、西两个区(图 4-21)。其中，西区共发育 4 个滩体，东区共发育 2 个滩体。

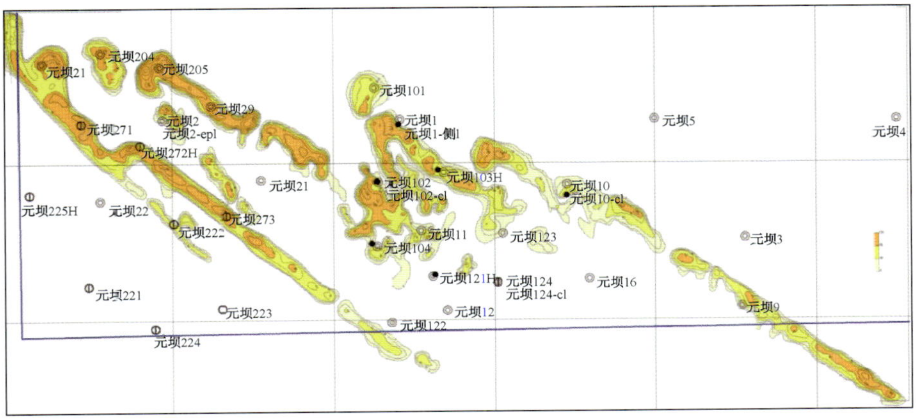

图 4-19　元坝气田长兴组上部生物礁储层预测厚度图(2011 年)

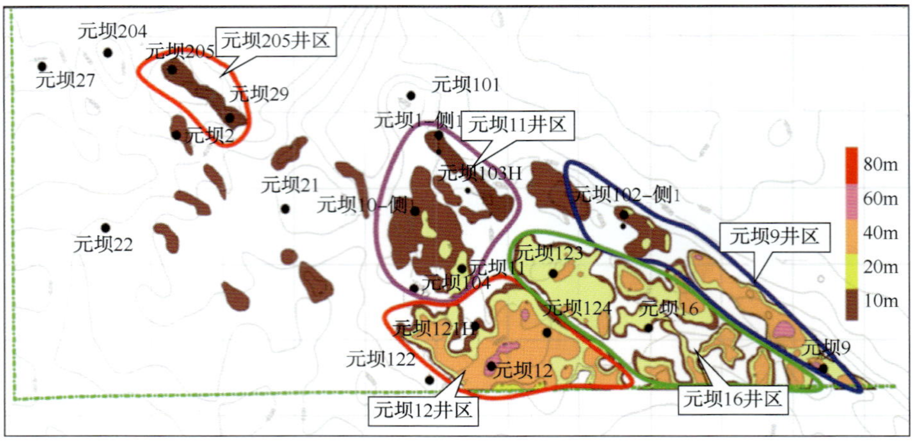

图 4-20　元坝气田长兴组Ⅰ期、Ⅱ期生屑滩储层预测厚度图(2011 年)

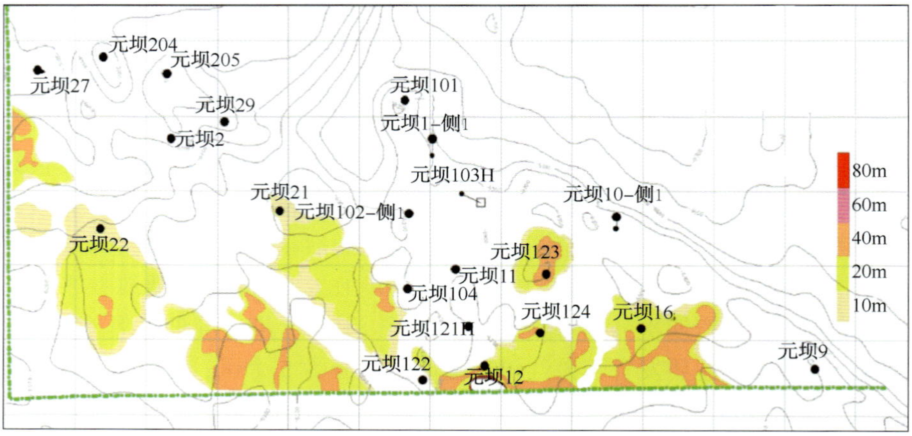

图 4-21　元坝气田长兴组Ⅲ期生屑滩储层预测厚度图(2011 年)

在以上认识的基础上，结合储层评价、产能评价及储量综合评价结果，按照“积极稳妥、先礁后滩、整体部署、分批实施、滚动调整”的原则和分期建成产能目标的思路，技术人员编制完成《元坝气田长兴组气藏 20.0×10^8m^3/a 可行性研究方案》及《元坝气田长兴组气藏 40.0×10^8m^3/a 预可行性研究方案》。当时，仅元坝 1—元坝 12 井区提交探明储量 824.4×10^8m^3、探明面积 83.04km^2，元坝 2 井区提交探明储量 248.4×10^8m^3、探明面积 35.61km^2。其他井区为控制储量和预测储量：在控制储量方面，含气面积为 164.51km^2，控制储量为 1778.9×10^8m^3；在预测储量方面，含气面积为 196.97km^2，预测储量为 1475.7×10^8m^3。为了降低研究方案的风险性，技术人员决定分两期建成长兴组气藏混合气 40.0×10^8m^3/a(20.0×10^8m^3/a+20.0×10^8m^3/a)产能规模(其中，净化气产能 34.0×10^8m^3/a)。设计动用面积为 195.06km^2，动用储量为 1287.3×10^8m^3。其中，第一期优先动用生物礁相中储量落实、测试产能高的区域，即②号礁带元坝 101—元坝 103H 井区、③号礁带元坝 204—元坝 29 井区，以及④号礁带元坝 27—元坝 271 井区。第一期动用区域含气面积为 66.81km²，动用储量为 615.7×10⁸m³。第一期方案设计总井数为 14 口（表 4-2、图 4-22），其中利用老井 5 口，部署新井 9 口（利用老井场 7 座），新井井型为大斜度井，或视储层情况转为水平井。第二期动用储量落实、测试产能略低的礁滩叠合区、元坝 12 滩区（元坝 102—元坝 12 井区），以及储量相对落实的生物礁相区域（①号礁带元坝 10 井区、③号礁带元坝 29 井东南区、④号礁带 273 礁区），第二期方案建产期比第一期方案建产期晚两年。长兴组气藏第二期动用区域含气面积为 128.25km²，动用储量为 671.6×10⁸m³。设计总井数为 18 口（表 4-3、图 4-23），其中利用老井 8 口，部署新井 10 口（利用老井场 3 座），新井井型为大斜度井，或视储层情况转为水平井。

表 4-2　元坝气田长兴组气藏第一期试采工程 20.0×10⁸m³/a 开发方案部署情况表

方　案	分区部署	设计井数/口	利用井数/口	新钻井数/口	动用储量/10⁸m³
第一期	②号礁带	3	1	2	136.0
	③号礁带	5	2	3	245.4
	④号礁带	6	2	4	234.3
	合计	14	5	9	615.7

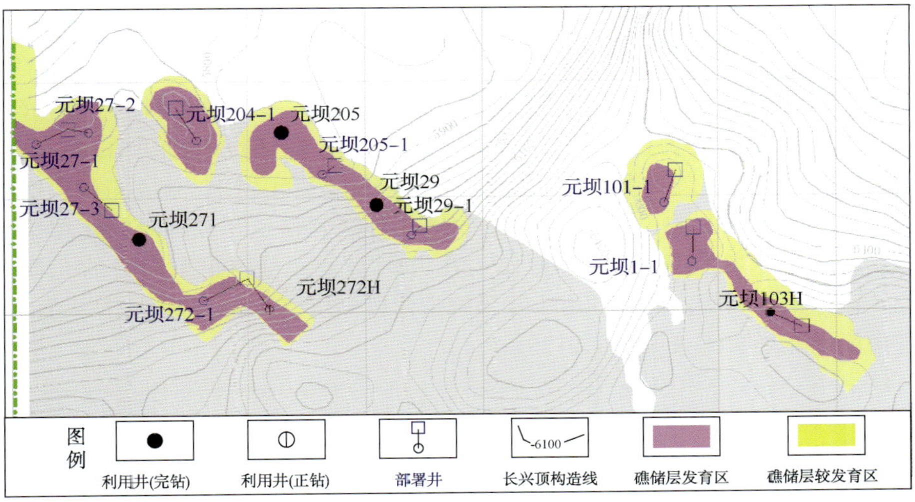

图 4-22　元坝气田长兴组气藏第一期试采工程 20.0×10⁸m³/a 开发方案部署图

表 4-3　元坝气田长兴组气藏第二期滚动建产 20.0×10⁸m³/a 开发框架方案部署情况表

方　案	分区部署	设计井数/口	利用井数/口	新钻井数/口	动用储量/10⁸m³
第二期	①号礁带	3	1	2	116.5
	③号礁带	2		2	86.7
	④号礁带	3	1	2	108.8
	叠合区及滩区	10	6	4	359.6
	合计	18	8	10	671.6

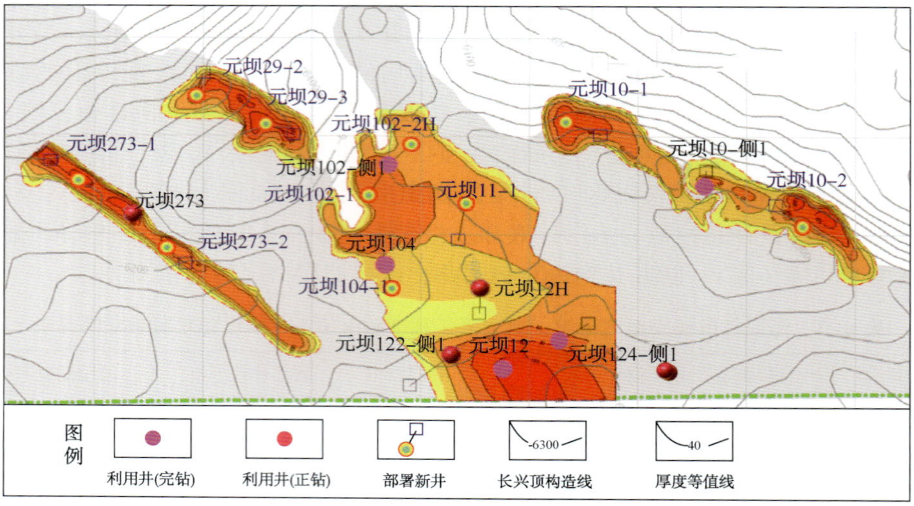

图 4-23　元坝气田长兴组气藏第二期滚动建产 $20.0\times10^{8}m^{3}/a$ 开发框架方案部署图

为实现少井高产目标，在气田开发的过程中，技术人员采取了“整体部署、分批实施，先易后难、先肥后瘦，跟踪分析、及时调整”的思路，即在实施过程中，利用新增钻井、测井、测试资料，不断完善前期地质认识，基于对储层展布、气水分布、储量规模及产能落实程度的新认识(图 4-24)，对滚动建产方案进行了多次优化调整。调整较大的主要是礁滩叠合区及元坝 12 滩区，在深化地质认识后，技术人员认为元坝 12 滩区储层厚度较小、平面非均质性强、气水关系复杂，且礁滩叠合区及元坝 12 滩区测试产能均较小，所以将叠合区的元坝 102-5H 井、元坝 102-4H 井分别调整至③号礁带的元坝 205-2 井、元坝 204-2 井，将元坝 12 滩区的元坝 12-2H 井调整至②号礁带东南段的元坝 103-1H 井，其他 5 口井不被利用；同时，由于④号礁带南段储层变薄，将元坝 273-2H 井调整至③号礁带中段的元坝 205-3 井(图 4-25)。

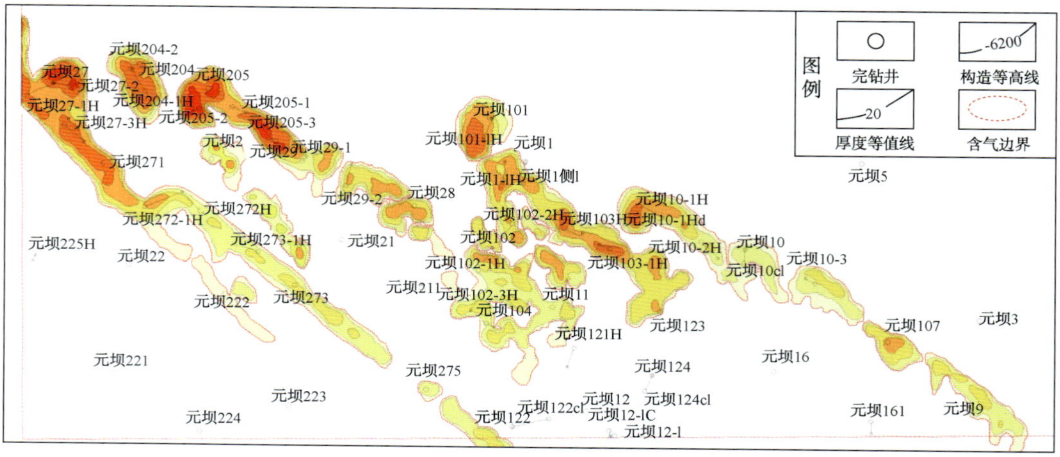

图 4-24　元坝气田长兴组上部生物礁储层厚度图

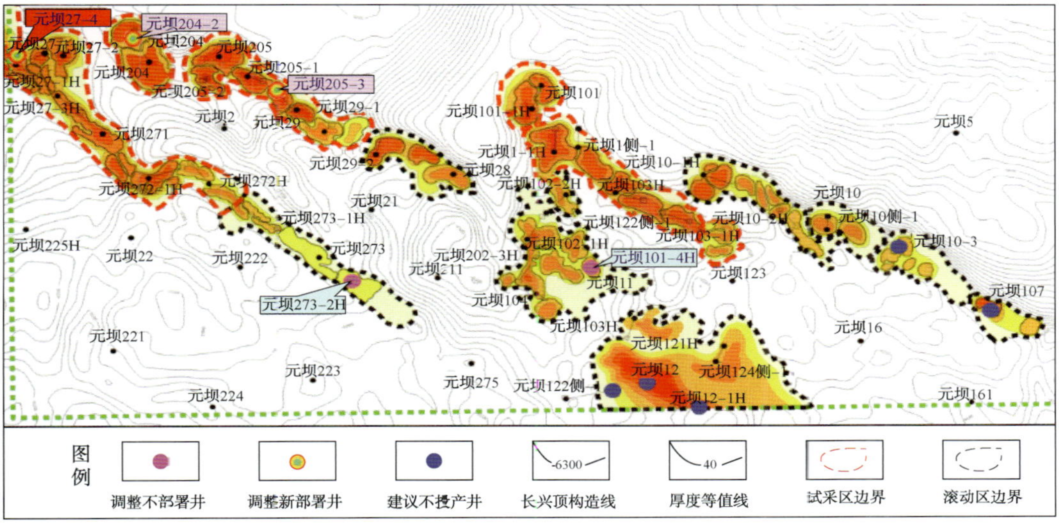

图 4-25　元坝气田长兴组气藏第二期 $20.0\times10^8m^3/a$ 开发方案部署调整图

综上所述，技术人员通过不断深化认识，为元坝气田开发井部署及井眼轨迹优化奠定了坚实的基础，其中开发井钻井成功率高达 100%，水平井储层平均钻遇率高达 82%，实现了元坝气田的成功开发。

第三节　断层和气水关系认识指导普光气田井位部署

目前，普光气田是中国石化规模最大、储量丰度最高的特大型海相整装气田，主要含气层段为二叠系长兴组和三叠系飞仙关组，气藏埋藏深度大（4800～6000m），区内断层发育、构造复杂、气水关系复杂，属于受构造、岩性双重控制的边（底）水气藏，断层和气水的分布特征会直接影响井位部署结果。

一、断层特征认识变化指导井位部署优化

2005 年 1 月，在上报探明储量时，由于受钻井和地震资料少的限制，技术人员认为普光气田构造西边界仅由东岳寨—普光这一条断层构成（图 4-26）。在前期勘探研究成果的基础上，技术人员进一步开展了构造解释，并利用相干体分析技术识别出一条北东（NE）向断层与东岳寨—普光断层相交，随后普光 3 井完钻，普光 1 井、普光 3 井的测井资料也证实了该断层的存在，于是将该断层命名为普光 3 断层（图 4-27）。对该断层的识别改变了早期取得的普光气田为一个构造圈闭的认识，并证实了普光气田为两个构造圈闭。以此为依据，技术人员编制完成《普光气田滚动开发方案》（$30.0\times10^8m^3/a$），并在普光 3 断块内部署了 5 口开发井。

2005 年 10 月，普光 7 井完钻，该井在嘉陵江组一段 5034m 深度钻遇断层，通过对普光 7 井测井资料进行对比分析及对地震资料进行精细解释，并结合勘探构造解释成果，又识别出普光 7 断层。普光 7 断层为东岳寨—普光断层的一条伴生断层，处于东岳寨—普光

断层的破碎带中（图 4-28）。普光 7 断层和东岳寨—普光断层从北向南均能被连续追踪，两条断层倾向为南东（SE）向，普光 7 断层倾角较东岳寨—普光断层稍陡（图 4-29）。由此，普光气田构造由一条东岳寨—普光断层控制，发展到普光 3 断层将普光气田分割为两个圈闭，再到落实普光 7 断层，使得普光构造解释格局基本定型。

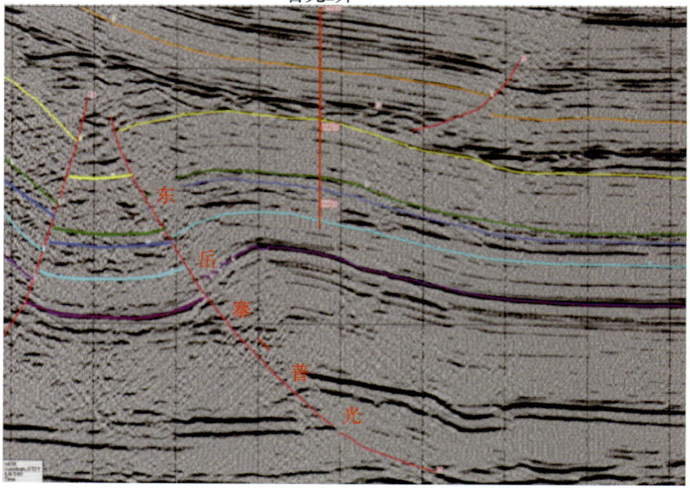

图 4-26　早期普光气田地震解释剖面

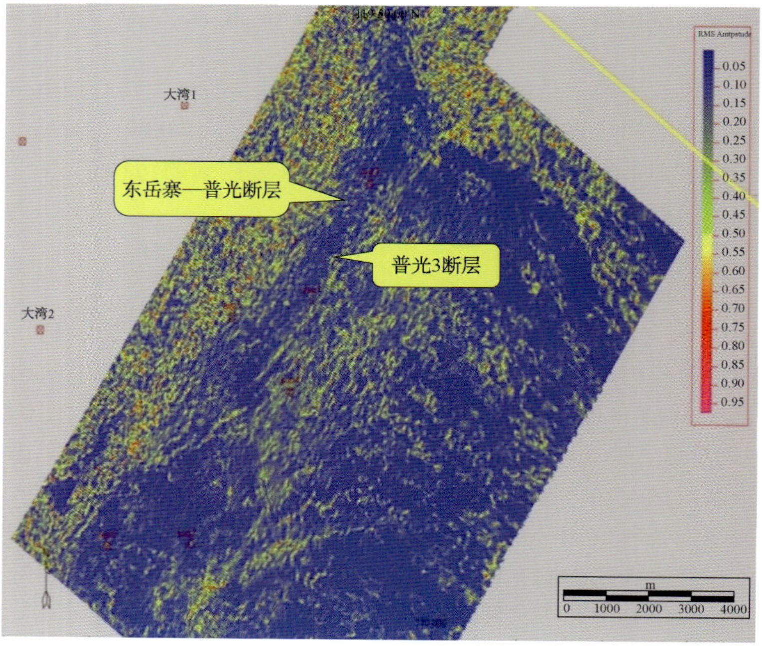

图 4-27　普光气田高阶统计量相干分析图

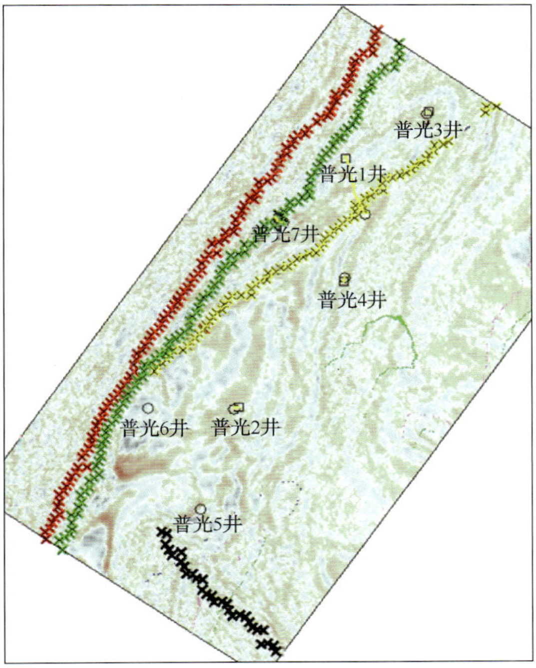

图 4-28　普光气田振幅水平切片(2583ms)

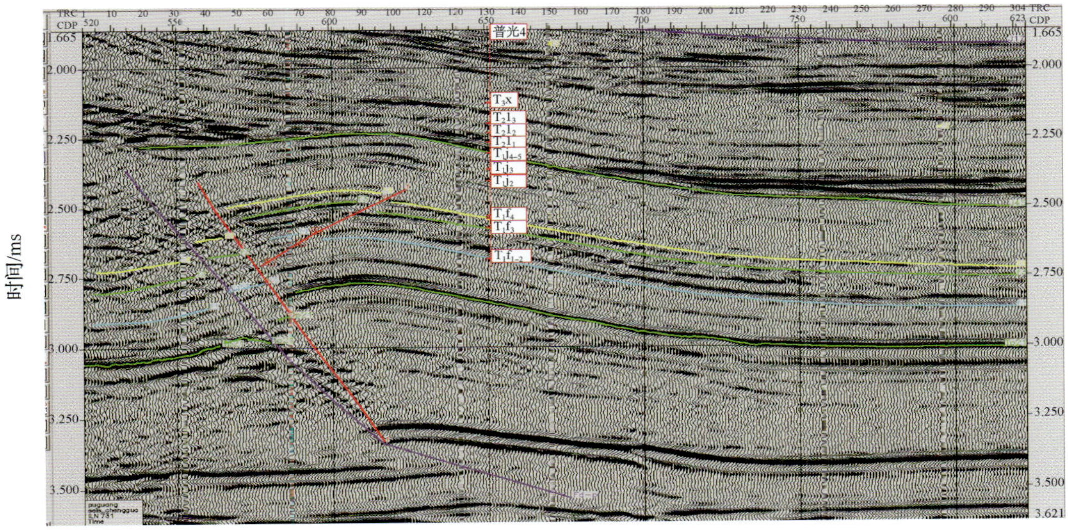

图 4-29　普光气田地震解释剖面(Inline 734)

2006 年 9 月，普光 11 井完钻，在嘉陵江组钻遇多个断点，从而进一步落实了东岳寨—普光断层和普光 7 断层；以东岳寨—普光断层与普光 7 断层为西、东边界的普光 7 井下盘圈闭内部存在普光 7 井、普光 11 井，这两口井气层均不发育，而由普光 7 井向普光 3 断块内侧钻探的普光 7-侧 1 井主要目的层处于普光 3 断块内，测井解释储层较发育，为 182.4m/24 层，其中 Ⅰ 类气层为 16.9m/5 层，Ⅱ 类气层为 81.6m/11 层。以上认识说明普光 7 断层对普光气田天然气分布具有控制作用。

新识别出的普光 7 断层，不但改变了技术人员对气田构造的认识，而且使井位得到及时优化调整。一方面，确定了普光 7 断层的封闭性，认为其是普光气田控制天然气分布的控边断层；另一方面，由于普光 3 断层和普光 7 断层背向逆冲，使得普光 3 断块圈闭面积减小，根据储层预测新成果，认为该断块主力气层展布稳定，两口开发井基本能控制该断块的天然气地质储量，优化并减少了普光 101-1 井、普光 106-1 井、普光 106-3H 井等(图 4-30)，将普光 3 断块内原部署的 5 口井优化为 2 口井，大幅降低了钻井投资。

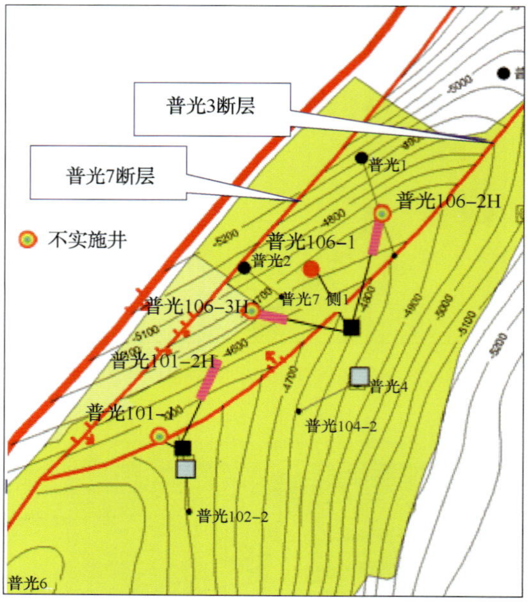

图 4-30　普光 3 断块井位部署优化图

二、气水关系认识指导井位部署优化

技术人员在上报普光 2 断块天然气探明储量时，认为该断块内长兴组、飞仙关组为一套气水系统，气水界面深度为 5230m；普光 3 断块气水界面深度为 4990m。根据当时对气水关系的认识，技术人员在断块边部构造低部位储层较发育的区域部署了多口井。随着新完钻井数量的增加，得到的普光气田气水关系比前期认识更为复杂，且存在多套气水系统：普光 2 断块与普光 3 断块之间、长兴组与飞仙关组之间均为不同的气水系统。依据此认识，技术人员对部分井位的部署进行了调整。

（一）普光 2 断块飞仙关组气水关系认识深化及井位部署优化

普光气田在 2007 年初上报天然气探明地质储量时，已完钻预探井、评价井和开发井共 23 口，在飞仙关组均未钻遇水层，但在长兴组构造低部位的普光 8 井、普光 9 井均钻遇水层，根据完钻的评价井、开发井的录井、测井、试气结果，技术人员分析后认为普光 2 断块飞仙关组气藏整块含气，与长兴组气藏气水界面统一，深度为 5230m(图 4-31)。

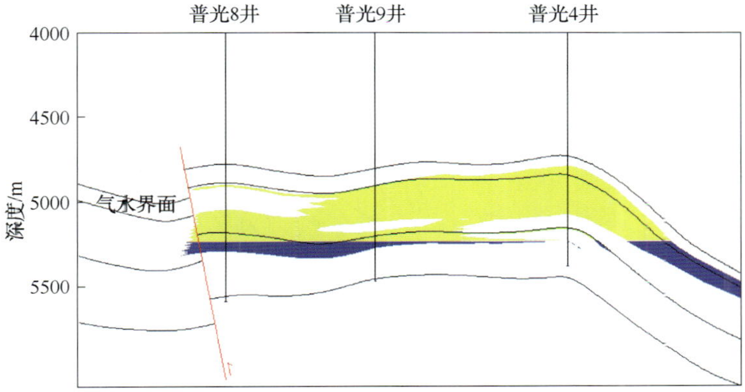

图 4-31　过普光 8 井—普光 9 井—普光 4 井气藏剖面图

自 2007 年以来，随着大批评价井、开发井的完钻，气井动态、静态资料更加丰富，通过对多口井的储层进行对比分析，技术人员认为飞仙关组底部存在一套以泥晶白云岩、泥晶灰岩和泥质灰岩为主的非储层段，可作为长兴组与飞仙关组的隔层，将长兴组和飞仙关组分为两套气水系统；依据普光 2 断块内钻遇水层的普光 10 井、普光 12 井、普光 101 井、普光 103-4 井 4 口井的电测与试气、试水资料，技术人员认为普光 2 断块飞仙关组存在边水，具有统一的气水界面，深度为 5125m，比原确定的气水界面高 105m（图 4-32）。

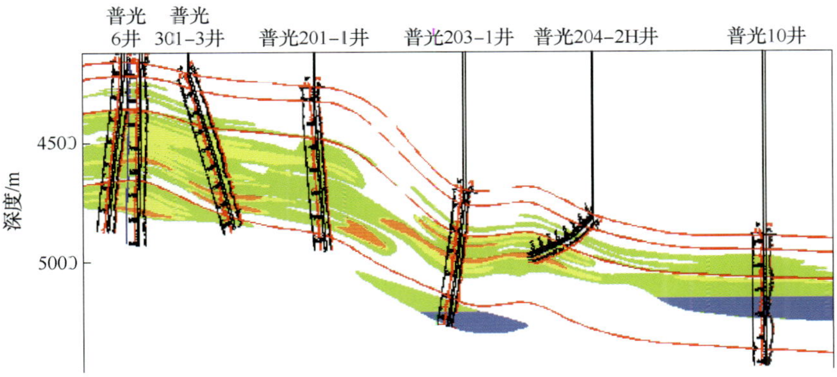

图 4-32　过普光 6 井—普光 203-1 井—普光 10 井气藏剖面图

由气水关系新认识可知，原开发方案中部署的 8 口开发井均处于气水过渡带上（图 4-33）。其中：普光 203-2H 井虽离气水界面较近，但主力储层段处于气水界面之上，应进一步优化井眼轨迹；普光 107-3H 井、普光 105-2H 井、普光 105-3H 井、普光 203-3H 井、普光 204-1 井、普光 204-2 井、普光 204-3H 井、普光 305-3H 井 8 口井的主力储层段处于气水界面附近或之下，虽然能钻遇部分气层，但在考虑投产避射井段后，余下可投入生产的气层厚度很小，计算井控动态储量为 $(5.5 \sim 25.8) \times 10^8 m^3$，达不到 $34.0 \times 10^8 m^3$ 的经济储量界限，且这部分储量可通过高部位生产井逐渐被动用。因此，建议对普光 107-3H 井等 8 口开发井不予以实施，此外原方案中计划利用的评价井——普光 101 井也钻遇气水界面，因此也不建议利用。

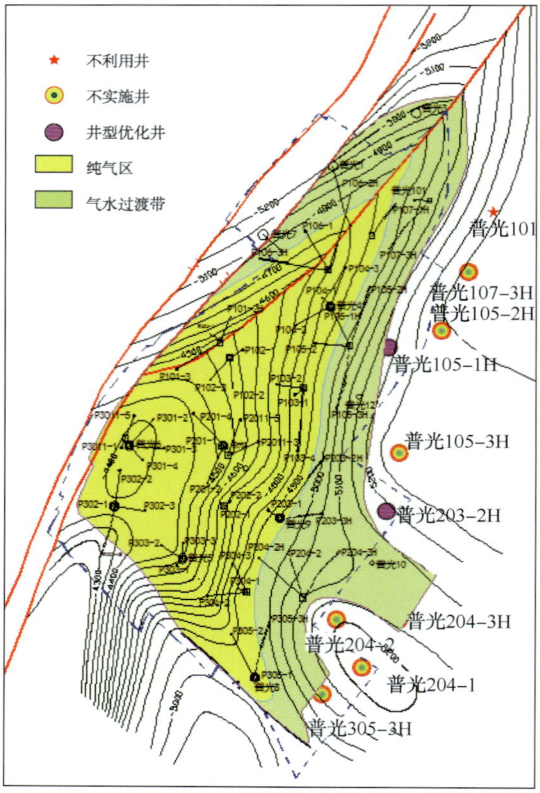

图 4-33　普光 2 断块气水界面附近井位部署优化示意图

（二）普光 3 断块飞仙关组气水关系认识深化及井位部署优化

技术人员在上报普光 3 断块天然气探明储量时，根据普光 3 井 7 个层段的测试情况，确定气藏底部深度为 4976.3m，测井解释水顶部深度为 4997.6m，综合确定气水界面深度为 4990.0m（图 4-34）。2008 年 3 月，普光 3 断块内新完钻的普光 106-2H 井于 4897.0m 深度钻遇明显的水层，其深、浅侧向电阻率在 50Ω · m 左右，储层平均孔隙度为 7.2%，平均渗透率为 $2.03\times10^{-3}\mu m^2$，确定气水界面深度为 4897.0m。

通过进一步分析普光 3 井测井、试气资料可知，在 5288.0~5338.0m 井段，优质储层的电阻率值已明显下降，且试气产少量水，因此该井段应为气水过渡带，且与普光 106-2H 井连通性差，与本井下部主力储层之间有明显的隔夹层。而于 2006 年 4 月完钻的普光 7-侧 1 井，经综合分析测井与试气资料，认为气水界面深度应在 4887.6m，与普光 106-2H 井一致。同样，从普光 3 断块储层预测来看，该断块飞一段—飞二段的普光 101-2H 井—普光 106-2H 井—普光 3 井一带主力储层连续、稳定分布，应具有统一的气水界面。因此，综合确定普光 3 断块飞仙关组气水界面深度为 4890.0m，比原认识提高了 100m。

综上所述，结合气水关系及普光 3 断块断层新认识，技术人员将该断块内原部署的 5 口井优化为 2 口井（同图 4-30）。

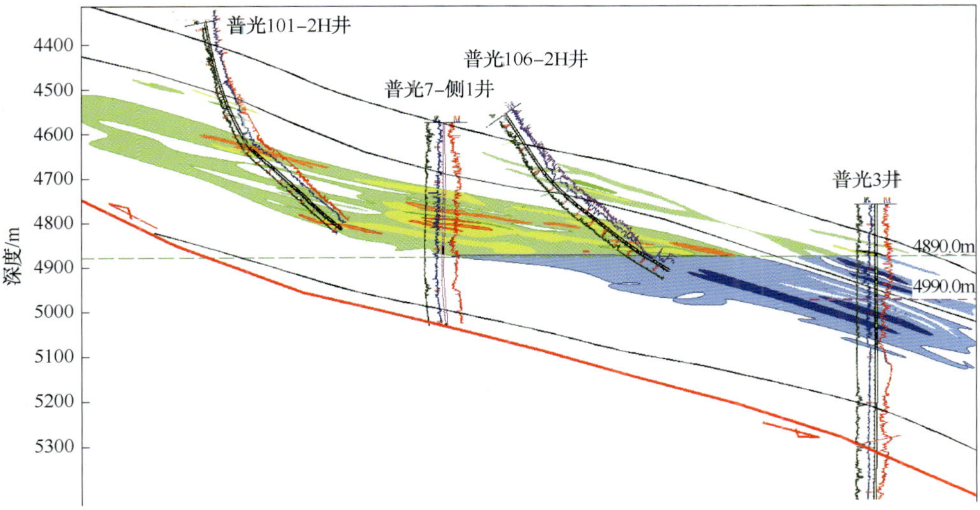

图 4-34　过普光 101-2H 井—普光 7-侧 1 井—普光 106-2H 井—普光 3 井气藏剖面图

第四节　火山机构认识指导松南气田高效开发

如前所述，松南气田是中国石化开发的第一个火山岩气田，在产能建设之初，技术人员认为松南气田火山岩气藏为一个火山机构，是一个具有统一气水界面，且受岩性和构造双重因素控制的底水块状气藏。但在产能建设过程中，他们发现该气藏比前期的认识更加复杂，由于对火山机构、气水分布情况认识不清，制约了松南气田的高效开发。因此，深化火山机构认识、明确气水分布特征是当时亟待解决的问题。

一、早期火山机构及气水界面认识

2007 年，技术人员在上报天然气探明储量时，根据腰深 1 井区营城组火山岩岩性、电性和地震反射结构特征，认为松南气田火山岩气藏在平面上为一个火山机构，且具有统一的压力及气水系统（图 4-35）。

二、火山机构及气水界面认识深化

（一）火山机构定义及分类

对火山机构的定义，在不同阶段和不同研究侧重点时存在不同。国外学者在现代火山机构研究中，根据火山机构形态将其分为单一形状火山、复合形状火山、盾状火山、破火山、残留古火山和潜火山（Thouret，1999）。这种命名方式既包含了火山机构的外形，如盾状火山、破火山，又包括了火山机构的成分，如复合火山，也包括了其成因。Pike（1978）在研究火山机构类型时，根据火山机构的成分和规模，将其划分为熔岩穹丘、火山碎屑锥、层火山（小型、中型、大型）、盾状火山（小型、大型）。在对冰岛火山机构的研究中，Thordarson（2007）提出了中心式火山和玄武岩火山的分类方案，玄武岩火山又可

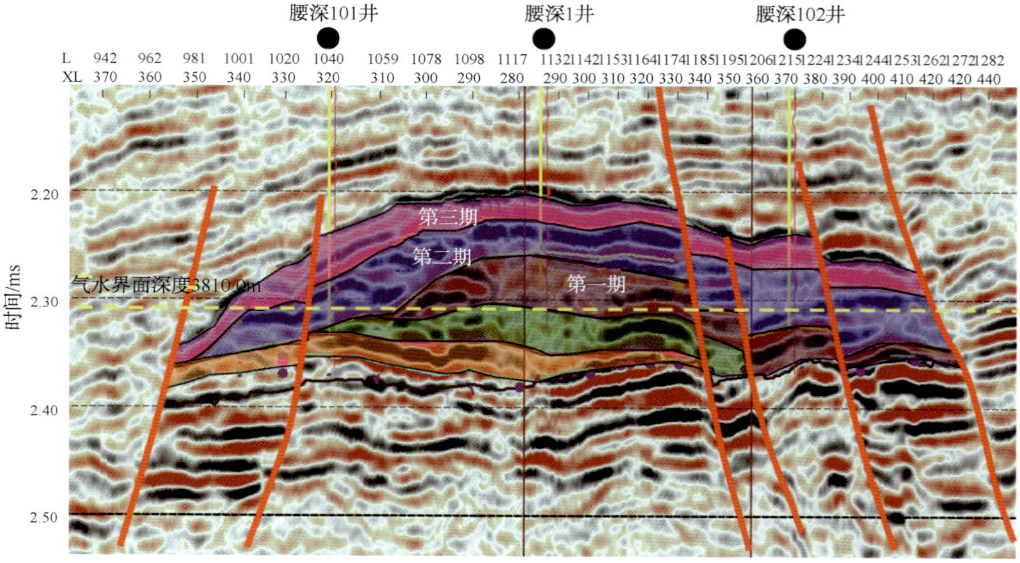

图 4-35　过腰深 101 井—腰深 1 井—腰深 102 井地震剖面图

被进一步划分为爆发火山、溢流火山和复合火山。国内学者根据长白山地区火山机构研究成果，将火山机构分为中心式火山、裂隙式火山和复合式火山三种（金伯禄等，1994）。总之，对火山机构的划分方法多种多样。不同地区选择适合自身地质特点的火山机构划分方法即可。松辽盆地营城组火山岩通常是多中心、多旋回火山喷发的产物，为了区分各个旋回的火山机构，将松辽盆地营城组火山机构定义为在一定空间和时间范围内，从相同或相互连通的火山通道喷出的各种火山物质及其建造的总称，包括火山颈、火山口及火山口周围的火山岩。

（二）火山机构认识变化

随着腰平 4 井、腰平 7 井完钻后证实钻遇水层，表明前期对火山机构的认识还需要进一步提升和完善，须逐步深化对火山机构的认识，落实气水分布特征，为指导松南气田高效开发提供支撑。

经过技术攻关研究，以及综合多种信息，技术人员创新并形成多信息融合的火山机构识别技术。对火山机构的识别主要通过地震反射结构特征识别、相干属性优选及气体组分识别来实现，不同火山机构之间反射特征和气体组分存在明显差异（表 4-4）。通过采用该技术，可以识别出松南气田营城组火山岩具有 3 个火山机构：主火山机构的火山锥以腰深 1 井为中心，包括腰深 101 井、腰深 102 井，在平面上呈不规则环状；另外，在主火山机构的南、北两端，分别发育了两个幅度较小的火山机构，这两个火山机构分别位于腰平 7 井区、腰平 4 井区。对火山机构认识的深化改变了初期火山岩为大型块状结构体的认识，为落实储量规模奠定了基础。

（三）气水分布认识变化

对于有水气藏，认识清楚气水分布特征对气藏开发具有重要意义。一方面，它会影响储量规模；另一方面，它会影响开发技术政策的制定。由于腰平 4 井、腰平 7 井完钻后证实钻遇水层，表明前期对水体的认识并不完善。所以，在对火山机构深化认识的基础上，技术人员结合新完钻井资料对气水分布特征进行了深化研究。

表 4-4　松南气田各井 CO_2 含量统计表

井　号	火山机构	CO_2 含量/%	备　注
腰深 1 井	同一火山机构	20.74	CO_2 含量中等
腰深 101 井		24.21	
腰深 102 井		24.75	
腰平 1 井		24.64	
长深 1-2 井		21.85	
长深 1 井		18.00～25.76	
腰平 4 井	单独火山机构	43.00	CO_2 含量高
腰平 7 井	单独火山机构	<5.00	CO_2 含量低

为认识清楚松南气田气水分布情况，针对火山岩这种特殊岩性，技术人员建立了火山岩测井解释模型。依据试气资料，并结合测井资料，技术人员又建立了火山岩气层、水层、干层测井解释标准（表 4-5）。利用电阻率差值法和双孔隙度重叠法定性识别气层、水层，最终确定不同钻井气水界面的位置。松南气田钻遇气水界面的井有 3 口，分别为腰深 102 井、腰平 4 井和腰平 7 井。其中，腰深 102 井通过测井识别气水界面深度为 3780.0m；腰平 4 井通过直导眼测井识别气水界面深度为 3824.0m；腰平 7 井钻遇气水过渡带，解释气水同层底界深度为 3782.0m，因此推测气水界面深度在 3790.0m 以下。在主火山机构的高部位，腰平 1 井、腰平 3 井、腰平 9 井完钻井底均处在含气区，测试和测井解释均未见水。腰深 101 井在 3794.0m 深度以上未钻遇水层，在 3794.0m 深度以下为致密层段。显然，从测井解释成果来看，松南气田气水界面不统一。处于气田高部位的井经测试、试采均不产水，处于构造低部位的井存在一定规模的水体。综合火山机构划分及测井解释成果，技术人员认为松南气田存在 3 个气水系统，没有统一的气水界面。

表 4-5　松南气田火山岩流体划分标准表

流体分类 \ 解释特征		定性解释			定量解释	
		密度、中子孔隙度比	深、浅侧向电阻率比	核磁测井特征	含气饱和度/%	孔隙度/%
气层	高饱和度气层	>1	>1	频带宽，谱峰相连	≥60	>5
	低饱和度气层	≥1	>1	频带宽，谱峰相连	40～60	>5
低产气层		≥1	>1	频带宽，谱峰相连	40～60	4～5
气水同层		≈1	≥1	频带宽，谱峰相连	40～60	≥4
水层		≤1	1	频带窄，谱峰分离	<40	≥4
干层		1		频带窄，谱峰分离	<40	<4

三、火山机构及气水界面新认识指导开发方案优化和调整

基于火山机构及气水分布新认识，技术人员进一步深化了对气藏的地质认识，该认识指导了松南气田开发方案的优化和调整，调整后总井数由原方案的 26 口减少为 12 口，新钻井数由原方案的 23 口减少为 9 口。此外，井型也有所调整，由原来的直井全部调整为水平井，实现了少井高产的任务和目标(图 4-36)。对火山机构及气水分布特征认识的深化促进了钻井投资的降低，有效降低了开发风险，实现了松南气田的高效开发。

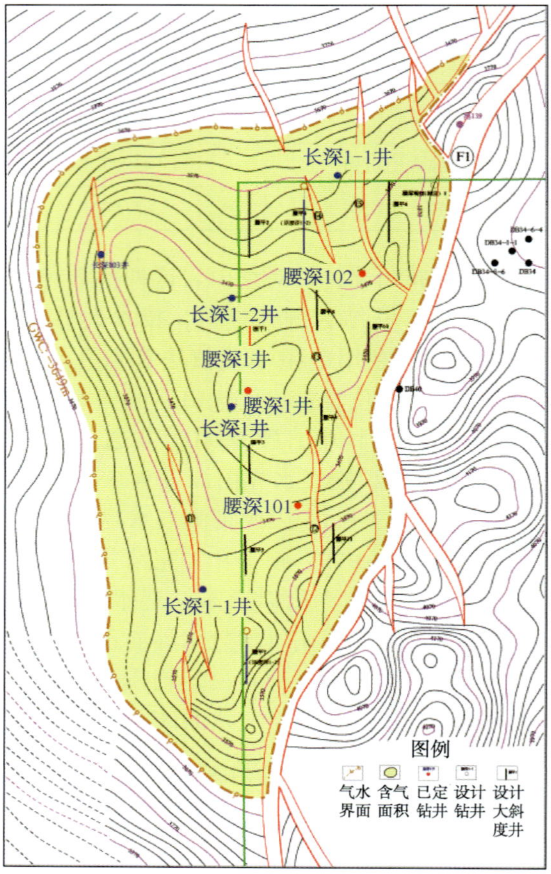

图 4-36　松南气田优化后井位部署图

第五章 含气性检测是搞好气田开发部署的重要技术支撑

储层含气性检测是井位部署获得成功的关键，针对储层含气性检测面临的技术问题，近年来中国石化开展了多种储层地球物理含气性检测方法科技攻关，并把这些攻关成果应用于生产实践中，取得了一定的效果。本章根据中国石化不同类型气田的勘探开发实践，有针对性地对不同类型气田储层含气性检测工作的理论和实践成果进行了归纳，并对取得的认识成果进行了评价和总结，为今后其他同类气田的开发评价及高效开发提供有益借鉴。

含气性检测方法较多，不同方法具有不同的特点和使用条件。在中国石化探区采用的相对有效的方法主要有：地震波形结构特征分析、频谱分解、AVO 异常检测、叠前叠后弹性波反演等，以及由这些方法结合和改进而衍生出的方法。

第一节 基于地震波形结构特征含气性检测技术

一、基本概念及原理

每个地震道的地震数据元素都不是孤立的，在它们之间存在着某种关系，这种数据元素相互之间的关系被称为地震波形结构。所谓地震波形结构特征，专指每一地震道离散数据点按时间顺序排列所显示的波形特征(图 5-1)，有单道和多道两种表现形式。单道的地震波形结构特征是指每一地震道离散数据点按时间顺序排列所显示的单道波形特征；多道的地震波形结构特征是指道与道之间离散数据点按时间顺序排列所显示的众多波形组相邻数据点集的结构特征。

地震勘探资料的主要作用在于提供地下构造信息，然而由于不同的地层物质对地震反射波具有不同的滤波作用，且不同物质之间的反射界面所造成的反射响应也不同，因此地震反射数据中除了反射时能反映地下岩层界面的深度和构造形状外，在反射波的能量(振幅)、形状(波形)、频率成分等中还包含了大量的关于地下岩石性质及所含流体情况的信息。

当地下岩石层序结构、岩性和含油气性等发生纵向和横向变化时，地震反射波必定发生相应的变化，这些变化表现在地震波的振幅、频率、相位等方面，特别是当含油气性发生变化时，地震波不仅发生地震参数的变化，如在地层中的衰减、速度和密度等，也会出现不同的地震波形结构特征。

由于含油气砂岩、碳酸盐岩等储层物性与围岩物性不同，以及流体性质不同，使得地震波(主要指纵波)在穿过该油气层时，由于地震参数的变化而出现不同的地震相，同时也会出现不同的地震波形结构特征，所以从地震波形中提取与这些变化有关的信息参数，进行地震波形结构特征含油气性识别、分析和判断是有理论依据和非常必要的。利用差异信息原理显示数值差(即地震相变原理)预测油气只是总信息量展示的一部分，而应用数

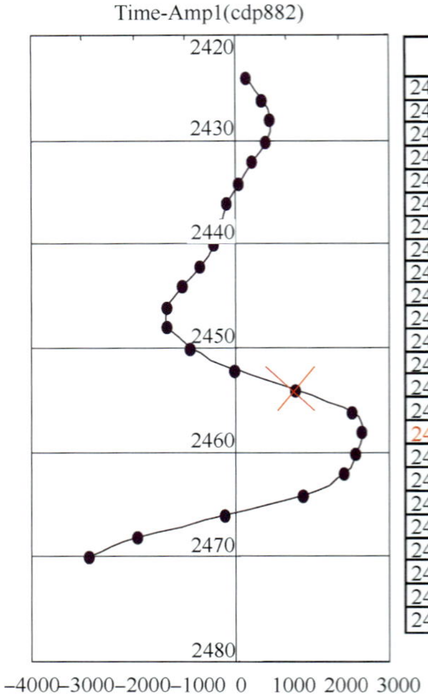

y1(882)	
2424	234.05
2426	535.06
2428	675.11
2430	587.93
2432	336.03
2434	54.047
2436	-153
2438	-288.1
2440	-439.9
2442	-695.1
2444	-1038
2446	-1322
2448	-1329
2450	-889.9
2452	4.9347
2454	1172.1
2456	2287.1
2458	2467.9
2460	2357
2462	2116.9
2464	1342
2466	-214.1
2468	-1908
2470	-2855

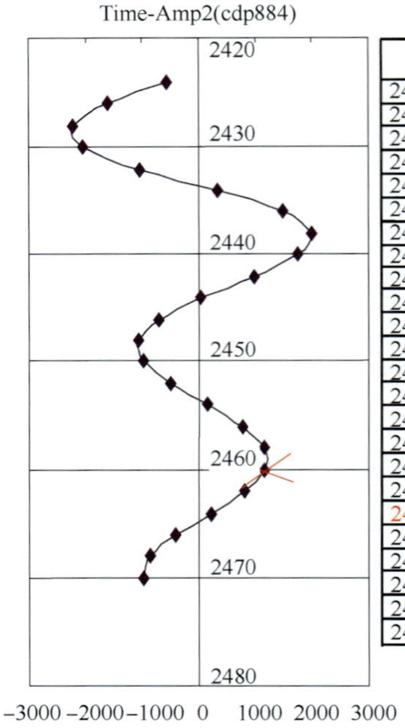

y2(884)	
2424	-574.9
2426	-1617
2428	-2240
2430	-2045
2432	-1048
2434	325.91
2436	1487
2438	1994.9
2440	1747.9
2442	968.02
2444	30.926
2446	-716.1
2448	-1065
2450	-966
2452	-501.9
2454	152.05
2456	774.93
2458	1157.9
2460	1172
2462	814.97
2464	211.92
2466	-427
2468	-876
2470	-970

图 5-1　两个不同的 CDP（深度道集）点在邻近时间段内地震波形结构对比分析

据体结构预测油气则是其另一部分，因为地震波形结构特征较为稳定，且与油气有关联关系，所以可以被较好地用来预测油气。

利用地震波形结构特征预测油气的基本依据是地震反射振幅数据与目的层油气之间的关系（当然与油气有关的地震参数还有相位和频率等），虽然振幅数据能提供地层和储层的相关信息，但这种关系尚无法用确定的模型来描述，或是从严密的数学、物理推导中求得，同时不同地区又有其特殊性，故适合采用与灰色系统理论有关的预测模型进行分析，这样可在某种程度上定量地认识油气。

通过定量描述地震波形结构特征，即从地震波形中每一地震道离散数据点按时间顺序排列所显示的波形特征出发，找出地震波形结构异常与含油气性的关系，即通过提取每一地震道的振幅数值（或其他参数特征值），研究其数据的排列组合特征与含油气性的关系（如拐点、斜率等），从而实现直观预测油气的目的。

二、应用案例分析

（一）普光气田应用案例分析

1. 地震波形结构特征

礁滩相（生物礁相、生屑滩相）气层与围岩地震波形结构特征差异明显。以过普光 2 井地震波形结构特征剖面为例（图 5-2），钻井揭示生屑滩相储层在含气层段中，地震道的波形结构特征变化大（其斜率及夹角变化都大），自上而下一致性较差，没有规律可循，纵向上主要分布在飞一段—飞四段（T_1f_1—T_1f_4）层位上。而在不含气的层段，自上而下地震波形结构的变化不大，其斜率或夹角均较为一致，有规律可循。同样，生物礁相储层在含气层段具有类似的波形结构特征。

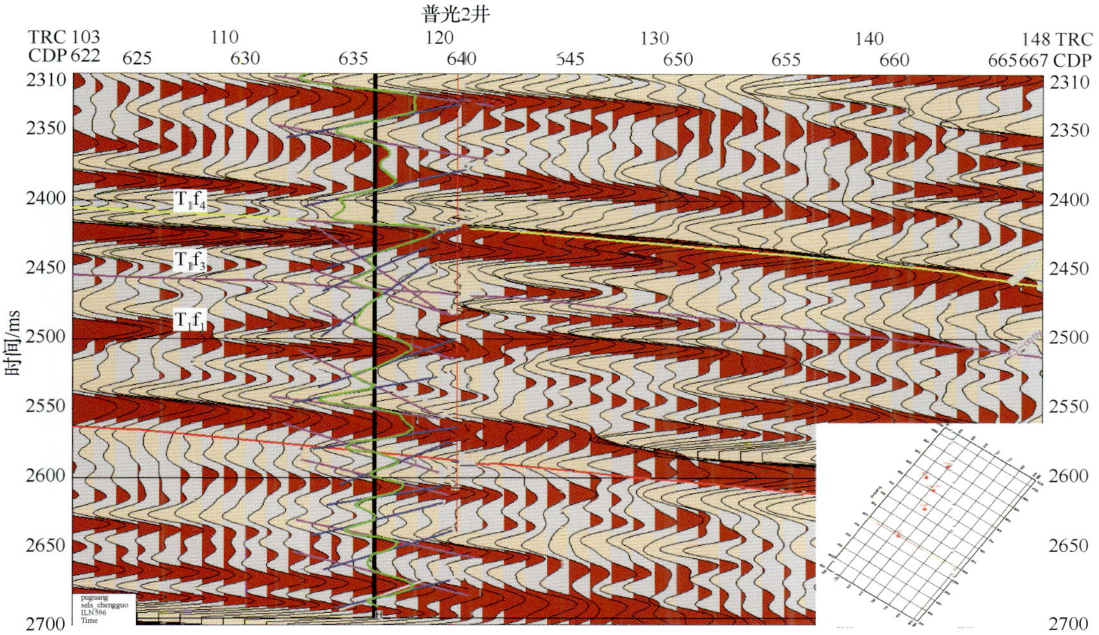

图 5-2　过普光 2 井地震波形结构特征剖面模型图(Inline 596)

通过地震波形结构特征剖面和常规地震反演属性剖面对比分析可以看出，气层段在地震波形结构特征剖面上更突出、明显，更有利于识别。图 5-3 和图 5-4 为普光气田过普光 2 井约束地震反演属性剖面与地震波形结构特征剖面对比图(Inline 596)，可以明显看出，普光 2 井气层在地震波形结构特征剖面上突出、明显，而在约束地震反演属性剖面上不明显。图 5-4 更为清晰地体现了含气层段在纵向上所具有的波形结构异常变化，并可以由此圈定出含气层段的异常边界。

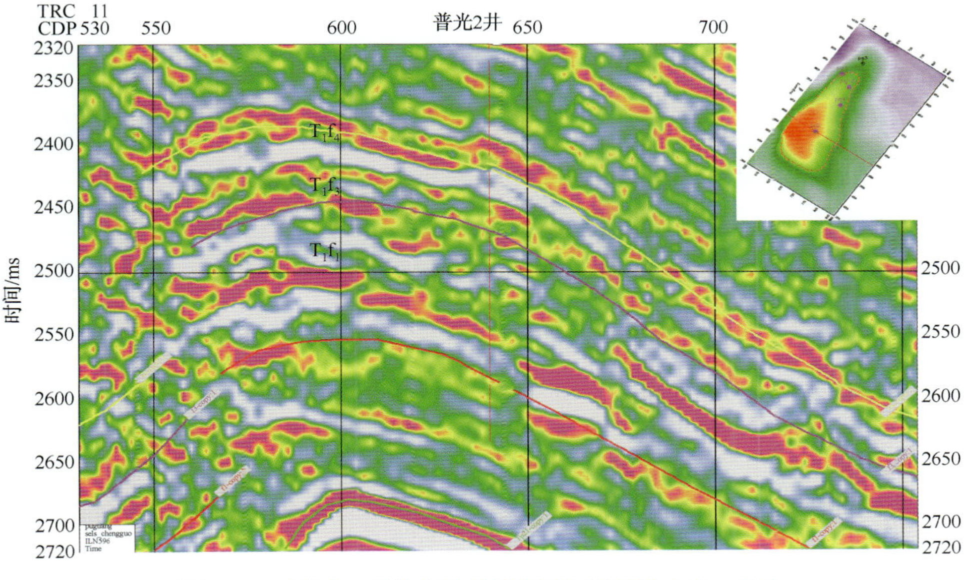

图 5-3　过普光 2 井约束地震反演属性剖面图(Inline 596)

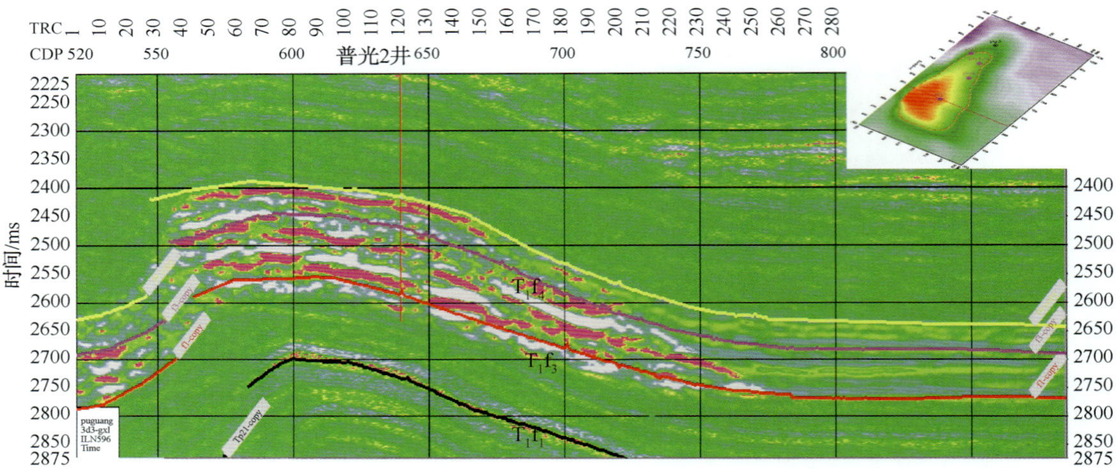

图 5-4　过普光 2 井地震波形结构特征剖面图(Inline 596)

2. 地震波形结构特征含气性检测

从地震资料处理后的地震波形结构特征异常剖面图(图 5-5)上可以看出，剖面上地震波形结构特征的边界清晰，且纵向上小薄层可被清晰地分开，经与部分新部署井的钻后效果进行对比，其吻合性很好，如对普光 5 井和普光 6 井均取得很好的检测效果，这说明了地震波形结构特征含气性检测方法预测气层的有效性和可靠性。

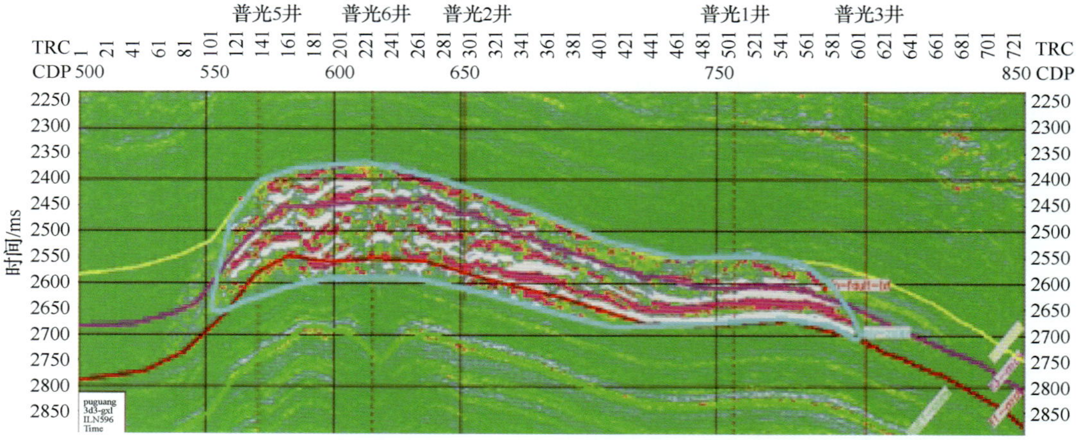

图 5-5　过普光 5 井—普光 2 井—普光 3 井连井气层地震波形结构特征剖面图(折线)

通过地震灰色结构分析可知，在所定井位及其周围，地震灰色结构异常明显，根据计算的每一道异常值的分布情况，并通过剖面追踪，就可以圈定其分布范围。

图 5-6 为普光气田三叠系下统飞仙关组(T_1f)和二叠系上统长兴组(P_2c)3 个气层段的地震波形结构特征异常值分布叠合图(其 T_1f_1 往下取 150ms，T_1f_4 往上取 30ms)。全区地震波形结构特征异常值分布范围为 200~680，主异常值分布范围为 400~680。图 5-7 为普光气田全区预测有利气层分布范围边界图。普光气田有利气层分布区主要分布在普光 2

井—普光 4 井—普光 1 井一带，在平面上呈带状、北东—南西向展布。尤其普光 2 井区地震波形结构特征最为明显。

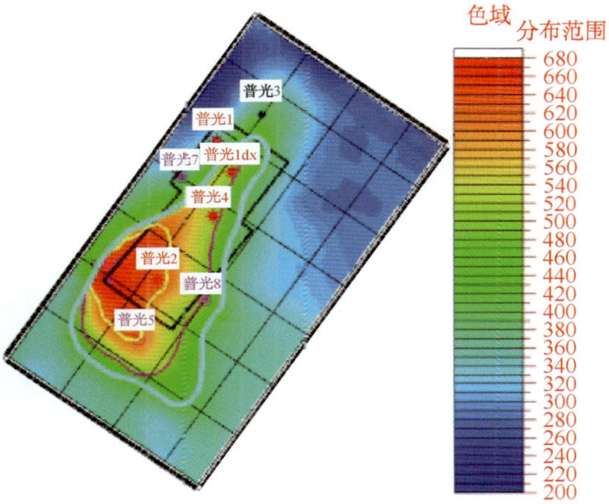

图 5-6　普光气田全区地震波形结构特征异常值叠合分布图

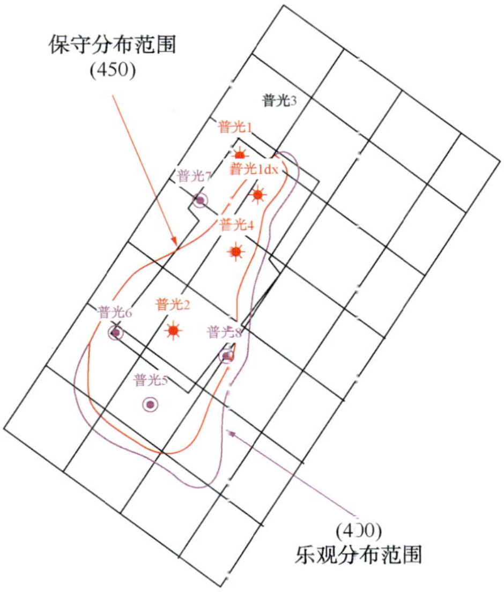

图 5-7　普光气田全区预测有利气层分布范围边界图

1）有利含气范围类别划分标准

应用地震波形结构特征含气性检测方法预测普光气田气层，主要任务是根据已有钻井资料（如普光 1 井、普光 2 井、普光 3 井、普光 4 井、普光 5 井、普光 6 井和普光 7 井等）的实际情况，预测普光气田可能的含气圈闭（有利含气）范围。其目的是提高钻井成功率，为气田地质储量估算和储量评价提供准确资料。

普光气田有利含气范围类别划分原则如下：

（1）地震波形结构异常特征的平滑程度。

（2）地震波形结构异常值大小及与周围结构数值大小的关系。

（3）地震波形结构异常值与气井关联程度的对比结果。

2）有利含气区类别划分

根据对普光气田已知井的地震波形结构特征模型的量化分析，技术人员建立了普光气田全含气层段长兴组—飞仙关组预测有利含气区的地震波形结构特征量化识别标志。普光气田全区共分为 4 类，各类有利含气区特征如下：Ⅰ类区地震波形结构特征异常值大于 580，地震波形结构特征相对误差大于 85%；Ⅱ类区地震波形结构特征异常值在 420～580 之间，地震波形结构特征相对误差在 65%～85%之间；Ⅲ类区地震波形结构特征异常值在 360～420 之间，地震波形结构特征相对误差在 50%～65%之间；Ⅳ类区地震波形结构特征异常值小于 360，地震波形结构特征相对误差小于 50%（表 5-1）。其中，Ⅰ类区+Ⅱ类区是高效井井位部署的主要区域。

表 5-1　地震波形结构特征异常分类表

序　号	地震波形结构特征异常值	地震波形结构特征相对误差/%	类　型
1	>580	>85	Ⅰ类区
2	420～580	65～85	Ⅱ类区
3	360～420	50～65	Ⅲ类区
4	<360	<50	Ⅳ类区

注：地震波形结构特征相对误差=(地震波形结构特征异常值-原始地震道值)/地震波形结构特征异常值×100%。

根据上述分类标准，技术人员将普光气田含气有利区分为 3 类(图 5-8)，分别表述如下：

Ⅰ类区：主要分布于普光 2 井区，位于普光构造顶部，呈块状分布。

Ⅱ类区：主要分布于普光 2 井至普光 1 井和普光 4 井之间，其构造北翼缺失，呈环状分布。

Ⅲ类区：主要分布于普光 2 井区，以及普光 1 井和普光 4 井至普光 3 井之间，呈环状分布，环内普光 2 井区、普光 1 井区和普光 4 井区主要为Ⅰ类区和Ⅱ类区。此外，还包括环外即普光 3 井区以外的广大区域。

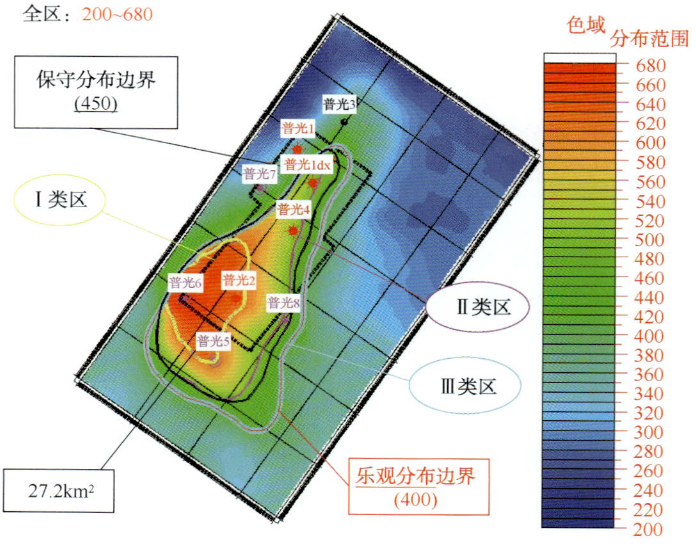

图 5-8　长兴组—飞仙关组地震波形结构特征异常值分布含气有利区分类综合边界图

通过对普光气田含气有利区进行对比评价，技术人员认为其总体结构异常符合目前的钻井情况。自含气边界向西至普光 7 断层，向南至相变线，向东至普光 8 井—普光 9 井—普光 101 井一线，向北至普光 3 井附近，整个含气区域位于构造高部位。普光 2 井区气水过渡带在普光 8 井—普光 304-1 井—普光 10 井—普光 101 井一线附近。普光 3 井区气水过渡带在普光 7-侧 1 井—普光 106-2H 井—普光 3 井一线附近，该结论与预测结果相吻合(图 5-9)。

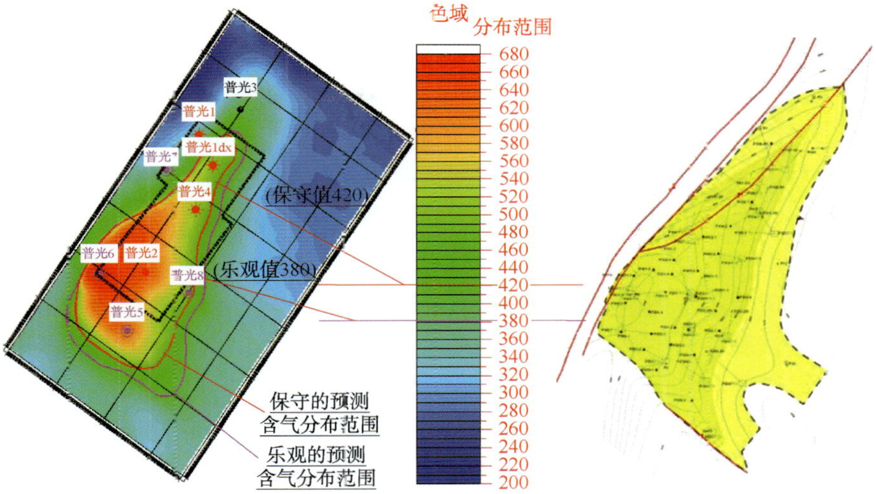

图 5-9　地震波形结构特征异常值分布动用含气面积对比图

3）长兴组—飞仙关组不同类别含气区确定

普光气田长兴组—飞仙关组地震波形结构特征异常值分布范围在 200～680 之间。若地震波形结构特征异常值小于 350，则按目前划分标准将其归为Ⅳ类区（本书不作介绍）；若地震波形结构特征异常值大于 350，则按异常值不同大小分为 3 类，分别为Ⅰ类区、Ⅱ类区和Ⅲ类区，它们各自的波形结构异常特征如下：

Ⅰ类区地震波形结构特征异常值的分布范围在 540～670 之间，主要处于构造顶部的普光 2 井周围，其地震波形结构异常特征的平滑程度最好，没有突然变大、变小的特点，地震波形结构特征异常值大小与周围结构数值大小关系明确，与气井关联程度也明显表现为气层（图 5-10）；普光 2 井含气性最好，实钻结果也证实如此，普光 2 井测试验证结果比普光 1 井和普光 4 井都好，所以将其划分为Ⅰ类区地震波形结构特征，当然其内部仍然有小的变化。该区含气面积为 9. 49km^2（表 5-2）。

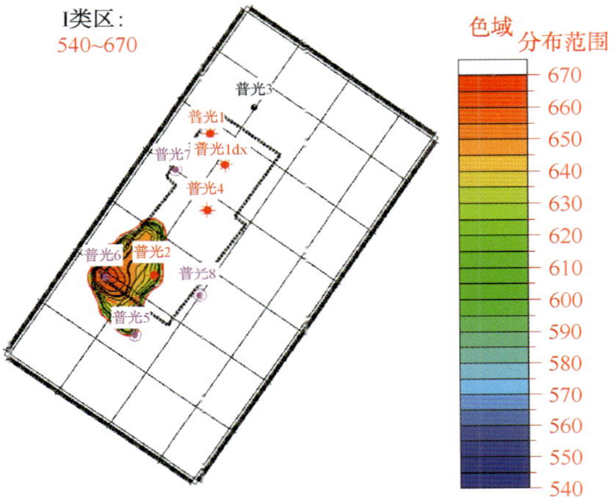

图 5-10　长兴组—飞仙关组Ⅰ类区地震波形结构特征异常值分布图

表 5-2　长兴组—飞仙关组气藏不同层位不同类型含气面积及异常值分布范围表

层　位	类　型	Ⅰ类区	Ⅱ类区	Ⅲ类(乐观/保守)区	乐观值	保守值
长兴组—飞仙关组	面积/km^2	9.49	18.40	12.38/6.86	40.27	34.63
	异常值(无量纲)	540～670	460～660	350～650	400～680	450～680

Ⅱ类区地震波形结构特征异常值的分布范围在460～660之间，主要处于普光1井和普光4井周围(图5-11)，其地震波形结构异常特征的平滑程度中等，变化不大，地震波形结构特征异常值大小与周围结构数值大小关系明确，与气井关联程度也表现为气层；其含气性好，但测试验证结果整体上要比普光2井Ⅰ类区稍差，所以将其划分为Ⅱ类区地震波形结构特征。该区含气面积为18.40km^2(表5-2)。

Ⅲ类区地震波形结构特征异常值较低，分布范围在350～650之间，主要处于普光1井和普光4井外围(图5-12)，其地震波形结构异常特征也表现为平滑，地震波形结构特征异常值大小与周围结构数值大小关系明确，但与气井关联程度不是很明确，表现为气层，且主要为预测气层，所以将其划分为Ⅲ类区地震波形结构特征。该区保守含气面积为6.86km^2(表5-2)。

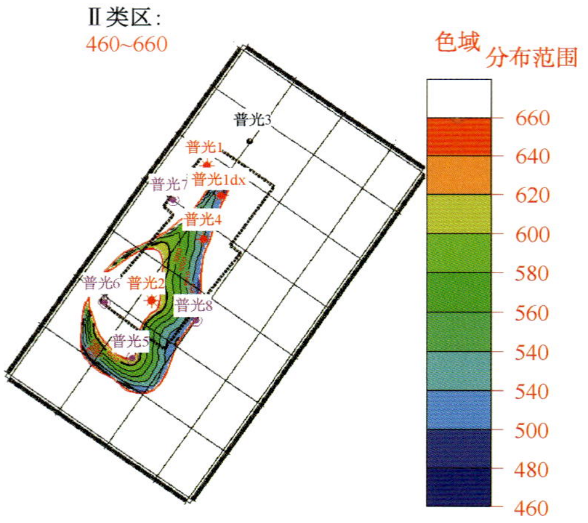

图5-11　长兴组—飞仙关组Ⅱ类区地震波形结构特征异常值分布图

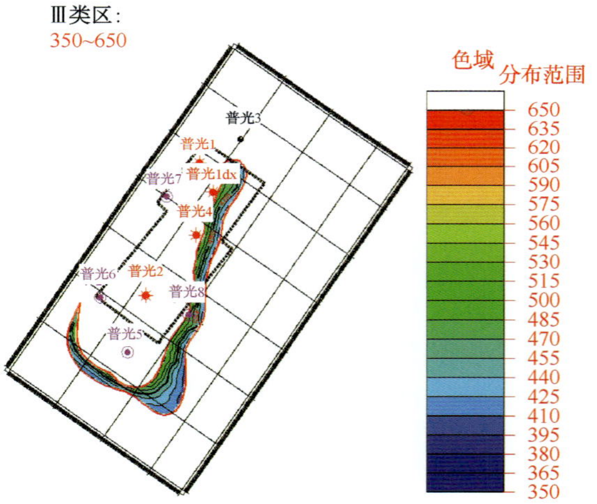

图5-12　长兴组—飞仙关组Ⅲ类区地震波形结构特征异常值分布图

3. 应用效果评价

1）勘探评价井位部署优化——以普光7井等为例

2005年4月—2006年6月，技术人员利用地震波形结构特征含气性检测方法进一步落实并扩大了普光气田目的层各主力气层的平面分布格局及形态，搞清了普光气田主力储层在纵向、横向上的展布规律，扩大了普光气田的范围，为普光气田的滚动勘探开发提供了科学依据。

对普光7井，在钻前预测直井位置的长兴组—飞仙关组没有明显的地震波形结构特征异常，其在有利含气分布范围Ⅲ类区的异常之外，钻后结果显示，在直井位置的长兴组—

飞仙关组无明显气层显示(图 5-13)，后经侧钻，在飞二段灰质云岩、白云岩中射孔井段 5484.7~5503.0m 取得很好的效果(飞二段测得产气量为 57.34×10^4m^3/d，飞三段测得产气量为 9.63×10^4m^3/d)。

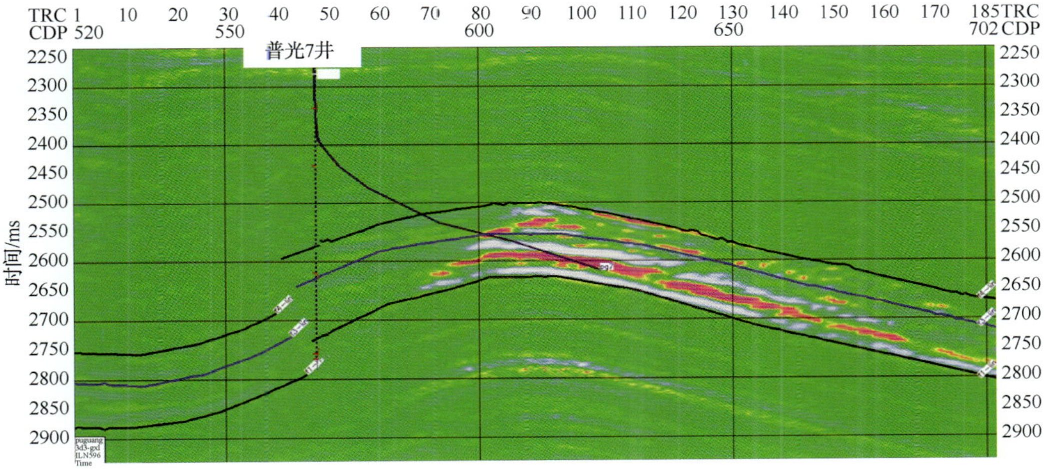

图 5-13　过普光 7 井地震波形结构特征异常剖面图

另外，在普光气田研究区内，有明显的地震波形结构特征异常主体区块，技术人员随后部署了勘探井——普光 5 井、普光 6 井、普光 8 井和普光 9 井，在长兴组—飞仙关组均获得了较厚的气层(图 5-14)。其中，普光 5 井长兴组—飞仙关组叠合气层厚度为 366.3m；普光 6 井长兴组—飞仙关组叠合气层厚度为 411.2m；普光 8 井长兴组—飞仙关组叠合气层厚度为 102.6m；普光 9 井长兴组—飞仙关组叠合气层厚度为 204.2m。普光 5 井和普光 6 井经过测试后，普光 5 井测试深度为 4830.0~4868.0m，产气量为 15.52×10^4m^3/d；普光 5 井测试深度为 5141.0~5243.8m，产气量为 67.42×10^4m^3/d。普光 6 井测试深度分别为 4850.7~4892.8m、4992.5~5158.0m 和 5030.0~5180.0m，产气量分别为 40.22×10^4m^3/d、128.15×10^4m^3/d 和 75.25×10^4m^3/d。

2）普光气田 38 口开发井井位优选及部署优化

根据地震波形结构异常特征，并结合其他研究成果，技术人员对普光气田 38 口开发井井位(图 5-15)进行了优选及井眼轨迹优化，如普光 303-2 井、普光 304-3 井、普光 305-2 井和普光 204-2H 井等；又如图 5-16 为普光气田过普光 301-1 井—普光 301-2 井—普光 301-3 井—普光 301-4 井—普光 301-5 井地震波形结构特征异常剖面图，它们的井口位置在普光 6 井周围，虽然它们都处于构造高部位，而且也都在高含气区中，但由于普光气田储层非均质性强，并不是所有构造高部位或高含气区中都有气，普光 301-3 井如果往左偏移，则效果就不会很好。最终结果是普光气田 38 口开发井钻井成功率达 100%，为气田开发中提出的“多打高产井、少打低产井、避免无效井”的优化布井技术及实现高效开发提供了有力的保障。

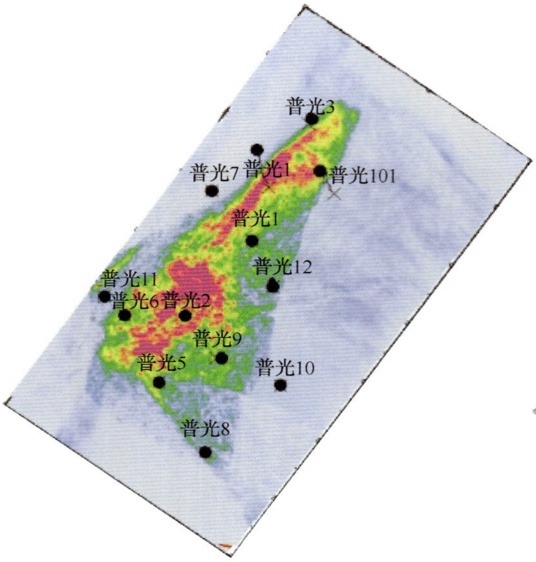

图 5-14　探井井位平面分布图

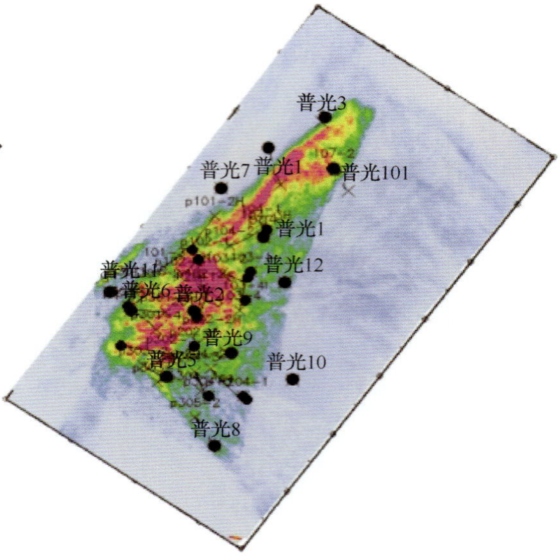

图 5-15　开发井位平面分布图

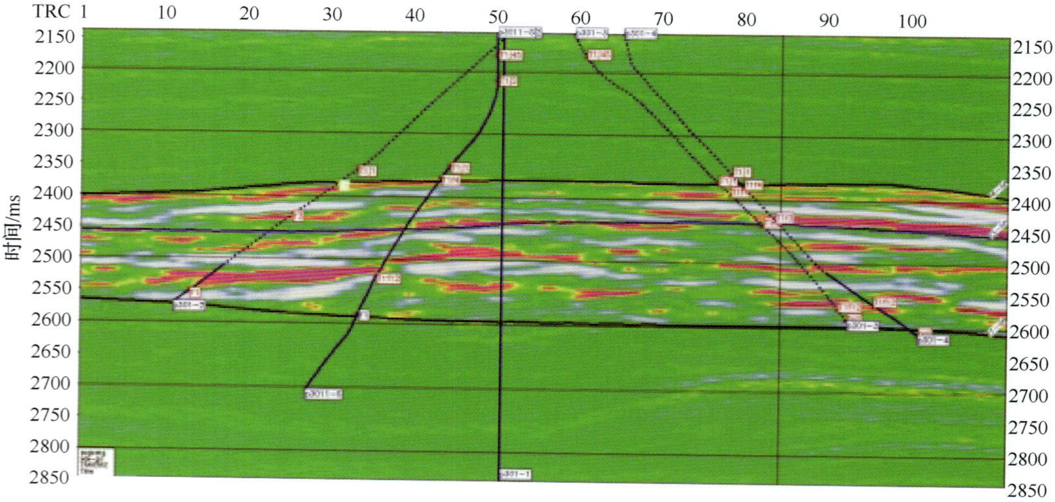

图 5-16　过普光 301-1 井—普光 301-2 井—普光 301-3 井—普光 301-4 井—普光 301-5 井地震波形结构特征异常剖面图

（二）元坝气田应用案例分析

1. 元坝气田气层地震波形结构特征

图 5-17 为过元坝 2 井的原地震波形结构特征剖面模型图。在含气层段内，其斜率及夹角变化都比较大，没有规律或规律性差，在纵向上都分布于长兴组顶部；在不含气或含气性差的层段内，其斜率及夹角变化都比较有规律。

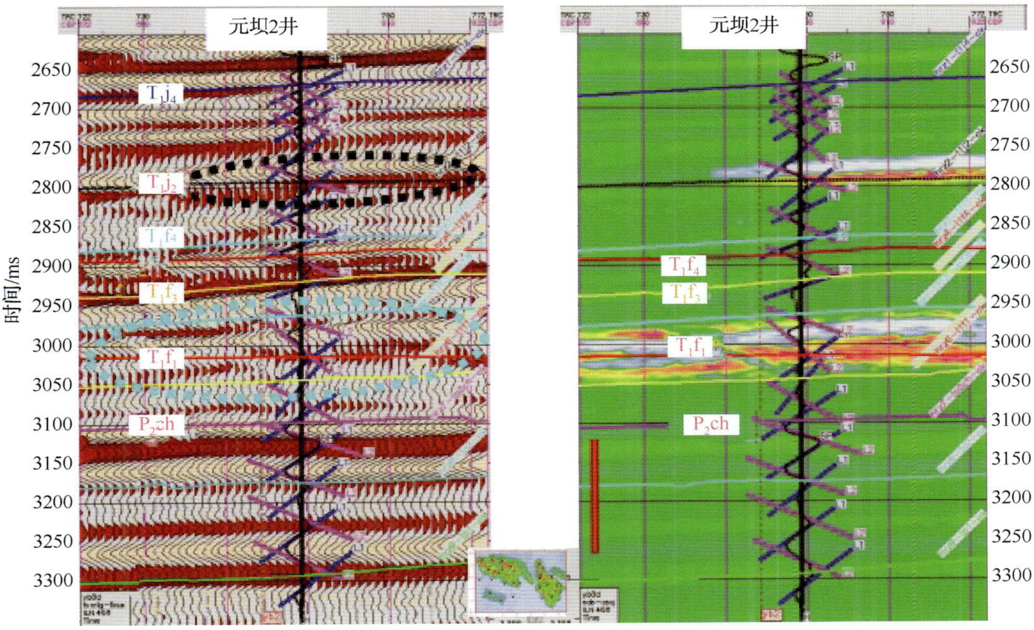

图 5-17　长兴组—飞仙关组过元坝 2 井地震波形结构特征异常剖面模型图

2. 地震波形结构特征含气性检测

通过与实钻井测试层段进行对比分析，地震波形结构特征异常属性与含气性有很好的可对比性。图 5-18 为过元坝 1 井和元坝 1-侧 1 井地震波形结构特征异常剖面，元坝 1 井处异常响应微弱，测试产气量仅为 $0.30\times10^4m^3/d$，而元坝 1-侧 1 井处异常特征明显，测试产气量为 $50.30\times10^4m^3/d$，二者吻合性较好。通过对工区内现有探井和开发井的含气性情况的对比分析，得出其吻合率达 100%，且预测成果十分可靠（表 5-3）。

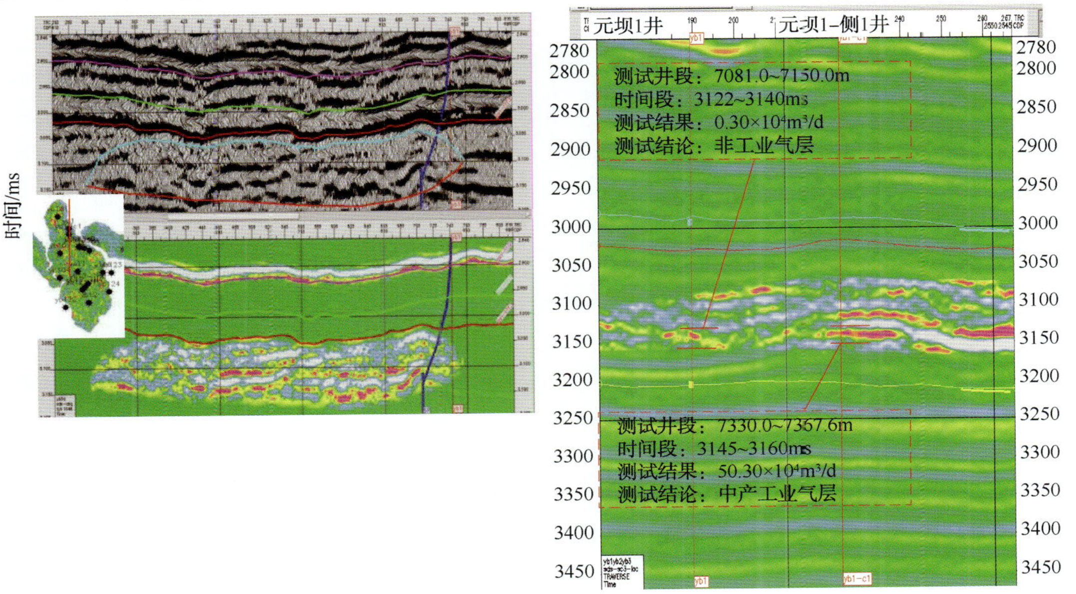

图 5-18　过元坝 1 井区地震波形结构特征异常剖面图

表 5-3　长兴组礁滩相各井钻后效果与预测结果对比统计表

序　号	井　别	井　名	层位岩性	地震波形结构特征表现情况	预测含气情况	实钻与预测吻合程度
1	探井	元坝 1 井	长兴组礁滩相	微弱结构特征表现	差	吻合
2	探井	元坝 1-侧 1 井	长兴组礁滩相	有结构特征表现	好	吻合
3	探井	元坝 101 井	长兴组礁滩相	有结构特征表现	好	吻合
4	探井	元坝 102-侧 1 井	长兴组礁滩相	有结构特征表现	好	吻合
5	探井	元坝 104 井	长兴组礁滩相	有结构特征表现	好	吻合
6	探井	元坝 11-1 井	长兴组礁滩相	有结构特征表现	好	吻合
7	探井	元坝 12 井	长兴组礁滩相	有结构特征表现	好	吻合
8	探井	元坝 27 井	长兴组礁滩相	强结构特征表现	很好	吻合
9	探井	元坝 204 井	长兴组礁滩相	强结构特征表现	很好	吻合
10	探井	元坝 205 井	长兴组礁滩相	强结构特征表现	很好	吻合
11	探井	元坝 2 井	长兴组礁滩相	有结构特征表现	好	吻合
12	探井	元坝 29 井	长兴组礁滩相	强结构特征表现	很好	吻合

元坝气田长兴组礁滩相地震波形结构特征明显(图 5-19)，根据地震波形结构异常特征，技术人员评价出 4 个有利含气性地震波形结构特征异常系统单元(图 5-20)，它们分别为元坝 1 井区、元坝 2 井区、元坝 10 井区和元坝 221 井区。地震波形结构异常特征主体处于中部元坝 1 井区、元坝 2 井区，元坝 10 井区次之，元坝 221—元坝 224 井区最差。在平面上呈条带状、北西—南东向分布。预测有利含气面积较大，但相变快，且同一有利含气圈闭内部变化大。

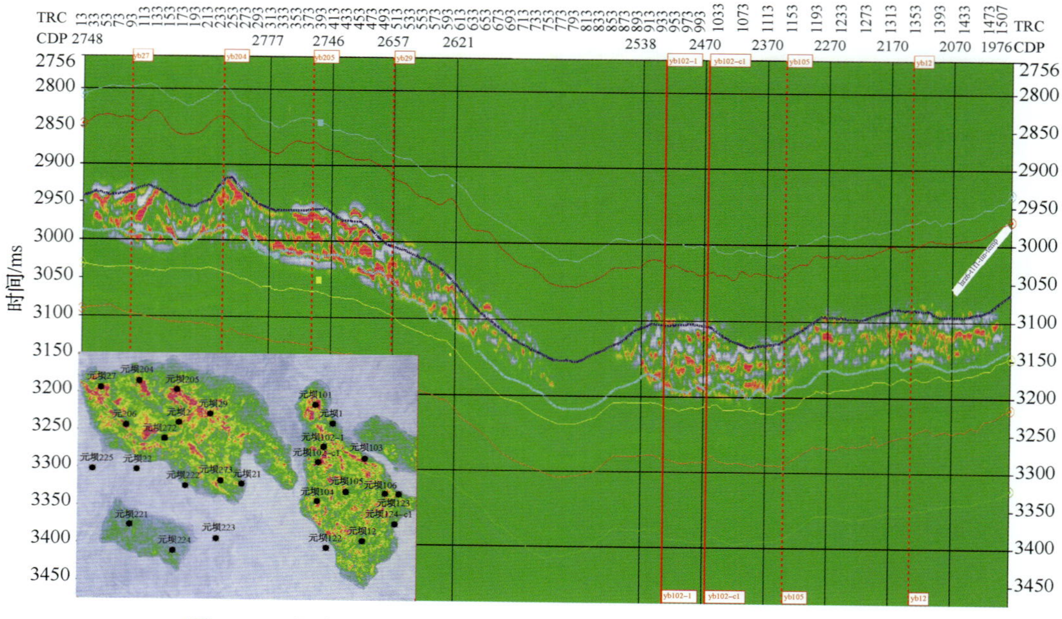

图 5-19　长兴组过元坝 1 井—元坝 2 井地震波形结构特征剖面图

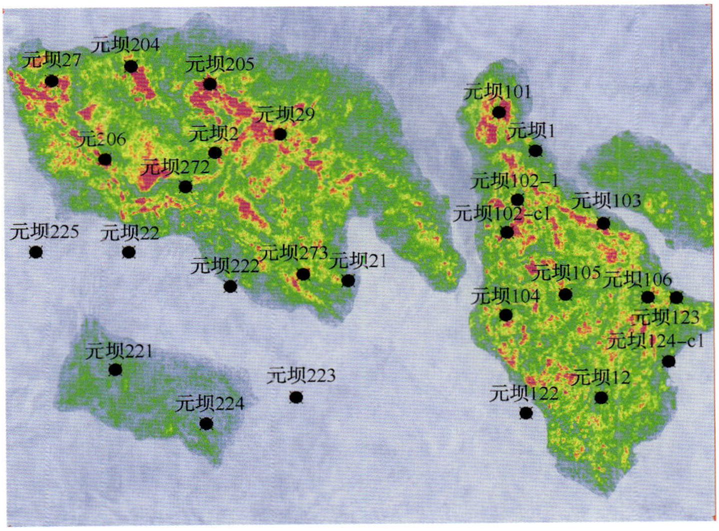

图 5-20　长兴组礁滩相地震波形结构特征异常分布图

部分新完钻井证实了预测有利含气性地震波形结构特征异常系统单元的可靠性，扩大了含气分布范围。在有明显地震波形结构特征异常的范围内，新完钻的 3 口井(元坝 205 井、元坝 29 井和元坝 271 井)取得很好的钻探效果，进一步证实了预测有利含气性地震波形结构特征异常系统单元的可靠性和有效性。对于没有明显的地震波形结构特征异常的区域，钻井效果较差，如元坝 221 井、元坝 222 井、元坝 223 井和元坝 224 井，在钻前预测没有地震波形结构特征异常，通过实钻也证实了预测结果。

通过元坝气田长兴组礁滩相与普光气田地震波形结构特征的比较及模型量化研究，技术人员确立了元坝气田长兴组礁滩相有利含气性的量化标准(表 5-4)。根据量化对比研究结果，元坝 1 井区和元坝 2 井区与普光气田有相似性，其他区块可对比性差，地震波形结构特征异常也不太明显。普光气田气层的各种地震波形结构特征模型量化特征值整体上略高于元坝气田主体部位(元坝 1 井区和元坝 2 井区个别位置除外)。

表 5-4　长兴组地震波形结构特征异常分类表

序　号	地震波形结构特征相对误差(VSDS)/%	类　型
1	>75	Ⅰ类区
2	55~75	Ⅱ类区
3	40~55	Ⅲ类区
4	<40	Ⅳ类区

注：地震波形结构特征相对误差=(地震波形结构特征异常值-原始地震道值)/地震波形结构特征异常值×100%。

按照不同区块地震波形结构特征具有差异性的思想，技术人员划分了元坝气田长兴组礁滩相有利含气性地震波形结构特征类型的级别。元坝气田长兴组礁滩相研究区有利含气性地震波形结构特征类型共分 4 类：Ⅰ类区为非常有利含气性地震波形结构特征系统单元；Ⅱ类区为有利含气性地震波形结构特征系统单元；Ⅲ类区为可能含气性地震波形结构特征系统单元；Ⅳ类区为差（不利）含气性地震波形结构特征系统单元。

经分析，技术人员筛选出3个有利含气性地震波形结构特征异常系统单元，并圈定了有利含气性地震波形结构特征系统单元的分布面积。其中，元坝1井区和元坝2井区地震波形结构特征异常最为明显，预测含气性最好；元坝10井区地震波形结构特征异常较为明显，预测为有利含气区；元坝221井区地震波形结构特征异常最弱，预测为差含气性。元坝1井区地震波形结构特征异常系统单元分布面积为126km^2；元坝2井区地震波形结构特征异常系统单元分布面积为196km^2；元坝10井区地震波形结构特征异常系统单元分布面积为25km^2；元坝221井区差（不利）含气性地震波形结构特征异常系统单元分布面积为38km^2（图5-21）。

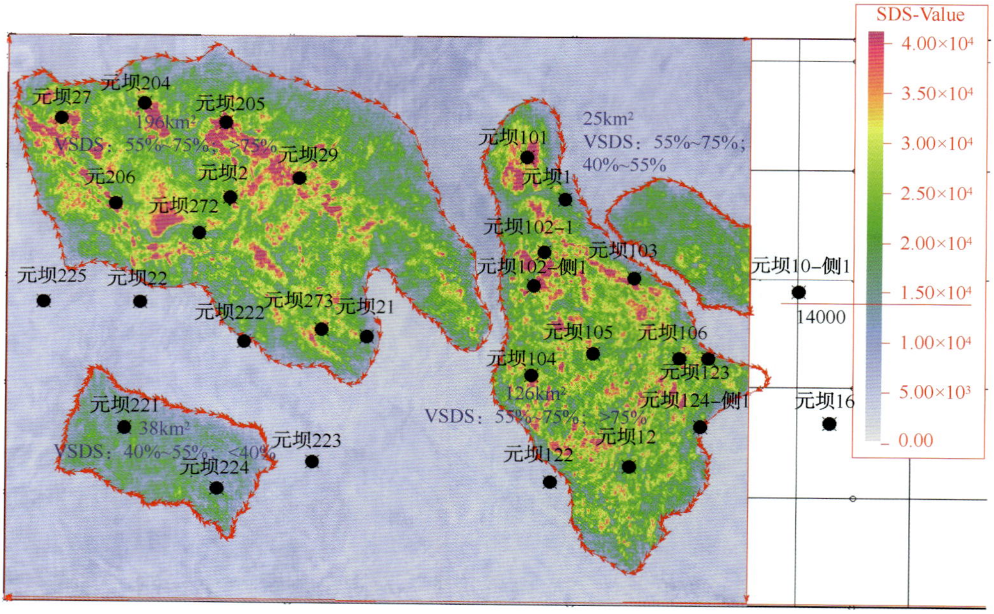

图5-21　长兴组礁滩相地震波形结构特征异常综合平面图

通过对气水关系开展探索性的分析研究，并根据主体区元坝1井区、元坝2井区在实钻井中表现出的含水情况不同，主体区元坝1井区元坝123井和元坝103H井测试见水，它们主要分布在地震波形结构特征异常边界东侧面，推测主体区元坝1井区的元坝103H井—元坝123井—元坝12井为一条气水边界线；主体区元坝2井区在测试井中没有见水，但在过元坝222井地震波形结构特征异常的南部边界上见平点现象（图5-22），对比普光气田气水边界线的平点反映状况，它们具有相似性，因而推测主体区元坝2井区的元坝222井—元坝21井也为一条气水边界线，它们主要分布在地震波形结构特征异常边界南部，构造位置也较低，含水可能性也较大（图5-23）。

根据元坝气田长兴组礁滩相储层含气性检测的最终研究结果，技术人员开展了开发调整井位的优化部署，已实施开发井基本都落于地震波形结构特征高异常部位，且都处于有利含气层段和有利含气结构特征单元中（图5-24）。

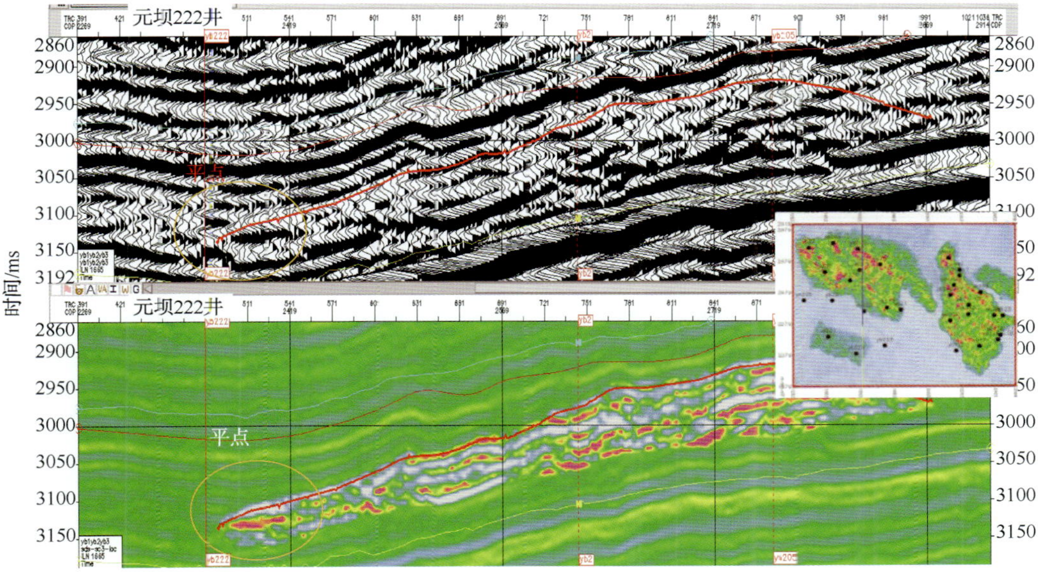

图 5-22　长兴组地震剖面边界特征图（Inline 1665）

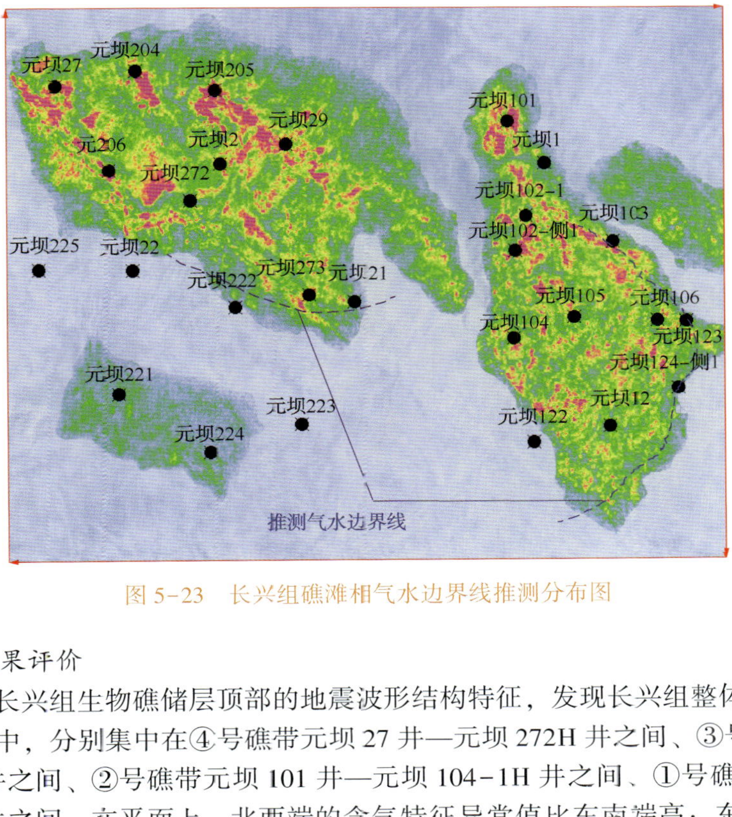

图 5-23　长兴组礁滩相气水边界线推测分布图

3. 应用效果评价

通过提取长兴组生物礁储层顶部的地震波形结构特征，发现长兴组整体上地震波形结构特征比较集中，分别集中在④号礁带元坝 27 井—元坝 272H 井之间、③号礁带元坝 204 井—元坝 29 井之间、②号礁带元坝 101 井—元坝 104-1H 井之间、①号礁带元坝 10-1H 井—元坝 10 井之间。在平面上，北西端的含气特征异常值比东南端高；东南端的含气特征异常值较低，含水特征较明显（图 5-25）。

含气性预测成果与实钻井证实的结论吻合度高。技术人员利用该预测成果有效地指导了元坝气田开发方案的编制和钻井井位的部署，使得后期的钻井成功率高达100%，且方案实施效果很好。

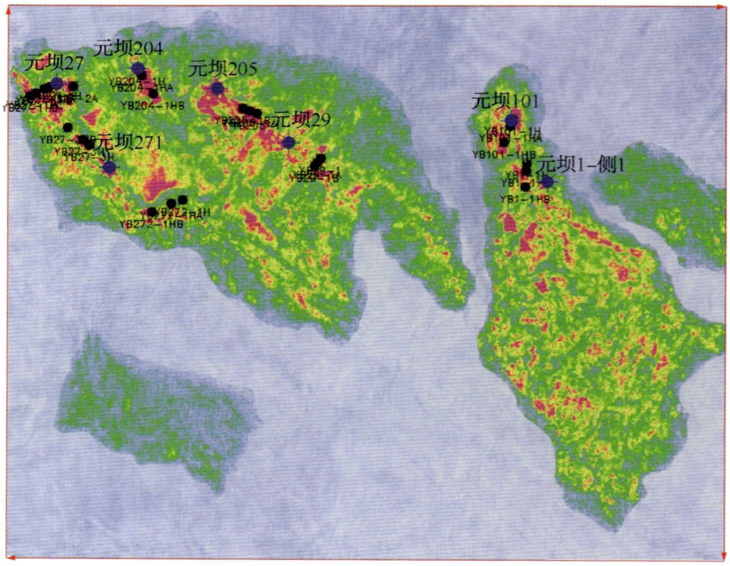

图 5-24　长兴组礁滩相预测有利气层及9口开发井井位平面分布图

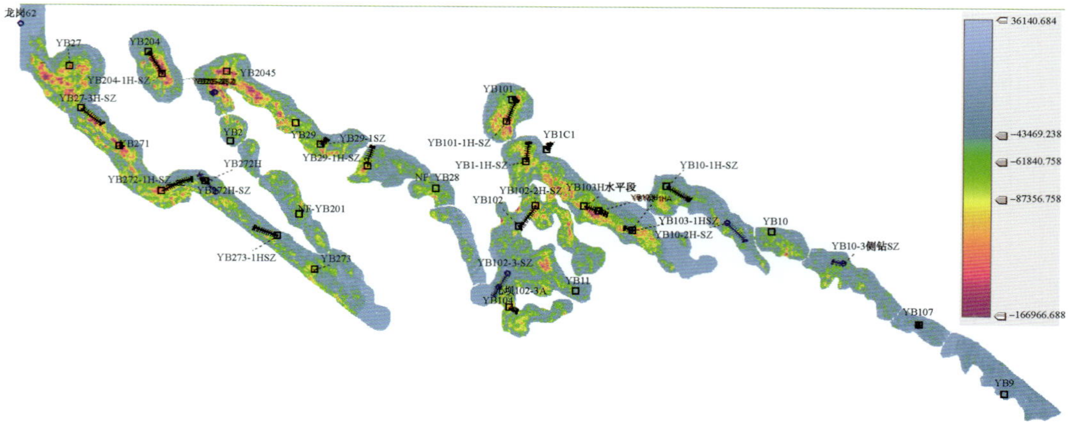

图 5-25　长兴组生物礁地震波形结构特征异常分布图

（三）松南气田应用案例分析

1. *火山岩气藏气层地震波形结构特征*

火山岩气藏气层与围岩地震波形结构特征差异明显。以过腰深1井的地震波形结构特征剖面为例（图5-26），钻井揭示火山岩储层在含气层段中，地震道的波形结构特征变化大（其斜率及夹角变化都比较大），自上而下一致性较差，没有规律可循。而在不含气的层段，自上而下地震道的波形结构变化不大，其斜率和夹角均较为一致，比较有规律。因此，可以基于地震波形结构特征属性来预测火山岩储层含气性。

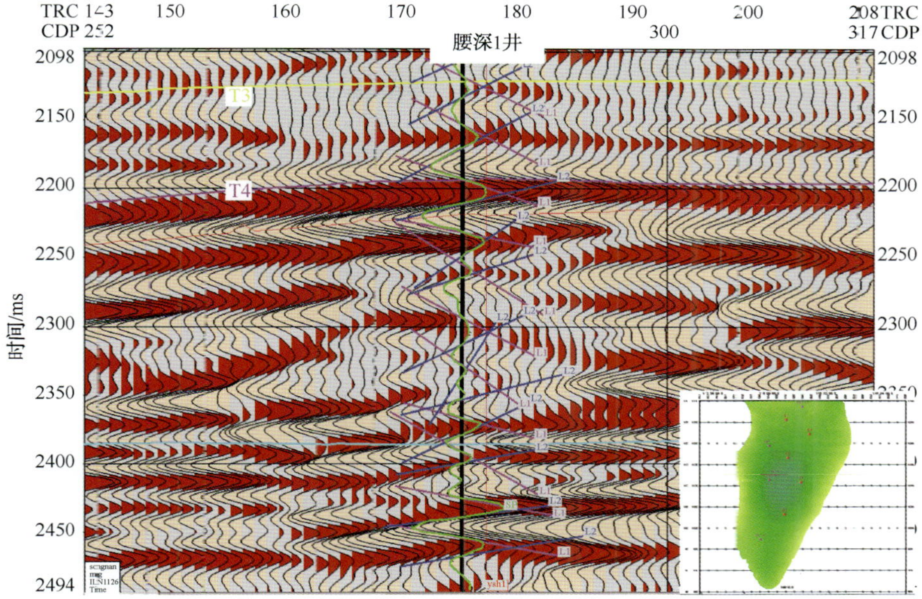

图 5-26 过腰深 1 井地震波形结构特征剖面模型图(Inline 1126)

2. 地震波形结构特征预测有利含气范围

从地震资料处理后的地震波形结构特征异常剖面图(图 5-27)上可以看出，气层段地震波形结构特征突出、明显，更为清晰地表现了含气层段在纵向上所具有的波形结构异常变化特征，并由此可以圈定出含气层段的波形结构异常边界。经与腰深 1 井气层段对比来看，吻合性很好，说明了采用地震波形结构特征法预测含气层的有效性和可靠性。依据此方法，技术人员在长岭构造中共识别出 4 个含气火山岩构造(图 5-28、图 5-29)。其中，腰深 1 井所在的含气构造面积最大，为 33.48km^2，地震波形结构异常特征最明显。

通过对松南气田已钻腰深 1 井的地震波形结构特征模型进行量化分析，技术人员建立了松南气田全含气层段预测有利含气区的地震波形结构特征量化识别标志。松南气田全区共分为 4 类，其中松南主体为Ⅰ类区，有利含气面积为 21.16km^2，其余 3 个含气构造分别属于Ⅱ类区、Ⅲ类区和Ⅳ类区，其有利含气面积分别为 7.52km^2、3.18km^2 和 1.33km^2(图 5-30)。

3. 应用效果评价

根据地震波形结构特征预测有利区方法，以及腰深 1 井营城组地质资料中描述火山岩体及其储层物性的空间展布特征，并结合水平井提高产能的论证结果，技术人员初步确定了以大斜度井(水平井)为主的开发思路。地震波形结构特征很好地支撑了水平井的优化设计(图 5-31)。因此，技术人员成功实施了腰平 1 井(水平段长度为 725m)这口水平井的部署，其产气量为(30.0~40.0)×10^{4}m^3/d。

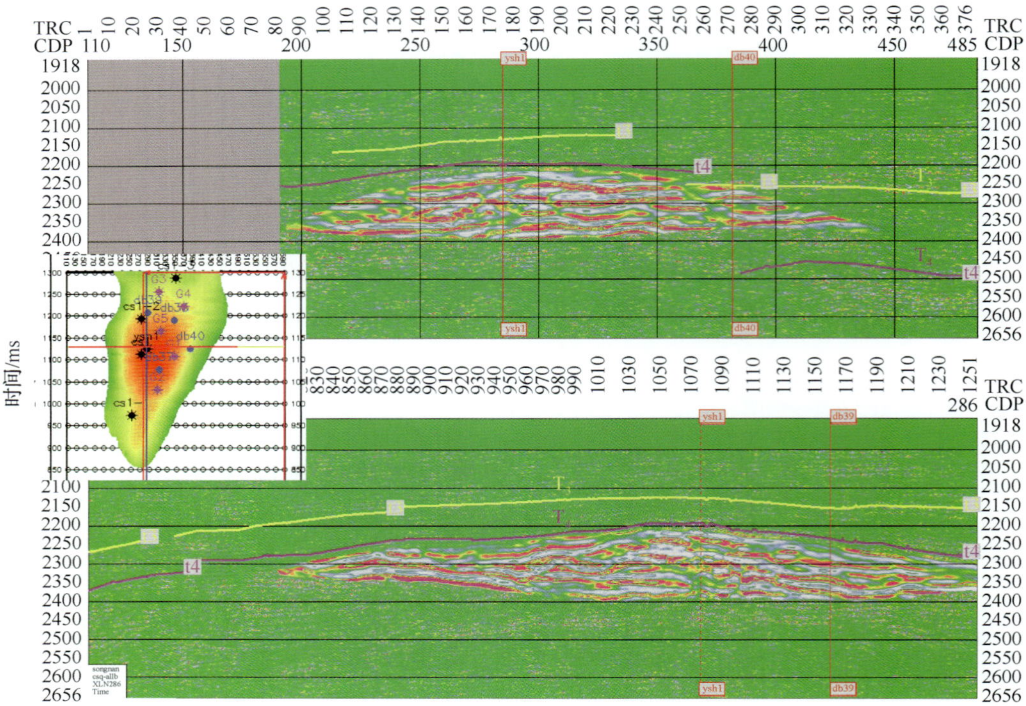

图 5-27　过腰深 1 井地震波形结构特征剖面图

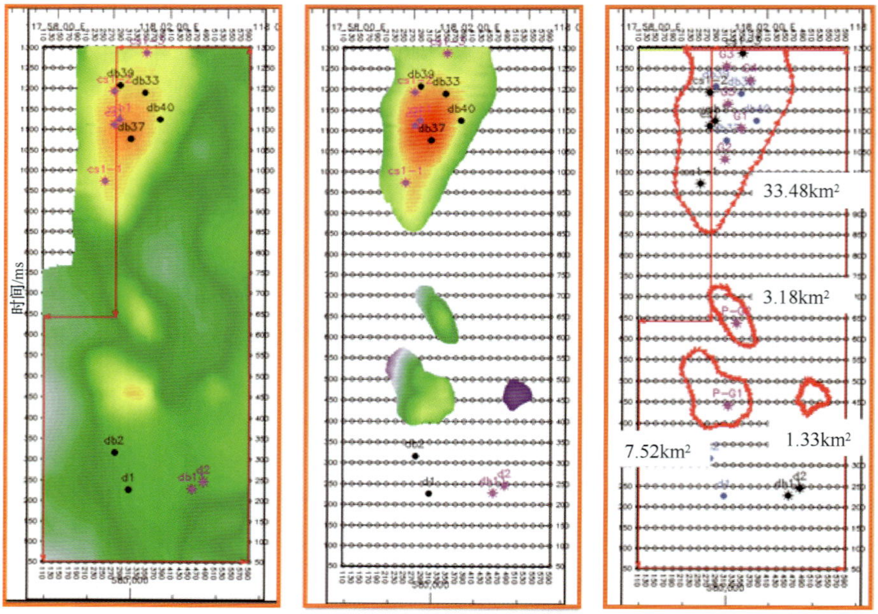

图 5-28　长岭构造腰深 1 井区地震波形结构特征异常分布图

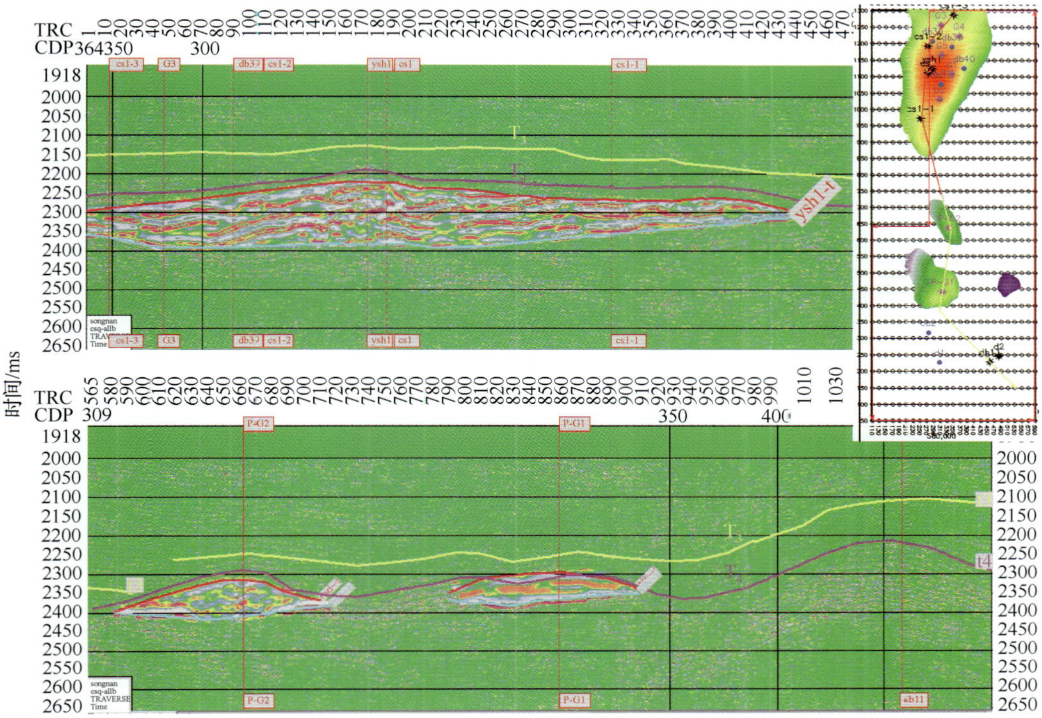

图 5-29 长岭构造过已钻腰深 1 井区连井地震波形结构特征剖面图

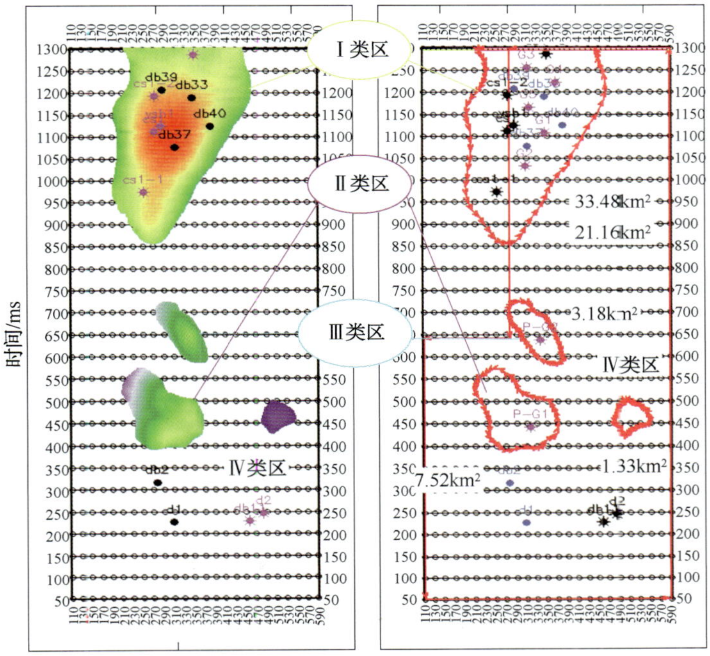

图 5-30 长岭构造腰深 1 井区地震波形结构特征异常分布图

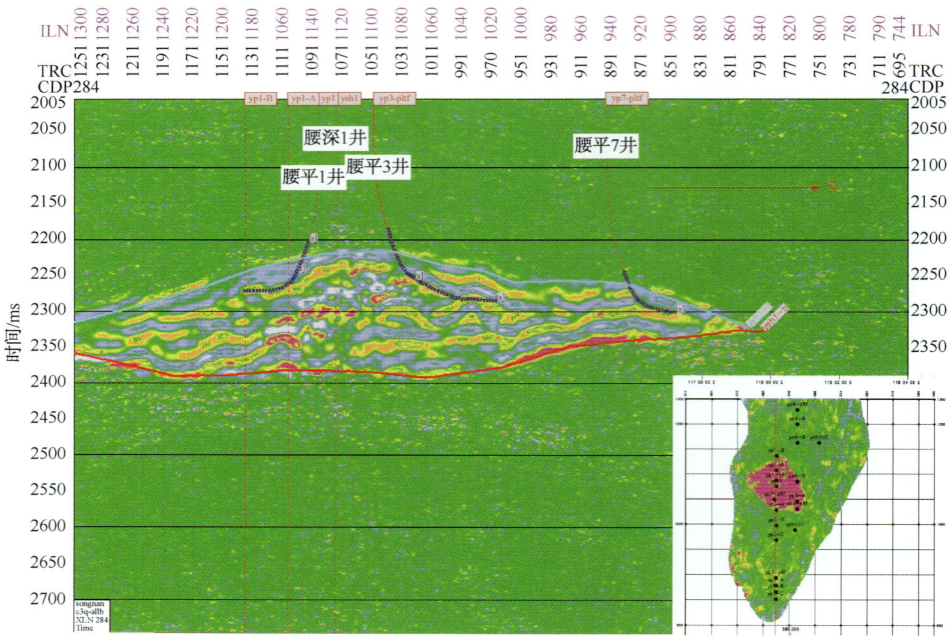

图 5-31 地震波形结构特征异常和水平井轨迹设计图

(四)大牛地气田应用案例分析

1. 大牛地气田气层地震波形结构特征

图 5-32 和图 5-33 分别为大牛地气田南区过大 66 井和大 5 井的原地震波形结构特征剖面模型图。可以看出，在含气层段内，其斜率及夹角变化都比较大，没有规律可循或规律性差，它们在纵向上都分布在 T_9f—T_9e—T_9d—T_9c—T_9b 地震反射层之间；在不含气层段内，其斜率及夹角变化都比较有规律(图 5-33)。这就说明地层含气影响了地震波形结构特征的变化，不含气层段的地震波形结构特征变化小。

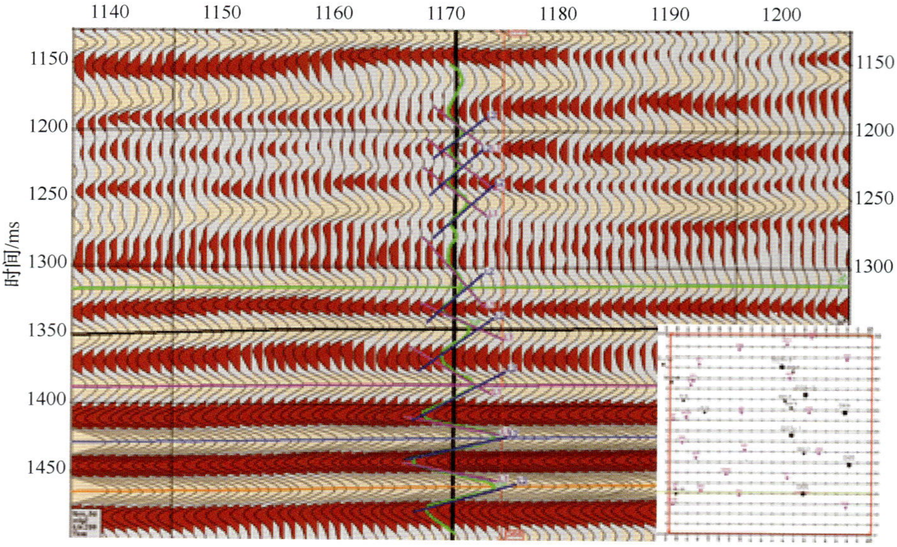

图 5-32 过大 66 井原地震波形结构特征剖面模型图

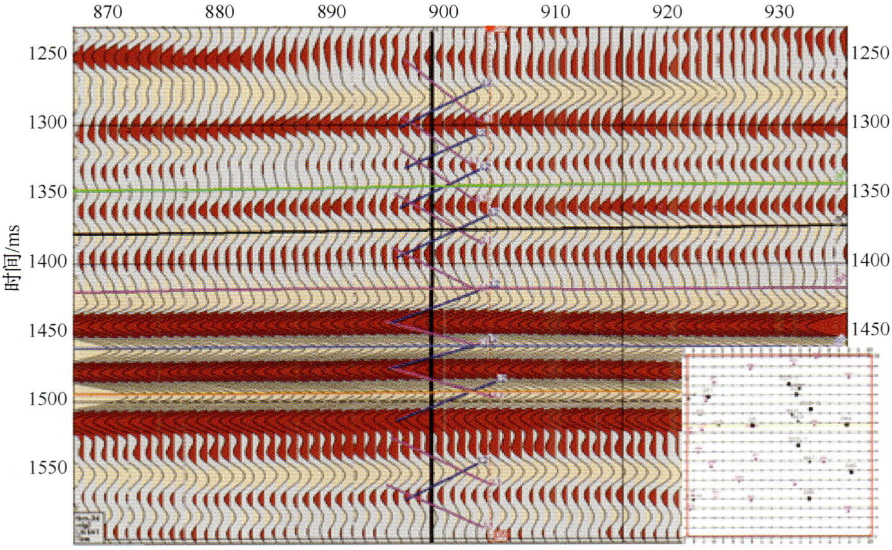

图 5-33 过大 5 井原地震波形结构特征剖面模型图

2. 含气性检测

大牛地气田南区不同层位具有不司的地震波形结构特征。具体表现如下：

(1) 大牛地气田南区以 T_9d 反射层为界，可能存在上、下两套地震波形结构特征异常组合，上组合包括盒 3 段、盒 2 段和盒 1 段，下组合包括山 2 段、山 1 段、太 2 段和太 1 段(图 5-34)。

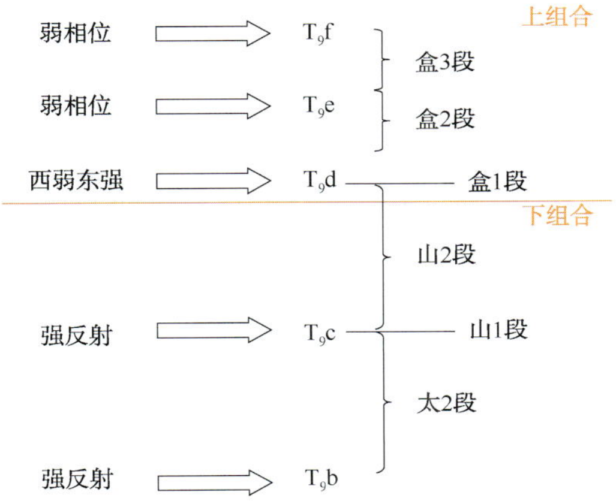

图 5-34 5 个反射层对应 6 个目的层示意图

(2) 大牛地气田南区上组合主要呈北西—南东向分布(图 5-35)；下组合主要呈北东—南西向分布(图 5-36)。

(3) 大牛地气田南区地震波形结构异常特征在太 2 段/太 1 段呈规律性分布(目前太 2 段/太 1 段在地震上无法被分开)，含气面积比较集中，主要在大 23-1 井区附近。

(4) 大牛地气田南区除太 2 段/太 1 段外，整体含气特征比较分散，且级别较低，同时不连片。

(5) 大牛地气田南区主要目的层段以盒 3 段和太 2 段/太 1 段为主；其他次要目的层位为山 2 段/山 1 段、盒 1 段和盒 2 段。

根据大牛地气田南区经处理和解释后的地震波形结构异常特征，全区局部地震波形结构异常值下限为 235(异常值分布范围为 235~415)，预测大牛地气田南区有利含气区块(圈闭)在平面上有 11 个(图 5-37、图 5-38)，全区总面积为 63.95km^2。

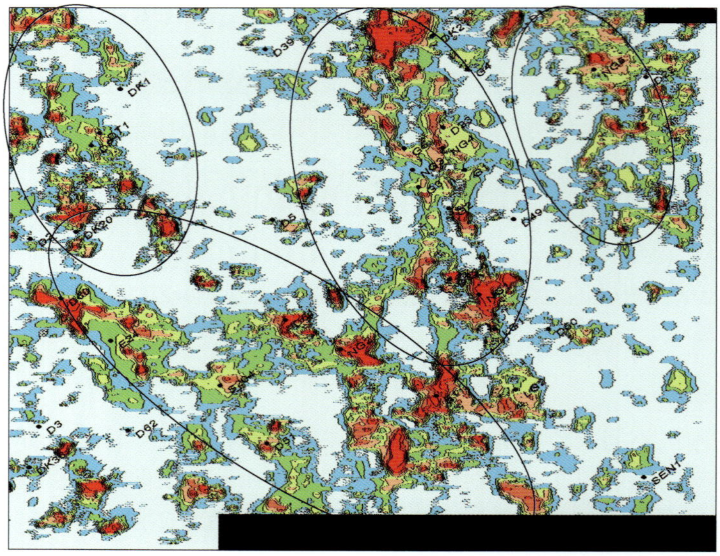

图 5-35　南区盒 3 段地震波形结构异常特征叠合图

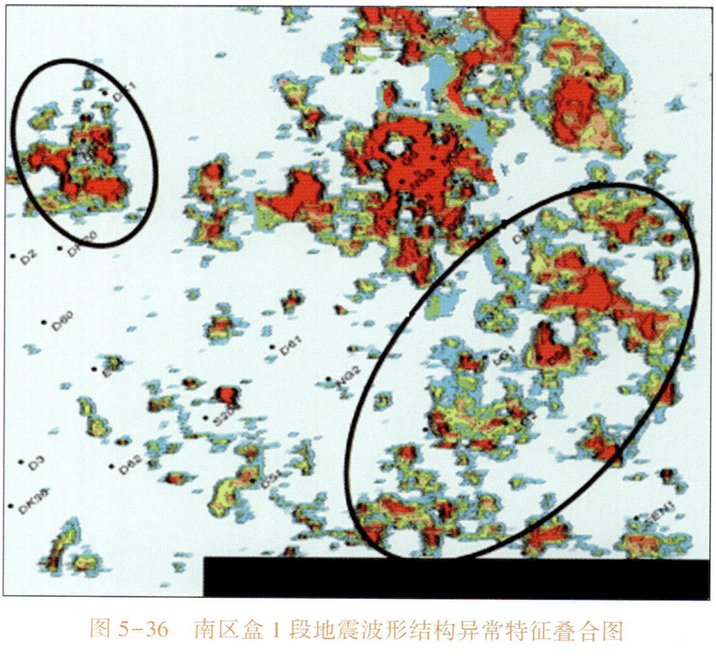

图 5-36　南区盒 1 段地震波形结构异常特征叠合图

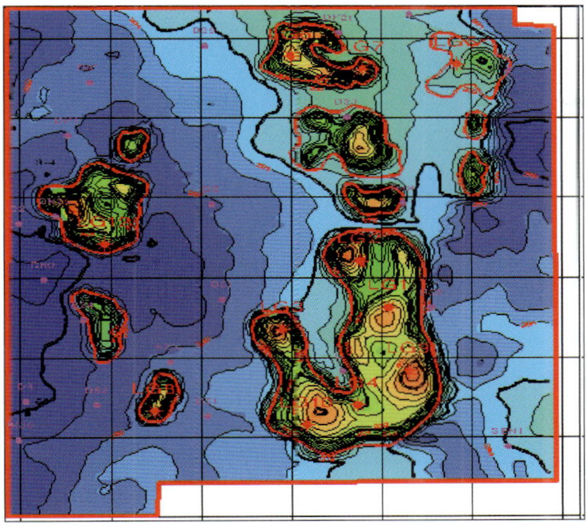

图 5-37　南区地震波形结构特征异常值全区叠合等值线图

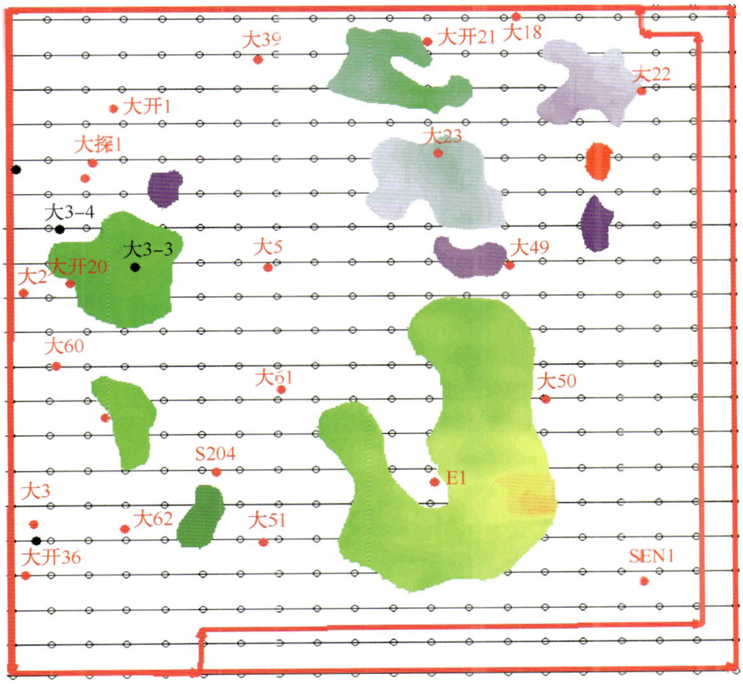

图 5-38　南区预测有利气层局部叠合平面分布图

3. 应用效果评价

根据上述气层预测成果，技术人员及时调整了原开发方案中的井位设计，其中对盒 3 段主力气层调整生产井数 39 口(由原方案中设计井数 86 口调整为 125 口)；盒 2 段主力气层调整生产井数 9 口(由原方案中设计井数 25 口调整为 34 口)。截至 2005 年 8 月，共部署 233 口开发井；已完钻 152 口，其中实现完井 148 口，实际配产 86 口，配产为 $124.7\times10^4m^3/d$，累计建成天然气产能 $4.1\times10^8m^3$。在这上百口开发井中，除了个别井如大 3-1-81 井和大 4-3-2 井外，只要把井钻在有明显的地震波形结构特征异常处，都产出了天然气，一般产气量可达 5.0×10^4m^3/d 以上，个别井可达 20.0×10^4m^3/d 和 30.0×10^4m^3/d；而把井钻在地震波形结构特征异常较弱或没有地震波形结构特征异常之处，则基本没有见到好的效果。实际钻井情况统计结果表明，在 200km^2 三维地震研究工区内部署的并已完钻的 152 口生产井中，钻井成功率由原来的 60%~70%上升到 82%以上，取得了显著的经济效益。

第二节　其他含气性检测技术

一、基于频率相关属性储层含气性检测技术

理论研究表明，在地震波传播过程中，流体对地震子波能量具有吸收特性，因此地层吸收分析是进行储层描述和油气检测的一种重要方法。研究目的层吸收特性强弱的空间分布对于提高油气预测精度具有重要作用，并可与其他地震、测井和地质信息相结合，直接用于圈定油气分布范围。在由固体、液体、气体构成的多相介质中，对吸收特性影响最显著的是气态物质(气体)，在岩石孔隙饱和液中渗入少量气态物质，可以明显提高其对纵波能量的吸收。因此，在气藏预测中，利用吸收分析方法可以有效预测流体分布。

(一) 地震高频衰减属性流体检测技术

1. 基本概念及原理

地层吸收特性在地震高频部分反映比较明显，基于高频成分的吸收衰减分析在含油气检测方面是比较有效的方法。

1) 衰减梯度

理论研究表明，与致密的单相地质体相比，当地质体中含有流体如油、气或水时，会引起地震波的散射或地震波能量的衰减(图 5-39)；断层、裂缝等也会引起地震波的散射，造成地震波能量的衰减。因此，衰减属性是指示地震波传播过程中的衰减速度的物理量，它是一个相对的概念，衰减属性分析可以反过来指示衰减因素存在的可能性和分布范围。这里的衰减属性分析就是要通过计算出的反映地震波衰减速度的属性体来指示油气存在的可能性和分布范围。一般来说，在高频段，且在地质背景条件相同的情况下，由于储层中油、气的存在，使得地震信号的能量衰减增大。

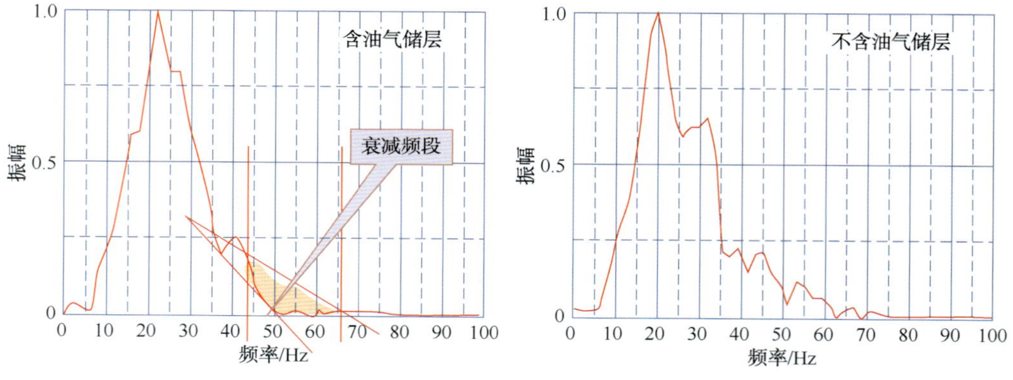

图 5-39　含油气高频能量散射理论

能量衰减可以通过能量随频率的衰减梯度、指定能量比所对应的频率、指定频率段的能量比等物理参数进行表示，不同的物理参数从不同的侧面来反映油气存在的可能性。衰减梯度是衰减属性之一，如图 5-40 中红色箭头所示，它表示高频段的地震波能量随频率的变化情况，它可以指示地震波在传播过程中衰减的速度。地震波的衰减，除受地震波在单相介质内传播过程中的扩散效应，以及地震波在多相介质反射界面处的反射机理影响以外，如果存在油气等衰减因素，则衰减梯度值会增大。

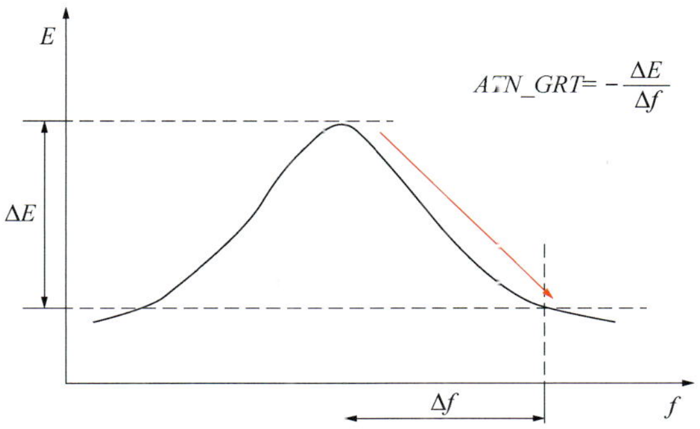

图 5-40　衰减梯度示意图

2）子波高频吸收分析

Mitchell 等(1996)提出了一种计算地震信号能量衰减的分析技术(EAA 分析技术)，该技术的核心是求取信号谱的高频指数衰减系数。指数衰减函数的形式为 exp(−a，w)，a 为衰减系数(或吸收系数)，w 为频率。计算时，以一系列小时窗对地震道连续进行谱分析，并得到相应的衰减系数，时窗的选择以略大于地震波的周期为准则，连续计算使衰减系数成为时间的函数(图 5-41)。该技术的重要指导思想是对背景(均匀)能量衰减的消除，因为应用者只需要关心衰减的异常部分即可。该技术中假设背景的能量衰减变化(在时间轴上)是缓慢的，消除背景后的吸收异常可以更直接地反映岩石的岩性或物性。

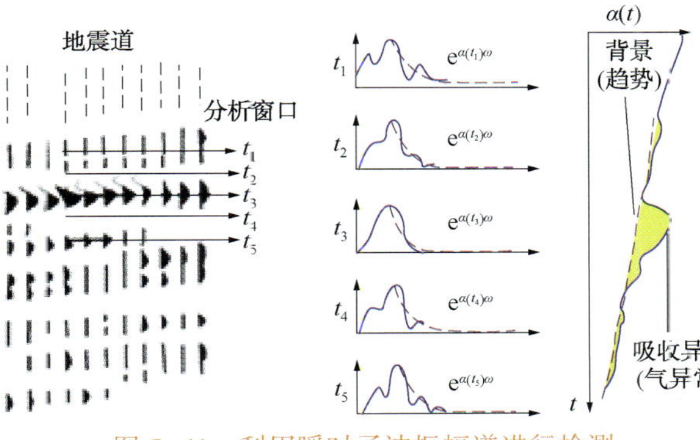

图 5-41　利用瞬时子波振幅谱进行检测

Eugene Lichman(2003)结合前人的研究成果，拓展了 Mitchell 等提出的 EAA 分析技术。他在实验的基础上提出：弹性介质(固体和液体)和塑性介质(气体)对声波传播过程中的能量再分配形式有着明显的不同；高吸收，特别是振幅谱高频部分的高吸收往往与岩石孔隙含气有关；低频部分的高吸收则可能预示着岩石孔隙的含水(含油)饱和度；对于多孔介质来说，孔隙中气体对能量吸收的影响机制主要是声波在气体中的传播速度远小于其在岩石骨架中的传播速度。液体部分的机制则是液体与岩石骨架之间的摩擦，液体、气体部分对总能量损失的贡献分别为：

$$\Delta E_{gas}/E_{\omega}=\alpha_{gas}(w/w_{ref}) \tag{5-1}$$

$$\Delta E_{liquid}/E_{\omega}=\alpha_{liquid}(w/w_{ref}) \tag{5-2}$$

式中　ΔE_{gas}——气体导致的能量吸收；

ΔE_{liquid}——液体导致的能量吸收；

E_{ω}——总能量；

α_{gas}——气体的吸收系数；

α_{liquid}——液体的吸收系数；

w_{ref}——参照频率，一般为 1Hz。

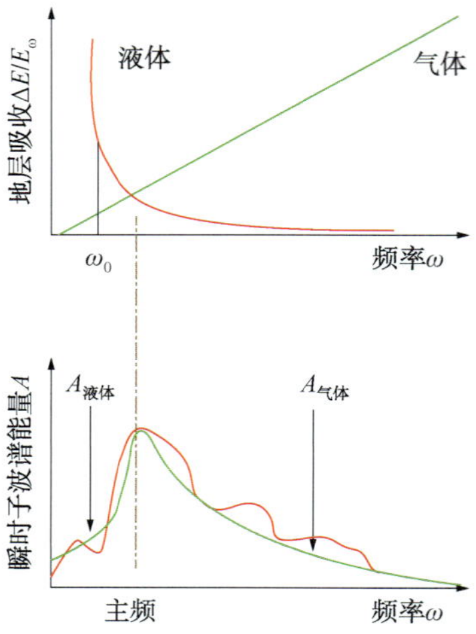

图 5-42　岩石孔隙中气体、液体吸收曲线及对应瞬时子波谱

由式(5-1)和式(5-2)可以看出：气体导致的能量衰减与频率之间是线性关系，频率越高，吸收越快；液体引起的能量衰减与频率之间是对数关系，频率越高，吸收反而变慢(图 5-42)。在振幅谱上，以主频为界，将振幅谱分为左、右两支，左、右两支分别对应孔隙中的液体和气体，相应的瞬时子波谱能量与频率之间的关系分别为：

$$A_{气体}=e^{-\alpha_{gas}\ln w} \tag{5-3}$$

$$A_{液体}=e^{-\alpha_{liquid}\ln w} \tag{5-4}$$

与 Mitchell 等提出的方法相比，Eugene Lichman 在研究中不仅利用瞬时子波谱中的高频成分解释了气层吸收特征，还在实验室分析的基础上阐明了岩石孔隙中气体、液体的能量吸收机制。

2. 松南气田火山岩储层高频衰减吸收属性含气性检测案例分析

1）衰减梯度属性含气性检测

如前所述，衰减梯度是衰减属性之一，如果存在油气等衰减因素，则衰减梯度值增大。从储层含流体性质情况来看，本区储层可分为含气层、含水层和干层 3 种，从衰减梯度大小与储层含流体情况交会统计来看，含气储层衰减梯度值明显大于含水层和干层。

在应用衰减梯度预测研究区储层含气性之前，首先作出层位控制参数的衰减梯度(图 5-43、图 5-44)，以保证在此层位控制因素内衰减梯度指示含油气的唯一性。在营城组火山岩储层范围内，计算出衰减梯度及其变化，最终预测出火山岩储层含气性分布。

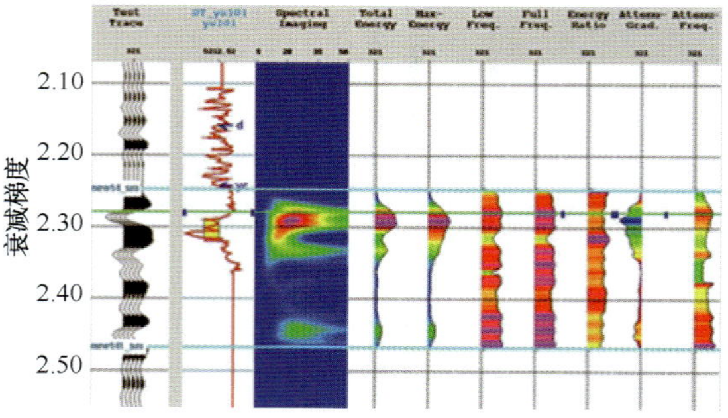

图 5-43　过腰深 1 井的衰减梯度

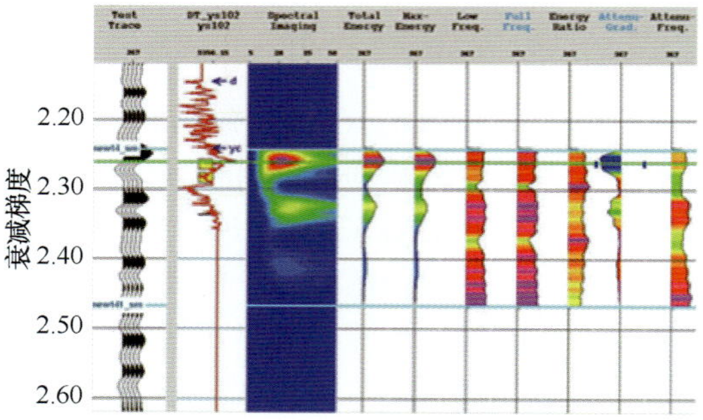

图 5-44　过腰深 102 井的衰减梯度

首先计算出营城组火山岩储层的衰减梯度属性(图 5-45)，并结合地质及钻井资料分析其异常值，衰减异常指示的是含气的分布情况。

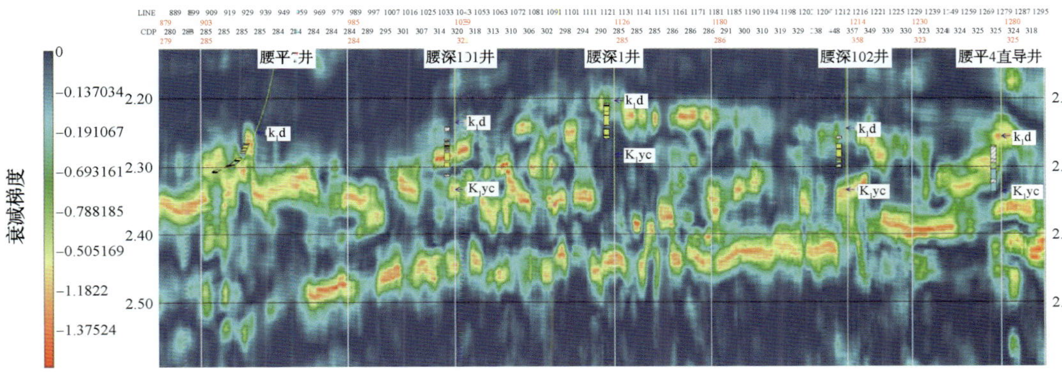

图 5-45　过腰平 7 井—腰深 101 井—腰深 1 井—腰深 102 井—腰平 4 直导井衰减梯度剖面

从剖面图上分析，含气性与已知井的钻井结果具有较高的吻合度，高衰减区位于主火山机构的腰深 1 井区和腰深 101 井区，腰平 7 井区和腰深 102 井区衰减梯度也较大。此外，在腰平 4 直导井位置也出现高衰减异常，这与实钻情况存在一定的偏差，通过对该区其他资料的分析，技术人员认为该区的强衰减特征与该井附近的裂缝发育特征有一定的关系，该井位于高裂缝密度发育带。

2）子波高频吸收含气性检测

在瞬时子波的振幅谱上，高频部分的吸收异常往往预示着气藏的存在，而低频部分的吸收异常则常常与岩石孔隙中的流体（油、水）相关。

在松南气田中的应用表明，储层含气层段具有子波高频衰减特性，水层衰减特性相对较弱（图 5-46），可以有效识别含气层段。该方法消除了背景值的影响，腰深 1 井、腰深 101 井等气层段高频衰减异常明显，腰平 4 直导井非含气层段高频衰减异常不明显，该预测效果比采用衰减梯度含气性检测方法得到的效果要好。

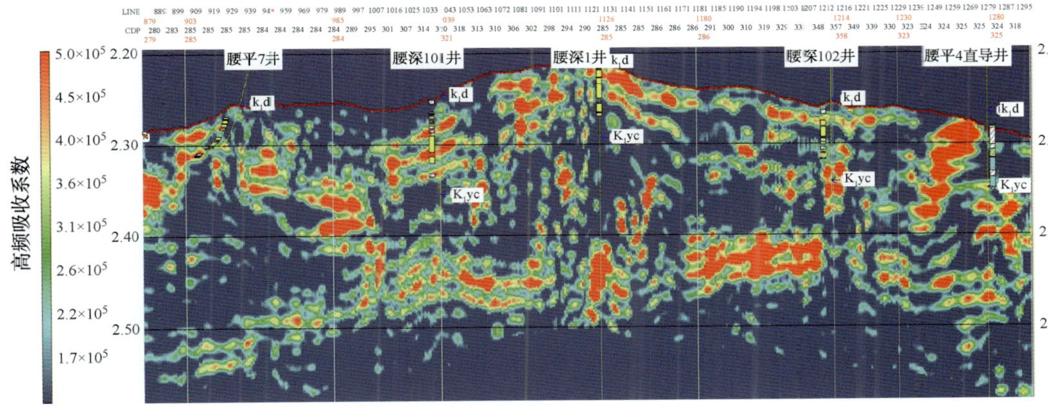

图 5-46　子波高频吸收系数剖面

（二）流体活动性属性储层含气性检测技术

1. 基本概念及原理

流体活动性属性储层含气性检测技术是在低频域流体饱和多孔介质地震信号反射的简化近似表达式研究的基础上开发的一套饱和多孔介质储层流体预测技术。流体的活动性与储层渗透率、流体密度和流体黏度比值的函数近似成正比，即流体的活动性与地震反射振幅对地震反射频率的偏导的平方成正比，其计算公式如下：

$$M \approx F\left(\frac{\rho}{\mu}\right)K \approx \left(\frac{\partial R}{\partial \omega}\right)^2 \omega \tag{5-5}$$

式中 M——流体活动属性因子，无量纲；

F——流体函数，无量纲；

ρ——流体密度，g/cm^3；

μ——流体黏度，mPa·s；

K——储层渗透率，$10^{-3}\mu m^2$；

ω——地震信号频率，Hz；

R——地震振幅，无量纲。

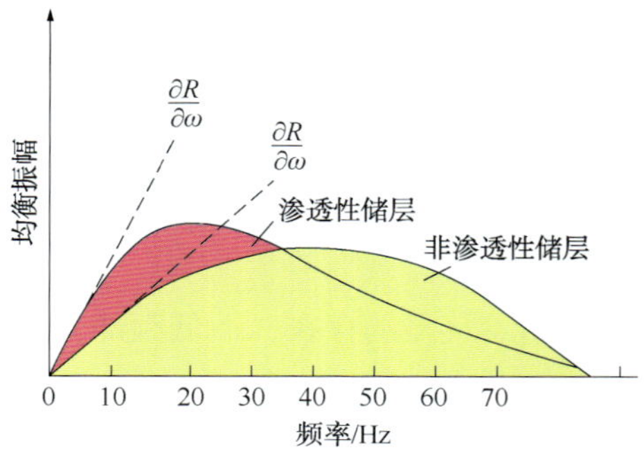

图 5-47 流体活动因子反映岩石流体示意图

对含流体后地震资料频谱变化（低频振幅、低频梯度、高频衰减）的研究表明：流体活动性实质上反映的是地震资料中渗透性储层与非渗透性储层频谱的变化率（图 5-47）。在低频段频谱中，渗透性储层与非渗透性储层的频谱变化率表现为正异常，利用地震资料中渗透性储层与非渗透性储层频谱的变化率就可以获得流体活动性的变化量，进而开展储层储集性能和地层流体变化研究。

2. 松南气田火山岩储层流体活动性属性含气性检测案例分析

众多的理论研究和油田实际数据均表明，反射地震波中的低频分量对于含油气储层具有惊人的反映能力，其中含有关于储层的重要信息。利用地震资料低频信息进行油气检测和油藏监测，在理论和实践上均具有可行性。存在的主要困难：在传统的地震资料处理中，低频分量往往作为无用的信息被滤掉，此外低频信息反映含油气储层敏感性，对频率成分的保持相比于对振幅的保持，剔除 AVO 角度效应等叠前处理措施至关重要。

由于火山岩储层埋藏深及其强屏蔽作用，导致地震资料信噪比低、反射波连续性差及与地层接触关系复杂多变等，致使火山岩储层及含气性预测变得十分困难。本书主要从地震频率属性分析入手，由于叠前地震资料保留了振幅和频率随偏移距变化的成分，包含了含气储层较敏感的振幅与频率等信息，因而将丰富的叠前地震信息与先进的预测技术相结合可预测含气储层的分布范围。

1）地震资料频谱分析

地震资料频谱分析是开展火山岩流体识别的基础性工作。图 5-48 为地震资料的频谱分析图，与 1500~2000ms 的频谱相比，营城组（2000~2500ms）的高频成分发生吸收衰减，频带变窄，主频仅 28Hz 左右。

图 5-49 是井旁地震道频谱分布图，分析表明，1°~7°、8°~14°和 15°~21°角度叠加数据在储层处均出现明显的低频强振、高频衰减特征，地震波能量转移到相对中、低频（20~40Hz），与围岩差异明显。

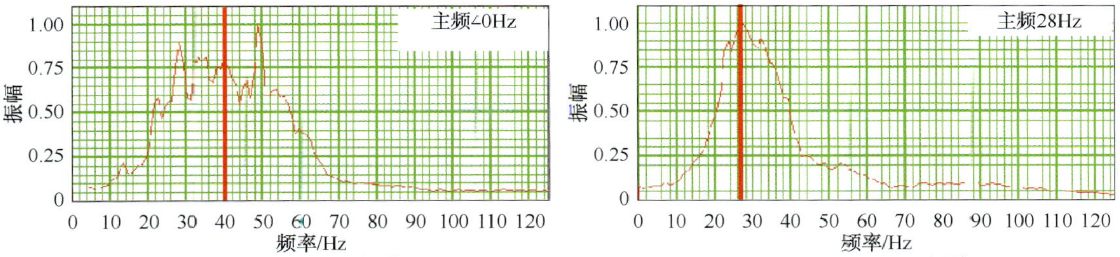

(a)1500~2000ms频谱 (b)2000~2500ms频谱

图 5-48 地震资料频谱分析

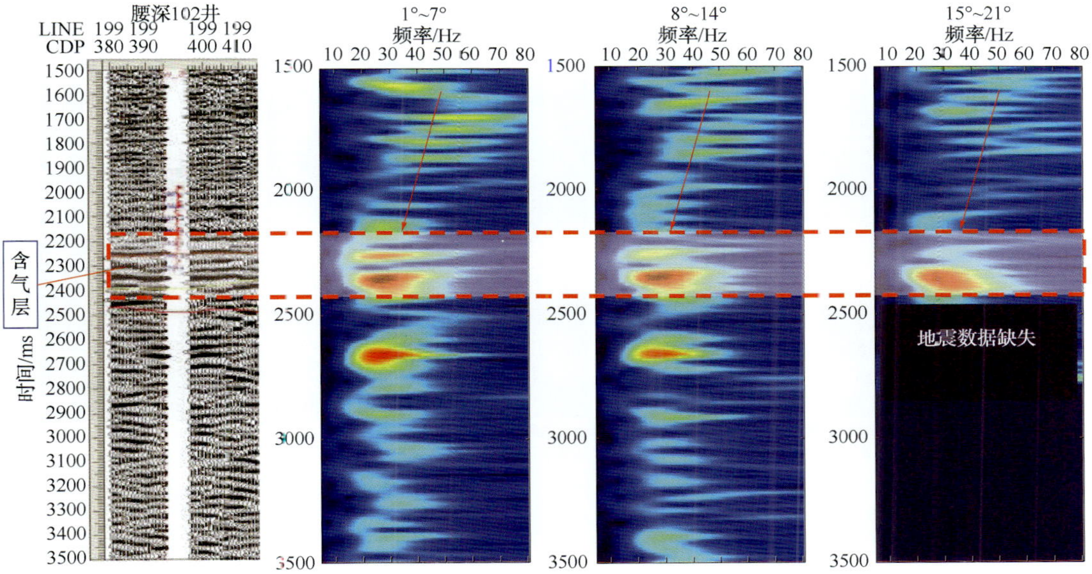

图 5-49 井旁地震道频谱分布

2）流体活动性属性应用效果分析

基于小角度叠加（1°~7°）地震数据，提取 10~25Hz 的流体活动性属性，如图 5-50 所示，在腰深 1 井、腰深 101 井和腰深 102 井储层段均见到流体活动性属性的异常高值，与钻井解释的气层符合度较高。

图 5-51 是分别对 1°~7°叠加数据在同一频段（10~20Hz）提取的流体活动性属性、低频阴影属性和高频衰减属性。通过对比分析发现，应用流体活动性属性能有效地识别含气储层，同时低频阴影属性对储层含气性预测也有一定效果，但分析认为其主要反映的是储层物性的响应，即储层孔隙中只要含有流体，如含有油、气、水，都有响应。从一定意义上讲，低频阴影属性反映的应该是具有连通孔隙的储层，在剖面上通过钻井揭示的储层段都对应低频特征。但通过钻井解释的储层段都对应高频强衰特征，且储层含水后亦有强衰减的响应，地震资料高频段信噪比相对较低，导致该方法不如低频信息方法稳定。

（三）多子波地震道分解与重构技术

1. 基本概念及原理

多子波地震道分解是把一个地震道分解成一个不同形状的地震子波的集合。地震道被分解后，可以通过对子波进行筛选，重构出新的地震道。在重构时，如果使用适当的子波进行重构，则可以最大限度地突出地震道在研究目标体与围岩之间的差异。

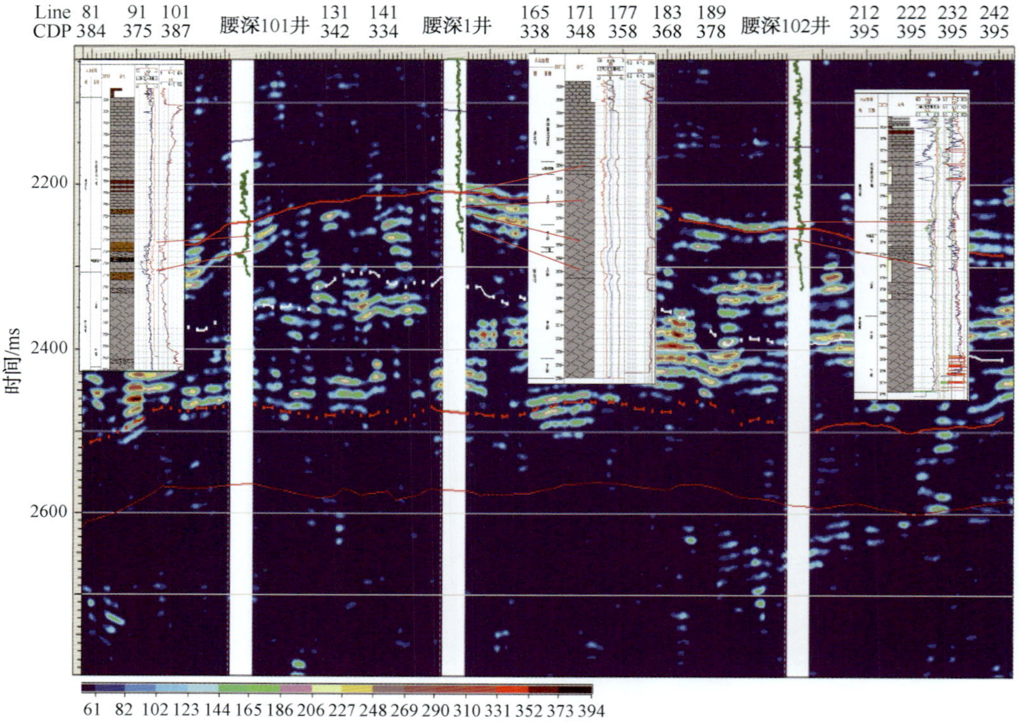

图 5-50　10~25Hz 流体活动性属性

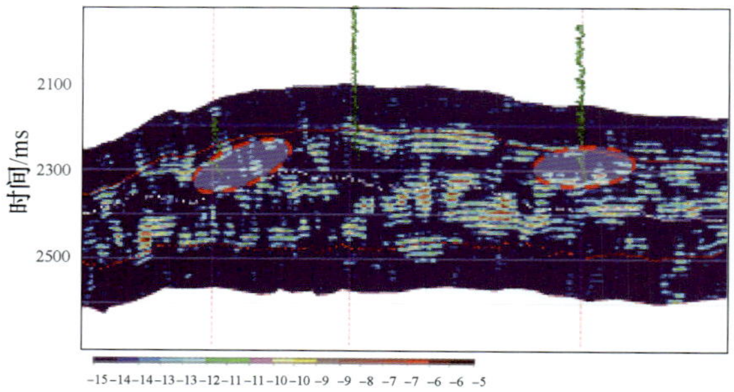

(a)10~20Hz流体活动性属性

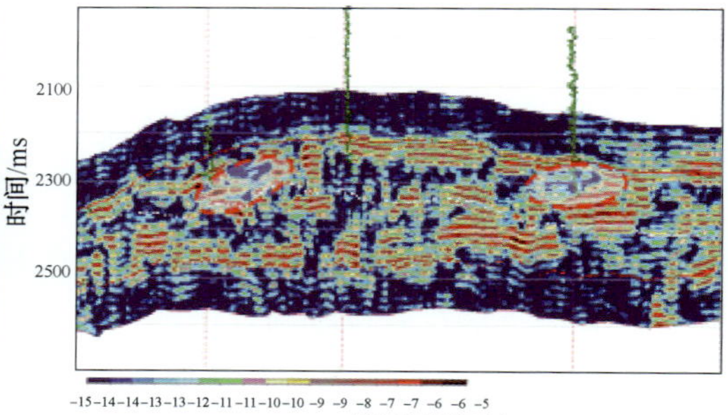

(b)10~20Hz低频阴影属性

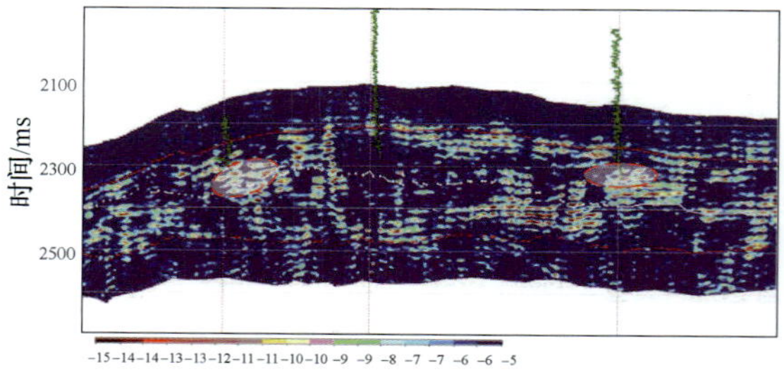

(c)10~20Hz高频衰减属性

图 5-51　流体活动性属性与低频阴影属性、高频衰减属性对比

图 5-52 给出了反射系数序列的建立过程。其中：(a)列给出了层状地层模型，v 表示所在层的速度，ρ 表示所在层的密度。(b)列表示深度域的反射系数序列，反射系数的位置与速度分界点的位置一致。(c)列表示时间域的反射系数序列。将时间域的反射系数序列分开表示，使得每一个新的反射系数序列只包含一个非零的反射系数，而原来的反射系数序列就等于所有新的反射系数序列的叠加。

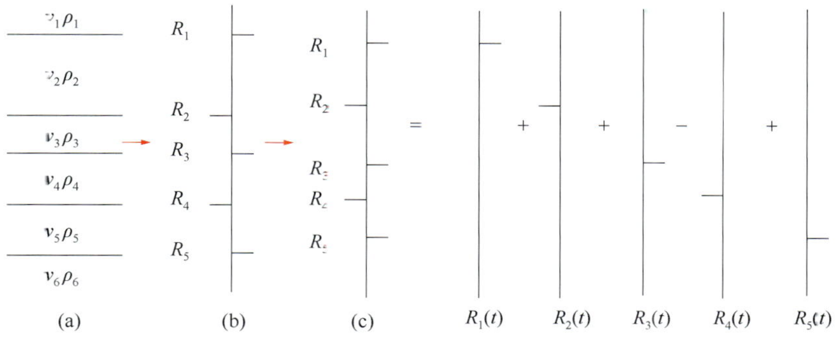

图 5-52　层状地层模型与反射系数序列分解

在图 5-53 所示的情况下，技术人员成功分出了 5 个新的、只有一个反射系数的序列 $R_1(t)$，$R_2(t)$，…，$R_5(t)$。而原来的反射系数序列为：

$$R(t) = \sum_{i=1}^{5} R_i(t) \tag{5-6}$$

假设 $W_1(t)$，$W_2(t)$，…，$W_5(t)$代表一组不同形状的子波，分别与分解后的单一反射系数序列 $R_1(t)$，$R_2(t)$，…，$R_5(t)$进行褶积，得到一组地震反射信号序列，如图 5-54 所示：

$$S_i(t) = W_i(t) * R_i(t) \text{❶} \tag{5-7}$$

这里，$i=1$，2，…，5。地震信号 $S(t)$ 可表示为：

$$\begin{aligned} S(t) &= \sum_{i=1}^{5} S_i(t) + \sum_{j=1}^{3} N_j(t) \\ &= \sum_{i=1}^{5} W_i(t) * R_i(t) + N(t) \end{aligned} \tag{5-8}$$

这里，$N(t) = \sum_{j=1}^{3} N_j(t)$，是干扰信号。

多子波地震道模型可表示为：

$$S(t) = \sum_{i=1}^{M} W_i(t) * R_i(t) + N(t) \quad (i=1,\ 2,\ \cdots,\ M) \tag{5-9}$$

多子波地震道分解完全基于多子波地震道模型，是把一个地震道转换成不同形状的子波的叠加，其分解过程完全是在时间域内进行的。多子波地震道分解和重构技术的应用分为两步：第一步是对叠后数据的分解处理，将地震数据中目标层段分解成不同主频的雷克子波的序列或集合；第二步是重构分析，用所有子波重构就可以得到原始的地震道或数据体。子波筛选是在重构时从原地震道中删除某些主频的子波。对子波进行筛选后，用部分子波重构就可以得到新的数据体。

❶　* 为褶积运算符号。

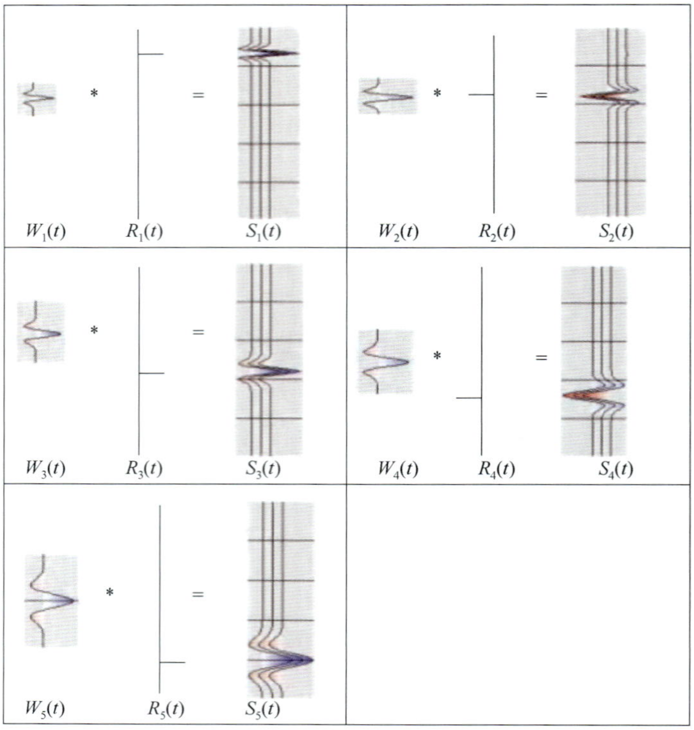

图 5-53 不同反射系数序列与不同子波褶积形成单一子波地震信号

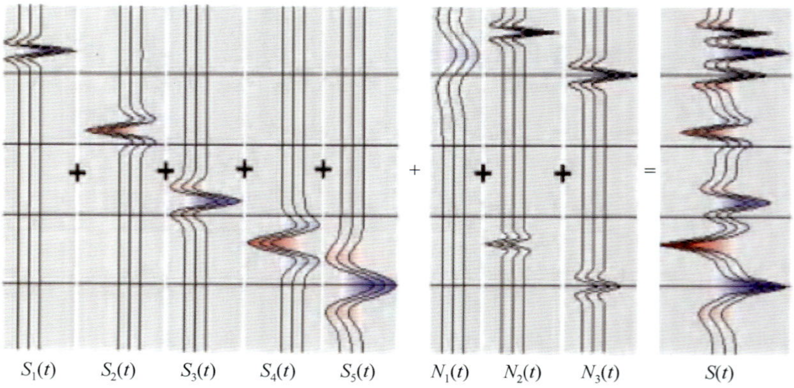

图 5-54 多子波地震道形成模型示意图

2. 大牛地气田多子波分解与重构含气性检测案例分析

针对受煤层影响的山 2 段地层，可应用多子波地震道分解与重构技术将煤层反射的子波从地震数据体中分离出来，应用去除煤层子波后的地震子波重构地震道，可去除煤层强反射的影响，突出储层的反射，图 5-55 为山 2 段去除煤层反射后的测试结果，在应用高频子波重构后，减弱了煤层旁瓣的反射强度，山 2 段产气井与不产气井之间出现明显差异，产气井处的反射明显变弱，而不产气井处仍为强反射。应用这一技术可突出山 2 段气层的反射特征，以及描述含气砂体的分布。图 5-56 为塔巴庙区块 30~62Hz 子波分量重构数据的山2段平均振幅，山2段产气井均落在弱反射区中。

由大牛地气田目的层地震响应特征可知，多子波分解与重构技术主要应用层系为层内煤层不发育，但受到煤层强反射干扰的地层，一个是位于山西组煤层之上的山2段、盒1段，另一个是位于太原组煤层之下的下古生界风化壳地层。

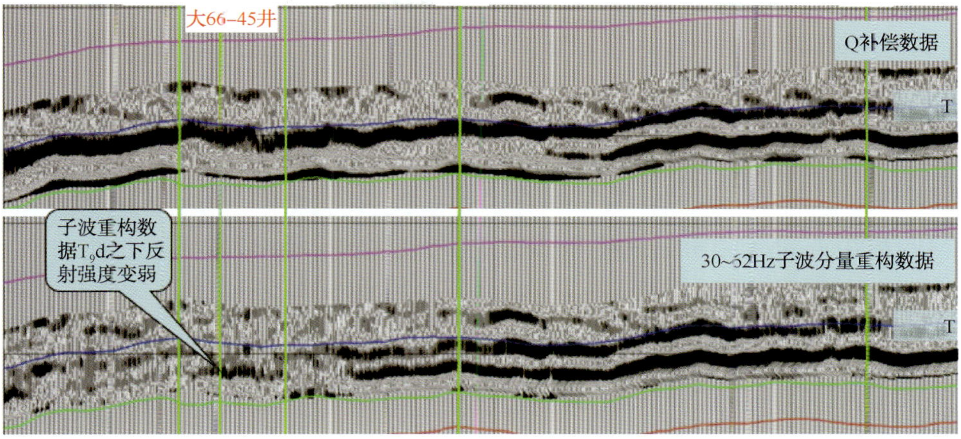

图5-55　多子波地震道分解与重构技术应用于山2段的实验效果

（黑色井名为山2段干井，红色为无阻流量大于$4.0\times10^4m^3/d$，粉色为无阻流量小于$4.0\times10^4m^3/d$，蓝色为未试气）

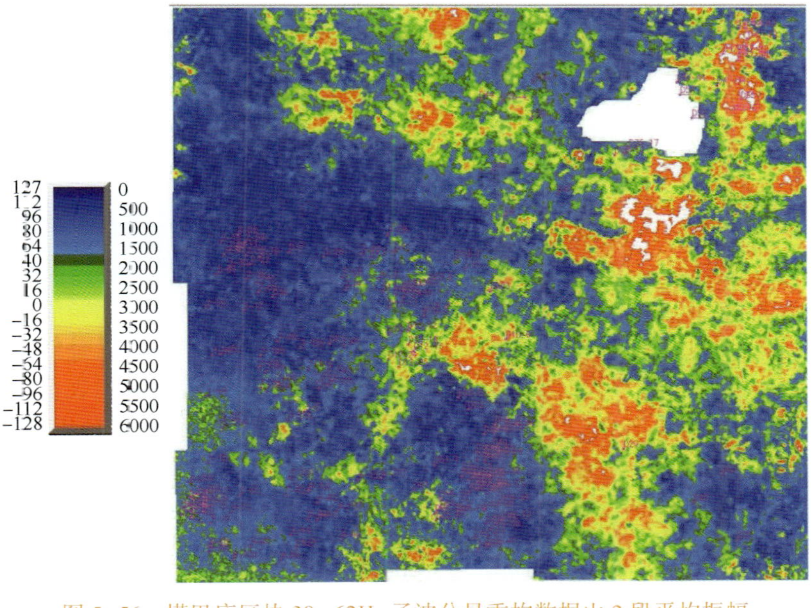

图5-56　塔巴庙区块30~62Hz子波分量重构数据山2段平均振幅

（区内钻井为山2段无阻流量大于$1.0\times10^4m^3/d$的井）

二、基于AVO特征分析储层含气性检测技术

（一）概念及基本原理

AVO（地震反射振幅随炮检距变化）技术是利用振幅随偏移距变化的特征进行储层含

气性检测的技术。早期储层含气性检测的“亮点技术”，即基于含气砂岩 AVO 特征，反射振幅会随着偏移距的增加而增大，而含水砂岩的反射振幅则随着偏移距的增加而减小。进一步讲，AVO 技术为利用共中心点 CMP 道集资料和岩石的泊松比影响地层速度的信息，分析反射波振幅随偏移距(即入射角)的变化规律，估算分界面两侧介质的多种地震弹性参数，并通过已有的地球物理模型，优选对储层含气性相对敏感的流体指示因子作为 AVO 反演的目标参数，进一步进行储层含气性检测。

AVO 技术的理论基础是，当入射角为零时，只有反射纵波；当入射角不为零时，则会产生反射纵波、反射横波、透射纵波和透射横波，其振幅与入射角的关系可用 Zoeppritz 方程组来描述。Zoeppritz 方程组精确地描述了地震波的反射系数与入射角之间的关系，奠定了 AVO 技术研究的基础。泊松比和反射系数有很大的相关性，而泊松比受孔隙流体的影响，Aki 和 Richards 给出了以速度和密度的相对变化来表示的反射系数近似公式，Shuey 引入了泊松比与反射系数之间的关系，给出了以不同角度项之和表示的反射系数关系式，并提出了梯度与截距的概念，指出利用加权叠加的方法来估算流体因子，进一步对流体进行检测，Shuey 近似公式可以表示为：

$$R(\theta)=P+G\sin^2\theta \tag{5-10}$$

式中 $R(\theta)$——地震反射系数；

θ——入射角；

P——AVO 拟合截距，即零炮检距处的反射系数；

G——AVO 拟合斜率，即振幅随入射角 θ 变化的比例系数。

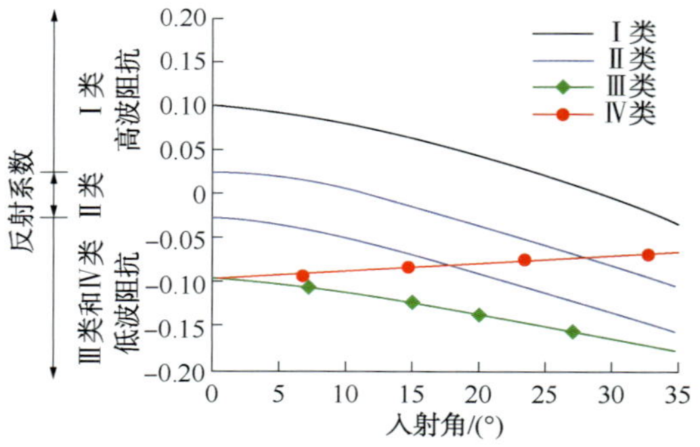

图 5-57 AVO 类型示意图

依据 Shuey 近似公式可以得到 P(或 A)和 G(或 B)的属性，即截距和梯度。

当砂岩中含有不同流体时，所获得的 AVO 截距和梯度也不同；随后还产生了许多 AVO 烃类检测因子，技术人员归纳出 4 类含气砂岩 AVO 异常分类方案(图 5-57)，Ⅰ类 AVO 特征主要代表高阻抗储层的响应，Ⅱ类 AVO 特征代表阻抗相互混叠储层的响应，Ⅲ类、Ⅳ类 AVO 特征主要代表低阻抗储层的响应。AVO 技术对含气性的识别基于对储层 AVO 响应类型进行准确的分析和定位。

(二) 案例分析

大 12—大 66 井区盒 3 段储层属于高声波、低电阻储层，在气田中，这类储层被划分为Ⅱ类储层。根据这套地层的测井响应特征，这类储层具有与围岩的纵波阻抗差异小、应用叠后含气性检测技术难以检测的特征。因此，需要应用叠前 AVO 技术进行含气性直接检测。

1. 盒 3 段储层的 AVO 类型

根据盒 3 段储层参数统计结果，其各层弹性参数见表 5-5，技术人员利用精确的 Zoeppritz 方程组计算了盒 3 段泥岩-干砂岩、泥岩-气层和泥岩-砂岩接触界面上的地震波反射系数，并绘制了相应的曲线。

表 5-5　盒 3 段储层弹性参数表

地　层	岩　性	密度/(g/cm³)	纵波速度/(m/s)	横波速度/(m/s)	泊松比
盒 3 段	泥岩	2.55	4000	2300	0.25
	干砂岩	2.57	4587	2700	0.23
	气层	2.45	4076	2644	0.14

根据大 12—大 66 井区盒 3 段储层的地球物理特征，可将盒 3 段储层的反射界面分为 3 种：①泥岩-干砂岩接触界面。②泥岩-气砂岩接触界面。③干砂岩-气砂岩接触界面。不同接触界面的 AVO 属性见表 5-6。干砂岩纵波阻抗高于泥岩，泥岩-干砂岩接触界面是正阻抗界面，属于Ⅰ类 AVO 特征；含气砂岩纵波阻抗低于干砂岩，与泥岩的阻抗值相近，泥岩-气砂岩接触界面截距小，属于Ⅱ类 AVO 特征；当干砂岩作为含气砂岩的盖层时，二者纵波阻抗差最大，属于Ⅲ类 AVO 特征。三种接触界面类型的界面梯度都为负值，泥岩-气砂岩界面梯度最大，泥岩-干砂岩界面梯度次之，干砂岩-气砂岩界面梯度最小(图 5-58)。

表 5-6　盒 3 段储层不同接触界面 AVO 属性

界面类型	截　距	梯　度
泥岩-干砂岩	0.0776000	-0.0703
泥岩-气砂岩	0.0000707	-0.1033
干砂岩-气砂岩	-0.0809000	-0.0093

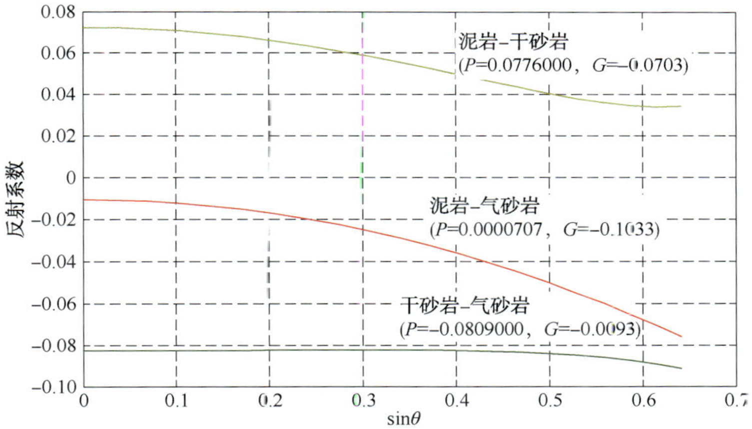

图 5-58　盒 3 段不同接触界面纵波反射系数随偏移距变化

以上特征表明，大牛地气田盒 3 段Ⅱ类储层的 AVO 反射截距特征有所不同，但是具有相同的 AVO 反射梯度特征，储层含气时均呈现负的高梯度异常特征，属于比较典型的Ⅱ类和Ⅲ类 AVO 反射特征。

当砂岩储层含气饱和度减小(含水饱和度增大)时，纵波速度明显增大，密度略有增加，横波速度基本保持不变，界面梯度减小。

2. 盒 3 段高声波、低电阻储层 AVO 属性含气性检测

根据叠前地震响应特征分析结果，技术人员有选择地进行了部分角度的共角度道集叠加，形成了近角(4°~14°)、远角(12°~22°)道集叠加数据。大 65 井为盒 3 段高产井，无

阻流量为 7.58×10^4m^3/d，对比大 66 井的近角、远角叠加剖面(图 5-59)可以看出，在远角道集叠加剖面上，T_9f 反射振幅明显增强，揭示出很好的含气性。图 5-60 为盒 3 段 AVO 梯度平均值平面图(T_9f 到 T_9f+10ms)，负梯度异常指示含气有利区。大 66-13 是致密砂岩-气砂岩界面，大 66、大 66-3 和大 66-7 是气砂岩界面，其梯度异常比大 66-13 更明显。大 65 是致密砂岩界面，实际道集的 AVO 梯度为正值，与大 66 井区盒 3 段理论正演结果一致。应用工区内的实际钻井进行验证，发现负梯度异常区域与气砂岩的分布具有一定的对应关系。这说明远角与近角叠加数据体的振幅属性和梯度属性对盒 3 段储层含气性具有一定的规律性指示。

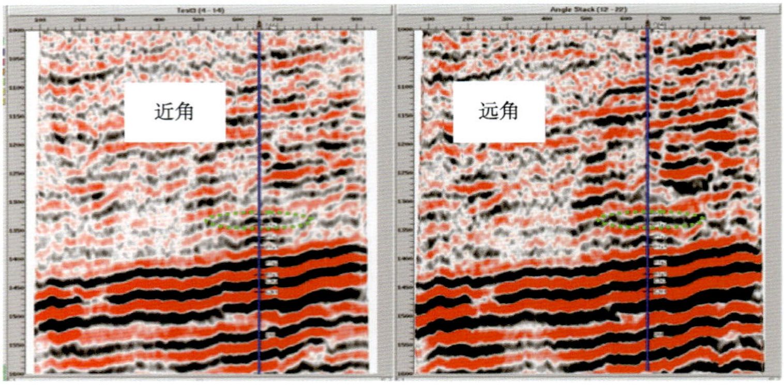

图 5-59 过大 66 井近角、远角叠加剖面

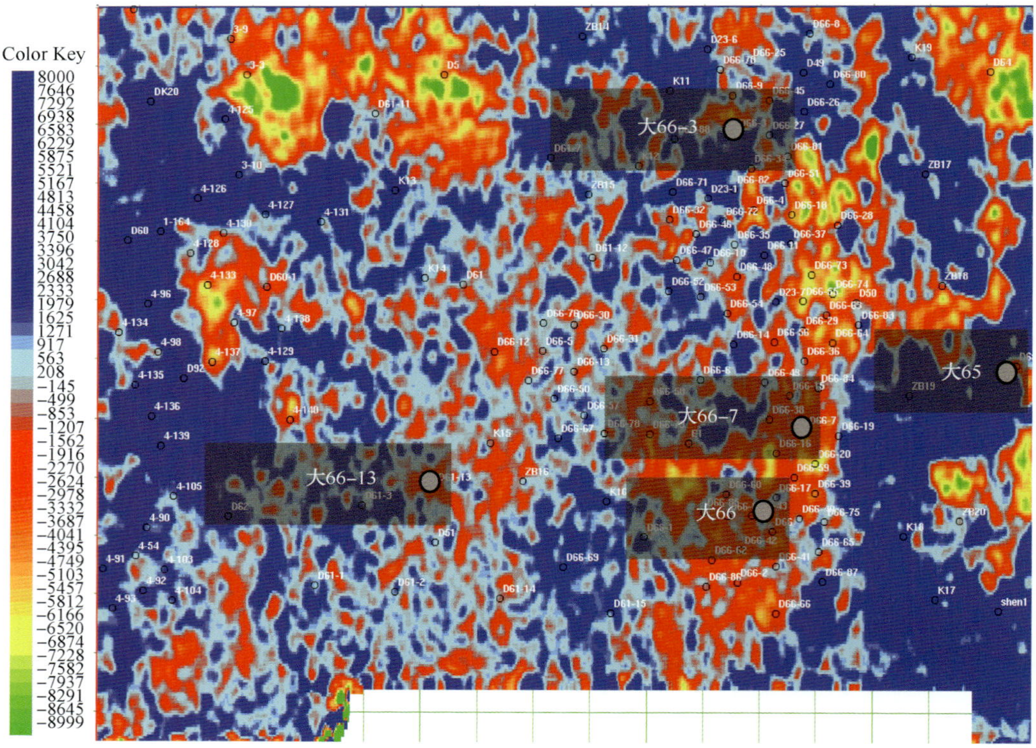

图 5-60 大 66 井区盒 3 段 AVO 梯度平面图

(时窗：T_9f 到 T_9f+10ms，蓝色：正梯度异常，红色—绿色：负梯度异常)

三、基于地震资料反演储层含气性检测技术

（一）概念及基本原理

对地震资料进行反演是现阶段进行储层含气性检测的重要手段，反演技术有叠后弹性反演和叠前弹性反演两类。

叠后弹性反演仅能得到纵波阻抗信息，储层含气后的阻抗较围岩阻抗出现明显下降，因而可以利用阻抗反演的方法反演储层的波阻抗，并通过波阻抗的变化来预测储层的含气性。同时，也可以采用随机反演或储集参数的协模拟等方法反演储层的有效厚度、孔隙度和饱和度等特征参数，以更好地实现对储层含气性的检测。

基于阻抗反演的含气性检测技术主要适用于低阻抗储层的含气性识别。对于高阻抗储层和混叠阻抗储层的含气性识别难度较大，同时还需要尽力排除泥岩或煤层对含气性识别的影响。

基于叠前弹性反演的储层含气性检测技术能充分利用不同偏移距道集的地震资料及纵波、横波测井信息等，且能够联合反演出与岩性、含油气性相关的多种弹性参数，其结果具有较高的精度。现阶段，技术人员应用更多的储层含气性检测技术是叠前反演技术。

叠前弹性参数反演基于不同偏移距道集的地震数据和横波、纵波、密度等测井资料，联合反演出与含气性相关的多种弹性参数（如弹性波阻抗、纵波波阻抗、横波波阻抗、密度及拉梅常数等），从而综合判断储层物性及含气性等，其理论基础是 Knott-Zoeppritz 给出的反射系数与弹性参数之间的关系，即在 Zoeppritz 矩阵方程组中加入空间软约束控制后，实现叠前反演，最终求取能表述岩石/流体性质如泊松比、刚性和不可压缩性等的参数。

（二）案例分析

1. 大牛地气田含气性指示曲线随机模拟叠后反演含气性检测

1）盒 2 段、盒 3 段高电阻 I 类气砂岩预测

一般而言，当储层含油气之后，其电阻率会有所增大。因此，通过电阻率可以大致地判断出储层含气性的好坏。测井响应特征表明，电阻率曲线是盒 2 段、盒 3 段 I 类高产储层的含气敏感参数，高产储层表现出高电阻率异常特征，如图 5-61 和图 5-62 所示。电阻率异常与含气性有较强的正相关关系，同时电阻率与波阻抗之间由于岩石类型等原因也存在一定的相关性，根据大牛地气田老开发区大 30—大 52 井区盒 2 段、盒 3 段地层的统计结果（图 5-63），电阻率与波阻抗曲线的相关系数达 70%。这就为应用随机模拟反演技术，综合利用井信息（电阻率测井）和地震信息（波阻抗反演结果）进行电阻率反演，获得电阻率数据体，进而进行含气性检测创造了条件。孔隙较发育，且具有高电阻率异常的储层为盒 3 段 I 类高产储层。

应用盒 2 段、盒 3 段电阻率曲线进行随机模拟反演，对大牛地气田老开发区大 30—大 52 井区储层含气性进行检测，效果如图 5-64 所示，高电阻率异常对应于盒 3 段高产储层，其中大开 2 井和大开 13 井均为盒 3 段高产储层。为了确认电阻率随机模拟反演结果的可信度和预测性，技术人员对 2 口开发井的预测与实钻效果进行了对比。大 1-1-22 井与大 1-1-13 井电阻率预测剖面较准确地预测了盒 3 段的高产储层，以及盒 1 段、盒 2 段

的低电阻率地层。2 口井约束前、后的电阻率反演剖面显示出高度的一致性，表明电阻率随机模拟结果具有很高的可靠性和预测性(图 5-65)。在大牛地气田老开发区大 30—大 52 井区，以盒 2 段、盒 3 段为开发层系的开发井部署中，将电阻率曲线随机模拟反演结果作为含气性指示的重要指标，指导了开发井的部署。

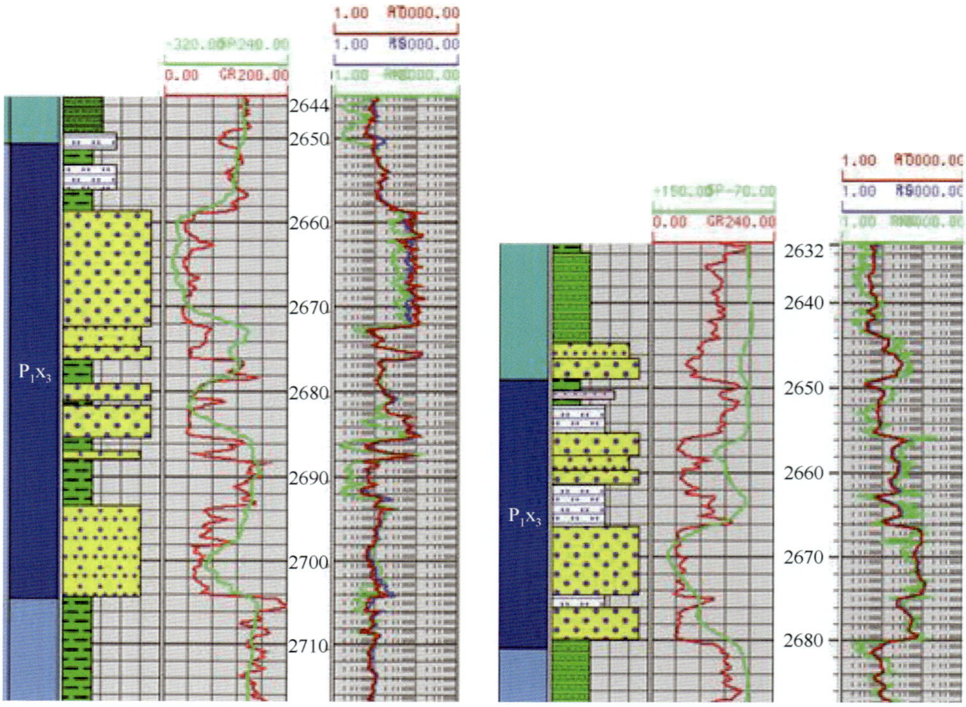

图 5-61　盒 3 段高产储层的测井响应特征

(左道红色曲线为 GR、绿色曲线为 SP，右道红色曲线为 RT)

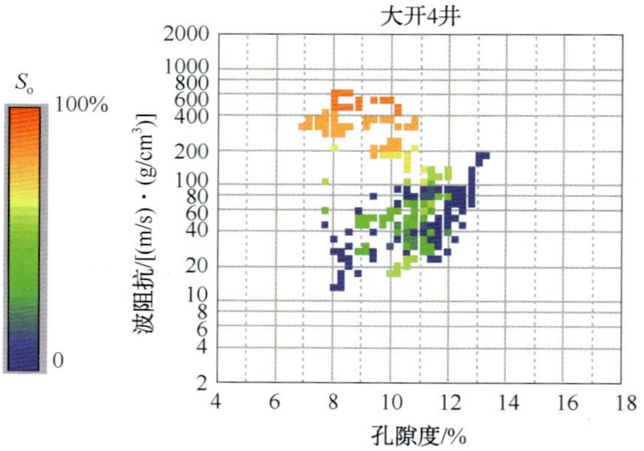

图 5-62　盒 3 段砂体的波阻抗与孔隙度交会图

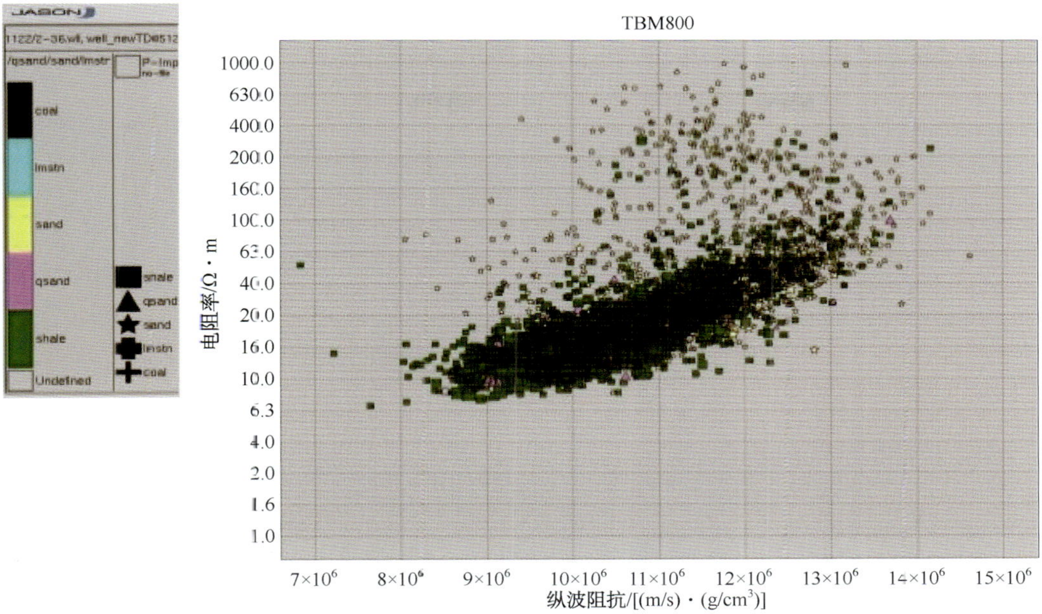

图 5-63 大 30—大 52 井区盒 2 段、盒 3 段纵波阻抗与电阻率曲线交会图

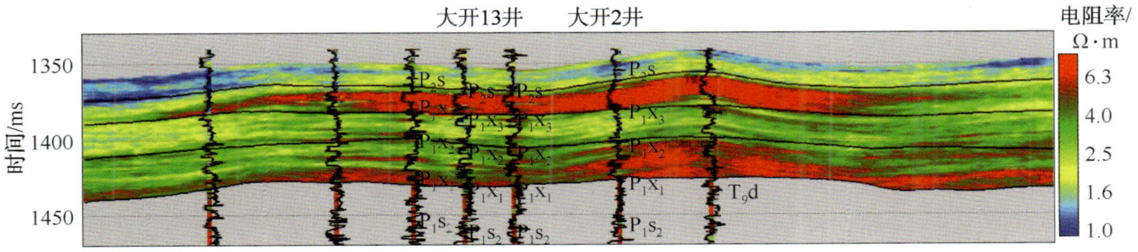

图 5-64 下石盒子组电阻率曲线随机模拟反演剖面

电阻率曲线随机模拟反演技术应用的技术关键如下：

（1）电阻率曲线与波阻抗的相关性。

（2）地质统计学随机模拟反演。

使用电阻率曲线作为盒 2 段、盒 3 段含气性指示参数须注意的事项如下：

（1）老开发区局部区域的致密砂岩也会引起高电阻率异常，因此须结合储层物性进行预测，综合判断储层的含气性，只有高孔隙砂岩表现出高电阻率异常才是高产储层。

（2）电阻率曲线随机模拟反演可选择两种方案：使用全部地层数据进行随机模拟；使用泥岩遮挡的砂体数据体进行随机模拟。选择时，须考虑电阻率曲线与波阻抗的相关性。

2）山 2 段、盒 1 段高声波、低电阻气砂岩预测

山 2 段、盒 1 段Ⅱ类高产储层的测井响应表明，这两套地层具有相近的地球物理特征：致密砂岩与泥岩的波阻抗分布区间基本重合；相对致密砂岩与泥岩，其Ⅱ类高产储层具有“三低一高”的特征，即高声波（高声波时差）、低密度、低中子（低中子孔隙度）、低波阻抗，中子孔隙度曲线与密度曲线表现出明显的挖掘效应。

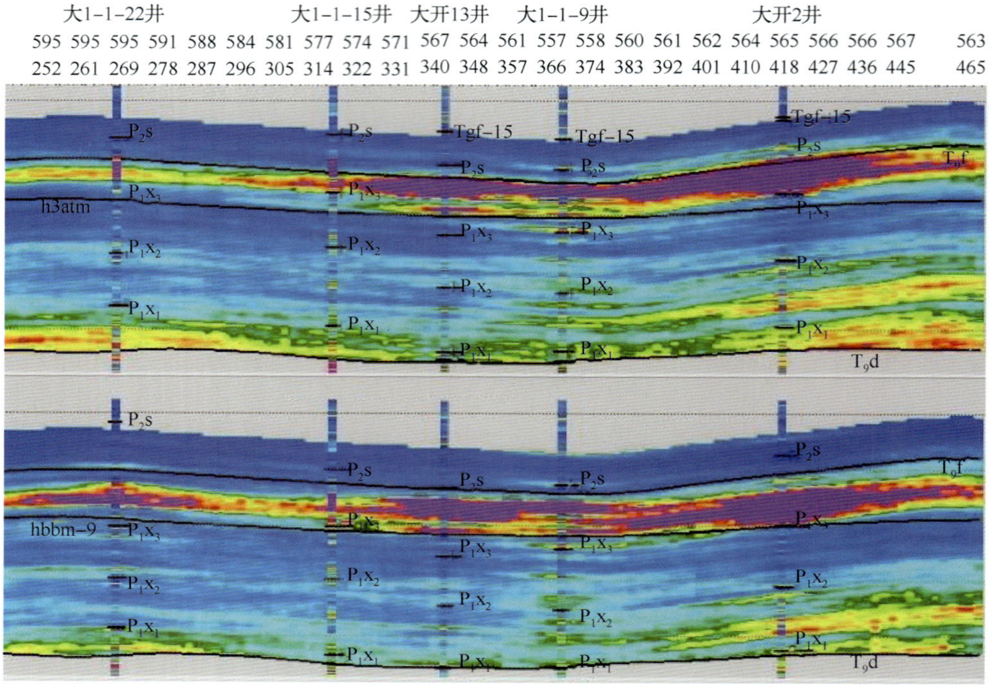

图 5-65 钻井约束前、后的电阻率反演效果对比

（钻井的电阻率曲线用颜色显示，色标与剖面图一致，紫色：高电阻率，蓝色：低电阻率；上图：大 1-1-22 井、大 1-1-13 井未参加约束反演，下图：加入 2 口井后的反演剖面）

为了有效识别和预测山 2 段、盒 1 段Ⅱ类高产储层，充分利用储层的密度与中子挖掘效应和高声波时差特征，应用含气敏感参数——密度、中子孔隙度、声波时差曲线合成含气性指示曲线，曲线命名为 Soind_ H1S2 曲线，以提高对山 2 段、盒 1 段高声波时差、低电阻率储层的识别能力，增加反演结果的抗噪性。对山 2 段、盒 1 段典型井的分析表明，含气性指示曲线 Soind_ H1S2 对山 2 段、盒 1 段Ⅱ类储层有较好的识别能力（图 5-66、图 5-67）。不同岩性的含气性指示曲线 Soind_ H1S2 的直方图（图 5-68）显示，气砂岩的值域处在低值区。钻井统计结果表明，值域在 4.2 以下可以用来预测Ⅱ类储层的气砂岩。

山 2 段、盒 1 段的气砂岩门槛值：Soind_ H1S2<4.2。

在进行山 2 段、盒 1 段高声波时差、低电阻率气砂岩预测时，可以应用合成含气性指示曲线 Soind_ H1S2 随机模拟反演技术。由于山 2 段发育少量煤层，煤层具有低速、低密度特征，因此在对山 2 段、盒 1 段应用含气性指示曲线随机模拟反演进行气砂岩预测时，需要遮挡煤层，具体技术流程如下：

（1）通过波阻抗随机反演或岩性反演预测煤层。

（2）在煤层遮挡下的砂泥岩地层中，以约束稀疏脉冲反演的波阻抗数据体为软趋势，进行含气性指示曲线 Soind_ H1S2 的随机模拟。在含气性指示曲线数据体上寻找低值区，即山 2 段、盒 1 段的含气砂体发育区。基于随机模拟反演技术的山 2 段、盒 1 段储层参数预测技术路线如图 5-69 所示。

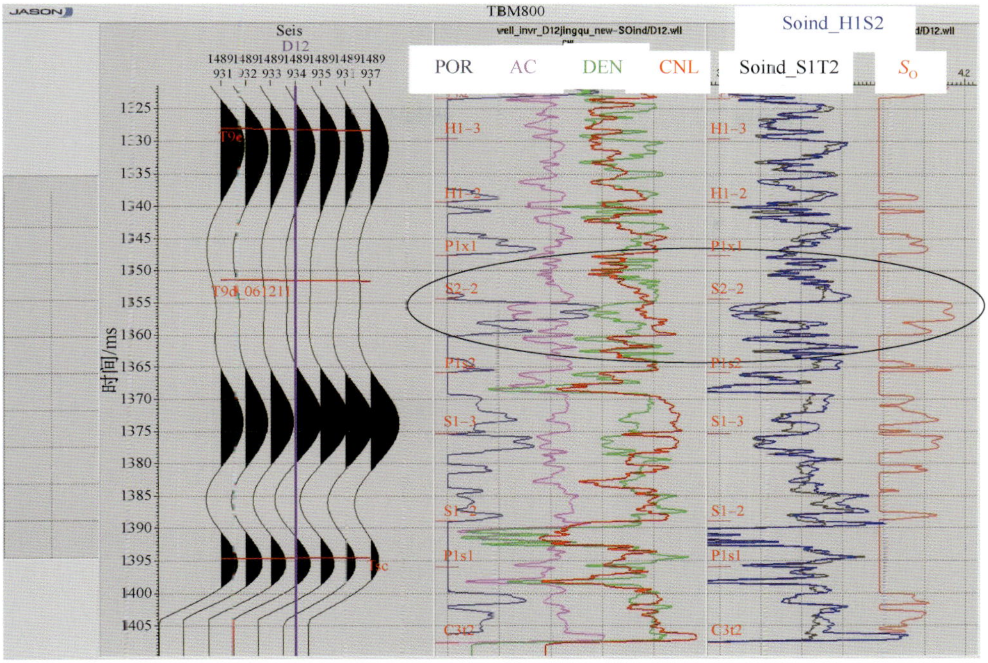

图 5-66　大 12 井山 2 段、盒 1 段合成含气性指示曲线 Soind_ H1S2 效果分析

（POR：孔隙度；AC：声波时差；DEN：密度；CNL：中子孔隙度）

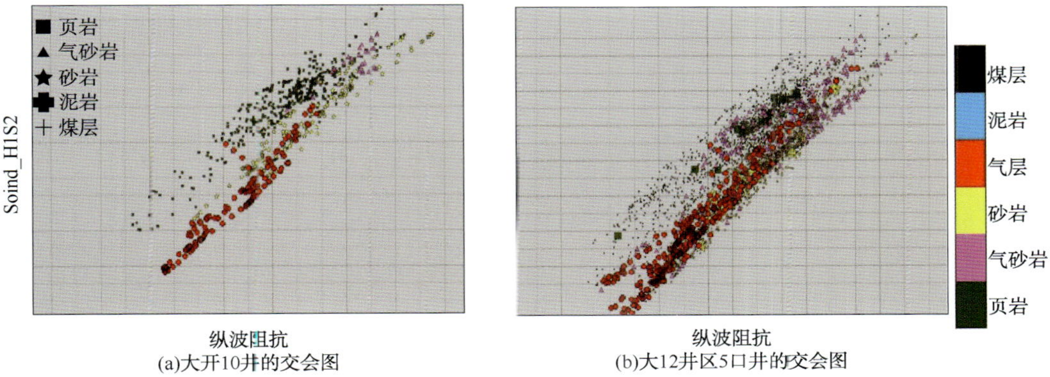

图 5-67　山 2 段、盒 1 段含气性指示曲线 Soind_ H1S2 与波阻抗交会图

（红色圆点为气层，其他颜色为致密砂岩与泥岩）

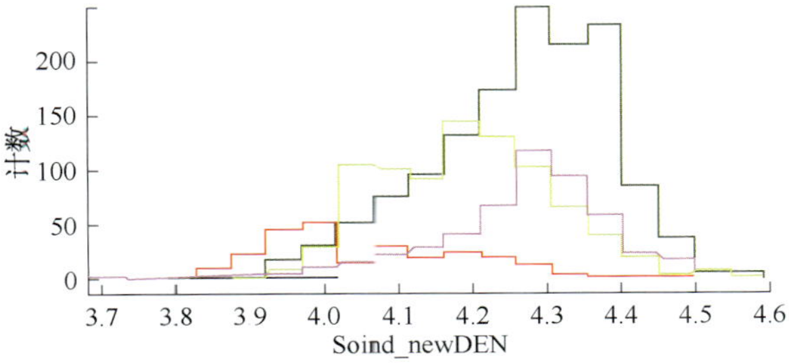

图 5-68　不同岩性的含气性指示曲线 Soind_ H1S2 的直方图分布

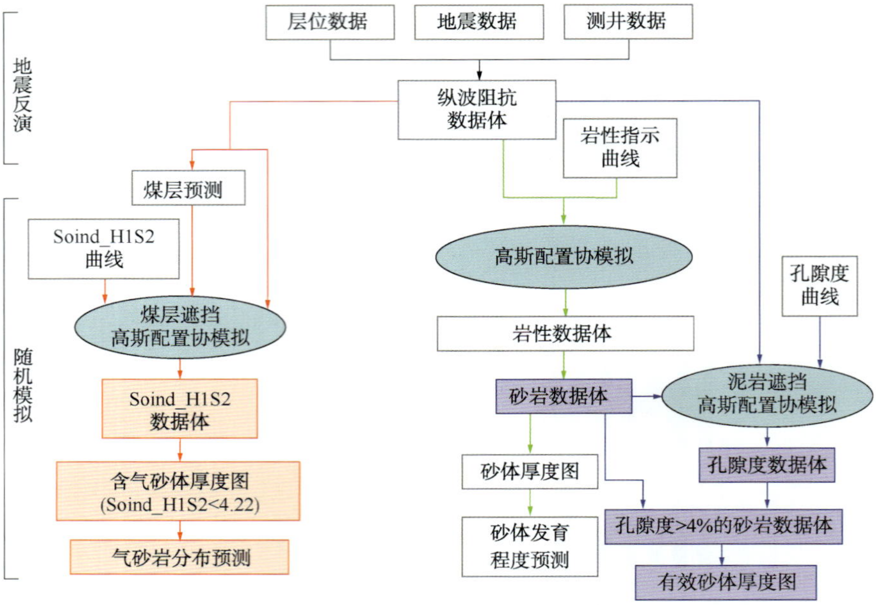

图 5-69　山 2 段、盒 1 段储层参数预测技术路线图

图 5-70 表明山 2 段、盒 1 段含气敏感曲线随机模拟结果不但与已知井储层能很好地吻合，同时对检验井也有较好的预测效果，说明由声波时差、密度、中子孔隙度合成的含气性指示曲线随机模拟反演方法对山 2 段、盒 1 段高声波时差、低电阻率储层的预测是有效的。

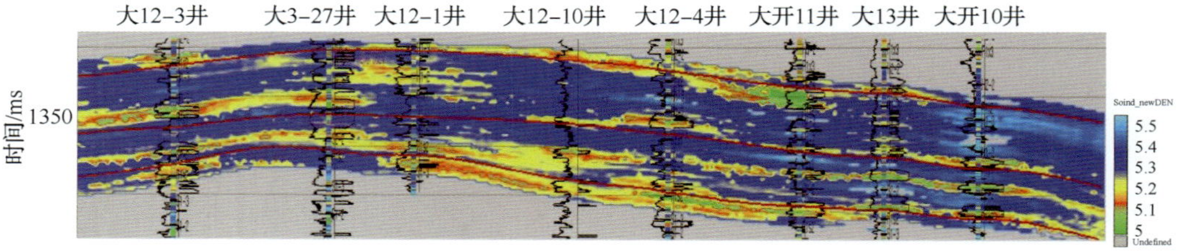

图 5-70　大 12 井区含气性指示曲线 Soind_ H1S2 随机模拟反演数据体对山 2 段、盒 1 段气层的预测

（红色井名为预留检验井，黑色井名为反演约束井，测井曲线：左为自然伽马曲线，右为含气饱和度曲线，变密度显示的井柱子曲线为合成的含气性指示曲线 Soind_ H1S2）

在应用含气性指示曲线随机模拟反演方法时须注意：

（1）含气性指示曲线的构筑基于致密储层含气后中子孔隙度曲线与密度曲线出现挖掘效应这一现象。当储层物性较好、孔隙度较高时(一般孔隙度>12%)，中子孔隙度曲线主要反映储层的物性，其数值偏高。因此，不会出现挖掘效应。在这种情况下，含气性指示曲线的应用可能会漏掉一些储层。

（2）含气性指示曲线随机模拟结果会受到低速、低密度的薄煤层或碳质泥岩的干扰，当预测剖面上出现极低的 Soind_ H1S2 异常时，如果在无井控制区，可能为煤层的干扰，也可能为Ⅱ类储层发育；如果在有井控制区，且低值异常与山2段、盒1段储层吻合时，可得到好的检测结果。为了避免极低的Soind_ H1S2异常给含气性检测带来风险，在含气性指示曲线的色标中，有意将低于4的异常值定义为冷色(绿色)，以作为重要提示。

2. 大牛地气田叠前弹性参数反演含气性检测

大牛地气田山2段、盒1段Ⅱ类储层为高声波时差、低电阻率储层，与围岩(致密砂岩与泥岩)相比，具有低密度、高声波时差、相对低波阻抗的特征。针对这类储层，叠前弹性参数反演是含气性检测的技术之一。

叠前弹性参数反演具体包括以下步骤：

(1) 叠前道集的预处理，以及测井数据预处理。

(2) 共角度道集提取，提取AVO属性，形成角度叠加数据体。

(3) 井震标定和角度子波提取。

(4) 建立初始模型。

(5) 同时反演，求取纵波阻抗、横波阻抗等弹性参数。

在同时反演的几个主要步骤中，纵波阻抗、横波阻抗初始模型的建立尤为关键。高精度、合理的初始模型是应用算法获得理想结果的基础。在进行准确井震标定的基础上，技术人员通常可以得到理想的纵波阻抗、横波阻抗模型(图5-71)。

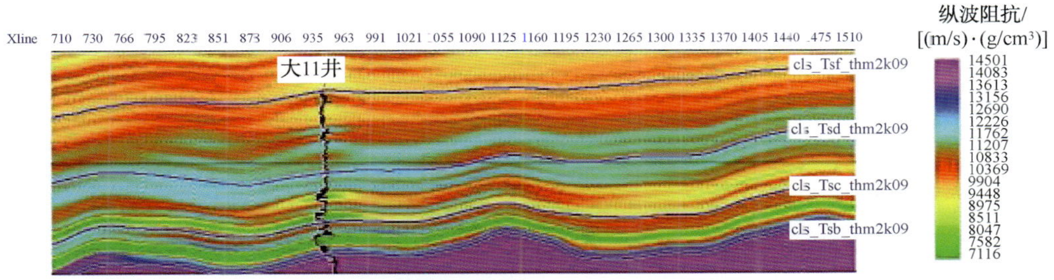

(a)纵波阻抗初始模型

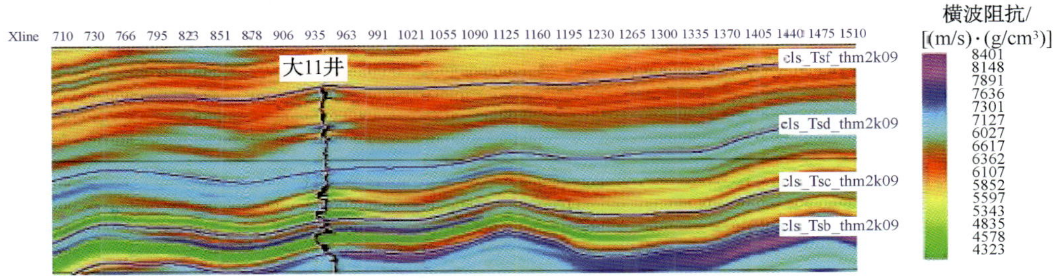

(b)横波阻抗初始模型

图5-71 纵波阻抗和横波阻抗初始模型

从叠前道集角度(图5-72)来看，由于大12—大66井区涉及多个单独采集的地震工区，目的层在T_9f—T_9b之间，有的道集入射角度最大接近30°，有的道集入射角在23°以内，因此最终选择20°以内道集数据进行叠前弹性参数反演。

从反演的纵波阻抗、横波阻抗和速度比剖面(图5-73)来看，反演剖面真实且自然，具有较高的纵向分辨率，与实测波阻抗曲线匹配良好。将从井点处提取的反演曲线与实际井曲线进行对比(图5-74)，可以看出，反演纵波阻抗、横波阻抗、纵波速度、横波速度和纵波与横波速度比曲线与实际井曲线趋势吻合得都很好。参与建模的井反演阻抗合成记录与井旁道相关系数大于95%（图5–75）。以上研究表明，叠前弹性参数反演方法在大牛地气田应用中具备可行性。

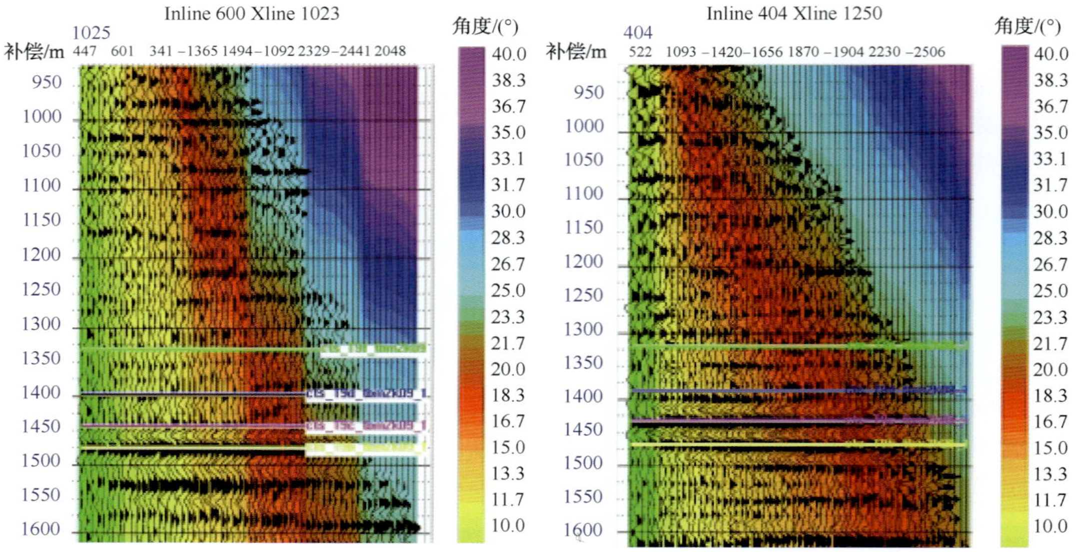

图5–72　叠前道集角度分布

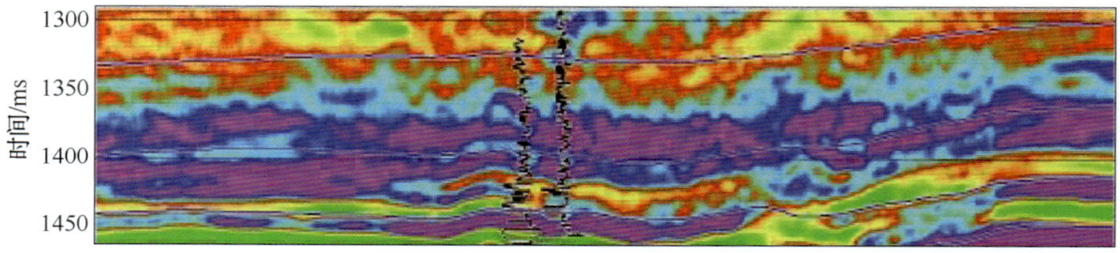

(a)纵波阻抗剖面

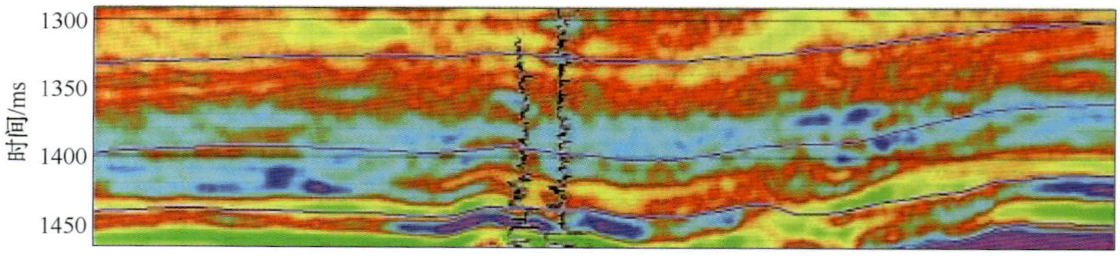

(b)横波阻抗剖面

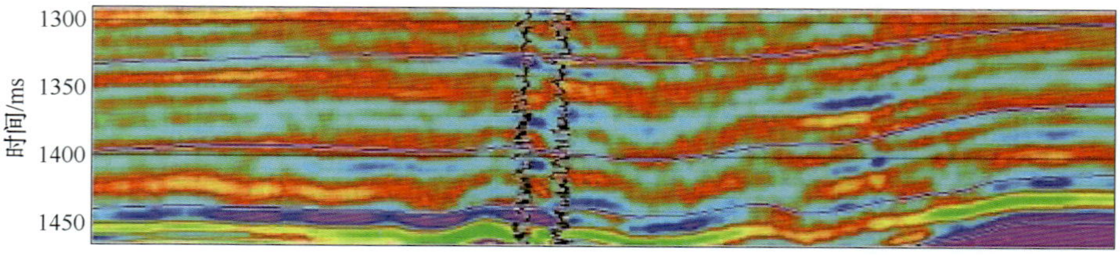

(c)速度比剖面

图5–73　叠前弹性参数反演纵波阻抗、横波阻抗和速度比剖面

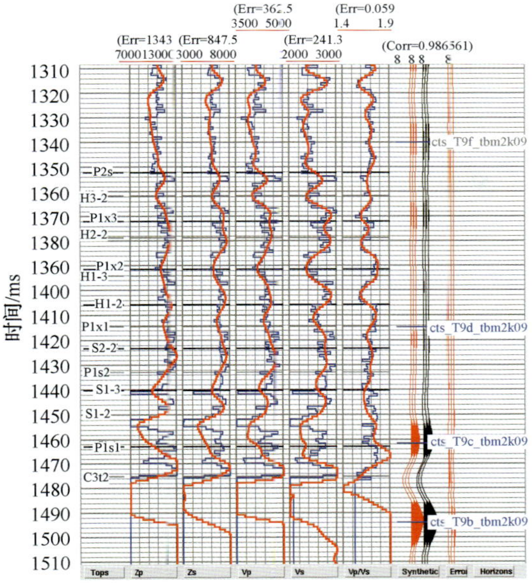
(a)大3-21井

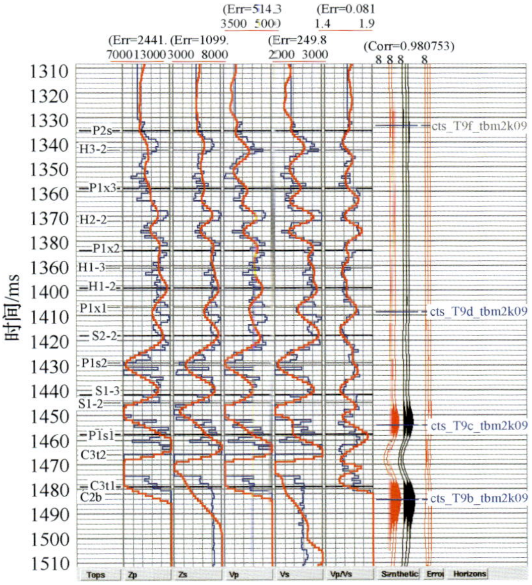
(b)大11井

图 5-74 叠前弹性参数反演速度与测井速度比较

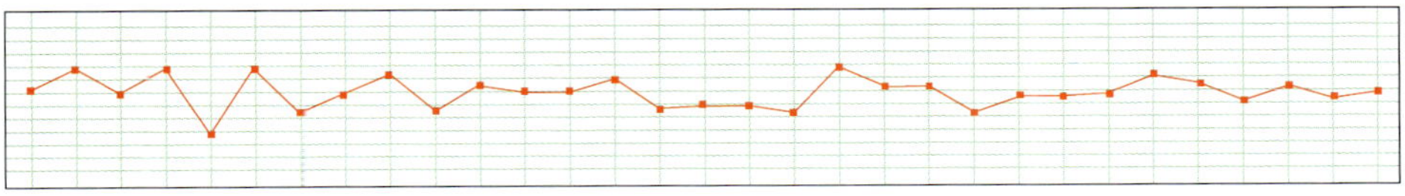

图 5-75 参与速度建模的井反演阻抗合成记录与井旁道相关系数示意图(趋势)

叠前弹性参数反演的纵波与横波速度比剖面与钻井揭示的山 2 段、盒 1 段含气饱和度曲线有较好的对应关系。

大 10-1 井、大 24 井和大 39 井的盒 1 段都是产气层，高含气饱和度和低速度比指示了含气性，反演速度比与实际井速度比和含气饱和度曲线吻合得很好(图 5-76)。大 3-11 井盒 1 段测试不产气，但是测井解释为含气层，根据岩石物理建模结果，该井盒 1 段是低速度比(低泊松比)的含气层。反演结果与岩石物理模型预测结果一致，但与测试结果有差异(图 5-77)。盒 1 段纵波与横波速度比平面图(图 5-78)与 AVO 梯度属性平面特征基本吻合。

山 2 段纵波与横波速度比平面图(图 5-79)与 AVO 梯度属性平面特征基本一致。大 14 井的山 2 段产气，其纵波与横波速度比较低。叠前弹性参数反演纵波与横波速度比剖面(图 5-80)显示出该井山 2 段低速度比异常在横向上的变化。由于分辨率的原因，大 12-5 井山 1 段、盒 1 段的两套气层在纵向上距离较近，在纵波与横波速度比剖面上，这两套气层表现出一套低速度比异常。

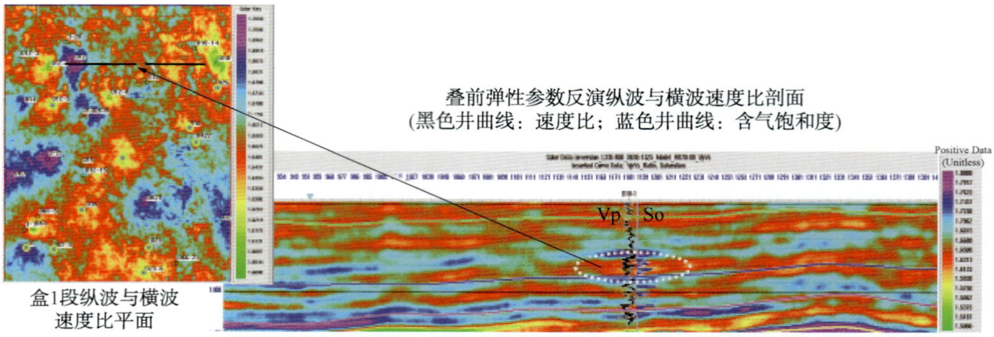

图 5-76　过大 10-1 井叠前弹性参数反演纵波与横波速度比剖面

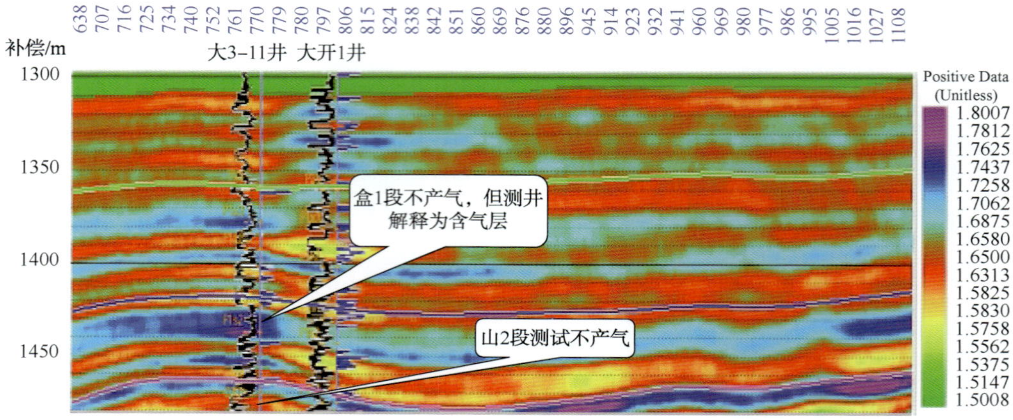

图 5-77　过大 3-11 井叠前弹性参数反演纵波与横波速度比剖面
（黑色井曲线：速度比；蓝色井曲线：含气饱和度）

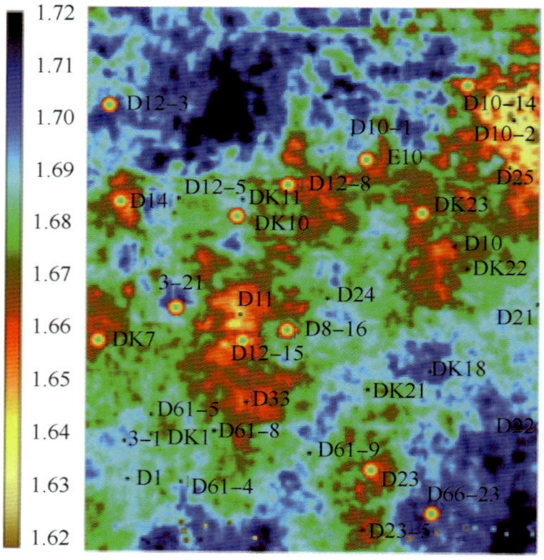

图 5-78　大 13—大 15 井区盒 1 段纵波与横波速度比平均值平面图（时窗：T_9d-10ms 至 T_9d）

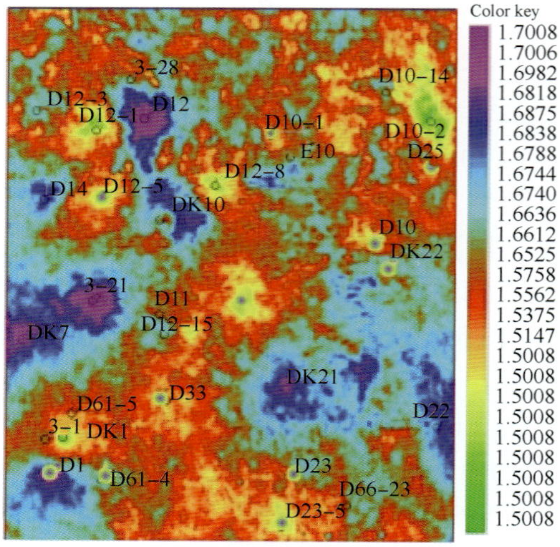

图 5-79　大 13—大 15 井区山 2 段纵波与横波速度比平均值平面图（时窗：P_1x_1 至 P_1s_2）

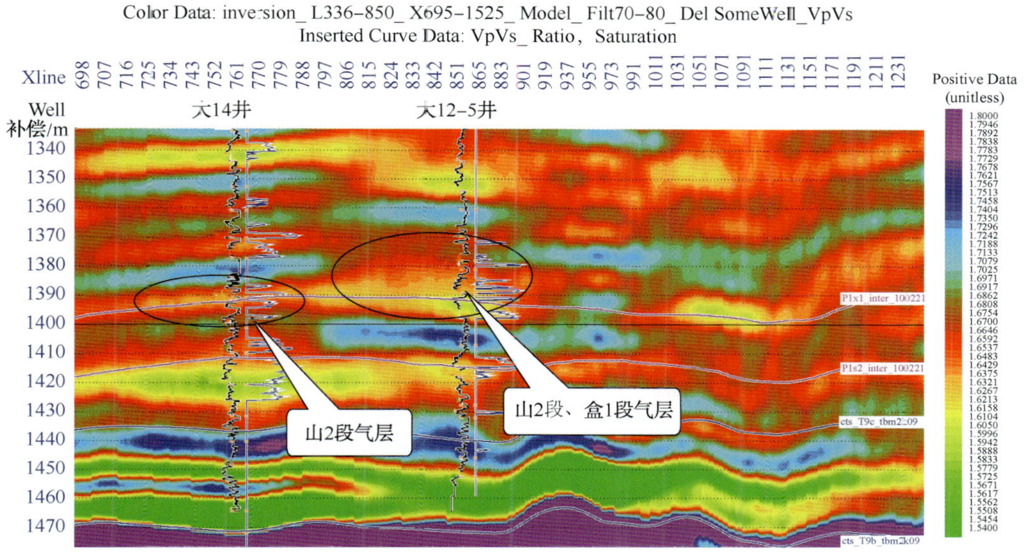

图 5-80 过大 14 井—大 12-5 井叠前弹性参数反演纵波与横波速度比剖面
（黑色井曲线：速度比；蓝色井曲线：含气饱和度）

四、基于多属性融合与交会分析储层含气性检测技术

（一）概念及基本原理

地震属性都是地下地层、岩性、物性等特征的具体反映，引起地震波衰减的因素有内部和外部两种因素：内部因素是介质中固体与固体、固体与液体、液体与液体界面之间的能量耗损；外部因素主要是不均匀介质引起的散射。这会造成地球物理属性的多解性，且不同属性对储层段的敏感程度存在差异，因此采用单一属性分析的准确度较低，利用多种地球物理信息，通过信息融合与交会技术可获得对地质目标更为精确的信息，可以避免采用单一属性分析带来的局限性和不确定性。

1. 多属性融合含气性检测技术

振幅、频率、吸收衰减、波形等方面的地震属性是表征地震波几何形态、运动学特征的物理量，其本身具有明确的地质与地球物理意义。气藏对多种地震属性类型都会产生一定的影响，并引起它们的特征变化，但不同类型的属性对气藏的敏感性明显不同。有的属性反映的气藏异常特征明显，而有的属性则对气藏的敏感性较差，只间接地反映出与气藏相关的一些微小信息。因此，在进行含气性检测时，必须综合多种资料开展综合分析。

信息融合是指利用形状特征、混沌、模糊推理、神经网络等数学、物理理论方法进行信息融合。它的发展目的是对复杂环境因素下、非线性的不同性质信息进行相关处理和综合处理，从不同的角度去分析、识别所观测的对象，使结果最接近真实的观测对象。

属性融合方法是为解决某一种属性预测目标岩层有多解性问题而被提出来的。融合技术就是将多种属性通过一定的数学运算和统计分析后，定量考虑每一种属性对目标岩层的影响因素，赋予其不同的权重系数，进行数学运算，最终得出最优结果。

储层含油气后，会引起储层相关特性发生变化，从而造成地震波动力学和运动学参数特征发生改变。这是通过多种地震参数(属性)来检测储层含气与否的基础。因此，可以通过瞬时频率、瞬时相位、瞬时振幅及主频等多种地震属性进行分析，通过多属性融合叠加判断储层含气性。

2. 多属性交会含气性检测技术

多属性交会含气性检测技术也经常被用来检测储层含气性。多属性交会含气性检测就是利用测井、测试等资料，采用测井交会分析和多属性交会解释相结合的方法，在多属性交会图上圈定属性取值范围，进行多属性数据体的含气性识别和数据体的含气范围雕刻。通过多种参数的交会，可以找到与含气性最为相关的属性成分，这是利用多属性检测储层含气性相比之前利用单一属性检测储层含气性的一大优势。

(二) 案例分析

由于储层含气性特征受岩性、物性、岩相组合、流体性质等多种因素的制约，导致储层含气性检测多解性较强。多种含气性检测方法研究表明，采用单一属性或方法难以有效检测储层含气性，须融合多种属性或方法进行综合分析和研究，以评价储层的油气分布特征。

综合运用多种叠前、叠后流体检测方法，通过多属性聚类和多属性信息融合评价储层有效分布范围，形成火山岩含气性综合检测方法，可以有效地提高储层含气性检测的精度。

储层综合预测主要按以下技术流程开展：根据单属性流体识别方法优选有效属性，参与多属性流体判别。在此基础上，一方面，选择不具有相关性的几类优势属性开展聚类分析，划分不同级别流体分布带；另一方面，对不具有相关性的几类优势属性开展多属性信息融合，确定有利分布区。通过两者结合来综合预测和评价流体分布特征。通过对单方法含气性检测成果进行比较和分析，发现对松南气田火山岩储层主要优选了低频能量(流体低频增强特征)、子波高频吸收系数(流体高频衰减特征)和流体因子(流体 AVO 属性特征)等参数，开展了多属性含气性综合检测(图 5-81、图 5-82)。从图上可以看出，Ⅰ类流体有利分布区主要位于腰深 1 井、腰平 1 井、腰深 101 井、腰平 7 井、腰平 9 井和腰平 10 井等地区，与实钻情况基本吻合，唯一存在差异的地方是腰平 4 直导井在这次划分中也落在Ⅰ类有利分布区中，与实钻情况不符。技术人员分析认为，这种结果与该区为裂缝发育带有关(根据裂缝预测成果)。

(三) 应用效果评价

根据储层含气性检测成果，并结合测井解释及流体成分分析，技术人员明确了松南气田主要由 3 个火山机构组成，这改变了原有单一火山机构的认识，此外还得到一个火山机构一个油气藏的结论。含气有利区主要位于火山机构高部位和火山口周边。含气性检测结果有效指导了松南气田开发方案编制和井位优化调整，将方案中井数及井型进行了优化，大幅提高了单井产能，实现少井高产目标和气田的高效开发。

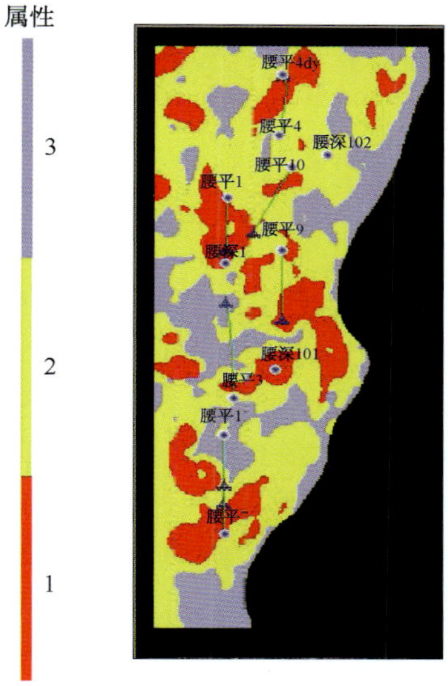

图 5-81　多属性聚类流体预测分级分布图

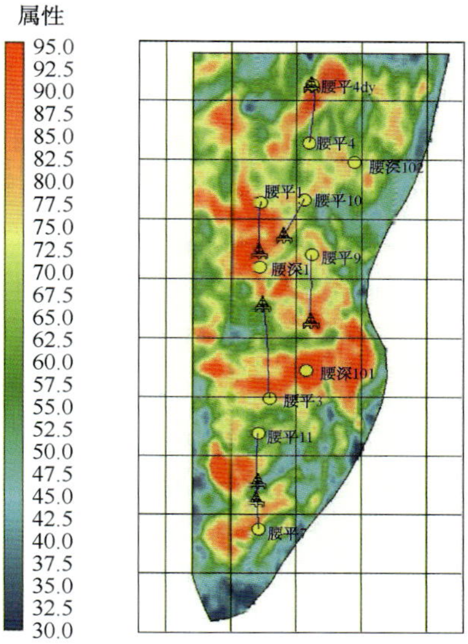

图 5-82　多属性信息融合综合评价参数平面分布图

第六章　开发方案编制和跟踪优化是气田高效开发的核心

对于气田开发来说，开发方案编制和跟踪优化是气田高效开发的核心。针对中国石化不同类型气田开发面临的难点，要扎实做好勘探开发一体化、地质工程一体化、地下地面一体化、技术经济一体化，将气藏地质、气藏工程与经济评价相结合，按照“整体部署、分批实施，先易后难、先肥后瘦，跟踪分析、及时调整”和“多打高产井、少打低产井、避免无效井”的开发理念和原则，研究技术经济界限、井网井距、采气速度等合理开发技术政策，编制经济、有效的开发方案。在建产过程中，密切跟踪方案实施和试气试采动态效果，结合地质和气藏工程研究取得的新认识，优化气田开发技术政策，及时调整气田开发方案，保证钻井成功率和开发方案实施效果，实现气田的科学、高效开发，获得最大的社会效益和经济效益。

第一节　开发技术政策研究方法

研究单井技术经济界限、井型、井网井距、废弃地层压力与采收率等的计算方法，确定合理的开发技术政策，是编制气田开发方案的基石，也是气田实现科学、高效开发的基础。

一、单井技术经济界限

技术经济界限是指在现有开发技术和财税体制下，新钻井能收回新增投资、采气操作费并获得最低收益率时，所应达到的最低产量值或储量值。技术经济界限主要包括单井初始产气量界限、评价期单井累计产气量界限、单井经济可采储量界限、单井控制地质储量界限和单井钻遇有效厚度界限。

影响技术经济界限的因素包括投资、采气操作成本、天然气价格、采气速度、稳产年限等。其计算公式如下：

1. 单井初始产气量界限

单井初始产气量界限满足式(6-1)的 q_c 值要求。

$$q_c \cdot \sum_{t=1}^{P_T} [P_t \cdot n \cdot (1-r_c)-i_c-C_{ovt}] \cdot \eta_t - \sum_{t=1}^{P_T} (I_t+S_{oft}) \geq 0 \tag{6-1}$$

式中　q_c——单井初始产气量界限，10^4m^3；

C_{ovt}——单位变动成本，元/10^3m^3；

P_t——油气价格，元/10^3m^3；

S_{oft}——固定费用，万元/年；

P_T——投资回收期，年；

η_t——无因次产量变化系数；

n——商品率，小数；

r_c——税金及附加比率，小数；

I_t——单井新增投资，万元；

i_c——基准收益率，%。

2. 评价期单井累计产气量界限和单井经济可采储量界限

评价期单井累计产气量界限为评价期年产气量界限的累计值，气井经济寿命期内的累计年产气量界限为经济可采储量界限，年产气量界限等于初始产气量界限与无因次系数的乘积，单井累计产气量界限和单井经济可采储量界限见式(6-2)：

$$G_{PC}=\sum_{t=1}^{l}q_{qt} \tag{6-2}$$

式中 G_{PC}——单井累计产气量界限、单井经济可采储量界限，10^4m^3；

q_{qt}——单井年产气量界限，10^4m^3；

l——评价期时长，年。

3. 单井控制地质储量界限

根据单井经济可采储量界限及预测采收率，可计算单井控制地质储量界限。

$$N_c=\sum_{t=1}^{l}q_{qt}/E_r \tag{6-3}$$

式中 N_c——单井控制地质储量界限，10^4m^3。

E_r——预测采收率，%。

其他物理量意义同前。

4. 废弃产量界限

废弃产量界限是气田(藏)开发项目在开发阶段后期，由于产量下降导致当年的净现金流量为零时的经济状态，或气藏产气量及其副产品价值只能回收操作成本和税费时所对应的气藏产量。计算公式见式(6-4)：

$$q_e=\frac{S_{oft}}{P_tn(1-r_c)-Ti_c-C_{ovt}} \tag{6-4}$$

式中，各物理量意义同前。

5. 单井钻遇有效厚度界限

根据单井控制地质储量边际值，可以计算在合理井距下单井钻遇气层的有效厚度界限值。计算公式见式(6-5)：

$$h=N_C/(A\delta) \tag{6-5}$$

式中 h——单井钻遇有效厚度界限，m；

A——单井控制面积，km^2；

δ——单储系数，$10^4m^3/(km^2\cdot m)$；

N_C——单井控制地质储量。

通常情况下，由于气田开发经济效益具有长期性，单个技术经济界限值不能全部反映气田开发整体效益。因此，在使用技术经济界限值作为气田开发投资决策依据时，须将初始产气量界限和储量界限等指标结合使用。

二、合理井型

对比并分析直井、斜井和水平井在开发情形下的产能，明确不同井型的开采效果，为优选井型奠定基础。产量计算公式分别如下：

垂直井的天然气产量计算见式(6-6)：

$$q_{gv}=\frac{0.02714K_h h(p_e^2-p_{wf}^2)(T_s+273)}{\mu_g Z(T+273)\left(\ln\frac{r_{ev}}{r_{wv}}+S_v\right)p_s} \tag{6-6}$$

式中 q_{gv}——产气量，$10^4m^3/d$；

h——气层有效厚度，m；

K——气层渗透率，$10^{-3}\mu m^2$；

T——气层温度，℃；

μ_g——天然气地下黏度，mPa·s；

Z——气体平均压缩因子，无因次；

S——表皮系数，无因次；

r_e——泄油半径，m；

r_w——钻井半径，m；

p_e——地层压力，MPa；

p_{wf}——井底流动压力，MPa；

下角标 v——直井；

下角标 s——标准状况。

对于斜井的产能预测，通常引用倾斜产生的表皮系数来定量描述，其中 Cinco 等提出的斜井表皮系数计算方法应用比较广泛。

Cinco 倾斜气井的天然气产量计算见式(6-7)：

$$q_{gd}=\frac{0.02714K_h h(p_e^2-p_{wf}^2)(T_s+273)}{\mu_g Z(T+273)\left(\ln\frac{r_{ed}}{r'_{wd}}+S_d\right)p_s} \tag{6-7}$$

其中：

$$r'_{wd}=r_{wd}\exp(-S)$$

$$S=-(\alpha'/41)^{2.06}-(\alpha'/56)^{1.865}\cdot\lg(h_d/100)$$

$$h_d=hr_{wd}(K_h/K_v)^{0.5}$$

$$\alpha'=\arctan[(K_v/K_h)^{0.5}\tan\alpha]$$

适用条件：$\alpha'\leqslant75°$ 且 $t_d\geqslant t_{d1}$

$$t_d=0.000264K_h t/(\phi\mu C r_{wd}^2)$$

$$t_{d1}=\max\{70r_d^2,\ 25[r_d\cos\alpha+(h_d/2)\tan\alpha']^2,\ (25/3)[r_d\cos\alpha-(h_d/2)\tan\alpha']^2\}$$

式中 α、α'——井斜角，(°)；

r_{wd}——斜井钻井半径，m；

t——时间，h；

ϕ——孔隙度，%；

C——系数，无因次；

r'_{wd}——斜井等效钻井半径，m；

r_{ed}——斜井泄油半径，m；

下角标 d——斜井；

下角标 h——水平；

下角标 v——垂向。

其他物理量意义同前。

修正的 Joshi 水平井产量计算公式如下：

$$q_{gh}=\frac{0.02714K_h h(p_e^2-p_{wf}^2)(T_s+273)}{\mu_g Z(T+273)\left(\ln\frac{a+\sqrt{a^2-(L/2)^2}}{L/2}\right)+\frac{\beta h}{L}\left(\ln\frac{\beta h}{2\pi r_{wh}}+S_h\right)p_s} \tag{6-8}$$

其中：

$$a=\frac{L}{2}[0.5+\sqrt{0.25+(2r_{eh}/L)^4}]^{0.5}$$

$$\beta=\sqrt{K_h/K_v}$$

式中 L——水平井水平段长度，m；

r_{wh}——水平井钻井半径，m；

r_{eh}——水平井泄油半径，m；

下角标 h——水平井。

其他物理量意义同前。

三、合理井距

应结合气藏的地质特征、开发效果和经济效益综合确定合理井距，主要采用单井规定产量法、气井波及范围法、数值模拟及经济评价结合法等综合确定。

1. 单井规定产量法

根据单井配产和稳产期末采出的可采储量，计算单井控制储量，再根据储量丰度及储层平均发育宽度计算不同井区的合理井距。

2. 气井波及范围法

气井生产时间及气藏储层渗透率是影响气井波及范围的主要因素。生产时间越长、储层渗透率越高，气井波及范围就越大。计算公式如下：

$$r_i=3.795\sqrt{\frac{Kt}{\phi\mu_g C_t}} \tag{6-9}$$

式中 r_i——气藏波及半径，m；

K——气藏储层渗透率，$10^{-3}\mu m^2$；

t——生产时间，h；

ϕ——气藏储层孔隙度，%；

μ_g——天然气地下黏度，mPa · s；

C_t——综合压缩系数，MPa^{-1}。

3. 数值模拟及经济评价结合法

通过评价气田开发的效益，确定合理井网密度和合理井距。合理井网密度是指气田开发利润最大时的井网密度，即气田净现值达到最大，此时对应的井距即为合理井距。

四、废弃地层压力

目前，计算废弃地层压力的方法主要有垂直管流法、气藏类型与埋藏深度折算法和经验公式法等。

1. 垂直管流法

当采用垂直管流法确定废弃地层压力时，先通过垂直管流计算方法计算废弃井底流动压力，再通过产能方程计算废弃地层压力。

1）气井废弃产量

根据盈亏平衡原理，气井经济废弃关井产量计算模型同式(6-4)：

$$Q_e=\frac{S_{oft}}{P_t n(1-r_c)-Ti_c-C_{ovt}}$$

2）废弃井底流动压力

废弃井底流动压力是对应气井废弃产量时的井底压力，采用式(6-10)确定：

$$\int_{p_{tf}}^{p_{wf}}\frac{\frac{ZT}{p}\mathrm{d}p}{1+\frac{1.324\times10^{-18}f(q_{sc}TZ)^2}{d^5p^2}}=\int_0^D 0.03415\gamma_g\mathrm{d}D \tag{6-10}$$

对于单相气体，可以采用平均温度和平均偏差系数法计算。该方法近似地将全井筒的温度、气体偏差系数作为常数，并代入式(6-10)进行积分和化简，则废弃井底流动压力为：

$$p_{wf}=\sqrt{p_{tf}^2e^{\frac{2\times0.03415\gamma_g D}{\bar{T}\bar{Z}}}+\frac{1.324\times10^{-18}f(q_{sc}\bar{T}\bar{Z})^2}{d^5}\left(e^{\frac{2\times0.03415\gamma_g D}{\bar{T}\bar{Z}}}-1\right)} \tag{6-11}$$

其中：

$$\bar{T}=\frac{T_{tf}+T_{wf}}{2}$$

$$\bar{p}=\frac{p_{tf}+p_{wf}}{2}$$

$$f=\frac{1}{\left[1.14-2\lg\left(\frac{e}{d}+\frac{21.25}{Re^{0.9}}\right)\right]^2}$$

$$Re=1.776\times10^{-2}\frac{q_{sc}\gamma_g}{\bar{\mu}_g d}$$

式中 Re——雷诺数，无因次；

e——粗糙度，无因次；

d——管径，m；

p_{tf}、p_{wf}——废弃井口压力、废弃井底流动压力，MPa；

T_{tf}、T_{wf}——废弃井口温度、废弃井底温度，℃；

D——气藏平均埋藏深度，m。

其他物理量意义同前。

3）废弃地层压力

已知气井废弃井底流动压力，根据废弃时的稳定产能方程求出废弃地层压力，见式(6-12)。

$$p_a=\sqrt{A_a q_{ga}^2+B_a q_{ga}+p_{wf}^2} \tag{6-12}$$

式中 p_a——废弃地层压力，MPa；

p_{wf}——废弃井底流动压力，MPa；

q_{ga}——气井废弃产量，$10^4m^3/d$；

A_a、B_a——气藏废弃时产能方程系数，无量纲。

将气井经济废弃产量、最低井底流动压力及气藏废弃时产能方程系数代入式(6-12)即可确定废弃地层压力。

2. 气藏类型与埋藏深度折算法

国内外学者从不同角度研究了气藏废弃地层压力，认为废弃地层压力主要由气藏埋藏深度、储层非均质性及渗透率、边(底)水能量等决定，并总结出多种计算废弃地层压力的经验公式。国内最典型的应用是四川盆地经验图版，在该盆地中，技术人员根据已探明的气藏废弃地层压力标定经验，提出了按"气藏类型与埋藏深度折算法"确定废弃地层压力(图6-1、表6-1)，该方法在我国四川盆地中被广泛应用。

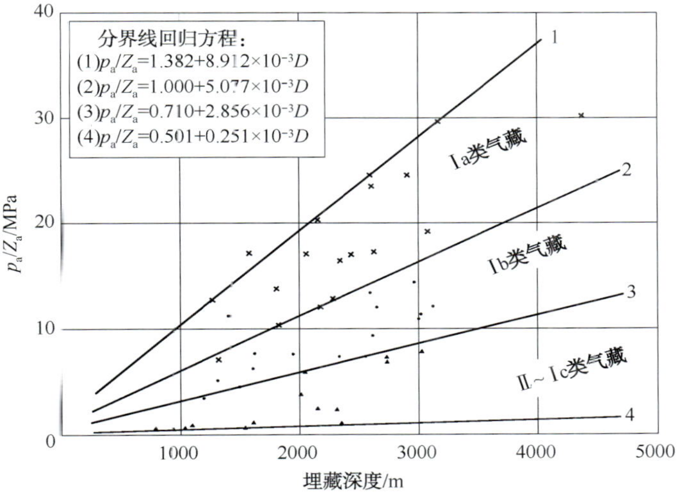

图6-1 气藏废弃视地层压力与埋藏深度之间的关系图

表6-1 不同线性方程表

分界线	方　程	分界线	方　程
1	$p_a/Z_a=1.382+8.912\times10^{-3}D$	3	$p_a/Z_a=0.710+2.856\times10^{-3}D$
2	$p_a/Z_a=1.000+5.077\times10^{-3}D$	4	$P_a/Z_a=0.501+0.251\times10^{-3}D$

注：p_a/Z_a为废弃视地层压力，MPa；D为气藏平均埋藏深度，m。

3. 经验公式法

技术人员根据从已开发气田中获得的经验，对于未投入开发的气藏和采出程度很低的不同类型气藏，推荐废弃地层压力的经验公式见表6-2。对于一些低渗致密气藏，特别是那些有水的低渗致密气藏或凝析气藏，在利用上述经验方法确定出废弃地层压力后，须再对其进行一定的修正，即在确定出的废弃地层压力基础上，再上浮 10%~40%。

表 6-2　不同类型气藏废弃地层压力经验公式表

气藏类型	经验公式	适用条件
弱水驱裂缝型	$p_a/Z_a=(0.05\sim0.20)p_i/Z_i$	
强水驱裂缝型	$p_a/Z_a=(0.30\sim0.60)p_i/Z_i$	
定容高渗透孔隙型	$p_a/Z_a=(0.10\sim0.20)p_i/Z_i$	$K\geqslant50\times10^{-3}\mu m^2$
定容中渗透孔隙型	$p_a/Z_a=(0.20\sim0.40)p_i/Z_i$	$K=(10\sim50)\times10^{-3}\mu m^2$
定容低渗透孔隙型	$p_a/Z_a=(0.40\sim0.50)p_i/Z_i$	$K=(1\sim10)\times10^{-3}\mu m^2$
定容致密型	$p_a/Z_a=(0.50\sim0.70)p_i/Z_i$	$K<1\times10^{-3}\mu m^2$

注：p_i、Z_i 分别为原始地层压力及偏差系数；p_a、Z_a 分别为废弃地层压力及偏差系数。

五、采收率

气田采收率的确定方法主要包括物质平衡法、数值模拟法和经验取值法等。

1. 物质平衡法

对于定容封闭型气藏，采用容积法计算的可采地质储量为：

$$G_R=0.01Ah\phi S_{gi}\frac{T_{sc}p_i}{Z_iTp_{sc}}\left(1-\frac{p_a/Z_a}{p_i/Z_i}\right) \tag{6-13}$$

则气藏采收率为：

$$E_{RG}=1-\frac{p_a/Z_a}{p_i/Z_i} \tag{6-14}$$

式中　S_{gi}——原始地层条件下的含气饱和度。

其他物理量意义同前。

2. 数值模拟法

数值模拟法是在气藏地质模型的基础上，通过采用数值模拟方法，预测气藏的最终采收率。

3. 经验取值法

对于实际气藏，当动态资料较缺乏时，可根据气藏的类型与驱动方式（表 6-3），对比和参照我国《天然气储量规范》（GBn 270—1988）及《气田可采储量标定方法》（SY/T 6098—1994）（表 6-4），确定气藏的实际采收率范围。

表 6-3　气藏采收率大致范围表（一）

序　号	驱动机理类型	采收率范围
1	气驱气藏	0.80~0.95
2	水驱气藏	0.45~0.60
3	致密气藏	<0.60
4	凝析气藏	0.65~0.85（凝析油为 0.40）

注：来自《天然气储量规范》（GBn 270—1988）。

表 6-4 气藏采收率大致范围表(二)

气藏类型	地层水活跃程度	水侵替换系数	采收率范围
水驱	活跃	≥0.40	0.40~0.60
	次活跃	0.15~0.40	0.60~0.80
	不活跃	0~0.15	0.70~0.90
气驱		0	0.70~0.90
低渗透	低渗	0~0.10	0.30~0.50
	特低渗	0~0.10	<0.30

注：来自《气田可采储量标定方法》(SY/T 6098—1994)。

第二节 普光气田开发方案及跟踪优化

普光气田是中国石化开发的国内第一个特大型超深层海相高含硫碳酸盐岩气田，如何安全、高效地开发普光气田，在当时没有成功的案例可借鉴。为了确保普光气田开发方案设计的科学性和指导性，在方案编制过程中充分发挥了中国石化上、中、下游科研院所的科研优势，组织了多家科研、设计单位开展联合攻关，采用分头专题研究和集中统一研讨相结合的方式，共同研究并编制了普光气田开发方案。

在开发方案实施过程中，技术人员不断深化普光气田气藏构造、沉积微相、气层纵/横向展布、气水关系、开发动用储量规模及气井产能等方面的认识，并对该气田的开发技术政策和开发方案进行了优化和调整。通过优化和调整，普光气田开发方案实施后取得很好的效果，钻井成功率达 100%，钻遇储层符合率达 86.5%，气井产能达标率达 100%，实现了普光气田的科学、高效开发。

一、普光气田开发方案

根据本章第一节中气田开发技术政策的相关计算方法，结合普光气田的地质特征及试采动态特征，技术人员论证了普光气田的合理开发技术政策，并在此基础上编制了普光气田开发方案。

1. 开发技术政策

1）井型

针对普光气田长兴组—飞仙关组气藏的开发，井型可为直井、斜井和水平井。不同井型有不同的开发特点和适用范围，对于长兴组—飞仙关组气藏主要采用何种井型进行开发，需要结合普光气田的地质特点和各种井型的开发效果综合确定。

为了确定普光气田主体开发的合理井型，根据气井的物性参数，采用本章第一节中的理论公式进行了直井、斜井、水平井开发的产能对比和分析，结果表明：斜井与直井的产能比随着气藏厚度的增大而增大；水平井与直井的产能比随着气藏厚度的增大而减小。

对于普光气田，部署水平井或斜井需要综合考虑储层的地质条件。普光气田主体部位储层有效厚度大，纵向上非均质性较强，Ⅰ类层、Ⅱ类层、Ⅲ类层和致密层交互分布，水平井不能很好地兼顾纵向上储量的动用，而斜井在控制气藏储量、充分发挥纵向上气层产能、实施酸化压裂等增产措施方面具有优势，能够满足普光气田主体开发的要求。因此，在该气田主体部位(普光2井区、普光6井区)，主要选择斜井与直井相结合的方式进行开发，且以大斜度井为主。在气田边部，储层逐渐变薄，有效厚度变小，因部署斜井和直井达不到经济界限产量要求，而采用水平井开发，这样可以增加泄气面积和气井产能，减小生产压差，控制边水推进，延长稳产期，提高气藏采收率。因此，在边部储层等较薄的区域，主要部署水平井。

2）井距

如前所述，应结合气藏的地质特征、开发效果和经济效益综合确定合理井距，主要采用单井规定产量法、气井波及范围法、数值模拟及经济评价结合法等进行分析和论证。综合上述方法，普光气田长兴组—飞仙关组气藏不同井区合理井距为800~1300m，平均井距为1000m左右。对于储层物性好、储量丰度高的普光2井区、普光6井区合理井距为800~1000m；普光4井区、普光5井区、普光8井区和普光9井区合理井距为1000~1150m；普光3井区合理井距为1300~1350m。

3）合理产量

综合采气指示曲线法、数值模拟法及类比法等确定普光气田气井的合理产量。结果表明，普光气田直井可选用无阻流量的1/9~1/6配产，斜井初步按照直井的1.1~1.2倍配产，水平井初步按照直井的1.5~2倍配产，各井区单井合理产量见表6-5。

表6-5 普光气田各井区单井产气量表

井　区	产气量/($10^4m^3/d$)		
	直井	斜井	水平井
普光1井区	25.0~35.0	30.0~45.0	45.0~60.0
普光2井区	65.0~75.0	80.0~90.0	
普光4井区	40.0~50.0	50.0~60.0	60.0~80.0
普光5井区	35.0~40.0	40.0~50.0	
普光6井区	70.0~85.0	85.0~100.0	

上述气井配产方案的确定，只是对各井区气井合理产量的一个建议，而实际开发方案中的气井配产，还要结合地质模型，通过数值模拟综合确定。

综上所述，通过气藏地质、气藏工程与经济评价相结合，技术人员优化并确定了普光气田的合理开发技术政策，具体如下：

（1）开发方式：采用衰竭式开采方式进行开发。

（2）开发层系：采用一套开发层系。

（3）井型选择：斜井+直井+水平井方式，气田主体以斜井和直井为主，气田边部主要为水平井。

（4）合理井距：平均井距为1000m左右。

（5）合理产量：气井按无阻流量的1/9~1/6配产。

（6）废弃地层压力为14.0MPa，气藏采收率为70.0%。

2. 气田开发方案

基于普光气田开发技术政策等研究成果，2006 年 8 月，技术人员完成了该气田主体开发方案的编制(图 6-2)，方案共动用含气面积 53.1km²，动用天然气地质储量 $2568.9\times10^8m^3$。

图 6-2　普光气田主体开发井位部署图

结合数值模拟和经济评价结果，技术人员优选了井网部署最佳方案：设计井场 16 座(利用老井场 7 座，新增井场 9 座)；部署开发井 52 口，其中利用老井 2 口、新钻直井 14 口(平均井深 5750m)、斜井 24 口(平均井深 6100m)、水平井 12 口(平均井深 6345m)，钻井总进尺达 30.3×10^4m。

方案开发指标：平均单井配产为 $70.0\times10^4m^3/d$；新建产能为 $120.0\times10^8m^3/a$，采气速度为 4.7%；稳产年限为 6 年，稳产期末累计产气量为 $718.5\times10^8m^3$，可采储量采出程度为 40.0%，地层压力为 34.6MPa。预测到第 30 年，累计产气量为 $1686.4\times10^8m^3$，采出程度为 65.6%，地层压力为 16.2MPa，开发指标预测结果如图 6-3 所示。

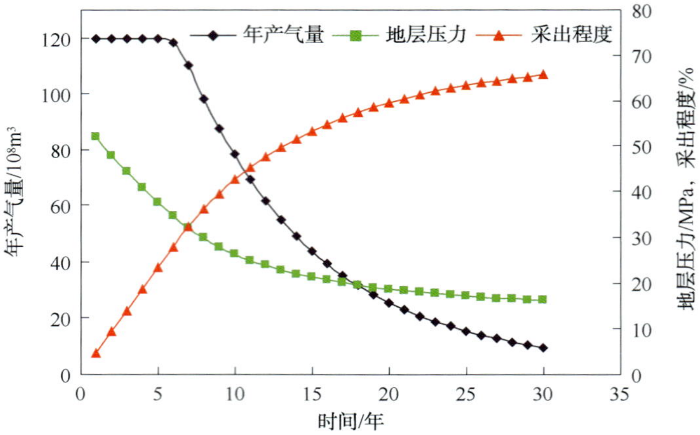

图 6-3　普光气田主体开发方案指标预测结果图

二、普光气田开发优化方案

根据普光气田主体开发方案，按照"整体部署、分批实施，先易后难、先肥后瘦，跟踪分析、及时调整"和"多打高产井、少打低产井、避免无效井"的开发理念和原则，新部署的开发井采取"一次布井、三轮实施、整体投产"的方式。在方案实施过程中，实时掌握新完钻井资料，不断深化气藏构造、沉积微相、储层预测、含气性检测、气水关系和气井产能等方面的研究，并根据新的地质认识，以实事求是的态度对开发技术政策进行了优化，及时调整了开发方案，为实现普光气田科学、高效开发提供了重要技术保障。

1. 开发方案跟踪优化

1）气水界面变化

根据新完钻井资料，技术人员落实了普光气田主体构造，其构造格局基本没有变化，飞仙关组顶界误差在 15m 以内，长兴组顶界误差在 20m 以内，局部构造发生略微变化；普光气田在飞仙关组和长兴组均有边（底）水，气水关系复杂，且飞仙关组与长兴组为不同的气水系统。其中，初步确定普光 2 块飞仙关组的气水界面深度为 5125m（图 6-4），长兴组的气水界面深度为 5230m；普光 3 块飞仙关组的气水界面深度在 4890m 附近。新完钻井测井解释有效厚度统计结果表明，普光气田气层总有效厚度高值区的分布范围较原方案有所减小，且构造低部位气层的有效厚度也有所减小，气田平均总有效厚度减小 50m 左右。

2）动用地质储量规模变化

动用地质储量是开发方案优化研究的基础。技术人员从最基础的地层对比入手，充分利用新完钻探井和开发井的钻井、录井、测井、岩心分析及试气等资料，按照储量计算相关规范，落实了储量参数，完成普光 2 块天然气动用地质储量评价工作。

普光 3 块的普光 106-2H 井完钻电测资料证实其在飞仙关组钻遇水层，在重新落实普光 3 块气水界面的基础上，采用与普光 2 块相同的方法重新计算了普光 3 块的动用地质储量。

在上述研究的基础上，根据《天然气储量规范》（GBn 270—1988），采用容积法对普光

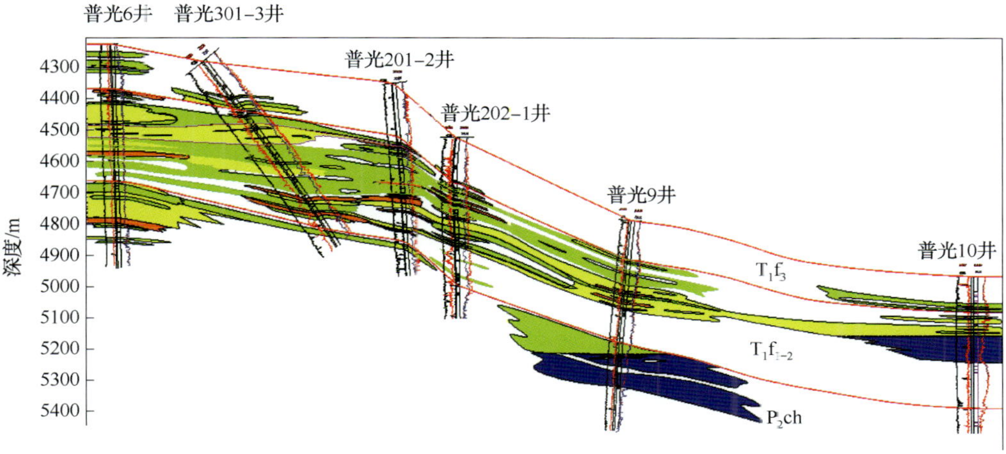

图 6-4 过普光 9 井气藏剖面对比图

气田主体天然气动用地质储量进行了重新计算。对普光 2 块长兴组—飞仙关组共计算天然气动用地质储量为 1746.7×10^8m^3。其中，飞仙关组为 1469.3×10^8m^3；长兴组为 277.4×10^8m^3。普光 3 块飞仙关组天然气动用地质储量为 64.4×10^8m^3。重新落实的普光气田主体天然气动用地质储量合计为 1811.1×10^8m^3。

3）井位部署优化

井位部署优化思路：一是考虑气田开发经济效益，对单井钻遇气层厚度或控制地质储量达不到技术经济界限的井不予实施。二是考虑边（底）水对气田开发的影响，应适当减少构造低部位气水边界附近的开发井，或将其改为水平井。三是考虑气田整体开发规模，在气层厚度大、储量丰度高的区块可适当加密井位。

根据上述思路：对普光 3 块优化减少开发井 3 口（普光 106-1 井、普光 106-3H 井、普光 101-1 井）；普光 2 块由于气水界面的变化，对其优化并减少新井 8 口（普光 107-3H 井、普光 105-2H 井、普光 105-3H 井、普光 203-3H 井、普光 204-1 井、普光 204-2 井、普光 204-3H 井、普光 305-3H 井），减少利用井 1 口（普光 101 井）；由于储层发生相变，对普光 2 块西南部减少开发井 2 口（普光 302-4H 井、普光 304-2 井）；构造高部位储量丰度大，建议在储层发育区增加 2 口开发井（普光 2011-5 井、普光 3011-5 井）。根据以上井位部署优化结果（图 6-5），普光气田的开发井数由原方案中部署的 52 口优化为 40 口。其中，部署直井 3 口（包括普光 8 井）、定向井 30 口、水平井 7 口。

4）采气速度优化

根据最新地质认识和井位部署优化成果，普光气田在气水关系、开发动用储量规模、开发井型和开发总井数等方面均有所调整。为此，技术人员编制了普光气田不同的采气速度方案，并开展了数值模拟研究，通过对比开发指标预测结果，分析不同采气速度对开采效果的影响，优化了气田采气速度。此外，由于普光气田边部存在边水，部分区域的下部存在底水，因此在上述研究的基础上，开展了高、低部位不同采气速度情况下的数值模拟优化研究，以延缓气藏见水时间。

数值模拟研究结果表明，在普光气田以 4.4%的采气速度开发的同时，对构造高部位应采用 4.8%左右、对构造低部位应采用 2.7%左右的采气速度较为适宜。

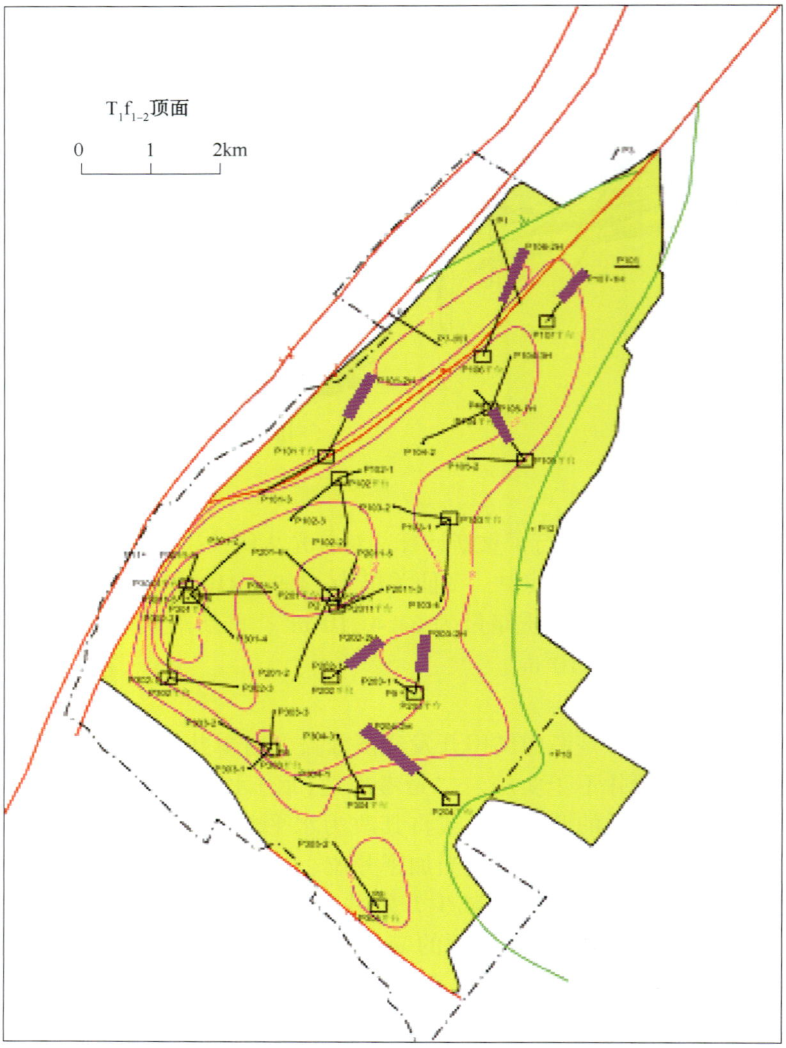

图 6-5　普光气田井位部署方案优化对比图

5）单井配产优化

普光气田主体气井配产优化遵循以下原则：

（1）气田构造低部位井控储量小，气井易受边（底）水的影响，须控制打开厚度及生产压差，要求降低单井配产。

（2）气田构造高部位井控储量大，气井不受边（底）水的影响，可适当提高单井配产，以保证气田整体开发规模。

在单井配产分区初步调整的基础上，技术人员开展了单井配产数值模拟优化研究，对单井配产进行了反复调整，得到单井配产的优化结果。根据调整后的配产结果统计：普光2块构造高部位气井的单井配产为（70.0～135.0）$\times10^4m^3/d$；普光2块构造低部位气井的单井配产为（25.0～60.0）$\times10^4m^3/d$，水平井单井配产为（60.0～100.0）$\times10^4m^3/d$。普光3块构造高部位气井的单井配产为60.0$\times10^4m^3/d$；普光3块构造低部位气井的单井配产为40.0$\times10^4m^3/d$。

2. 普光气田开发优化方案

根据上述优化结果可知，普光气田天然气动用地质储量为1811.1×10^8m^3，调整开发井数为40口，合理采气速度保持在4.4%左右，则普光气田的天然气生产能力（产能）应为80.0×10^8m^3/a。但根据“川气东送”工程稳定供气的要求，普光气田及周边的整体外输供气能力应保持在（105.0～110.0）×10^8m^3/a左右。因此，将普光气田投产初期的天然气生产能力按105.0×10^8m^3/a进行设计。在普光气田稳定生产1年后，根据大湾—毛坝区块的投产进度及产能接替规模，通过降低普光气田主体气井的单井产气量，将天然气生产能力调整到73.0×10^8m^3/a左右，并将平均单井产气量调整到55.0×10^4m^3/d，将气田采气速度调整到4.0%，预计普光气田主体的稳产期可再保持9年左右（图6-6）。

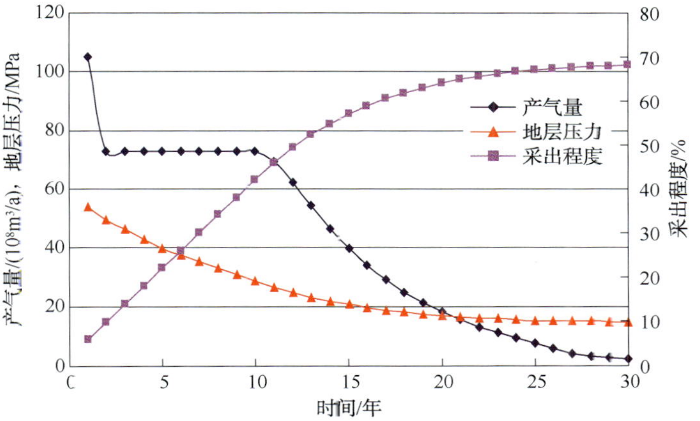

图6-6 普光气田主体优化方案天然气产量预测曲线图

三、大湾气田优化方案

如前所述，大湾气田是继普光气田之后投入开发的又一个特大型、超深、特高含H_2S气田，其地质特征与普光气田相似。

基于大湾气田天然气探明储量、控制储量申报情况和最新勘探研究成果，2007年5月，技术人员编制完成《大湾气田初步开发方案》。设计动用地质储量1050.0×10^8m^3；部署开发井25口，其中利用探井8口，新钻井17口；设计井场13座；平均单井配产为40.0×10^4m^3/d，设计天然气生产能力为33.0×10^8m^3/a，采气速度为3.1%，预测稳产期为10年。

根据开发井实钻情况，结合地质研究新认识，技术人员对《大湾气田初步开发方案》进行了优化和调整，并于2009年11月编制完成《大湾气田开发优化方案》。设计动用储量为768.0×10^8m^3；部署开发井13口，其中利用探井5口，新钻水平井8口；设计井场7座（新建井场1座）；平均单井配产为70.0×10^4m^3/d，设计天然气生产能力为30.0×10^8m^3/a，采气速度为3.9%，预测稳产期为9年。

通过优化大湾气田开发方案，在该气田部署的开发井由25口减少为13口，其中新钻井由17口直井或斜井优化为8口水平井，单井平均配产由40.0×10^4m^3/d提高到70.0×10^4m^3/d，实现“少井高产、效益优先”的目标，为“川气东送”工程战略目标的实现提供了坚实的保障。

为了满足长期稳定供气的需要，依据天然气净化厂的处理能力和产能建设计划，中国石化将普光气田与周边气田作为一个整体予以考虑。在普光气田投产1年后，根据大湾气田的投产进度及产能接替规模，技术人员降低了普光气田主体气井的单井产气量，使其天然气生产能力由105.0×$10^8m^3/a$调整到80.0×$10^8m^3/a$，加上大湾气田30.0×$10^8m^3/a$的天然气生产能力，实现生产能力达110.0×$10^8m^3/a$。保证了普光气田及周边的整体外输供气能力保持在(105.0~110.0)×$10^8m^3/a$左右，同时实现了普光气田的长期稳产。其中，普光气田开发优化方案天然气产量预测曲线如图6-7所示。

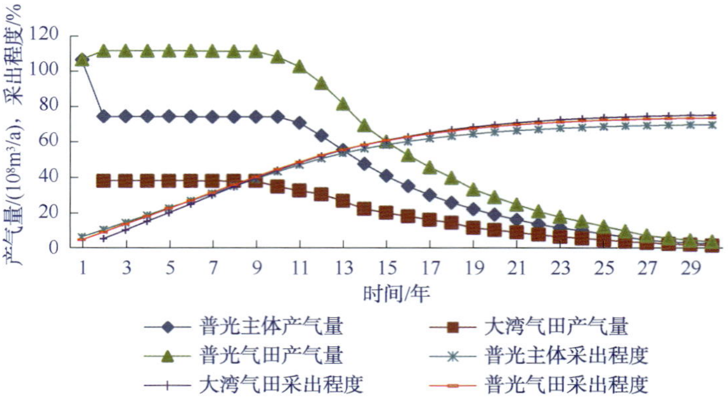

图6-7 普光气田开发优化方案天然气产量预测曲线

第三节 元坝气田开发方案及跟踪优化

如前所述，元坝气田是继普光气田之后又一个酸性气田，也是中国石化开发的第二个高含硫气田。元坝气田具有气藏埋藏超深、高温高压高含硫、礁体与储层复杂、天然气组分复杂、气水关系复杂、压力系统复杂、地形地貌复杂等"一超三高五复杂"的特点。元坝气田的开发虽然是"站在普光气田的肩膀上"，但要实现高效、安全开发，依然面临更加严峻的挑战。

考虑到不同礁带的地质差异性，结合试井解释及产能评价结果，技术人员制定了适合元坝长兴组超深层礁滩相含水气藏的合理开发技术政策，同样按照"整体部署、分批实施，先易后难、先肥后瘦，跟踪分析、及时调整"和"多打高产井、少打低产井、避免无效井"的开发理念和原则，并基于"积极稳妥、先优后劣"的思路，确定对长兴组气藏分两期开展产能建设，并编制了相应的开发方案。在方案实施过程中，结合地质和气藏工程新认识，技术人员对开发技术政策和开发方案进行了优化，从而实现了元坝气田的经济、高效开发。

一、元坝气田开发方案

根据本章第一节中气田开发技术政策的相关计算方法，考虑元坝气田不同礁带的地质和储层差异性，并将气藏地质、气藏工程、数值模拟与经济评价相结合，优化并形成适合元坝气田长兴组超深层礁滩相含水气藏的开发技术政策，分别编制了元坝气田长兴组气藏40.0×$10^8m^3/a$混合气方案及一期20.0×$10^8m^3/a$产能建设方案、二期20.0×$10^8m^3/a$产能建设方案。

1. 开发技术政策

1）井型

对元坝气田长兴组气藏主要采用何种井型进行开发，需要综合元坝气田地质特点、技术经济界限和各种井型开发效果进行对比、分析。

通过增产倍数计算，考虑提高单井控制储量和不同井型的控水效果，并结合元坝气田不同礁带的地质差异性，针对不同的地质情况而选择不同井型。不同礁带具体井型如下：

① 号礁带储量丰度较低、条带较窄，元坝9井、元坝10井测井解释结果显示存在含气水层和水层，元坝9井测试时产水，未获工业气流，地震预测结果显示存在一套较厚的优质储层，因此对①号礁带可采用水平井开发。

② 号礁带储层以薄层、互层为主，隔层较发育，宜采用大斜度井开发。在元坝103H井区钻遇两套物性较好的礁盖储层（隔层垂向厚度为13m），为避开下部水层，采用水平井开发上部礁盖，因此对②号礁带可采用大斜度井+水平井开发。

③ 号礁带储量丰度相对较高，条带发育较宽；储层以薄层、互层为主，隔层较发育；下部滩体较发育，测试获得高产气量。考虑到礁体和滩体同时被动用，宜采用直井+大斜度井开发，但当下部生屑滩相气层较薄，且与上部生物礁相气层间有较厚隔层时，宜采用水平井开发上部气层。

④ 号礁带储层厚度大，储量丰度相对较高，但条带发育窄，储层集中发育于顶部；储层以薄层、互层为主，隔层较发育，宜采用大斜度井+水平井开发。

因此，对元坝气田长兴组气藏，应该考虑不同区域的地质特征，采用不同的井型组合。

2）井距

为了提高井控程度、有效动用地质储量，针对元坝气田长兴组气藏平面非均质性强、储层连通性差的特点，技术人员采用单井规定产量法、气井波及范围法、数值模拟及经济评价结合法等综合确定了合理井距。计算结果表明，元坝气田长兴组气藏直井合理井距为1800~2000m，大斜度井合理井距为2000~2400m，水平井合理井距为2000~3000m。

3）采气速度

元坝气田长兴组气藏局部井区已基本被证实含水，并且水体类型不明确，因此需要对不同区域的采气速度进行优化。

无水区合理采气速度：数值模拟结果表明，要保证元坝气田长兴组气藏无水区域5~10年的稳产期，采气速度应被控制在3.0%~4.0%。

含水区合理采气速度：数值模拟结果表明，采用低采气速度有利于减小水侵速度，并且具备较长的稳产期，因此对于存在边（底）水的储层应适当降低采气速度，以实现控水稳产的开发效果。综合稳产期及见水时间，元坝气田长兴组气藏含水区域若要保证5~10年的稳产时间，采气速度应被控制在2.0%~3.0%。

分区、分礁带采气速度：综合考虑各因素，对元坝气田长兴组气藏采用3.0%左右的采气速度开发较为合理。对于试采区物性较好、厚度较大的生物礁相（生物礁）储层，采用的采气速度较高，可达4.0%左右；对于滚动区物性相对较差、厚度较小的生屑滩相（生屑滩）储层，采用的采气速度较低，在2.0%~3.0%之间；对于含水井区，应采用较低的采气速度（2.0%~3.0%）。

将气藏地质、气藏工程与经济评价相结合，技术人员优化并确定了元坝气田长兴组气藏的合理开发技术政策，具体如下：

（1）开发方式：采用衰竭式开采方式开发。

（2）开发层系：采用一套开发层系。

（3）井型选择：试采区以大斜度井为主，对不同礁带采用不同的井型组合；滚动区以水平井为主，对不同区带采用不同的井型组合。①号礁带、③号礁带和④号礁带东南端采用水平井开发；礁滩叠合区和滩区采用大斜度井+水平井开发。

（4）合理井距：直井合理井距为1800～2000m；大斜度井合理井距为2000～2400m；水平井合理井距为2400～3000m。

（5）合理产量：直井合理产量为无阻流量的1/7～1/5，水平井合理产量为无阻流量的1/13～1/10。

（6）采气速度：采气速度为2.0%～4.0%。不同动用区根据储层物性、储量丰度、含水状况等采用不同的采气速度。

（7）废弃地层压力：试采区②号礁带、③号礁带、④号礁带长兴组气藏废弃地层压力分别为13.6MPa、12.8MPa、13.4MPa；滚动区废弃地层压力为16.0MPa。

（8）试采区气藏采收率为59.0%；滚动区气藏采收率为50.0%。

2. 气田开发方案

根据元坝气田地质研究和开发技术政策研究成果，并根据长兴组储量、产能落实程度，技术人员明确了气田开发有利区，分两期建成长兴组气藏40.0×10^8m^3/a(20.0×10^8m^3/a+20.0×10^8m^3/a)混合气产能(34.0×10^8m^3/a净化气产能)。

根据储层评价、产能评价成果和储量落实程度及储量综合评价结果，对元坝气田长兴组气藏动用储量较落实且产能较高的区域，即①号礁带、②号礁带、③号礁带、④号礁带、礁滩叠合区和元坝12井滩区。根据地质研究成果，元坝气田长兴组气藏动用区域含气面积为195.1km^2，动用地质储量为1287.3×10^8m^3，采气速度为3.1%。

1）一期试采工程20.0×10^8m^3/a开发概念设计方案

元坝气田一期试采区于2011年6月完成开发概念设计方案编制。方案中设计动用地质储量为615.7×10^8m^3。其中：②号礁带动用区面积为20.2km^2，动用地质储量为136.0×10^8m^3；③号礁带动用区面积为21.2km^2，动用地质储量为245.4×10^8m^3；④号礁带动用区面积为25.4km^2，动用地质储量为234.4×10^8m^3。

方案中设计总井数为14口。其中，利用老井7口(元坝27井、元坝271井、元坝272H井、元坝204井、元坝205井、元坝29井、元坝103H井)，部署新井7口，新井井型为大斜度井，或视储层情况转为水平井。单井平均配产为43.0×10^4m^3/d，采气速度为3.2%，建成17.0×10^8m^3/a净化气产能，如图6-8所示。

方案中设计稳产期8年，稳产期末累计产气量为159.7×10^8m^3，采出程度为25.9%；评价期末累计产气量为297.6×10^8m^3，动用地质储量采出程度为48.3%，可采地质储量采出程度为81.9%。开发方案指标预测结果如图6-9所示。

2）二期滚动建产20.0×10^8m^3/a开发方案

元坝气田二期滚动区于2013年3月完成开发方案编制。方案中共动用地质储量为671.4×10^8m^3。其中：①号礁带动用地质储量为134.4×10^8m^3；③号礁带东南端动用地质储量为72.3×10^8m^3；④号礁带东南端动用地质储量为82.7×10^8m^3；礁滩叠合区动用地质储量为197.8×10^8m^3；元坝12井滩区动用地质储量为184.2×10^8m^3。

方案中设计总井数为23口，其中利用老井13口(元坝10-侧1井、元坝10-1H井、元坝107井、元坝28井、元坝29-2井、元坝273井、元坝102-侧1井、元坝102-2H

井、元坝104井、元坝12井、元坝121H井、元坝122-侧1井、元坝124-侧1井)，部署新井10口，新井井型大多为水平井。单井平均配产为26.1×10^{4}m^3/d。方案部署如图6-10、表6-6所示，指标预测结果如图6-11所示。

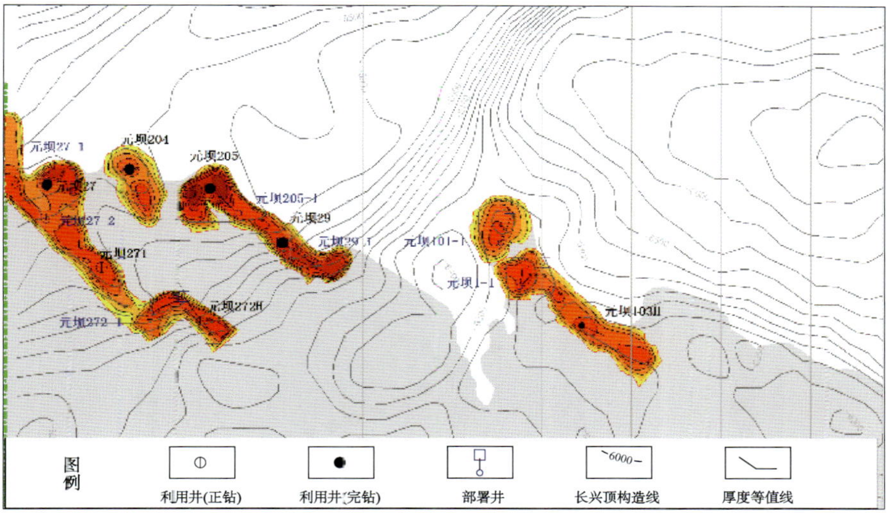

图6-8　元坝气田长兴组气藏一期试采工程20.0×10^{8}m^3/a开发部署图

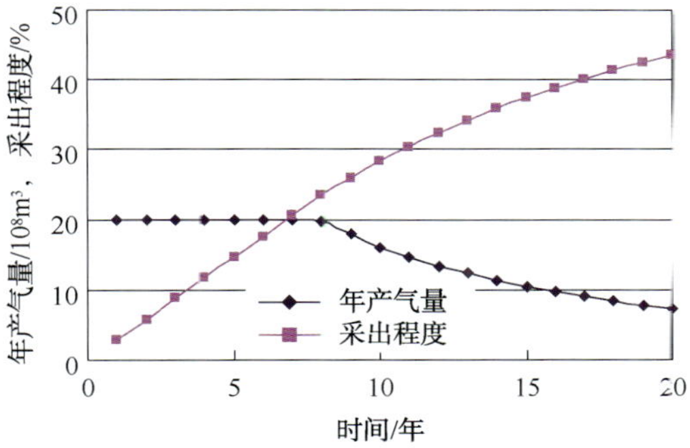

图6-9　元坝气田长兴组气藏一期方案开发指标预测结果图

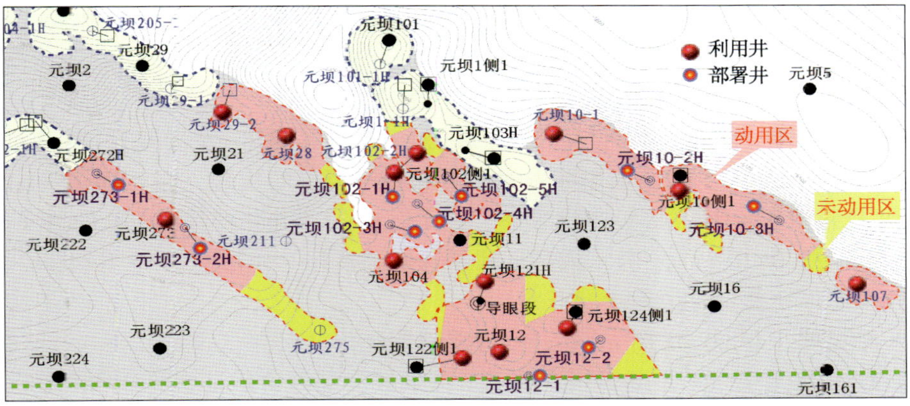

图6-10　元坝气田长兴组气藏二期滚动开发区20.0×10^{8}m^3/a开发部署图

表 6-6　元坝气田长兴组气藏二期滚动开发区 $20.0\times10^8m^3/a$ 开发部署表

分区部署	设计井数/口	利用井数/口	新钻井数/口	动用储量/10^8m^3
①号礁带	5	3	2	134.4
③号礁带东南端	2	2	0	72.3
④号礁带东南端	3	1	2	82.7
礁滩叠合区	7	3	4	197.8
元坝 12 井滩区	6	4	2	184.2
合计	23	13	10	671.4

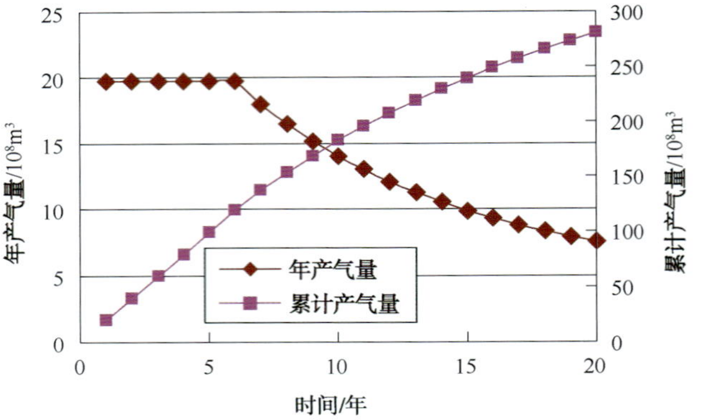

图 6-11　元坝气田长兴组气藏二期滚动开发区开发指标预测结果图

二、元坝气田开发优化方案

1. 方案跟踪优化

部署井优化和调整：在礁滩叠合区东部储层较差、元坝 273 井投产测试产水、元坝 12 井滩区投产测试普遍产水且产能较低的情况下，对滚动区开发方案进行了优化和调整。原方案中位于叠合区的元坝 102-4H 井被调整为③号礁带西北端的元坝 204-2 井；原方案中位于④号礁带东南端的元坝 273-2H 井被调整为③号礁带中段的元坝 205-3 井。

投产井优化和调整：由于元坝 12 井等 5 口井测试产能低[产能为$(5.0\sim24.5)\times10^4m^3/d$]，单井配产为$(1.0\sim4.5)\times10^4m^3/d$，低于气井临界携液流量，投产后水淹风险大。同时，单井配产也低于经济日产界限($6.1\times10^4m^3/d$)，因此建议不利用这 5 口井。对方案中气井进行调整后，元坝气田长兴组气藏生产井数为 32 口。

开发调整井部署：在投产井被优化和调整后，32 口生产井混合气产能可达 $1200.0\times10^4m^3/d$，稳产期可达 6 年，但为了进一步保证方案产能和稳产目标的实现，在元坝 27-1H 井、元坝 27-2 井及元坝 27-3H 井等投产效果好，且元坝 27-1H 井井控程度较低的情况下(未动用地质储量约 $35.0\times10^8m^3$)，技术人员部署了开发调整井——元坝 27-4 井(图 6-12)。

2. 气田优化方案

1）一期试采工程 $20.0\times10^8m^3/a$ 开发方案部署优化

元坝 27 井及元坝 204 井由于井下发生工程事故，经评价后证实无法再利用，优化后的开发方案中设计总井数仍为 14 口，其中利用老井 5 口(元坝 271 井、元坝 272H 井、元坝 205 井、元坝 29 井和元坝 103H 井），部署新井 9 口（利用老井场 4 座，新建井场 4 座，元坝 27-1H 井和元坝 27-2 井共用元坝 27 井场）（图 6-13），新井井型为大斜度井，或视储层情况转为水平井。

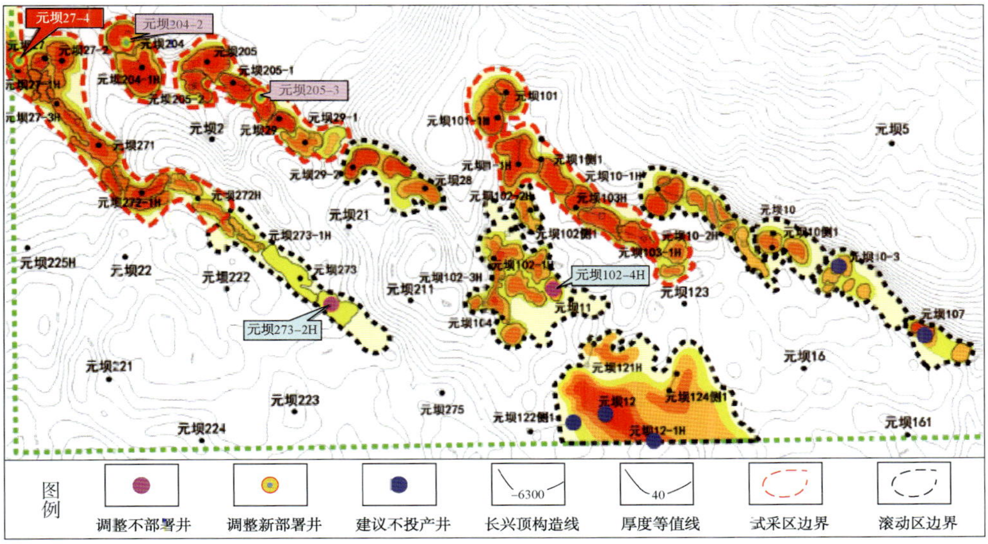

图 6-12　元坝气田长兴组气藏二期滚动开发区 $20.0\times10^8m^3/a$ 开发部署调整图

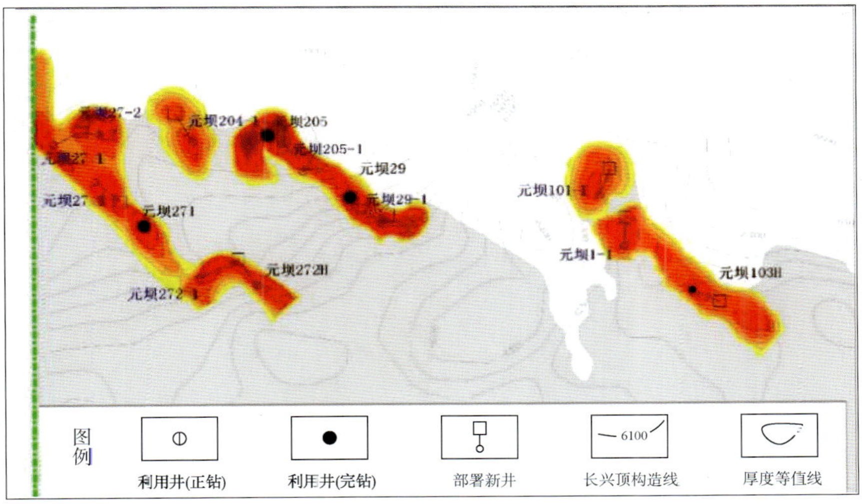

图 6-13　元坝气田长兴组气藏一期试采工程 $20.0\times10^8m^3/a$ 优化部署图

在一期试采工程开发方案中，设计 14 口生产井动用地质储量为 $639.4\times10^8m^3$。其中：②号礁带动用区面积为 $20.2km^2$，动用地质储量为 $136.5\times10^8m^3$；③号礁带动用区面积为 $21.2km^2$，动用地质储量为 $252.5\times10^8m^3$；④号礁带动用区面积为 $25.4km^2$，动用地质储量为 $250.4\times10^8m^3$。利用的 5 口老井单井配产为 $(35.0\sim55.0)\times10^4m^3/d$，平均配产为 $46.0\times10^4m^3/d$；新部署的 9 口井单井配产为 $(30.0\sim55.0)\times10^4m^3/d$，平均配产为 $41.1\times10^4m^3/d$；14 口井单井平均配产为 $42.9\times10^4m^3/d$，新建混合气产能为 $20.0\times10^8m^3/a$（表 6-7）。

表 6-7　元坝气田长兴组气藏一期试采工程 $20.0\times10^8m^3/a$ 开发部署表

分区部署	设计井数/口	利用井数/口	新钻井数/口	动用储量/10^8m^3
②号礁带	3	1	2	136.5
③号礁带	5	2	3	252.5
④号礁带	6	2	4	250.4
合计	14	5	9	639.4

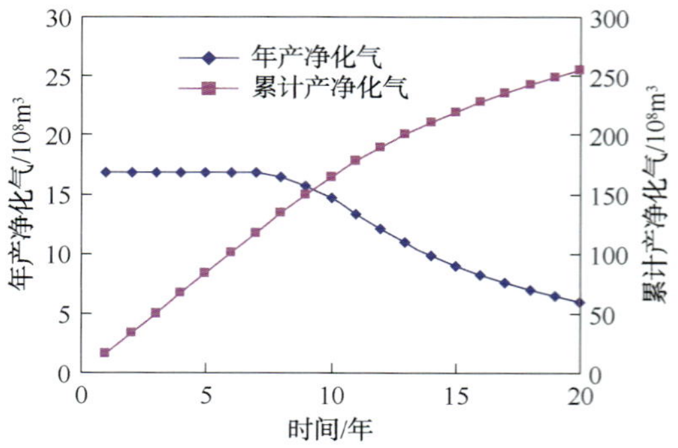

图 6-14　元坝气田长兴组气藏一期试采工程开发指标预测结果图

方案中评价期为 20 年，稳产期为 8 年，稳产期末累计产气量为 $157.9\times10^8m^3$，采出程度为 24.7%；评价期末累计产气量为 $298.8\times10^8m^3$，动用地质储量采出程度为 46.8%，可采地质储量采出程度为 79.3%。开发方案指标预测结果如图 6-14 所示。

2）二期滚动开发区 $20.0\times10^8m^3/a$ 开发方案部署优化

由于元坝 12 井滩区储量难以被有效动用，以及礁滩叠合区向台内方向储层逐渐变薄，因此将原开发方案中设计的元坝 12-2H 井和元坝 102-5H 井调整并部署到②号礁带东南端和③号礁带元坝 205 井西南端，其余地区的利用井与新部署井保持不变。设计总井数仍为 23 口，其中利用老井 13 口，新部署井 10 口，新井井型以水平井为主(图 6-15)。

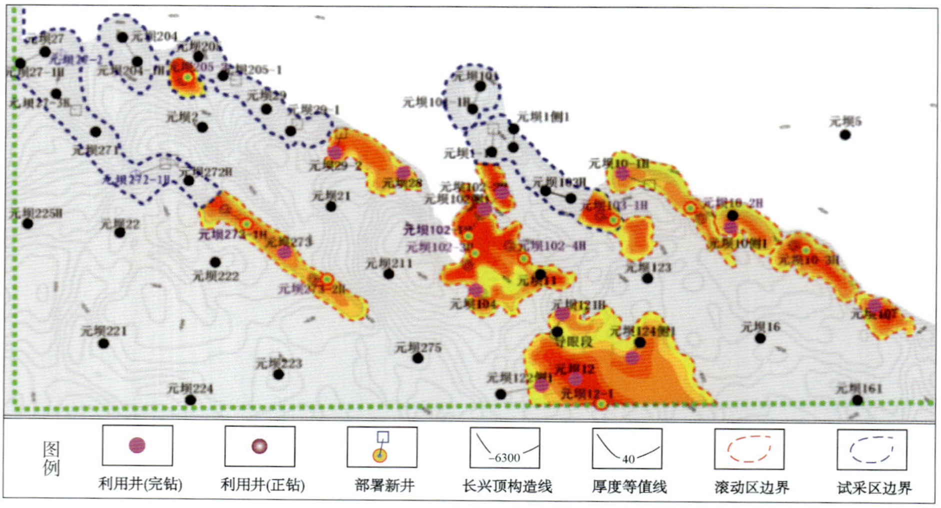

图 6-15　元坝气田长兴组气藏二期滚动开发区 $20.0\times10^8m^3/a$ 开发优化部署图

23 口生产井动用地质储量为 $640.8\times10^8m^3$(与此相对应，试采区 14 口生产井动用地质储量约 $620.6\times10^8m^3$)，地质储量动用率约 87.0%。利用的 13 口老井单井配产为$(10.0\sim35.0)\times10^4m^3/d$，平均配产为 $21.3\times10^4m^3/d$；新部署的 10 口井单井配产为$(23.0\sim40.0)\times10^4m^3/d$，平均配产为 $32.3\times10^4m^3/d$；23 口井单井平均配产为 $26.1\times10^4m^3/d$，新建混合气产能为 $20.0\times10^8m^3/a$。

第四节　大牛地气田开发方案及跟踪优化

如前所述，大牛地气田是中国石化开发的第一个大型、低渗、致密砂岩气田，其具有典型的“四低”特点：低渗透率/特低渗透率、气藏压力低、含气丰度低、产能低，上、下共7套含气地层，砂层、泥层和煤层相互叠置、沉积复杂、储层非均质性极强，属于典型的低渗致密砂岩边际效益气田。

在大牛地气田开发初期，技术人员针对储层含气性和自然产量低的特点，通过开发先导试验，选择了一套主力气层或多层叠合气层进行分层压裂、合层开采。在气田基本地质特征和整体评价的基础上，实施了勘探开发一体化；同样，按照“整体部署、分批实施，先易后难、先肥后瘦，跟踪分析、及时调整”和“多打高产井、少打低产井、避免无效井”的开发理念和原则，分“先导试验、开发评价、实施建产和开发生产”4个阶段，对开发层系、有利区带进行了分类评价和动用，通过气藏精细描述和气藏工程研究，论证了合理的开发技术政策，有效指导了气田高效开发，保证了钻井成功率和开发方案的实施效果。

一、大牛地气田开发方案

根据大牛地气田储层在平面和纵向上非均质性较强，砂体展布受河流方向的限制，气层分布受沉积相、岩性、物性和孔喉结构等综合因素制约等地质特点，技术人员将气藏地质、气藏工程与经济评价相结合，优化了合理井距、合理工作制度等开发技术政策，并在此基础上编制了大牛地气田第一个 $10.0\times10^8m^3/a$ 直井开发方案。

1. 直井开发技术政策

1）合理井距

结合大牛地气田的地质参数及试采动态特征，采用单井规定产量法、合理采气速度法、储量丰度法、导压系数或探测半径法、经济极限井网密度法等，综合确定了大牛地气田的合理井距：盒2段与盒3段单采区的合理井距为1000m，西南合采区与中部合采区的合理井距为800～1000m。

2）合理配产

生产井合理工作制度的确定实际上是合理产量和合理生产压差的确定。对大牛地气田合理工作制度的确定，采用了采气指示曲线法和生产动态预测模型法。研究结果表明，考虑到大牛地气田设计外输压力为4.0MPa，高产井合理产量相当于无阻流量的1/9～1/7，低产井合理产量相当于无阻流量的1/7～1/5。

技术人员将气藏地质、气藏工程与经济评价相结合，优化并确定了大牛地气田的合理开发技术政策，具体如下：

（1）开发方式：采用衰竭式开采方式开发。

（2）开发层系：采用滚动开发形式，优先开发盒2段和盒3段气藏，并采用一套开发层系。

（3）合理井距：气藏合理井距为1000m。

（4）合理产量：气井平均合理产量为无阻流量的1/6，高产井合理产量相当于无阻流量的1/9～1/7，低产井合理产量相当于无阻流量的1/7～1/5。

（5）采气速度：气藏采气速度约 3.0%。

（6）废弃地层压力：废弃地层压力为 8.0MPa，气藏采收率为 55.0%。

2. 直井开发方案

2004 年，在大牛地气田开发先导试验取得突破的基础上，技术人员编制了大牛地气田第一个 $10.0\times10^8m^3/a$ 直井开发方案。方案中采用一套井网开发两套含气层系，即首先动用盒 2 段和盒 3 段高产层，待稳产期过后或产量下降到一定值后，将下部含气层系打开并作为接替层。

方案中动用开采区面积为 $248.4km^2$，动用地质储量为 $718.1\times10^8m^3$，平均采气速度为 1.6%；共钻成 216 口井，平均单井产气量为 $1.5\times10^4m^3/d$，新建产能为 $10.6\times10^8m^3/a$，稳产期为 3~11 年（图 6-16）。其中：盒 2 段、盒 3 段开采区动用面积为 $118.9km^2$，动用地质储量为 $315.7\times10^8m^3$，平均采气速度为 2.0%；共钻成 111 口井，平均单井产气量为 $1.7\times10^4m^3/d$，新建产能为 $6.2\times10^8m^3/a$。合采区动用面积为 $129.5km^2$，动用地质储量为 $402.4\times10^8m^3$，平均采气速度为 1.1%；共钻成 105 口井，平均单井产气量为 $1.3\times10^4m^3/d$，新建产能为 $4.4\times10^8m^3/a$。

因此，单采区平均单井产气量为 $1.7\times10^4m^3/d$，合采区平均单井产气量为 $1.3\times10^4m^3/d$，总平均单井产气量为 $1.5\times10^4m^3/d$。初期产气量为 $319.7\times10^4m^3/d$，年产气量为 $10.6\times10^8m^3$，稳产期为 3~5 年，主要开发指标预测如图 6-17 所示。

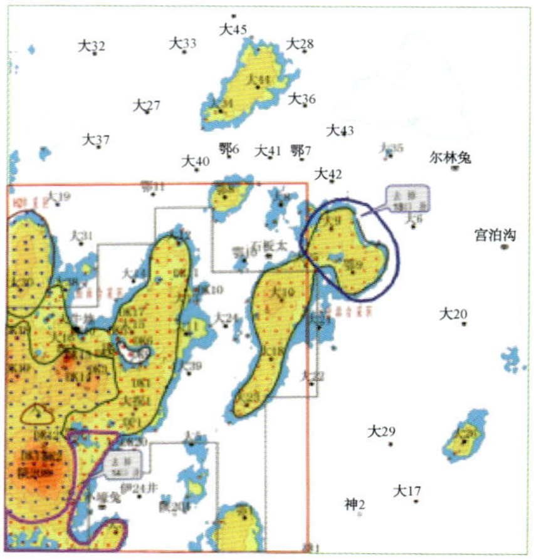

图 6-16　开发方案 1000m 井网实际部署示意图
（红色井点代表实际布井，
蓝色井点代表由于产能太低不准备布的井）

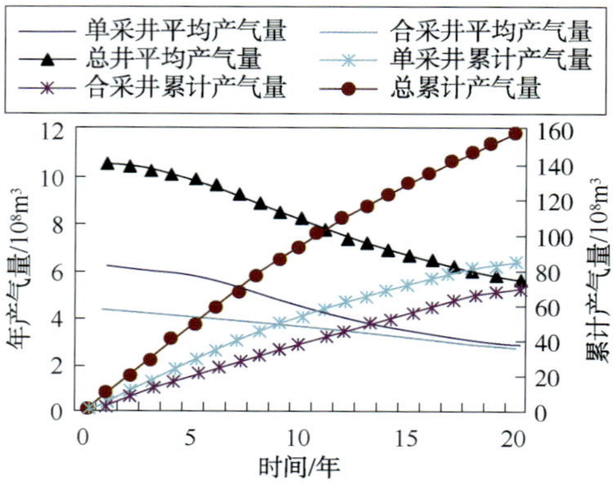

图 6-17　大牛地气田直井
开发方案指标预测结果图

二、大牛地气田开发优化方案

在开发方案实施过程中，技术人员加强了基础资料论证，建立了开发地质有利、三维储层预测有利和产能预测有利的“三有利”井位筛选流程，分 10 多个批次完成 233 口井井位的部署和优化，确保了每口井都部署在最有利的位置上，为实现少井高产的目标提供了技术保障。

1. 开发方案跟踪优化

1）“三有利”综合布井

研究认为，大牛地气田影响气井产能的主要因素是沉积微相、气层厚度和含气性。其中，河道主体部位一般砂体厚度大、气层厚度大、物性好、含气丰度高，产能自然也高。“三有利”综合布井技术就是要将开发井部署在沉积相、产能评价和三维储层预测成果都有利的部位，最大限度地保证“多打高产井、少打低产井、避免无效井”，确保开发中的钻井成功率。

盒2段、盒3段气层组井位部署：将井位部署在主河道的气层发育部位，砂岩厚度一般超过4m；在产能评价方面，要求邻井获得较高产能；在三维储层预测方面，一是处于振幅中强区(技术人员认为中强振幅为盒2段、盒3段的储层发育响应)，二是处于岩性反演较厚的部位，厚度一般大于5m，三是处于电阻率反演较高的部位，电阻率一般大于80Ω·m。

山1段气层组井位部署：将井位部署在河道主体气层发育部位，砂岩厚度一般超过4m；在产能评价方面，要求邻井获得较高产能；在三维储层预测方面，一是应处于岩性反演较厚的部位，厚度一般超过5m，二是处于电阻率反演较高的部位，电阻率一般大于80Ω·m。

太2段气层组井位部署：在沉积相方面，井位应处于障壁砂坝主体气层发育部位，砂岩厚度一般大于6m；在产能评价方面，要求邻井获得较高产能；在三维储层预测方面，井位应处于岩性反演较厚的部位，厚度一般大于5m，且处于含气吸收有利的反射结构上。

2）沉积相和储层认识变化

随着基础资料的不断丰富，以及对前期地质认识的不断深化和完善。经研究，与前期取得的认识相比：太2段在沉积相展布方面有一定变化，一是表现为分流河道条数增多，二是分流河道砂体展布方向也发生变化；山2段分流河道砂体展布方向在前期被认为主要呈北西—南东向展布，本次研究表明主要呈北东—南西向展布，并且分流河道条数增多；盒3段在前期被认为只有一条分流河道，且呈北东—南西向展布，而本次研究表明分流河道砂体主要呈近南北向展布。

基于上述地质认识，在不断跟踪和调整后，最后实施了233口开发井，其中对盒2段单采区实施了38口井，对盒3段单采区实施了124口井，对大开25—大52井区实施了55口井，对西南合采区实施了16口井。由此可见，在实施233口井后，原井位部署方案发生了很大变化(表6-8)，正是这些有效的调整确保了钻井成功率。最终，技术人员统计失利井共11口，开发井成功率达95.3%。

表6-8　方案设计与实际实施井位对比表

井　区	方案设计井数/口	实际实施井数/口
盒3段单采区	86	124
盒2段单采区	25	38
西南合采区	67	16
大开25—大52井区	55	55
合计	233	233

2. 气田开发优化方案

截至2005年底，大牛地气田累计钻成天然气生产井236口(含2005年钻的探井和开发准备井48口)，建成天然气产能$11.5\times10^8m^3/a$，生产水平达$275.0\times10^4m^3/d$。2005年，

共生产天然气 $4.3\times10^8m^3$，当年向北京供气 $2.9\times10^8m^3$。到 2008 年北京奥运会结束时，累计向北京供气 $15.1\times10^8m^3$，兑现了中国石化向国家、向北京人民的庄重承诺，体现了中国石化“顾大局、勇担当、守信用、负责任”的企业形象，有效促进了鄂尔多斯盆地致密气田的高效开发。

第五节　松南气田开发方案及跟踪优化

如前所述，松南气田发现于 2006 年，是中国石化正式开发的第一个火山岩气田。当时，国内火山岩气田开发正处于起步阶段，针对火山岩气田如何评价气井产能、如何编制最优开发方案以实现少井高产的目标，是当时摆在技术人员面前的难题。结合气藏试气试采工作，技术人员不断探索、持续攻关，对开发方案设计进行反复论证、逐井优化，最终形成松南气田开发方案。在开发方案实施过程中，技术人员持续跟踪实施效果，并实时进行优化和调整，完成松南气田优化方案的编制，实现松南气田火山岩气藏的科学、高效开发。

一、松南气田开发方案

通过对腰深 1 井的试采动态特征进行分析，技术人员进一步落实了营城组火山岩的产能及稳产能力，利用松南气田已钻的 3 口直探井，并根据前期地质认识和研究成果，论证了火山岩气藏的合理开发技术政策，在此基础上编制了松南气田 26 口开发井的气田初步开发方案。

根据本章第一节中气田开发技术政策的相关计算方法，将气藏地质、气藏工程与经济评价相结合，技术人员优化并确定了松南气田的合理开发技术政策，具体如下：

（1）开发方式：采用衰竭式开采方式开发。

（2）开发层系：采用一套开发层系。

（3）井型选择：井型以直井为主，同时结合大斜度井。

（4）合理井距：合理井距为 800～1200m。

（5）合理产量：气井合理产量为无阻流量的 1/6～1/3。

（6）采气速度：采气速度为 3.2%。

根据以上认识，技术人员于 2007 年底编制了《松南气田 $10.0\times10^8m^3/a$ 开发方案》。营城组火山岩气藏为主力开发层系，登娄库组和泉一段砂岩气藏作为开发接替层系；采用衰竭式开采方式；主要利用大斜度井控制生产压差，防止底水锥进。方案中动用含气面积为 $16.0km^2$，动用地质储量为 $400.0\times10^8m^3$，总井数为 26 口，其中利用探井 3 口，单井控制地质储量为 $15.4\times10^8m^3$。新钻井数为 23 口，其中直井 14 口、大斜度井 9 口，新建产能为 $12.7\times10^8m^3/a$。

二、松南气田开发优化方案

在气田开发方案实施过程中，由于井数多、产能低，导致开发效益差。通过对腰平 1 井、腰平 4 井和腰平 7 井这 3 口水平井开展先导试验，并结合地质认识方面的新变化，技术人员对该开发方案进行了优化，将井数由 26 口调整到最终的 12 口，大幅提高了气田开发效益。

1. 气田开发方案跟踪优化

1）火山机构认识变化

综合火山岩内幕结构精细解剖、流体性质分析、气水分布及压力分析等方法，技术人员认为松南气田在平面上分布有3个火山机构，不同火山机构之间互不连通。在同一火山机构内部，受断层影响，其连通性也存在差异。以腰深1井区为例（图6-18），动态和静态资料表明，腰平1井、腰深1井、腰平3井、腰平9井之间是连通的，但与腰深102井不连通。

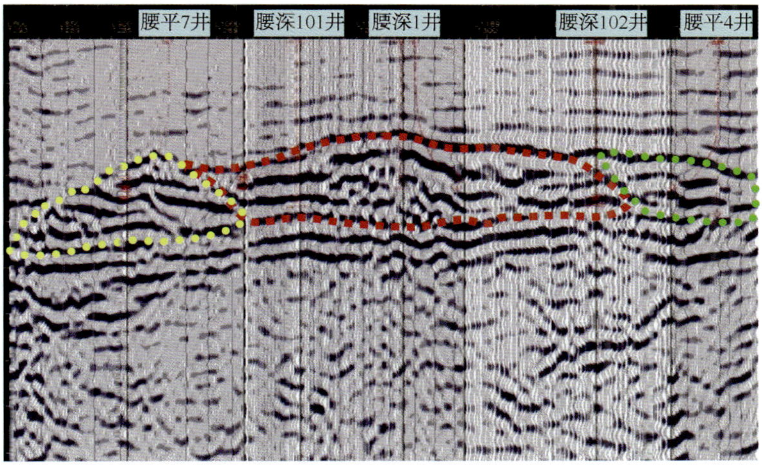

图6-18　松南气田地震剖面图

2）地质储量变化

2006年8月，技术人员上报松南气田营城组控制储量为352.2×10^8m^3，技术可采储量为211.3×10^8m^3，含气面积为14.45km^2；2007年11月，松南气田腰深1井区营城组气藏通过未开发探明储量审查，含气面积为16.83km^2，天然气地质储量为433.6×10^8m^3，技术可采储量为260.2×10^8m^3，经济可采储量为220.1×10^8m^3。

通过对该区的跟踪优化研究，技术人员深化了原有的地质认识，并对储量计算参数（含气面积、有效厚度、孔隙度及含气饱和度）进行了重新认识，同时重新划分了计算单元。在此基础上，还对松南气田主体开发动用地质储量进行了重新评价。技术人员采用容积法，以及地质认识发生变化后的储量计算参数，计算得到松南气田主体可动用地质储量为201.0×10^8m^3。其中，腰深1井区储量占总储量的82.5%。

与2007年所上报的探明储量相比，本次计算得到的松南气田主体可动用地质储量比原探明地质储量减少了53.64%。造成地质储量变化的原因主要是对地质认识的变化导致储量计算参数的改变。主要有以下几个方面的原因：

（1）通过重新建立火山岩测井解释模型，单井储层解释厚度变小。

（2）因计算单元的重新划分，导致剖面上单元含气面积变小。

（3）随着新资料的不断丰富，体积系数、含气饱和度及孔隙度等发生了变化。与前期计算参数相比，储层有效厚度减小，孔隙度和含气饱和度略微增大，最终导致总地质储量减少。

3）井型优化

在松南气田的高效开发实践过程中，技术人员从气藏的地质特点、经济效益和各种井型开发效果出发，通过仔细对比分析，系统总结了不同井型的开发特点。技术人员对比后发现，水平井(大斜度井)对火山岩储层的适应性较高。

水平井(大斜度井)开发主要有以下优势：水平井(大斜度井)开发可以增大泄气面积，提高单井产量；有效抑制底水锥进；增大气层连通范围，增加产气量；增加可动用储量。通过对火山岩优势相带实施水平井(大斜度井)开发，可有效增大泄气面积，大幅提高单井控制储量和气井产能，减小生产压差，控制底水上升速度，以及提高气藏最终采收率。随着腰平1井这口水平评价井的成功实施，水平井(大斜度井)开发技术成为火山岩气藏主体开发的重要技术。

2. 气田开发优化方案

在开发方案执行过程中，技术人员同样按照“整体部署、分批实施，先易后难、先肥后瘦，跟踪分析、及时调整”和“多打高产井、少打低产井、避免无效井”的开发理念和原则，结合新认识及优化后的开发技术政策，在平面上以开发主火山机构为主，由高向低采取滚动式开发；在纵向上以高渗透层开发为主，同时加大对其他火山岩储层的产能评价；方案中动用储量为 $201.0\times10^8m^3$；井型由直井被调整为水平井，井数被调整为12口，实现少井高产的目标。2012年，松南气田顺利完成产能建设任务，建成原料气产能 $6.7\times10^8m^3/a$，建成工业气产能 $5.0\times10^8m^3/a$，保证了该气田开发的效果和效益，奠定了中国石化东北油气分公司生存和发展的经济基础，对改善吉林省空气质量和能源结构具有重要意义。

第七章　工程工艺技术进步是提高气田开发效果的保障

工程工艺技术进步为提高气田开发效果和效益提供了关键支撑，实现优快钻完井和大幅提高单井产量是技术人员推动工程工艺技术进步过程中始终追求的目标。根据达西定律，气井产量与储层厚度、渗透率和井控储量成正比，因此在工程工艺技术方面，技术人员主要通过提高储层渗透率，以及增加动用储层厚度和储量等关键措施，提高储量动用率和开发效果。针对中国石化特殊类型气田的地质特点，必须要坚持地质工程一体化，在加强开发前期评价和先导试验的基础上，以降低开发成本、大幅提高单井产量技术攻关为核心，努力突破气田高效开发技术瓶颈。近年来，在不同井型(直井、定向井、水平井)安全高效钻井、压裂改造等方面取得重要进展，并使气田开发工程工艺技术不断得到完善，从而适应了特殊类型气田高效开发的需要。

第一节　直井(定向井)优快钻完井和大幅提高单井产量技术

"十五"期间，随着对地质认识的不断深化，中国石化在致密砂岩和高含硫碳酸盐岩气田领域取得突破，先后发现了大牛地气田和普光气田，实现了天然气储量的快速增长。但当时，国内针对这两类气田没有成功开发的先例可借鉴，有效的开发技术尚不成熟，气田实现效益和规模建产面临巨大挑战。

为了尽快实现气田的有效开发，技术人员将科技攻关与生产实践、吸收引进与推广应用、集成创新与自主创新紧密结合，形成适合致密砂岩气田特点的低伤害"钾铵基聚合物钻完井液体系"和以 PDC 钻头为特点的钻完井工艺，以及单层大规模压裂和多层叠置储层高效改造技术，缩短了钻井周期，提高了单井产量，为大牛地气田的高效开发提供了保证；形成适合普光气田的陆相地层空气/雾化/泡沫/氮气+防掉落空气锤等气体钻井提速技术和定向井水平井轨迹控制技术，以及高含硫气井长井段暂堵分流多级注入酸压技术，提高了钻井速度、施工效率和气井产能，有力支撑了普光气田的安全、高效开发。

一、致密砂岩气田

大牛地气田具有气藏压力低、渗透率低、产能低、非均质性强，以及经济开发难度大的特点。该气田自投入开发以来，通过储层保护、直井钻井技术优化，形成优快钻完井工艺技术，提高了机械钻速，缩短了钻井周期。以提高单井产能为目的的大规模压裂和多层压裂攻关研究和运用，较大幅地提高了山 1 段、盒 2 段和盒 3 段气层的产能，达到单层可经济开采的水平，同时实现了多层叠置气层的有效动用和效益开发。

(一) 优快钻完井技术

针对大牛地气田储层孔隙度低、渗透率低、气藏压力低、有效应力高、基块毛管压力高、易产生水锁伤害，以及部分大斜度井的生产套管二界面固井质量差、影响后续施工作业等问题，技术人员进一步开展了钻完井工艺研究和试验，形成适合低渗致密气田勘探开发的优快钻完井工艺技术，提高了机械钻速，缩短了钻井周期，从而提高了勘探开发效益。

1. 低伤害钻完井液体系

通过处理剂筛选实验，技术人员筛选出 KPAM 聚合物，并将其作为抑制剂，将 KHPAN、NH_4PAN 聚合物作为降失水剂，同时配合无荧光防塌剂进行复配实验，优化的钻完井液配方：4%钠土+0. 4%KPAM+0. 3%KHPAN+0. 5%NH_4PAN+0. 8%低黏度 CMC+2%防塌剂。该钻完井液具有低密度、低失水的特点。实验结果表明，优化后的钻完井液体系对储层伤害率为 16. 10%~24. 68%，渗透率恢复值高，具有较好的储层保护作用。

2. 优快钻完井工艺技术

1）钻头选型

钻头是破碎岩石、形成井眼的主要工具，它直接影响着钻井速度、钻井质量和钻井成本。在地层可钻性研究的基础上，结合大牛地气田的岩层特征及实钻情况，技术人员优选出破碎效率高、坚固耐用的适合各地质层段的钻头类型，见表 7-1。

表 7-1　大牛地气田钻头选型

序　号	地层组段	钻头直径/mm	钻头选型	IADC 编码
1	第四系、白垩系、侏罗系安定组(表层井段)	Φ311. 0	PDC、JA114	12
2	侏罗系安定组、直罗组、延安组、延长组	Φ216. 0	HJ517、H517G	43、51
3	侏罗系中统、下统及二叠系、石炭系	Φ216. 0	P266MF、P156M	51、53

2）钻柱优化组合

大牛地气田地层平缓，地层倾角小于 1°，同时地层各向异性指数小，不易发生井斜，结合钻井参数，技术人员设计的钻具组合为：

（1）第一次开钻(一开)：

Φ311. 0mm 钻头+Φ203. 0mm 钻铤(3 根)+Φ178. 0mm 钻铤(3 根或 6 根)+Φ159. 0mm 钻铤(6 根)+Φ127. 0mm 钻杆。

Φ311. 0mm 钻头+Φ178. 0mm 钻铤(2 根)+Φ308. 0mm 扶正器+Φ178. 0mm 钻铤(1 根)+Φ308. 0mm 扶正器+Φ159. 0mm 钻铤(15 根)+Φ127. 0mm 加重钻杆(9 根)+Φ127. 0mm 钻杆。

（2）第二次开钻(二开)：

Φ216. 0mm 钻头+Φ159. 0mm 钻铤(2 根)+Φ214. 0mm 扶正器+Φ159. 0mm 钻铤(1 根)+Φ212. 0mm 扶正器+Φ159. 0mm 钻铤(21 根)+Φ127. 0mm 加重钻杆(9 根)+Φ127. 0mm 钻杆。

3）井身结构优化

按照由内向外、由上向下的原则进行井身结构设计，同时井身结构要满足以下几个方面的要求：①能有效保护油层，使不同压力梯度的油气层不受钻井液污染。②应避免漏、喷、塌、卡等复杂情况产生，为全井顺利钻进创造条件，使钻井周期最短。③钻下部高压地层时所用的较高密度的钻井液产生的液柱压力，不致压裂上一层套管鞋处薄弱的裸露地层。④在下套管过程中，井内钻井液液柱压力和地层压力之间的压差，不致产生压差卡套管事故。

由于大牛地气田第四系风积沙松散层及下白垩统志丹群砂砾岩地层不稳定，易发生井壁垮塌，同时上述层段也是当地居民饮用水的主要采集层，必须保证其不被污染，因此第四系和下白垩统志丹群为必封层段。下古生界奥陶系风化壳与上古生界地层分属两个不同的压力体系，而且地层压力较低，风化壳裂缝和溶蚀孔洞发育，易发生井漏。当需要在下古生界地层完井时，为封隔不同压力体系和避免发生井下复杂情况，风化壳顶板以上也为必封层段。

根据气田工程特征和现场钻完井经验，技术人员认为一开采用 Φ311.0mm 钻头开孔，下入 Φ245.0mm 表层套管，二开采用 Φ216.0mm 钻头钻达完井井深，下入 Φ140.0mm 生产管柱的井身结构，既有利于钻井、固井、压裂、测试、试采等工程作业的顺利完成和油气层发现与保护，又利于实现较低的作业成本。

通过优化和完善以低伤害钻完井液体系、PDC 钻头、防钻具脱落技术和防窜、防漏、控压固井技术为核心的优快钻完井技术，使得大牛地气田井眼质量和机械钻速得到显著提高，钻井周期进一步缩短。到 2010 年，平均机械钻速为 10.2m/h，平均钻井周期为 20.6d，固井优质率为 95.2%，合格率达 100%。

（二）提高单井产量技术

大牛地气田储层物性差，不经压裂改造气井无法获得经济产能，从而导致气田探明储量无法被有效动用。储层改造工艺技术是大牛地气田提高单井产量、增加储量动用程度的关键技术。

大牛地气田各井钻遇多套气层，各气层在纵向上叠置发育。根据多口井统计，下石盒子组—山西组、山西组—太原组组间跨距一般大于 40m，各组内气层跨距为 12~24m，总体表现为气层层系多、储层厚度及跨距变化大。为了有效提高单井产量、充分发挥各层的潜能，以及提高开发效果，根据气层产能、储层物性、隔层性质及气层跨距等因素，在大牛地气田压裂改造工艺中：对于一井单层的井，采用封隔器保护套管的单层压裂改造工艺；对于一井多层的井，采用单压各层，水泥塞（或桥塞）封隔后逐层上返、多层合压或不动管柱分层压裂工艺。

1. 多层叠置气层压裂工艺

根据大牛地气田储层特点及压裂裂缝缝高影响因素，在有效隔层厚度研究的基础上，技术人员提出了压裂方式的选择原则：

（1）对于层间跨距（隔层）大于 40m 的井层，由于隔层厚，裂缝不会在纵向上产生突破，可以采用填砂和液体胶塞封隔技术等对上、下气层进行充分改造。

（2）对于层间跨距（隔层）大于 15m 且小于 40m 的井层，要在具体分析隔层岩石类型、组合特点及地应力的基础上选择分层压裂工艺。如果两次压裂产生的裂缝在纵向上不连通，则选择机械式封隔器分层压裂工艺，或选择风险低的尼龙球分层压裂工艺。

（3）对于隔层厚度小于 15m 的井层，虽然在分层压裂时裂缝基本可以在纵向上连通，但为了改善支撑剂铺置剖面，并对小层实现均衡改造，也可以采用投球分层压裂工艺。

（4）根据地应力剖面、储层与隔层间地应力差及裂缝在纵向上的延伸情况，可采用先组间分层、后组内分层进行压裂，或者适当采用限流工艺进行分层合压。

结合气田不同储层的纵向分布特征，主要采用以下压裂方式：

（1）“填砂+桥塞或水泥塞”压裂技术。对于气层段比较单一，砂体上、下隔层泥质含量较高，或有煤层存在，以及隔层遮挡性较好的储层，采用“填砂+桥塞或水泥塞”压裂技术，该技术具有改造强度大、针对性强、改造效果好的优点。技术人员统计了采用“填砂+桥塞或水泥塞”压裂的 121 口井，其压裂后单井平均产气量为 $3.4\times10^4m^3/d$，取得了较好的压裂效果。

(2) 缝高控制技术。针对大砂体、薄气层，采用缝高控制技术，有效控制裂缝高度。一方面，使得支撑剂在产层内铺置；另一方面，延长了裂缝长度，从而提高了单井产量。对大牛地气田，技术人员通过变排量、转向压裂实现控制裂缝高度的目的，取得了一定的压裂效果。

(3) 限流压裂技术。针对部分砂体厚度大而气层薄且夹层多的储层，进行限流合层压裂，通过控制射孔的孔径和数量，限制进入改造层位的压裂液总流量，从而实现多层均衡改造。

(4) 投球分层压裂技术。投球分层压裂技术适用于层间距中等、地层层间破裂压力差值较大(>1MPa)，以及气层厚度较大的气层压裂。技术人员在对 12 口实施投球分层压裂的井进行分析后表明，实际的裂缝形态基本和设计的裂缝形态相吻合，平均气产量为 $2.7\times10^4m^3/d$，取得了设计的储层改造效果。

(5) 机械封隔分层压裂技术。机械封隔分层压裂技术适用于单层厚度大、层间距较大，以及各层破裂压力与隔层破裂压力差值较大的储层。技术人员为大牛地气田优选了 Y344 封隔器不动管柱分层压裂管柱组合，压裂后单井平均产量为 $3.5\times10^4m^3/d$，取得了较好效果。

2. 连续分层压裂工艺

连续分层压裂工艺是低渗透油气藏直井多层增产改造的一种有效方法，它既可以实现射孔、压裂和隔离一体化，大幅缩短作业周期，并降低作业成本，也可以实现对每个小层的均衡改造，以及提高储量动用程度和压裂效率。

根据大牛地气田储层特征，技术人员通过攻关掌握了不动管柱滑套连续分层压裂技术，在应用这项技术后，缩短了施工周期，降低了作业成本。

1) 压裂设计参数优化

(1) 喷嘴个数与直径组合优化。为了保证足够的射孔和较好的破岩效果，一般要求液体在喷嘴出口流速为 200m/s 左右，而喷嘴节流压差为 20MPa 左右。同时，结合大牛地气田储层地质特点，并保证喷射效果，技术人员初步认为 8 个+5.5mm(直径)喷嘴组合可满足压裂对排量和泵压的要求。

(2) 油管施工排量设计。在综合考虑喷嘴压降和井口泵压的条件下，选择油管注入排量为 $2.2\sim2.8m^3/min$，可以在井口限压 70MPa 下安全施工作业。

2) 不动管柱滑套式水力喷射分段压裂工具研制

结合大牛地气田完井方式，技术人员设计出适合 5½in 套管的水力喷射分段压裂工具组合，喷枪结构如图 7-1 所示。

技术人员采用水力喷射分段压裂工具，对大 66-64 井直井段进行了一次不动管柱 3 层压裂施工，压裂后无阻流量达 $3.6\times10^4m^3/d$，最大加砂规模达 $61m^3$。与同样进行 3 层压裂施工且逐层上返分层压裂相比，其作业效率得到大幅提高，试气工期从 55d 降低至 21d。

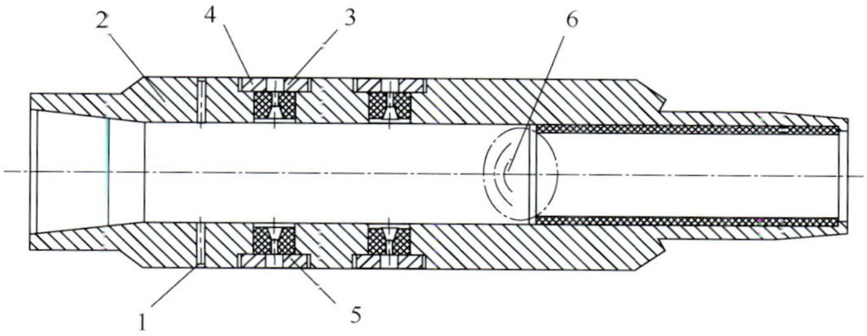

图 7-1 喷枪结构

1—销钉；2—上部喷枪；3—喷嘴；4—防溅块；5—喷嘴压帽；6—钢球

二、高含硫碳酸盐岩气田

我国高含硫碳酸盐岩气田的气藏具有埋藏深、易漏易喷、毒性大、投资高、风险大等特点，因此要确保钻井工程安全、环保、优质、快速、高效；同时，完井、投产作业要尽可能发挥储层产能，以提高气田开发的整体经济效益。

（一）超深高含硫气井安全优快钻井技术

对普光气田，技术人员通过将引进、消化和吸收与自主攻关相结合的方式，研发了适合超深高酸性气田的四大技术系列，保障了钻井施工安全，大幅提高了钻井速度和质量。四大技术系列：一是保障本质安全的钻井装备、井控、防漏堵漏、事故预防与处理等技术系列。二是保障工程质量的垂直钻井、无线随钻、复杂压力体系固井、井身质量控制等技术系列。三是提高钻井速度的气体钻井、复合钻井、参数优化、钻头优选等技术系列。四是保护和发现油气层的地质录井、超深井测井、屏蔽暂堵等技术系列。

1. 井身结构优化技术

普光气田气井较深，井眼上部套管承受较大拉伸应力。在高酸性环境中，一般要求井身结构能够降低入井管柱承受的应力水平，以提高酸性环境下材料的抗硫化物开裂能力（抗硫性能），延长服役寿命。为此，技术人员优化了井身结构和油管柱设计，提出了套管回接、上部用低钢级厚壁套管、上大下小复合套管柱 3 种类型的井身结构设计方法，应用后降低了入井管柱应力水平。同时，避免了喷、漏、塌、卡等复杂情况的产生，满足提高钻井速度和固井质量、保证安全钻井和产能的需要。

（1）导管下入深度为 50~100m，封住地表水并防止发生地表窜气。

（2）表层套管下入深度增大到 700m 以上，防止污染水体并提高钻井安全，封过河床底部以下 100m；表层套管由 Φ339.7mm 套管改为 Φ346.1mm 套管，选用一般碳钢套管。

（3）采用 Φ273.0mm 技术套管下至 3600~4500m 深度，完全封隔陆相复杂地层；将第二次开钻使用的 Φ314.0mm 钻头优化为 Φ320.0mm 钻头，保证下套管时的安全，水泥环厚度增大 3.0mm，有利于提高固井质量；在管材选择方面，增加其抗硫性能，提高安全系数，使用 TP100SS 和 TP110TS 抗硫套管。

（4）针对嘉陵江组盐膏层发生蠕变的情况，使用壁厚从 12.5mm 改为 19.1mm 的 Φ193.7mm 套管，套管抗挤强度从 90.0MPa 提高到 134.5MPa。

（5）对产气量大于 $100.0\times10^4m^3/d$ 的高产井，自井口以下 200m 内采用 Φ222.2mm 套

管+Φ193.7mm 套管回接+Φ177.8mm 尾管，水泥浆返至地面，以满足高产井采气要求。

2. 陆相地层气体钻井技术

针对普光气田地质特点，在其上部陆相地层中使用气体钻井技术。其中，以空气作为介质的空气钻井技术应用最为普遍，它可以减少井底钻头压持效应，大幅提高机械钻速，解决地层严重漏失的问题，减少地层遇水膨胀发生垮塌，并有利于控制井身质量。

上部陆相地层气体钻井技术以空气钻井作为陆相地层钻进的核心提速技术，在地层出水、出气等不同情况下，可以将空气钻井转换为氮气钻井、雾化钻井或泡沫钻井，以保持气体钻井快速钻进的优势。

在普光气田陆相地层 Φ444.5mm、Φ320.0mm 大井眼试验中应用了空气钻井、氮气钻井、雾化钻井和泡沫钻井等气体钻井技术，提高了机械钻速，缩短了钻井周期，有效解决了钻进中易漏、易斜、易塌和地层出水、出气等难题。

在气体钻井中，使用空气锤和具有钻头防掉落安全机构的空气锤钻头钻井方式，可以获得更高的机械钻速，而且井身质量更好，井眼更规则，并减轻钻具的疲劳破坏。采用这种钻头的平均机械钻速为 10.4m/h，是空气牙轮钻头钻速的 2 倍以上，单只钻头平均使用寿命达 61.0h，空气锤无故障工作时间达 143.7h。

普光气田的 38 口开发井，其气体钻井总进尺占全井钻井总进尺的 47.83%，平均机械钻速为 7.5m/h，比采用常规钻井液钻井钻速提高约 6 倍，缩短单井钻井周期约 90d。

3. 海相地层复合钻井技术

在普光气田海相地层中，技术人员采用“螺杆+PDC 钻头”复合钻进工艺，大幅提高了海相非目的层的机械钻速，平均机械钻速为 2.8m/h，比常规钻井机械钻速提高约 2 倍。此外，依据地层和钻头特性，优选了耐高温、长寿命、大扭矩螺杆钻具。在海相地层直井段，选用输出动力强劲的大尺寸螺杆；在较规则的直井段，采用 Φ197.0mm 直螺杆；若井眼不规则，采用 Φ185.0mm 直螺杆。由于 Φ197.0mm 弯螺杆与第三次开钻 Φ241.3mm 井眼间隙小，在稳斜段不宜采用 Φ197.0mm 弯螺杆；在海相地层中，应尽可能减少 Φ172.0mm 螺杆的使用。

4. 钻井液技术

由于普光气田地层复杂，易漏、易塌、易发生盐膏层污染、目的层埋藏深，且 H_2S 和 CO_2 含量高，所以对钻井液的防塌、防漏、抗污染、抗高温、防腐性能有更高的要求。

1）钻井液体系

对普光气田陆相地层采用强抑制性聚合物防塌钻井液体系：3%～4%NV-1+0.2% Na_2CO_3+0.5%～0.8% NaOH+0.1%～0.3%DS-301+0.2%MMH+0.3%～0.5%HP+1%～1.5%PL+3%～4%BY-2，该钻井液体系具有良好的抑制和防塌能力。

对普光气田海相地层采用强抑制性聚磺防塌钻井液体系：4% NV-1+0.2% Na_2CO_3+0.5%～0.8%NaOH+0.2%MMH+0.2%～0.3%DS-301+0.3%HP+1%～1.5%COP-HFL+3%～4%CSM P+3%～4%CFL+3%～4%BY-2+3%CGY，该钻井液体系具有抗高温、抗污染、有效保护油气层等性能。

2）防漏堵漏

普光气田井漏较为普遍，主要漏失层位在陆相地层遂宁组和沙溪庙组，漏失类型为裂缝性漏失。根据其漏失速度，采用以下堵漏方法：①对渗透性漏失，主要采用随钻堵漏。

②对中等漏失，主要采用细粒堵漏浆进行暂堵。③对大漏情况，采用桥浆堵漏、大颗粒复合堵漏、胶质水泥或 MTC 水泥堵漏。对于产层井漏，采用沥青、聚合醇、超细钙、不渗透材料、乳化石蜡作为封堵和造壁材料，进行防漏和保护产层处理。当采用堵漏浆进行堵漏时，完成堵漏以后，要清除堵漏剂，避免摩阻大幅上升。

（二）提高单井产量技术

普光气田长兴组—飞仙关组气藏为构造-岩性控制的、带边水的碳酸盐岩孔隙型高含硫气藏，对气井采用射孔和酸压-生产一体化完井管柱完井，实现了酸压与投产联作，提高了施工效率，减少了二次污染，最大限度地提高了单井产能。

由于气田投资成本高，因而要尽可能发挥储层产能，以提高气田开发的整体经济效益。气井在投产前，均需要对储层进行改造，以提高其产能。碳酸盐岩储层增产改造主要为采用酸化压裂或者酸化增产工艺措施。根据普光气田的储层特征及室内酸-岩反应实验数据，技术人员优选出以胶凝酸为主要酸液，同时采用暂堵、多级注入、闭合酸化等多种工艺的储层改造措施。

Ⅰ类储层：渗透率大于 $10.0\times10^{-3}\mu m^2$，测试有一定的自然产能，且普遍存在污染情况。对于此类储层，酸化压裂的主要目标是解除污染，以及形成高导流能力的酸蚀裂缝。因此，推荐采用以下技术方法：凝胶酸酸化压裂（加闭合裂缝酸化）、降阻酸酸化压裂（加闭合裂缝酸化）技术或者胶束酸酸化压裂（加闭合裂缝酸化）技术。

Ⅱ类储层：渗透率为 $(1.0\sim10.0)\times10^{-3}\mu m^2$，对其进行酸化压裂的主要目标是形成较长的高导流能力的酸蚀裂缝。模拟计算结果表明，采用中等规模前置液+胶凝酸酸化压裂（降阻酸酸化压裂）或多级注入酸化压裂得到的效果最好。多级注入酸化压裂可以为两级注入方式（前置液：酸液：前置液：酸液=30：30：30：30），总液量为 $120m^3$。

Ⅲ类储层：渗透率为 $(0.1\sim1.0)\times10^{-3}\mu m^2$，对其进行酸化压裂的主要目标是形成一条长的酸蚀裂缝，酸蚀裂缝的长度直接影响着酸压效果。多级注入酸化压裂有较好的降滤失能力，对于天然裂缝较发育的地层，采用这种方式可以获得比前置液胶凝酸酸化压裂更长的酸蚀缝，且得到最好的增产效果。多级注入酸化压裂可以为三级注入方式（前置液：酸液：前置液：酸液：前置液：酸液=30：30：30：30：30：30），总液量为 $180m^3$。

根据气井地质及工程特点，为了提高单井产能，最大限度地发挥气层潜力，对不同类型气井应采取不同的储层改造措施。其中，对位于构造中、高部位，含气井段长、储层非均质性强、具备明显隔层的气井，采取分段改造措施；对含气井段较短、气层相对集中的气井，以及不受边（底）水影响的气井，采取笼统酸化压裂改造措施；对距离水层较近的气井，采取酸化改造措施，以除去近井地带受到的污染伤害。

在应用多级注入酸化压裂技术后，实现了长井段气井Ⅱ类、Ⅲ类储层的有效改造。采用酸化压裂（酸化）改造措施投产的 36 口井，其最大跨度为 838.8m，最大射孔厚度为 557.9m，平均跨度为 395.0m，平均射孔厚度为 313.4m。施工中，平均地面破裂泵压为 65.7MPa，一般排量为 $7.7m^3/min$，停泵压力为 8.2MPa；平均单井用酸量为 $561.9m^3$，气层加酸强度为 $1.8m^3/m$。采用多级注入酸化压裂 26 井次，胶凝酸单级注入酸化压裂 2 井次，胶凝酸笼统酸化压裂 8 井次；采用酸洗诱喷 1 井次；采用活性水诱喷 1 井次。

投产作业测试结果表明，在开发井中，Ⅰ类、Ⅱ类、Ⅲ类气层均实现了均匀布酸，长井段暂堵分流多级注入酸化压裂改造措施成功率达 100%，超过设计指标 10%。从整体上看，完成投产试气井的测试产能高，其实测无阻流量为(94.1~768.2)×$10^4m^3/d$，平均无阻流量为479.0×$10^4m^3/d$，均超过开发方案中的配产要求，达产率为100%。

第二节 水平井优快钻井及提高单井产量技术

水平井开发技术是20世纪80年代在石油界迅速发展并日臻完善的一项综合性配套技术，它以提高油气产量和油气采收率为根本目标。近几十年，国内外大量的水平井开发案例充分证明了该技术在石油工业发展过程中所起的重要作用，以及为石油工业带来的巨大经济价值。单层储层厚度小、直井单井控制储量少的气藏更适合采用水平井开发技术。

一、致密砂岩气田

致密砂岩气田开发的基本思想是追求最大化的气体过流面积(可以利用水平井、鱼骨水平井构造裂缝网络)。水平井开发技术是目前开发致密砂岩储层适用性最好的技术之一，它作为一种开发低渗油气田的成熟技术已经在世界油田开发中得到广泛应用。其原因在于水平井生产剖面具有很强的泄油能力，特别是水平井加分段压裂和水平井加欠平衡钻井技术，能够成倍地提高采油、采气效率。

在大牛地气田开发前期，技术人员采用直井加压裂的开发方式实现了Ⅰ类和部分Ⅱ类储层的有效建产，随着产能建设的不断推进，通过直井实现效益建产的难度加大，致使占气田约1/3天然气探明储量的盒1段不能被有效动用，而采用水平井开发技术可能是最佳选择。为了进一步扩大泄气范围、提高储量动用程度，技术人员从2002年就开始了水平井开发的探索试验，"十一五"期间，完成26口水平井，虽取得一定的建产效果，但水平井机械钻速低、钻井周期长且单井产量低，不能实现有效建产。2012年，针对致密气藏的典型特点，技术人员围绕水平井提速、提高单井产量目标，研发了水平井近平衡和欠平衡钻完井工艺及以裸眼预置管柱分段压裂工艺为主的储层改造工程技术，成功建成中国首个致密气田10.0×$10^8m^3/a$产能水平井整体开发示范区，实现大牛地低渗致密气田水平井的整体高效开发。

(一)水平井优快钻完井技术

大牛地气田盒1段上部地层硬度高、可钻性差，直井段平均机械钻速为5.5m/h，斜井段平均机械钻速为2.3m/h，定向钻进时蹩跳钻严重，造成PDC钻头切削齿崩裂、保径齿严重磨损等；三叠系刘家沟组地层底部存在低破裂压力带，该地层承压能力弱，特别是部分区域存在缝宽0.5~1.5mm的垂直裂缝，引起钻井液严重漏失，单井漏失量达800~1000m^3；造斜段钻遇二叠系石千峰组、石盒子组等地层，泥岩易吸水发生膨胀，出现井壁失稳、垮塌、掉块等复杂情况，导致后期下套管、固井施工难度加大。基于此，并结合大牛地气田储层地质特征，技术人员通过井身结构及完井方式优化、水平井井眼轨迹模式及轨迹参数研究，以及针对不同储层进行的优快钻完井技术研究和现场试验，很好地解决了上述问题，提高了机械钻速，缩短了钻井周期。

1. 井身结构优化

根据大牛地气田气藏地质特征，以及试采情况、增产措施、经济效益和现有水平井钻完井工艺，技术人员确定采用裸眼封隔器分段压裂管柱完井，一是有效保证井壁稳定，二是作为压裂管柱，可确保多级分段压裂改造的顺利实施。

根据地层三压力剖面和必封点情况，水平井井身结构仍为三级井身结构，即将表层套管下至基岩处，封固第四系和志丹群地层，用技术套管下至 A 点，封固刘家沟组易漏地层和石千峰组和上石盒子组泥岩地层。一开钻 Φ311.1mm 井眼，下入 Φ244.5mm 表层套管；二开钻 Φ215.9mm 井眼至 A 靶点，下入 Φ177.8mm 技术套管；三开钻 Φ152.4mm 井眼，下入 Φ114.3mm 压裂管柱。井身结构被优化以后，有效解决了造斜段泥岩及水平段泥岩垮塌严重、钻井周期长和机械钻速低的问题，实现安全、经济和快速钻井的目的。从实钻结果来看，在井眼直径缩小后，每开次破碎的岩石量减少，提高了机械钻速，缩短了钻井周期，同时也大幅降低了套管、水泥、钻井液等材料的用量，降低了钻井成本。统计结果表明，井身结构被优化后，单井钻完井费用平均降低 758.3 万元，效益明显。

2. 复合钻井技术

大牛地气田二开直井段主要钻遇白垩系、侏罗系和三叠系地层，易发生井斜，根据上部地层多为砂岩地层的特点，经过论证与试验，技术人员采用“PDC 钻头+螺杆+MWD”复合钻井模式，即转盘和井下动力钻具同时驱动钻头工作的钻井模式，有效提高了机械转速。该钻井模式通常为采用低钻压、高转速，与钟摆钻具组合配合使用后，其防斜、纠斜能力增强，并且通过 MWD 随钻测量井斜角，如发现井斜角有超标趋势，则可以及时纠斜。

1）斜井段 PDC 钻头定向技术

图 7-2　造斜段 PDC 钻头结构

大牛地气田造斜段穿越大段泥岩和煤层，PDC 钻头的造斜率低、易发生泥包卡钻，因此技术人员对 PDC 钻头进行了优化设计(图 7-2)，采用弧线形 6 刀翼、中抛物线冠部；力平衡设计和低摩阻保径功能可以有效防止钻头回旋；采用液体分析技术进行水力参数设计，提高了钻头的防泥包卡钻能力。

水平井造斜点井深为 2100～2400m，一般钻遇三叠系下部及二叠系上部地层，且多为砂岩地层，倾角一般小于 1°，根据对已完钻水平井的分析，PDC 钻头配合 1.5°单弯螺杆，在滑动钻进时的造斜率为(8.0°～9.2°)/30m，在复合钻进时的造斜率为(2.9°～4.1°)/30m，因此将靶前距设计为 350m，提高了复合钻进进尺，确保实现提速、提效目标。将双增剖面设计与 MWD 测量工具配合，可以确保准确中靶。在采用“PDC 钻头+螺杆+MWD”钻井模式后，机械钻速达 4.4m/h，比采用该模式前提高了约 87.5%，提速效果明显，且所实施的水平井全部中靶。

2）水平段 PDC 钻头优化设计技术

图 7-3　P5235MJ 型 PDC 钻头结构

大牛地气田石盒子组盒 1 段水平井机械钻速低、钻井周期长，单只钻头使用寿命短、进尺少，不能满足优快钻井的需要。为此，技术人员以储层地质特征为基础，根据盒 1 段岩心微钻头试验结果，并结合现场钻头使用情况，对钻头的冠部轮廓、布齿和水力结构进行了优化，研制了新型双排切削齿 P5235MJ 型 PDC 钻头(图 7-3)。

现场应用表明，该钻头对盒 1 段地层适应性较好，提速效果显著，能满足优快钻井要求，基本上实现了用 2 只钻头钻完三开 1000m 长度的水平段，水平段机械钻速达 8.0m/h 以上。P5235MJ 型 PDC 钻头在大平 H-7 井中获得应用，实现了单只钻头水平段进尺 1120.2m。

3. 钻井液

钾铵基悬浮乳液钻井液是在钾铵基聚合物钻井液的基础上，引入阳离子乳液聚合物 DS-301、乳化石蜡 RHJ-1 和有机硅醇抑制剂 DS-302 这 3 种悬浮乳液型处理剂研制而成的一种悬浮乳液钻井液。正电荷的中和作用和长链聚合物的架桥作用，使黏土比表面积和负电荷大幅减少，并使黏土的水敏性基本丧失，有效抑制了黏土颗粒的膨胀、分散和运移，起到稳定黏土的作用，且与乳化石蜡配合在近井地带形成渗透率极低的屏蔽带，降低了进入储层的滤液及有害固相的量，减轻了对油层造成的损害，防止了井壁坍塌和保护了油气层。大平 31H 井水平段共计钻遇泥岩厚度为 358.72m，技术人员使用钾铵基悬浮乳液钻井液钻进并实现顺利穿越，未发生井下失稳问题(图 7-4)，这表明钾铵基悬浮乳液钻井液具有超强的抑制性，以及很好的悬浮携岩性和润滑性，能满足大牛地气田水平井安全钻进的需要。该钻井液在 100 余口水平井中获得了应用，因井壁坍塌引起的井下故障减少了约 42.75%。

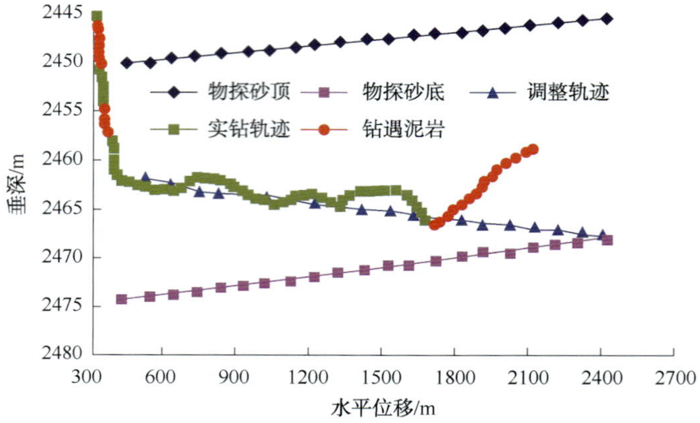

图 7-4 大平 31H 井钻遇泥岩情况

4. 窄间隙固井技术

采用“高效顶替、整体压力平衡”的固井思路，即在高效顶替满足环空封固质量和尽量减轻对产层污染的前提下，在整个顶替及候凝过程中，保持环空液柱压力与地层压力平衡。优选具有早高强、低失水、零析水、微膨胀和直角稠化的 GSJ 水泥浆体系，其尾浆密度为 1.90kg/L，稠化时间为 135min，可泵时间为 120min，滤失量小于 30mL。采用“紊流+塞流”复合顶替工艺，提高了顶替效率，实现顶替及候凝过程中不发生漏失、窜层和油气侵。尾浆返至油气层顶界以上 300m。

(二) 水平井分段压裂技术

在国内外致密砂岩油气田中应用比较普遍、效果较好的水平井分段压裂施工工艺主要有以下 3 种：

(1) 多级滑套+裸眼封隔器分段压裂工艺：该工艺适用于裸眼完井。多级滑套分段压裂工具主要包括投球滑套、压差滑套、封隔悬挂器、投球装置、井下隔离阀、裸眼封隔器等。

（2）套管内压裂桥塞分段压裂工艺：主要用于套管完井，并采用泵送桥塞坐封、射孔和压裂联作。主要特点：该工艺能够实现水平井分段射孔压裂联作，适用于大型压裂、网络裂缝，且分段压裂的段数不受限制。

（3）滑套式水力喷射压裂工艺：该工艺可有效去除砂堵，减少完井施工时间，可实现 24h 施工，并提高压裂效率。

1. 水平井分段压裂优化设计

结合大牛地气田低渗致密气藏储层特征及水平井分段压裂工艺技术特点，综合分析三维地震资料、储层地质特征和油气富集区预测成果，同时结合水平井录井显示、测井解释、砂体展布特征、邻井物性及前期施工情况进行分析，确定水平井施工参数，确保施工效果。通过理论研究和实践分析，并以产能最大化为原则，确定水平井压裂段数、段间距和加砂规模等参数。

1）裂缝间距及缝长优化

综合考虑水平段的钻遇显示情况及三维地震解释、邻近砂体发育及 AVO 属性显示情况，以提高储量动用程度和保证水平井具有较高的产能为原则，通过数值模拟确定压裂段数及段间距（图 7-5、图 7-6）。模拟结果表明：盒 1 段气藏裂缝间距越小，气井无阻流量越大及采出程度越高，在水平段长度为 1000m 的情况下，当压裂段数大于 10 段后，气井无阻流量及采出程度增长缓慢，分段拟合最优段数为 7.54 段。因此，在水平段长度为 1000m 的水平井中，确定压裂段数为 7~10 段，即压裂最优段间距为 100~142m。

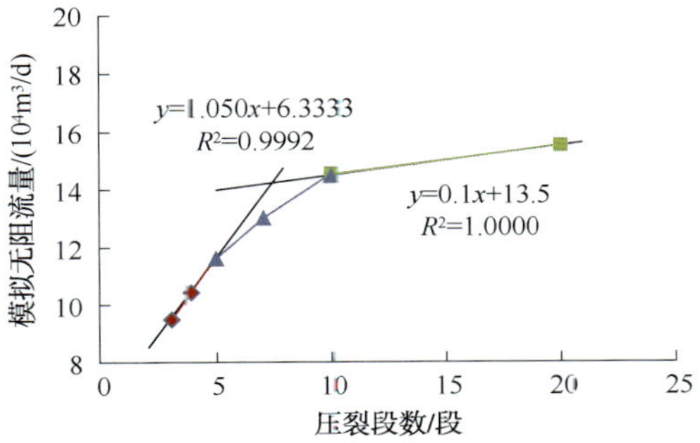

图 7-5　压裂段数与无阻流量的关系

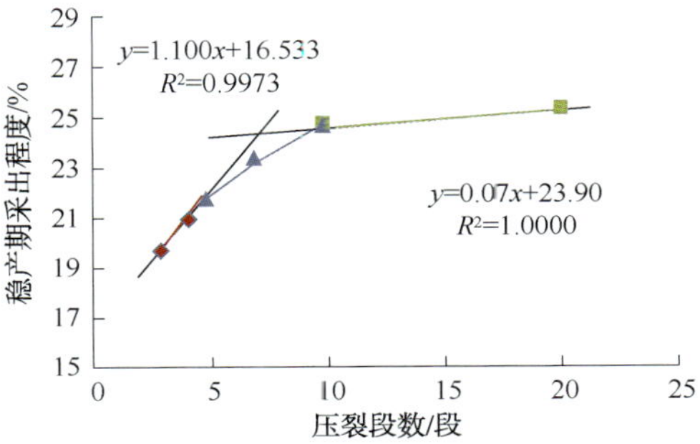

图 7-6　压裂段数与采出程度的关系

根据大牛地气田地质特征和气藏数值模拟结果，分析在不同渗透率下裂缝长度和产能的关系，在渗透率为 $(0.40\sim0.75)\times10^{-3}\mu m^2$ 条件下，最优裂缝半长为 200~240m（图 7-7）。

2）裂缝导流能力优化

通过分析气藏前期压裂设计参数对压裂后效果的影响可知，裂缝导流能力对压裂水平井产能影响较大，随着无因次导流能力的提高，单井产能提高的幅度逐渐变缓，最佳的无因次导流能力与油藏的基质渗透率有关（图 7-8），技术人员通过计算得到的大牛地气田水平井最佳裂缝导流能力为 $30\sim40\mu m^2\cdot cm$。

2. 压裂施工参数优化

压裂施工排量、前置液比例、平均砂比和加砂规模等施工参数直接影响裂缝的几何尺寸及导流能力，最终影响气井的增产效果。

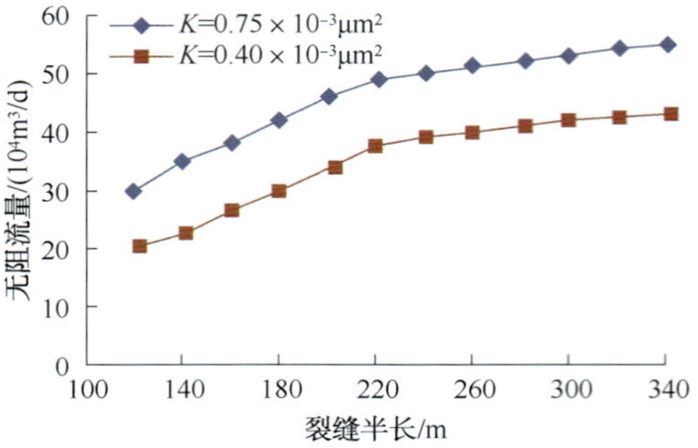

图 7-7　裂缝半长与无阻流量的关系

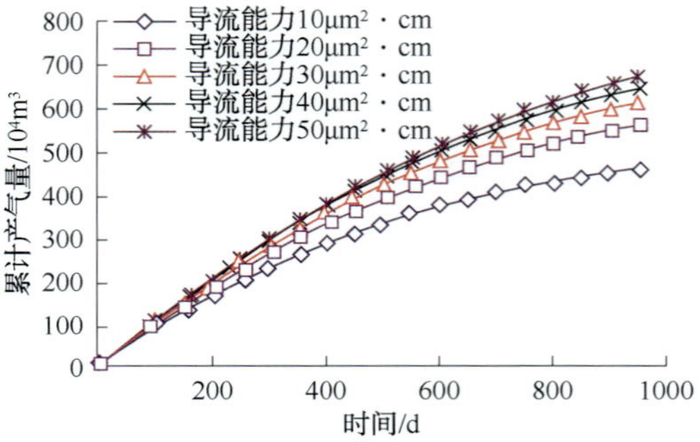

图 7-8　导流能力与累计产气量的关系

1）施工排量

储层垂深为2650m，水平井井深为4100m，压裂液摩阻为清水摩阻的30%，技术人员模拟计算了 Φ88.9mm 和 Φ114.3mm 管柱的施工压力与排量的关系，预测了压裂时的施工压力。在考虑摩阻对施工压力的影响后，优化的施工排量为4.0~5.0m^3/min。

2）前置液比例

采用支撑裂缝与动态缝缝长比即动态比方法来确定前置液比例。理论研究表明，动态比为0.85~0.90时，一方面可以保证施工的安全，另一方面可以降低前置液的用量，减轻对地层的伤害。依据储层滤失系数(5.0~9.0)×10^{-4}m/$min^{0.5}$计算动态比，得到盒1段地层在滤失条件下的前置液比例为35%~40%。

3）平均砂比

利用压裂模拟软件模拟并优化不同平均加砂浓度下的裂缝导流能力，当裂缝导流能力为30~40μm^2·cm时，其平均加砂浓度为370~420kg/m^3，计算的平均砂比为21%~25%。

4）加砂规模

通过分析大牛地气田低渗致密储层特征和裂缝导流能力的匹配关系，利用压裂模拟软件进行加砂规模优化模拟，确定合理加砂规模为35~45m^3。

3. 水平井分段压裂工艺优化

从细节着手，经过不断地完善多级管外封隔器分段压裂配套工艺技术，使施工成功率和返球率得到大幅提高。

通过开展多级管外封隔器分段压裂工艺配套技术研究，解决了压裂后排水采气、加深泵挂等难题。通过管柱优化，使封隔器由双封变为单封，降低了作业成本。同时，增加了循环阀(图7-9)，也利于异常情况处理和排水采气。

对滑套通径进行匹配优化，选取最小球尺寸为1.625in，确保连续油管可以通过第一级球座；对工具进行优化，增加了循环阀，利于异常情况处理和排水采气，安装了捕球器，利于生产管柱疏通；形成“五化”体系：①滑套匹配最大化。降低节流压差，利于事故处理(处理成功率为98.6%)，根据水平井分段数对滑套通径进行匹配优化，选取第一级投球滑套球座内径尺寸1.540in、球尺寸1.625in，可使节流压差变小、对压裂液的剪切破坏小、便于压裂过程中事故的处理，同时管柱流动空间大，不影响压裂后生产。②滑套级差最优化。利于打开滑套(打开率为100%)，适度提高压裂级差，由0.125in提高到0.250in。③投球质量轻质化。利于压裂液后期返排，同时采用1.7~1.8g/cm^3的低密度

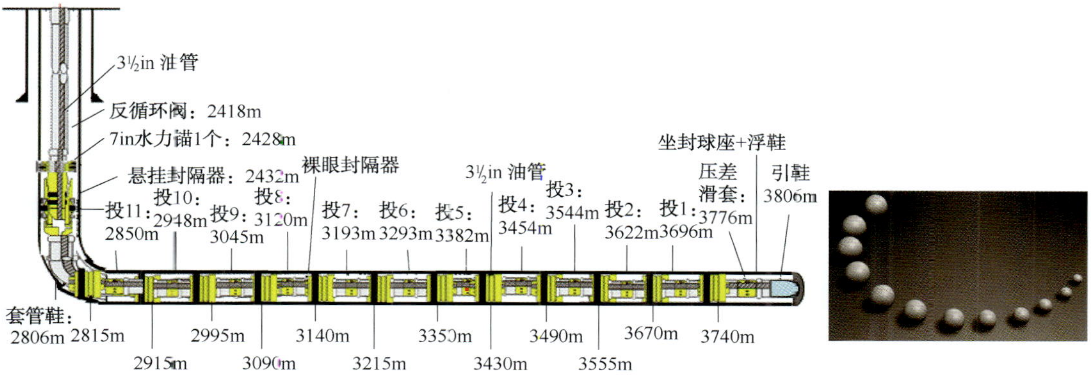

图 7-9　增加循环阀及采用低密度球示意图

球，以及通过交联液送球，经投球优化和放喷制度优化，气井捕球率提高了 48.2%。④事故处理规范化。制定了砂堵、滑套打不开的应急预案。⑤放喷制度定量化。防止砂埋管柱，不影响产能（捕球率进一步提高），应控制放喷压力和机抽排液。

开展国产工具优选工作，降低工程施工成本。现场施工均较顺利，各段打开滑套明显，国产自主化工具分段压裂工艺试验获得成功，为进一步降本增效开启新的篇章。

同时，经过自主攻关，设计出具有自主知识产权的 4 种井口捕球器，极大地提高了捕球率。通过伴注液氮、油嘴选择、压力控制来进行放喷工作制度优化，实现加快返排和防止出砂的双重目的。

二、高含硫碳酸盐岩气田

超深层高含硫碳酸盐岩气田水平井钻井投资大、井眼轨迹控制难、安全钻进风险大，因此钻井工程要体现安全第一的思想，以确保气井钻遇较厚的优质储层。

（一）超深层酸性气藏钻完井技术

元坝气田超深层酸性气藏地质构造复杂、储层埋藏深、钻遇地层复杂，特别是陆相深部地层，属于高研磨性地层，机械钻速低，钻井周期长。为此，经过多年的钻井实践和技术攻关，引进新工具、新技术，研制专用钻头，优化钻井设计，形成针对该气藏的以下钻完井关键技术。

1. 井身结构优化技术

元坝气田超深井钻井设计优化技术主要依据地质设计、已完钻井实钻资料，并结合新工具、新工艺技术特点，优选实施井段，体现“科学性、先进性、针对性和经济性”原则，以满足“发现和保护油气层、延长油气井寿命、保证钻井安全和获得长期效益”的目的。技术人员优化了 3 个必封点：①第一个必封点是封隔浅层地下水，利于 Φ444.5mm 井眼的空气钻井和建立井口，安装防喷器。②第二个必封点是为了满足气体钻井提速，同时封隔上部易漏层和水层，为 Φ314.1mm 井眼高压地层钻井提供井筒条件。③第三个必封点是为了封住三叠系雷四段气层及以上地层，以防止采用高密度钻井液压漏海相地层。

优化出五开制井身结构：①表层套管（Φ508.0mm）下入深度在 500~700m 之间，下入深度的确定原则是封隔水层，为 Φ444.5mm 井眼空气钻井创造条件。②技术套管 1

(Φ339.7mm 或 Φ346.1mm)封隔上沙溪庙组底部低承压层。③技术套管 2(Φ273.1mm)封隔陆相高压层和雷口坡组第四段气层及以上层位，为四开钻井使用低密度钻井液钻开海相地层创造条件。④油层套管(Φ193.7mm)封隔嘉陵江组高压盐水层或其他复杂地层。⑤采用 Φ127.0mm 衬管完井。优化的井身结构把适合气体钻井井段和钻井液钻井井段设计到不同的井眼段，实现气体钻井结束后及时下套管固井，避免在转换成钻井液钻井后，水基钻井液长期浸泡裸眼井壁而引起井下出现复杂问题。实现钻到 Φ444.5mm 井眼段钻进时间被控制在 45d 以内。

2. 钻井提效技术

在元坝气田第四系至上沙溪庙组采用空气、泡沫钻井技术，结合干法固井技术与气转液技术，大幅提高了上部长裸眼大尺寸井眼段钻井速度，缩短了钻井周期和中完周期。该技术在元坝气田上部陆相地层中得到普遍应用，机械钻速在 18~22m/h 之间，是常规钻井液钻井机械钻速的 5~8 倍。利用空气锤钻井技术，保证了长裸眼段防斜打直，提高了井身质量，同时获得更高的机械钻速，目前空气锤钻井最高日进尺达 660m。

元坝气田 Φ314.1mm 井眼段钻遇地层为下沙溪庙组、自流井组和须家河组，地层研磨性强、可钻性差，钻井周期长。该井段长度约占全井深度的 25%(井眼段长度为 1800~2000m)，而钻井时间却占全井钻井周期的 40%，是元坝气田超深井钻井提速的瓶颈井段。为了实现提速、提效，技术人员先后应用新工具、新技术，研制形成与不同地层相适应的提速技术，主要包括 PDC+扭力冲击器复合钻井技术、孕镶钻头+高速动力钻具钻井技术、PDC+螺杆复合钻井技术。

3. 钻井液技术

根据不同钻井工艺技术，技术人员通过不断研究，形成钻井液配套技术。

1）气液转换技术

采用该技术优选了全油基前置液和钾钙基聚合物转换液。油基润湿反转前置液在钻井液转化前被注入井内，将井壁界面转为亲油特性，为井壁涂上一层保护膜，增加了一道井壁稳定的防线。防止替入常规钻井液后产生的滤液与地层中的泥岩因水化作用而发生分散、剥落，引起井壁失稳。转换钻井液采用钾钙基聚合物体系，该体系具有强抑制、强封堵、强包被、低滤失的特点。在使用全油基前置液和钾钙基聚合物转换液后，气液转换平均单井划眼时间由 83.2h 降至 28.3h。

2）超深大斜度井、水平井润滑减阻技术

对摩阻扭矩的控制是大斜度井、水平井后期钻进的主要问题之一。使用聚磺防卡钻井液体系，在控制好泥饼质量的基础上，进一步优化井眼净化措施。使用多种抗温抗盐润滑剂，提高钻井液润滑性能，确保钻井液在超深大斜度井、水平井中具有良好的润滑防卡性能。元坝气田施工井水平段钻井液泥饼薄而韧，且厚度小于或等于 0.5mm，摩阻系数小于 0.1。

3）井壁稳定控制技术

优选 KCl 聚磺防塌钻井液体系，依靠 K^+ 的嵌入作用和多种封堵剂的复合使用，增强抑制、封堵、防塌性能，在元坝 102-1H 井、元坝 102-3H 井等 10 余口井中获得成功应用，有效解决了元坝气田陆相井段的井壁失稳问题。Φ311.2mm 井段平均划眼时间由 265.4h 降至 71.4h，未出现井塌现象，平均井眼扩大率由 11.00%降至 7.51%。

4）防酸性气体污染技术

针对高酸性气田高含硫的特点，通过合理的钻井液密度控制、高 pH 值控制与使用高效除硫剂的综合配套措施，防止了 H_2S 返至地面，保证了在高含硫酸性气田中的安全、快速钻进。采用该技术施工的 30 余口海相深井均未出现 H_2S 污染事故。

4. 固井技术

1）气体介质条件下固井技术

通过对井眼条件、安全下套管、固井液及现场工艺等进行较为系统的研究，形成气体介质(空气或泡沫)条件下固井成套工艺技术。避免因气液转换产生井漏、井壁不稳定等复杂情况的产生，具有缩短钻井周期、胶结质量好、节约成本等特点。对元坝气田采用表层套管或技术套管气体钻井完钻后，固井时采用的是气体介质条件下的固井技术。据统计，对元坝气田共实施干法固井 26 井次，套管最大下入深度为 3008.22m，固井质量评价均为优。

2）深井长封固段固井技术

通过对井眼条件、下套管、固井浆柱结构优化、水泥浆材料优选、水泥浆配方、平衡固井设计等进行系统研究，技术人员研发出大温差智能水泥浆体系，并结合井眼净化、套管居中、固井浆柱结构优化技术，形成一套深井长封固、大温差固井技术。应用该套技术后，解决了多压力体系共存、裸眼井段长、井筒温差大、水泥浆凝固难等难题。近年来，元坝气田一次性封固段长度超过 3000m 的固井施工有 89 井次，固井质量评价均为优。

3）超高压小间隙固井技术

技术人员对先导浆、前置液和水泥浆体系、浆柱结构、管串结构、扶正短节、固井参数、施工安全等进行了系统研究。采用体积置换法设计前置液用量，利用螺旋流顶替技术指导旋转尾管悬挂固井和旋流扶正器的现场应用，开发并使用了胶乳、胶粒防腐防气窜水泥浆体系，成功解决了海相深井小间隙、小尾管固井技术难题，在满足安全施工的前提条件下，提高了深井小尾管固井质量。近年来，元坝气田深井小井眼、小间隙固井施工 25 井次，固井质量优良率达 85%。

5. 水平井井眼轨迹控制技术

1）测量仪器优选

元坝气田井底静止温度达 155℃，井底压力达 155MPa，因此要求超深水平井测量仪器能耐高温和高压。目前，优选的 MWD 测量仪器最高抗压为 172MPa，最高抗温为 175℃，满足元坝气田超深水平井测量的需要。在元坝 205-1 井的现场应用中，井底静止温度为 155℃，井底压力为 155MPa，钻井液密度为 2.08g/cm^3，仪器共入井 8 次，且累计使用 990.5h 未出现任何仪器故障，缩短了钻井周期。

2）动力钻具优选

优选的国产抗 150℃高温螺杆具有防掉落设计。在实际应用过程中，螺杆未出现一次因高温引起的故障或断螺杆事故，使用时间均达到了预期效果，其中 Φ172.0mm 螺杆平均使用时间达 156h，减少了起下钻次数，缩短了钻井周期。

3）钻具组合设计

对斜导眼段采用“钻头+高温螺杆+高温 MWD”组合进行定向；对侧钻段采用“牙轮钻头+高温直螺杆+2.50°~2.75°弯接头+高温 MWD”组合提高侧钻成功率；对定向增斜段采

用“钻头+高温螺杆+高温 MWD”组合，且在初始造斜时(井斜角小于 25°)选用牙轮钻头；对水平段选用“钻头+高温螺杆(无扶正器)+高温 MWD”组合。通过改良螺杆钻具扶正器，减少了憋泵现象和降低了掉块卡钻风险。

6. 完井投产一体化降本增效技术

由于元坝气田不需要被分段改造，因此主要采用衬管完井方式，油管、套管材质选用抗腐蚀合金。完井管柱为复合管柱，即选用 135 钢级 Φ88.9mm×7.34mm+Φ88.9mm×6.45mm+Φ73.0mm×5.51mm 复合油管，管柱结构为 Φ88.9mm×7.34mm 油管+井下安全阀+Φ88.9mm×7.34mm 油管+Φ88.9mm×6.45mm+Φ73.0mm×5.51mm+循环滑套+Φ73.0mm×5.51mm 油管+完井封隔器+Φ73.0mm×5.51mm 油管+球座，管串结构简单、安全可靠、成本低廉，能够满足气井在整个寿命周期内的各种作业和生产要求。

(二)多级暂堵分流酸化压裂增产增效技术

对元坝气田长兴组气藏超深高含硫水平井，需要采取酸化压裂增产措施才能达产。由于气藏具有埋藏超深、温度高、高含硫、储层薄、水平段长、非均质性强的地质特点，酸化压裂改造面临巨大的技术难题：①水平段长，Ⅰ类、Ⅱ类、Ⅲ类储层交替分布，衬管完井无法实施机械封隔器分段，笼统酸化压裂难以实现对各类储层的针对性改造，同时酸化压裂管柱只能下至 *A* 靶点附近，因此酸液沿井筒均匀分布难度大，难以实现长水平段的充分、有效改造，影响增产效果。②地层温度高，酸液与岩石(酸岩)反应速度快，溶蚀孔缝发育井段酸液滤失量大，酸液作用距离短。③地层压力高，酸蚀裂缝导流能力在高压下难以长期有效保持。④高含硫，H_2S 的氢脆效应可以加剧酸液对管柱的腐蚀，同时在地层条件下容易产生 FeS 和单质硫(S)沉淀，堵塞酸蚀裂缝，影响酸压效果。⑤埋藏超深，酸压井段长，施工排量大，沿程摩阻高，施工泵压高，作业难度大。

针对以上技术难题，技术人员在研发了高温胶凝酸体系的基础上，形成以温控+酸控可降解有机纤维和增强型固体颗粒的化学+物理复合暂堵转向分流、高黏压裂液和高温胶凝酸多级交替注入酸化压裂为核心，以暂堵剂用量与入井酸液性能指标为关键的多级暂堵分流酸化压裂技术，使不同类别储层获得“均匀”的酸压效果，实现了增产增效。

针对长兴组长井段水平井研发的多级暂堵分流酸化压裂技术是元坝气田最具特色的技术，该技术把暂堵分流酸化技术和多级交替注入酸化压裂技术进行了组合优化，通过高黏度压裂液的隔离、降温和携带暂堵剂，实现与酸液的多次交替注入，使酸液实现转向分流，使水平段中的储层得到充分、有效改造，解决了元坝气田长兴组Ⅰ类、Ⅱ类、Ⅲ类储层交替分布的长井段衬管水平井在无法实施机械封隔器分段状况下的布酸问题，一方面可改善长水平段的吸酸剖面，另一方面可通过深度酸化压裂沟通远端裂缝和孔洞，从而提高长水平段的整体动用程度。

多级暂堵分流酸化压裂技术设计主要包括以下方面：

1. 暂堵级数和模式

元坝气田长兴组水平井储层非均质性极强，Ⅰ类、Ⅱ类、Ⅲ类储层交替分布，对暂堵级数通过综合考虑储层特征和工程条件，优选地质和工程上的“双甜点”进行确定，设计最高暂堵级数为 3 级。同时，根据长兴组水平井不同的储层分布特征，采取不同的暂堵酸化压裂技术模式，对于Ⅰ类、Ⅱ类储层发育在跟部的情况，采取先暂堵再酸化压裂的模式，对于Ⅰ类、Ⅱ类储层发育在趾部的情况，采取先酸化压裂再暂堵的模式。

2. 暂堵液用量

暂堵液的作用是填充裂缝和孔洞。在暂堵剂用量一定的情况下，增加暂堵液用量，相当于降低了暂堵剂浓度，相同时间内形成的滤饼更薄，实现有效封堵更困难，更不利于均匀布酸；在暂堵剂浓度一定的情况下，增加暂堵液量，相当于增加了注入的暂堵剂用量，形成的滤饼更厚，更利于有效封堵，且更利于均匀布酸。元坝气田长兴组酸化压裂暂堵液用量须根据填充裂缝和孔洞的体积进行针对性设计，一般暂堵液用量为 30~50m^3，考虑到采取暂堵分流后水平段吸酸点逐渐增多，因此须逐级加大暂堵液用量。

3. 暂堵剂用量

暂堵剂的作用是形成滤饼封堵缝口。暂堵剂用量越大，相同时间内形成的滤饼越厚，表皮系数越大，有效封堵时间也相对越长。元坝气田长兴组酸化压裂暂堵剂的用量，须根据暂堵层的地质条件、酸蚀裂缝特征等因素确定，满足既能降低高渗透层的吸酸能力使低渗透层吸酸，又不浪费暂堵剂、节约成本的要求。结合暂堵剂封堵实验结果，纤维暂堵剂的使用浓度为 1.0%~1.5%，复合暂堵剂的使用浓度为 1.0%~1.5%纤维和 100~300kg/m^3 碳酸钙颗粒组合。

4. 注入排量

考虑到小排量可利用水平段内的酸岩反应控制及暂堵和布酸，大排量可平衡酸液滤失、降低 H^+ 传质，利于造缝，因此总体上按照“小排量暂堵和酸化，大排量深度酸化压裂”的思路进行设计。初期，酸化和暂堵排量设计为 1~3m^3/min；在每一级暂堵后增大排量，且在暂堵剂完全溶解前，尽量增大低渗透层的吸酸量，排量设计为 3~4m^3/min；在最后一级暂堵结束后，大幅提高排量至 4m^3/min 以上，进行深度酸化压裂造缝；在闭合阶段，降低排量至 2~3m^3/min，以充分刻蚀近井地带、提高裂缝导流能力。

5. 酸液用量

元坝气田长兴组长井段水平酸化压裂的首要目的是解除地层堵塞、改善渗流条件，以及恢复并提高气井产能，因此用酸量与储层物性、污染程度、酸液性质、酸化压裂作业能力等相关。因此，在进行水平井酸化压裂作业时，应根据水平井长度和污染范围，合理地配置用酸量和注酸强度。

元坝气田长兴组不同礁带的地质条件不同，且不同礁带的不同水平段长度下的用酸量也不同，计算结果见表 7-2。随着注入强度的提高，酸化后储层平均渗透率有所提高，有效作用半径也有所增大，酸液用量的增大利于实现深度酸压，但酸液用量应根据解堵范围的大小来确定，以刚好达到解堵为最佳。

表 7-2 不同礁带酸液用量规模表

水平段长/m		500	600	700	800	900
酸液用量/m^3	①号礁带	420	570	720	870	1070
	②号礁带	360	500	620	750	925
	③号礁带	350	500	600	750	900
	④号礁带	540	750	930	1140	1350

超深长水平段多级暂堵分流酸化压裂技术突破了 7000m 深度水平井多级暂堵分流酸化压裂应用极限，并得到工业化应用，极大地改善了长水平段吸酸剖面，同时深度改造、

沟通了储层远端的天然缝洞系统，提高了水平井近井地带的渗流能力。

截至 2016 年 12 月底，元坝气田长兴组试采区和滚动区累计实施酸化压裂投产作业 36 井次，其中多级暂堵分流酸化压裂技术在水平井/大斜度井现场应用 21 井次，平均水平段长度为 699m，平均酸化压裂规模为 940m^3，采用 2~3 级暂堵，暂堵后地面泵注压力上升 2~11MPa，施工成功率达 100%，施工后有效率达 100%。在采用多级暂堵分流酸化压裂后，单井平均绝对无阻流量为 $259\times10^4m^3/d$，其中元坝 205-1 井绝对无阻流量最高，为 $619\times10^4m^3/d$。

第八章　地面工程工艺优化是提高气田开发效益的重要环节

针对中国石化特殊类型气田的不同特点，技术人员坚持地下地面一体化，开展了不同气田地面工程集输工艺技术适用性分析和攻关，研发了如下技术：低渗致密气田高压集气、降压开采、增压外输技术；酸性气田湿气输送、改良型湿气输送、腐蚀防护、天然气脱硫净化技术；气田污水处理技术等地面工程配套技术。对地面工程建设推行了“四化”管理，有效支撑了特殊类型气田的高效开发。

第一节　低渗致密气田天然气集输技术

一、大牛地气田早期高压集输工艺技术

根据大牛地气田分区滚动开发特点，在其开发初期，为了充分利用早期地层压力能，尽可能延缓地面增压集输时间，设计并采用了“高压进站、加热节流、节流制冷脱水、轮换计量、注醇防堵”的高压集输工艺，充分利用了地层能量。采用高压集输工艺模式收集各单井天然气并送入集气站，天然气在集气站内经过加热、节流、低温分离处理，然后经计量后输送至集气干线，再通过压力调整后输送至输气干线，最终由外输首站输往气田外部进行销售。集输工艺流程如图 8-1 所示。

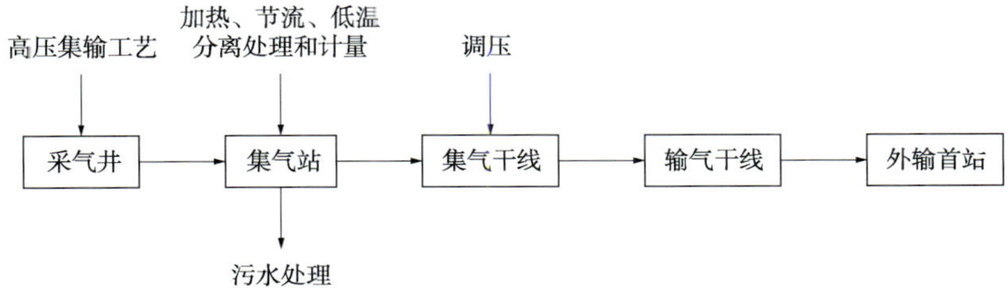

图 8-1　地面集输工艺流程图

高压集输工艺优点：前期充分利用了地层能量，实现了天然气的经济输送、达标销售，减少了压缩机等动设备数量，简化了流程，且减少了人员数量，极大地提高了经济效益。采用注甲醇防治水合物，保障了气井的生产时率，同时甲醇的回收再生实现了资源的循环利用。整个高压集输工艺流程的设计充分考虑了大牛地气田的开发模式和气藏特点，不仅实现了天然气的输送和脱水、脱烃处理，还节省了压缩机和外冷脱水设施的使用，降低了能耗，实现了节能、高效运行，较好地适应了低渗致密气田低成本开发的要求。

高压集输工艺缺点：由于是高压集输，因此管道壁厚大，造成一次性投资大；容易产生凝析液，造成管道堵塞；该工艺对气田后期开发适应性差，地层废弃压力高，导致后期改造工程量大。

二、大牛地气田中、后期降压开采、多级增压集输技术

大牛地气田进入开发中、后期后，大部分气井生产压力降低，当气井生产压力降低到与外输压力基本一致时，已无法依靠地层能量获得节流压差，便需要实施降压开采、增压外输的模式。用压缩机把井口压力降下来，达到外输压力，将天然气输送出去。在大牛地气田，技术人员采用了首站一次集中增压和二次分散增压技术，具体如下：

（一）首站一次集中增压

首站增压的关键是时机的选择，为了保证气田正常生产，以及保障产销任务顺利完成，技术人员对大牛地气田实施了塔—榆（塔巴庙—榆林）管线增压扩能工程。塔—榆管线增压扩能工程主要包括新建塔—榆管线增压站1座，站内配套建设110kV变电站1座及塔—榆管线首站和末站改造。塔—榆管线增压站于2013年12月1日投产，由此气田实现从自然开采到增压开采的平稳转换。站场设计处理能力为$53.0\times10^8m^3/a$，配置了11台国产压缩机组，主要负责对大牛地气田各条输气干线来气进行增压，具有过滤、分离、增压、收球和发球等功能。

塔—榆管线增压站进气工况下压力范围为2.0~4.5MPa，要求压缩机进气压力的适应范围很大。离心式压缩机对压力的适应范围较窄，且当工况发生变化时易发生喘振，影响机组的正常运行。往复式压缩机具有适应压力范围宽的优势，并能通过调节气缸余隙、气缸数量、转速等方式适应不同工况，因此采用往复式压缩机，并通过对电动机和燃气发动机两种驱动方式进行比较，采用电驱往复式压缩机。

截至2016年底，塔—榆管线增压站累计处理天然气量达$99.6\times10^8m^3$，日均处理天然气量为$913.0\times10^4m^3$。进站压力平均为2.8MPa，出站压力平均为4.9MPa。运行机组2~6台，机组运行参数均符合设计要求，整体运行良好。增压前，气井的废弃地层压力平均为6.5MPa。增压后，压缩机最低进站压力为2.0MPa，反算出井口压力平均为3.5MPa。由此可得，一期增压使气井废弃地层压力平均降低3.0MPa。在实施一期增压后，直井建产区天然气产量递减率降至7.9%，在不受产销影响的情况下，可持续1.5~2.0年，且采收率提高了4.6%。

首站一次集中增压的缺点：没有根据每口井的实际情况来选择，部分气井还能采用高压集输，因此浪费了这些气井的压力能；气井废弃地层压力仍然较高，不能完全适应开发要求。

（二）二次分散增压

二次分散增压技术的核心是结合气藏预测研究进行增压集气站"进气压力、排气压力、增压气量"三个基础生产参数的优化组合。增压工艺研究以气藏开发预测为基础，以采气生产数据归纳为手段，以保证气田长期持续生产为根本目标。通过对气田生产日报数据的归纳与总结，对气田增压集气站进行站址筛选，并优化增压工艺边界条件；通过对不同进气工艺边界条件的增压方案进行对比，确定增压集气站最优工艺边界条件；结合增压机组选型配置及配套系统设计，通过工程投资能耗分析及经济评价，确定最优增压工艺及驱动形式。

总体技术路线：单站增压工艺为一次规划设计、分年度实施，投资效率高，不永久征占土地，避免了矿产压覆、林业审批等手续的办理，节约了投资；在集气站内做简单的流程改造，施工周期短，对产量影响小，二次分散增压后，新井可采用井下节流工艺投产，

地面压力系统保持一致。

技术人员于 2007 年在大牛地气田建设了两座二次分散增压工程先导试验站。2018 年，投产了 38 座二次分散增压站，日增产天然气量为 $39.0\times10^4m^3$。目前，所有二次分散增压站全部加载运行，单站增产幅度为 3.0%~10.0%，平均增产幅度为 6.0%。二次分散增压站投运后，气田总体产量保持稳定，尤其是避免了冬季期间产量的大幅下降，稳产效果显著。

采取二次分散增压后，连续生产井数由 956 口增加至 974 口，生产时率增加了 0.5%，同时压降速度变快，平均单井产气量由 $0.60\times10^4m^3/d$ 增加至 $0.63\times10^4m^3/d$，平均单井产液量由 $0.46m^3/d$ 增加至 $0.60m^3/d$，气体带液情况变好，气井总体生产状况良好。间歇生产井数由二次分散增压前的 86 口减少至 63 口，生产时率增加了 12.0%，同时压降速度变快，平均单井产气量由 $0.21\times10^4m^3/d$ 增加至 $0.29\times10^4m^3/d$，平均单井产液量由 $1.27m^3/d$ 降低至 $0.76m^3/d$，气井总体生产状况良好。

此外，技术人员还研发了二次增压、外冷脱水的工艺。采用分离后的低温干气对单井来气进行预冷，以满足低温分离的要求，从而降低节流膨胀所需压差，使增压和外冷脱水时机延后，达到节能降耗的目的。截至 2021 年底，在大牛地气田中已投产 50 座二次分散增压集气站，保障了该气田在低压、低产阶段的稳产。气井废弃地层压力由 3.0MPa 继续降低至 1.0MPa 左右，预计实现气田增产 $45.0\times10^8m^3$ 左右，采收率提高 1.88%。大牛地气田地面集输工艺流程现状如图 8-2 所示。

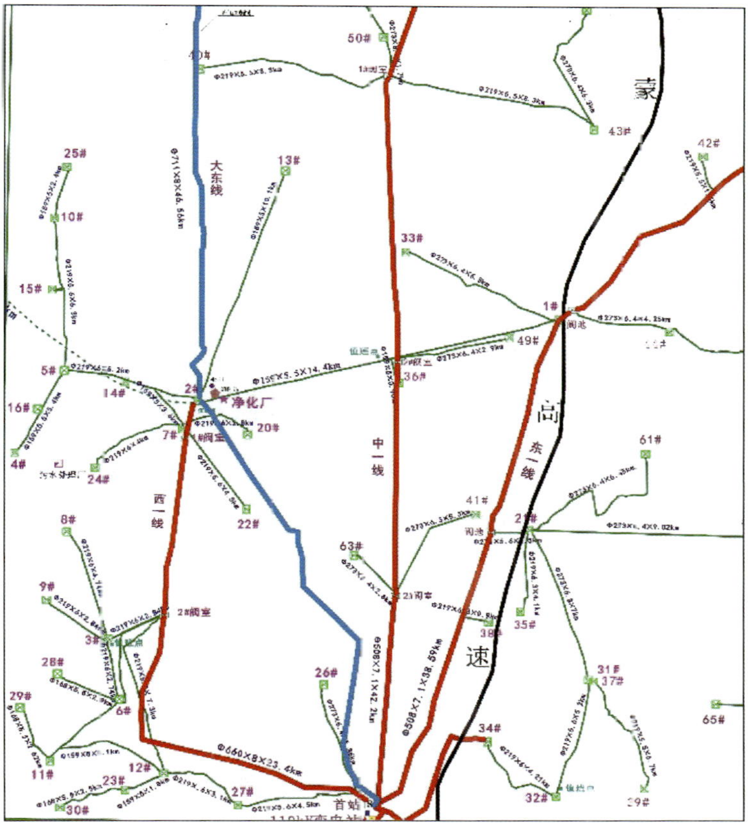

图 8-2　大牛地气田地面集输工艺流程现状图

三、可调式天然气引射增压技术

伴随着对气田的滚动开发，气田内由于各气井开发层位和开发时间的不同，造成同一气田在同一开发阶段(特别是在开发中、后期)会同时存在高压、低压气井。可调式天然气引射增压技术为利用高压气井压力能对低压气井进行增压，以降低低压气井外输增压能耗，同时降低低压气井内压力，增加低压气井的产气量。

可调式天然气引射增压技术是传统固定式引射增压技术的升级版，它比传统固定式引射技术多了可调锥、可更换喷嘴和混合扩压管。通过可调锥可改变截面比，以适应高压气井压力、流量的变化。在超过可调锥调节范围后，可通过更换喷嘴和混合扩压管适应更大范围的高压气井压力、流量的变化。因此，与传统固定式引射增压技术相比，可调式天然气引射增压技术可适应更大的高压气井压力、流量的变化。

图 8-3　可调式天然气引射增压装置的现场应用

技术人员在中国石化西南气田气井站场的现场应用中发现，可调式天然气引射增压装置能够适应的高压气井压力低于设计压力 35.5%以上，而低压气井压力可从 2.5MPa 降至 1.7MPa，试验的 2 口低压气井平均增产天然气 $1.5\times10^4 m^3/d$。可调式天然气引射增压装置的现场应用如图 8-3 所示。

可调式天然气引射增压技术可用于以下情况：

(1) 通过引射增压使低压间歇生产气井连续生产。

(2) 对接近集输管网压力的低产气井，通过抽吸作业降低其压力，增加其产气量。

可调式天然气引射增压技术的工作状态取决于膨胀比(高压气井压力与外输中压气井压力之比)和压缩比(外输中压气井压力与低压气井压力之比)。为了使可调式天然气引射增压装置保持在高效区工作，可调式天然气引射增压技术适用于压缩比小于 2 且膨胀比大于 2 的工况。

第二节　酸性气田天然气集输及处理技术

一、高含硫气田天然气湿气输送技术

在普光气田被开发之前，我国多采用干气输送方式，正是对普光气田的开发开创了我国湿气输送的先河。采用干气输送不易腐蚀管道、不积液，但投入设备多、节点多，潜在的泄漏风险大、能耗高、投资大。而湿气输送工艺简单，地面投资少，但容易在管道中形成积液，并对管道产生腐蚀和冻堵。普光气田离天然气净化厂较近，集输半径较短，适合采用湿气输送。通过调研国外湿气输送技术现场应用，中国石化引进了该项技术，并用于普光气田的地面集输中，取得了较好的应用效果。

(一) 加拿大湿气输送技术

加拿大阿尔伯塔省是世界上第三大产气基地，其中大量气田产出的天然气中 H_2S 含量高于15%。此外，阿尔伯塔省已有60余年的酸性气田开发史，对该类气田开发已形成成熟的工业化技术。加拿大的酸性气集输以湿气输送为主，以干气输送为辅，一般包括3种集输模式：①井口加热→湿气保温输送→气体处理厂。②井口加热→湿气保温输送→集气站分离游离水→湿气保温输送→气体处理厂。③井口加热→湿气保温输送→进分离、脱水装置→干气不保温输送→气体处理厂。其中，在井场中设置缓蚀剂加注系统、水合物抑制剂加注系统、热油加注系统、清管器发送装置和调节计量装置，无污水处理设施，采用单翼采气方式，从采气树顶部加注缓蚀剂，在井筒内采用热乙二醇水溶液循环，以防止形成水合物，同时在采气树上设置 H_2S 探头；自控系统采用净化燃料气作为仪表风，且井场实现高度自动化，无人值守；计量时采用高级孔板阀，其安装突破了惯用的水平安装，有右侧、左侧及垂直安装方式；在气田污水处理中，通常采用闪蒸法去除 H_2S，有高压闪蒸+低压闪蒸和低压闪蒸两种方式，对产生的 H_2S 可采用火炬予以燃烧或者通过压缩机增压返回集气管线同原料气一起进入气体处理厂而被处理，对处理过程中的闪蒸罐、污水罐等，均采用气封工艺予以密封；采用回注地层的方式处理污水，主要控制指标有固体悬浮物含量、微生物含量及氧含量。

（二）普光气田湿气输送流程设计

普光气田地面集输工程主要包含各类气井101口、25座集气站、1座集气总站、3座污水处理站、61.6km酸性天然气管线、47座线路截断阀室、14处山体隧道和34处穿(跨)越段。其地处川东北山区，地表高差最大处近1000m，地表植被茂密、河流、山谷纵横交错，矿区人口稠密，集输系统输送介质中高含 H_2S 和 CO_2，站场管道分布呈点多面广，面临的安全、环保、腐蚀控制等风险极大，一旦某个节点发生重大泄漏或应急事故，对集输管线上游、下游生产及周边居民生产和生活都会产生严重影响。

在充分借鉴国外湿气输送技术的基础上，针对普光气田的特点，技术人员采用了湿气输送的集输工艺技术。井口天然气在集气站进行节流、加热、分离、气液分开计量后，采出液返回集气干线，将气体、液体混输至集气总站，在集气总站进行气体、液体分离，然后将天然气输送至净化厂进行脱硫处理，最后将污水通过污水处理站集中处理并达标后回注地层。

为了防止出现管道(管线)积液和腐蚀，以及确保集输过程的安全，技术人员对集输系统进行了腐蚀和泄漏监测，并安装了多级紧急切断阀，一旦发生泄漏，立即启动单井、管线、集气站等不同等级的切断阀，将泄漏控制在可控范围内。简化的湿气集输流程如图8-4所示。

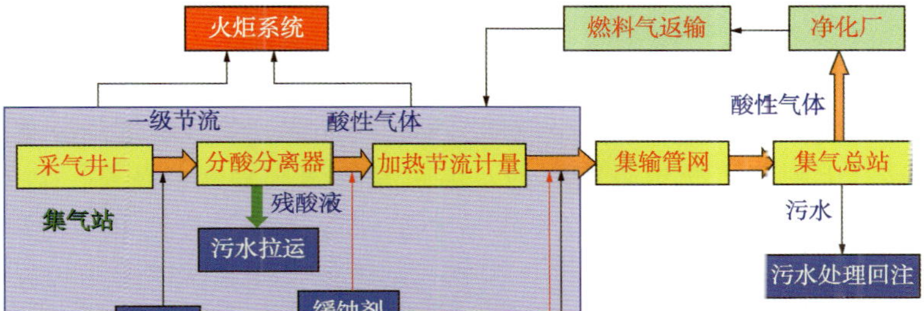

图8-4　普光气田集输全湿气加热保温混输工艺流程

第八章　地面工程工艺优化是提高气田开发效益的重要环节

普光气田在被采用如图 8-4 所示的湿气集输工艺后，减少了干气集输所需的 23 套脱水装置，有效解决了集气站污水的处理及外排问题，避免了脱水装置(固体吸附)废旧填料对环境的污染，具有征地面积小、绿色环保等特点，符合绿色、低碳的企业发展理念。普光气田天然气集输工艺流程现状如图 8-5 所示。

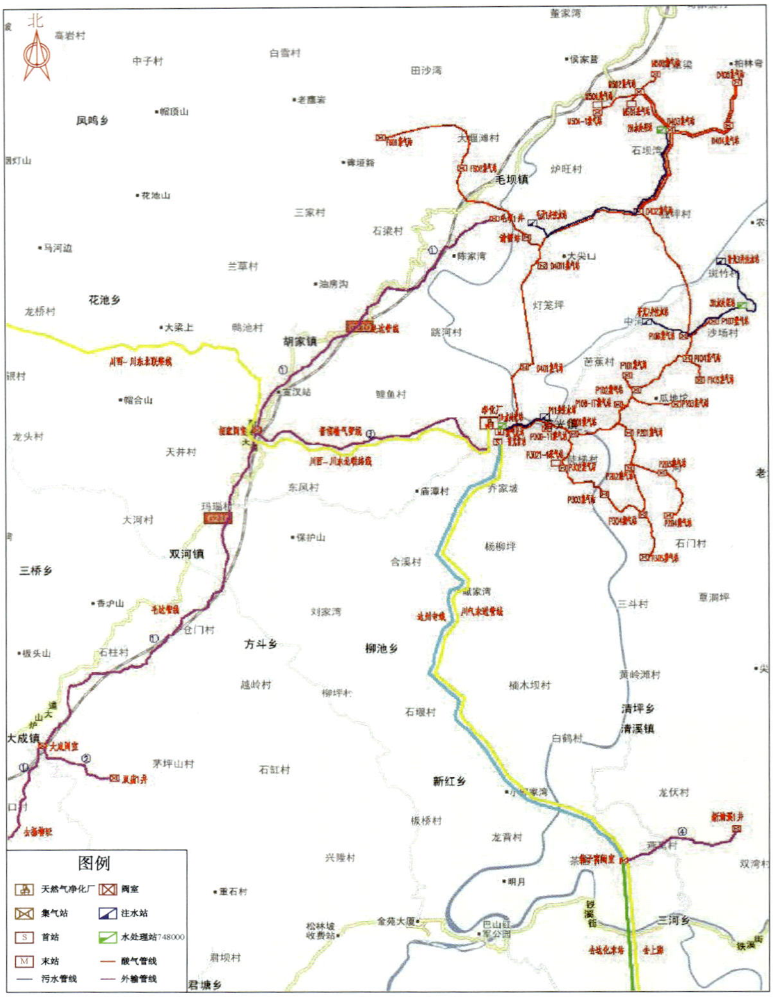

图 8-5　普光气田天然气集输工艺流程现状图

(三) 元坝气田湿气输送技术

元坝气田占地面积大，地面集输距离远，周边村庄多，管线坡度大，集气半径大，通球较困难，容易产生积液，导致管网腐蚀。为了发挥湿气输送的优势，以及缩短集气半径，技术人员对元坝气田采用了“改良全湿气加热保温混输工艺技术”：从单井站到集气站，采用湿气加热保温、气液混输工艺；在集气站进行气体和液体的初步分离，将分离出的天然气从集气站输送至集气总站，将输送至集气总站的原料气再次分水，含饱和水蒸气的酸性气体被输送至天然气净化厂进行净化，并经脱硫、脱水、脱碳处理后外输，将从集气站分离出来的水和从集气总站分离出来的生产污水外输至就近污水处理站，待处理后将其回注地层，从而降低了通球的困难程度，以及管线遭受腐蚀的风险。元坝气田天然气集输工艺流程现状如图 8-6 所示。

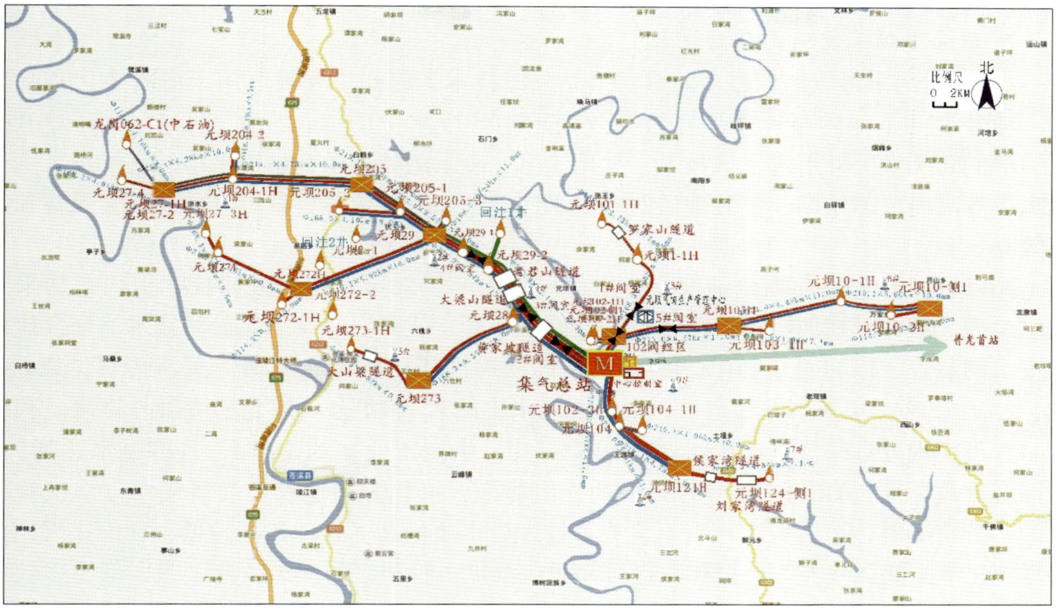

图 8-6 元坝气田天然气集输工艺流程现状图

（四）高含硫气田产出水处理技术

1. 普光气田产出水处理流程

普光气田含硫产出水主要是天然气被采出过程中的地层水和凝结水，在生产流程中与由站场加注的缓蚀剂、预膜使用的柴油及管道中的沉积物等混合后形成硫含量高、悬浮物含量高、油含量高、发泡性强的多元复杂溶液。此外，随着气田的开发，水型也不断发生变化，其成分更加复杂。将这种水注入地层，会堵塞地层孔隙，同时引起注水压力升高，也会增加注水井的洗井和措施实施次数。为了减少回注系统遭受的腐蚀和降低地层遭受损害的程度，必须对含硫产出水进行脱硫处理，以及进行相应的净化处理。

普光气田含硫产出水处理工艺不断得到优化和完善，现已经形成三级除硫+两级沉降+两级过滤技术，1#水处理站含硫产出水处理流程为密闭流程，其详细工艺流程如图 8-7 所示。

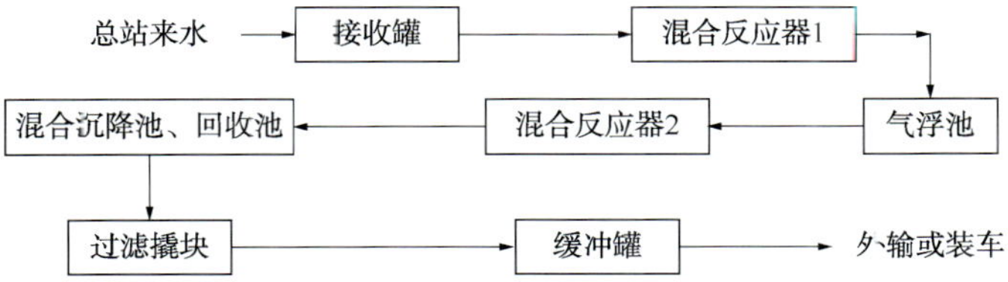

图 8-7 1#水处理站流程示意图

在当前含硫产出水处理量的情况下，处理后的产出水水质基本稳定，且满足回注要求。但是，也存在如下问题：除硫工艺复杂，气提除硫效率偏低，且除硫效率不稳定；通过氧化除硫出现了氧、余氯超标情况，造成对水处理系统的腐蚀加剧；加药量大、运行成本高等。因此，为了解决上述问题，技术人员需要进行除硫技术研究，以开发出更高效、更经济的高含硫产出水处理技术。

2. 低温多效蒸发结晶分离技术

在 20 世纪末形成的低温多效蒸发结晶分离技术，起初主要被应用于海水淡化和制盐中。随着化工企业的高速发展，为高效处理生产废水中的 Na^+、Cl^-、Ca^{2+}、Mg^{2+}、Ba^{2+} 等，他们陆续从国外引进了该技术，并用于生产废水的处理中，将废水中的有机物、重金属离子等高度浓缩结晶，使处理后的冷凝水达到国家排放标准，获得极大的社会效益和经济效益。

2011 年，中国石化西南油气分公司首次将低温多效蒸发结晶分离技术引入含盐采气废水治理领域中，在四川省德阳市投资建设了一套 4 效真空蒸发结晶分离技术治理含盐采气废水的装置，该装置于 2012 年 4 月 28 日正式投产运行，通过锅炉蒸汽传热，以及 1 效、2 效、3 效、4 效蒸发罐蒸发，最终将废水中的 Cl^- 和水分离成盐和冷凝外排水。利用该装置可实现处理采气高氯废水 300～360m^3/d，生产工业盐约 18t/d，且冷凝水达到《污水综合排放标准》(GB 8978—1996) 中的一级标准，可作为当地农业灌溉用水。从试验装置的运行情况看，该装置存在以下优势：处理后水质量高；处理费用较低，比原来采用的物理、化学法低 20%左右；操作、运行简单，维护、管理方便。2014 年 7 月，低温多效蒸发结晶分离技术治理含盐采气废水二期工程正式投产运行，其设计处理能力为 700m^3/d，实际处理采气废水能力为 600m^3/d，且运行效果良好。

对元坝气田产出水的处理，主要通过对比和分析普光气田的水处理工艺技术，建设了元坝气田采出水零排放工程工艺流程装置，主要技术路线：澄清预处理+预蒸发+3 效蒸发+母液回灌，设计处理能力为 600m^3/d，实际采气废水处理能力为 400m^3/d。2016 年，该装置主体投产运行，2018 年上半年，蒸馏水深度处理工艺装置投产运行，且总体上运行良好。元坝气田采出水零排放工程主体工艺流程如图 8-8 所示。

（五）高含硫气田管道防腐技术

由于采用湿气输送对管道腐蚀很严重，因此气田地面集输监测和管道防腐至关重要。国外在湿气输送防腐方面主要采取了如下措施：一是选择防腐管材。二是在施工过程中确保防腐管材完好和连接部分防腐措施安全、可靠。三是投入运行后进行腐蚀监测和采取相适应的防腐措施。通过引进和消化国外酸性气田管道防腐技术，技术人员在普光气田采取了以下措施：

一是首次揭示了高 H_2S/CO_2 分压、单质硫(S)、氯离子(Cl^-)共存条件下抗硫管材的腐蚀规律，建立了高含硫气田抗硫管材选择标准。针对含 H_2S 环境下 ISO 15156 材料标准规定不能满足高温高压高含硫气田开发的选材要求，技术人员开展了高 H_2S/CO_2 分压(H_2S 分压：10MPa，CO_2 分压：6MPa)及 S、Cl^- 共存的腐蚀评价试验，揭示了在高含硫天然气工况下不同管材的腐蚀规律，建立了镍基合金(G3、825、718、028)和抗硫碳钢(95S、110SS)的腐蚀预测图版，形成适用于高含硫气田抗硫管材的选材标准。同时，制定了普光气田腐蚀控制优化方案：对集输管道，选用低碳抗硫管材，并加注缓蚀剂来控制腐蚀；对天然气净化厂装置，采用双金属复合管和低碳抗硫管材。

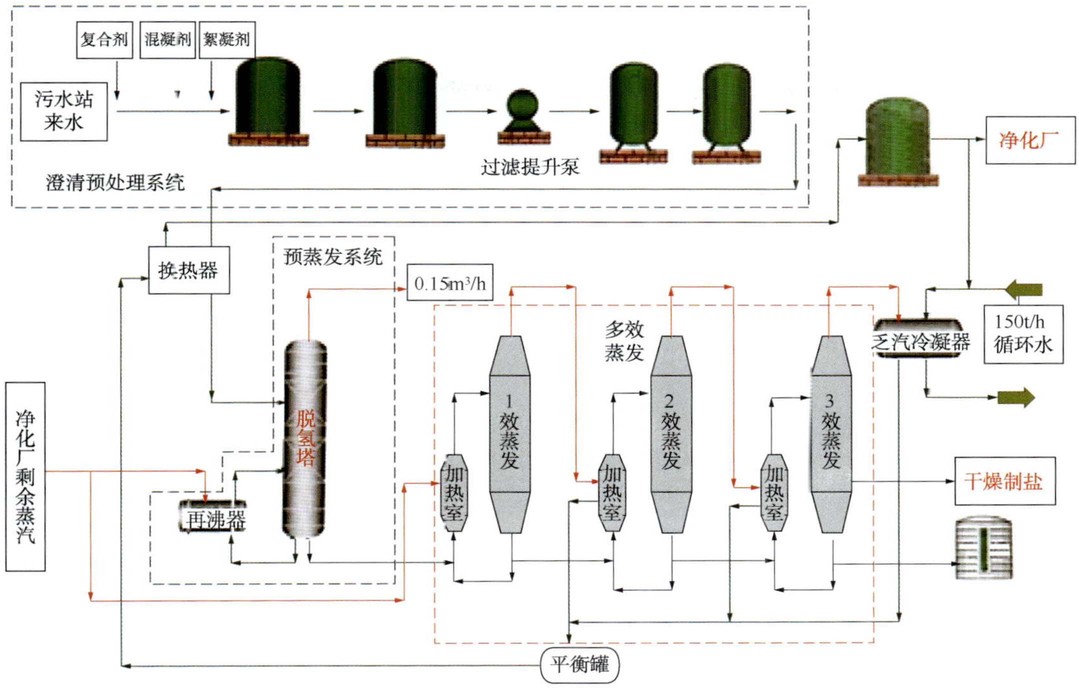

图 8-8　采出水零排放工程主体工艺流程示意图

二是研发了高含硫天然气集输管道焊接工艺，一次焊接合格率超过国家优质工程标准。技术人员首次建立了高抗硫焊材及焊接接头耐蚀性评定方法及标准，确定了高含硫气田集输系统抗硫碳钢、镍基合金管道的适用焊材。此外，应用低线能量焊接、焊缝硬度控制、消氢、消应力等技术，研发了金属粉芯气体保护半自动下向焊技术，从根本上保证了抗硫管材焊接接口的抗氢致开裂(HIC)和抗硫化物应力开裂(SSC)的性能。在普光气田集输系统中，共焊接高含硫天然气管道长度 70.0km，检测焊缝 21836 道，一次焊接合格率达 95.5%。

三是创新了高含硫气田集输系统“四要素”综合防腐方法，实现每年百亿立方米高含硫天然气湿气的直接输送。虽然采用湿气输送的成本较低，但混有凝析水的高含硫天然气对管道的腐蚀极其严重，且对腐蚀的控制极具挑战。通过研究，建立了高 H_2S/CO_2 分压下的缓蚀剂评价方法，设计了管道预膜和连续加注工艺；集成了腐蚀挂片、电阻探针、电指纹等多种腐蚀监测方法，可监测集输系统腐蚀速率；引进了智能检测技术，获取管壁、焊缝的腐蚀状况；研发了全线阴极保护技术，以控制酸性土壤环境下管道的外腐蚀，并形成缓蚀剂、腐蚀监测、智能检测、阴极保护“四要素”综合防腐技术。自普光气田投入开发以来，在地面工程中未发生大的安全事故，有力保证了该气田的安全、高效开发。

此外，在元坝气田的地面工程建设中，技术人员也采用了该技术，并取得了成功。

二、含硫气田天然气净化技术

(一) 常用天然气脱硫方法

天然气脱硫成为一个独立的工业分支是在 20 世纪 30 年代后期。经过 80 多年的发展，脱硫方法已多达上百种，主要包括干法脱硫、湿法脱硫和膜分离脱硫，而大规模天然气脱硫技术以湿法脱硫为主。进入 21 世纪，国际上加大了对环境保护的要求，同时对相关技术指标要求更高，于是催生了基于 MDEA 水溶液的配方型溶剂技术，采用该技术可选择性吸收 H_2S、大幅提高硫回收率、减少大气污染，因而成为最主流的溶剂脱硫技术。针对不同的原料气气质、处理规模等，技术人员又研发了以砜胺法、LO-CAT 法为代表的液相直接氧化还原法、分子筛法、膜分离法等脱硫技术，且上述方法在工业中均得到广泛应用。目前，在中、低潜硫量下广泛应用的脱硫技术主要包括络合铁法、胺法、生物法及非水相离子液氧化脱硫法等。

1. 络合铁法

该方法是一种以络合铁为催化剂的湿式氧化脱除 H_2S 的方法，其特点是直接将气体中的 H_2S 转变成 S(单质)，处理后气体中的 H_2S 含量小于 20ppm($1ppm=10^{-6}$)，操作弹性为 0~100%，硫黄回收率达 99.99%以上，硫负荷为 0.05~20.00t/d。该方法不仅可用于处理含硫天然气，还可用于处理脱硫后的酸气，它是一种工艺简单、操作弹性大、脱硫效率高的脱硫技术。络合铁法在全球有超过上百个应用案例，目前国内已经在中国石油、中国石化、延长石油等企业实现成功应用。

脱硫溶液的硫化物容量决定着溶液循环量的大小，但高硫化物容量意味着催化剂浓度高，以及反应过程中溶液损失量及副反应发生率同比增加，综合来看，硫化物容量在 1.0~1.5g/L 的脱硫溶液的经济效益最为显著。硫堵是采用络合铁法脱除 H_2S 比较常见的问题，它与药剂体系的性能、工艺设计和运行维护情况有关，在优化设计及提高运行维护水平的同时，还需要通过提高药剂的反应活性，以及增大生成的硫黄颗粒体积来避免硫堵。对采用络合铁法产生的硫膏，目前主要采用补贴运费的方式送至厂家进行处理，也有企业将硫膏处理后生成合格的单质硫进行销售，但存在硫黄价格低、市场空间有限的问题。目前，有的企业正在开展将硫膏作为化肥添加剂或石硫合剂的研究。

LO-CAT 是美国 Merichem 公司在中国注册的工业用氧化脱除 H_2S 的催化剂商标，该技术是络合铁脱硫技术的一种，其采用液体氧化催化剂处理各种含 H_2S 的酸性气体，并直接将 H_2S 转化成 S(单质)，实现一步脱除效率达 99.9%。当酸性气体的来气压力小于 0.7MPa 时，选用溶液的铁离子浓度为 500ppm；当酸性气体的来气压力大于 0.7MPa 时，选用溶液的铁离子浓度为 1000~2000ppm。

2. 胺法

截至 2022 年底，胺法仍是天然气和炼厂气净化中应用最广泛的技术，尤其适用于大型的净化装置。自 20 世纪 90 年代以来，在胺法这一技术的应用中，技术人员普遍采用了配方型溶剂。配方型溶剂按其不同的功能大致可被分为 3 类：加强选吸型溶剂、脱硫脱碳型溶剂和脱有机硫型溶剂，因此应根据原料气的组成与净化气的规格要求来选择配方型溶剂的类型及其配方。该技术的操作弹性为 30%~110%，硫负荷一般大于 5t/d，胺液再生后的酸性气体通过克劳斯法或络合铁法进行硫黄回收。

3. 生物法

该方法是利用特殊微生物(菌种)的催化作用，在人为控制的条件下，将原料气中的 H_2S 转化为 S(单质)的工艺方法。生物法具有工艺和操作运行简单、投资和运行成本低等特点，可以应对较大的处理负荷波动，启动和重启时间短，最高应用压力可达 1200psi，硫负荷为0.05~150.00t/d，H_2S去除率可达99.9%以上，其中高压条件下（大于4bar）处理后的H_2S浓度小于4ppm，低压条件下（小于4bar）处理后的H_2S浓度大于4ppm，且不产生SO_2，同时其最终产物生物硫黄的亲水性强，无板结、硫堵风险，可用作农业肥料或杀菌剂，具有较好的应用前景。需要注意的是，CS_2、硫醚等有机硫可造成菌种中毒，当天然气中有机硫含量较高时，需要考虑有机硫的脱除问题。

4. 非水相离子液氧化脱硫法

该方法是一种新型的脱硫方法，是在疏水的离子液中完成含硫酸性气体（H_2S）的反应性吸收，直接将H_2S转化为硫黄，并从脱硫液中原位沉降分离。氧化再生时所产生的少量水分可以通过挥发或蒸发的方式从脱硫液中去除，达到脱硫液不被稀释和没有废水外排的目标。非水相离子液氧化脱硫法主要特点：脱硫剂使用寿命长、损耗低，无须添加辅助药剂，运行成本低；工艺路线短，动设备及控制系统少，能耗低且操作简单；硫黄纯度高，无硫堵现象；无污染物排放，符合绿色生产目标。北京化工大学科研人员对非水相离子液氧化脱硫法开展了大量室内和现场研究，但想要真正推广到工业生产中，仍然面临诸多问题，需要进一步开展相关应用研究。

综合以上技术发展现状，对于中、低含硫量的天然气脱硫，需要综合考虑投资、运行成本、气质指标、生产波动及硫黄销路等因素，其中若潜硫量大于20t/d，推荐采用砜胺法+克劳斯法；若潜硫量小于10t/d，推荐采用络合铁法或生物法；若潜硫量在10~20t/d之间，建议对砜胺法+克劳斯法、砜胺法+络合铁法/生物法、络合铁法、生物法进行工艺技术对比，然后优选技术方案。不同脱硫方法适用条件对比见表8-1。

表8-1 不同脱硫方法适用条件对比

脱硫方法	操作弹性/%	备注
砜胺法+克劳斯法	30~110	对处理潜硫量大的酸性天然气更具优势，胺液可以同时脱除H_2S、有机硫和CO_2
醇胺法+水解法+克劳斯法	30~110	对处理潜硫量大的酸性天然气更具优势，胺液脱除H_2S和CO_2，水解工艺脱除羰基硫
络合铁法	0~100	不能处理含CO_2和有机硫的酸性天然气，须考虑硫黄去向
LO-CAT法	0~100	不能处理含CO_2和有机硫的酸性天然气，须考虑硫黄去向
生物法	0~100	CS_2、硫醚等有机硫可造成菌种中毒，可以部分脱除硫醇和CO_2，一般用于处理潜硫量小于5t/d的酸性天然气
非水相离子液氧化脱硫法		应用于小型试验装置中，未获得工业化应用

（二）普光气田天然气净化技术

根据上述脱硫方法，通过对国外脱硫技术进行调研，并结合普光气田自身特点，技术人员采用了砜胺法+克劳斯法：甲基二乙醇胺（MDEA）法脱硫、三甘醇（TEG）法吸附脱水、常规克劳斯二级转化法回收硫黄、斯科特（SCOT）法加氢还原尾气及酸水汽提。在此基础上，建成了我国最大的天然气净化厂，最大日处理量达$3600\times10^4m^3$，年处理能力达$120\times10^8m^3$，年生产硫黄240×10^4t。

1. 普光气田砜胺法脱硫技术

通过对国内外天然气脱硫、脱碳先进技术的借鉴、吸收与优化，在有机硫化合物（COS）的脱除、CO_2吸收精细控制、脱硫剂优选评价、循环胺液质量改善方面，技术人员研发了以下关键技术。

1）两级级间冷却技术

由于净化装置处理量大、H_2S 和 CO_2含量高，若采用常规脱硫、脱碳工艺，吸收塔温升较大，导致胺液选择性吸收性能降低，胺液循环量增大，以及损耗明显增加。因此，技术人员创新性地应用两级级间冷却技术，可降低胺液进塔温度，有效控制对 CO_2的吸收。

两级级间冷却是在两级吸收塔之间设置级间冷却器及温度控制系统，降低胺液进入一级吸收塔的温度，利用 MDEA 溶液在不同温度下对 CO_2的吸收率不同来控制 CO_2的吸收，提高对 H_2S 的选择性吸收，最大限度地增加净化气产量，同时减小胺液再生塔的酸气负荷和胺液循环量，降低再生能耗，达到装置效益的最大化，使净化厂胺液吸收控制技术达到国内领先水平。

此外，两级级间冷却技术还有如下特点：工艺简单，便于控制，能够精确控制胺液对 CO_2的吸收量，降低胺液循环量及再生所产生的酸性气量；胺液再生系统和硫黄回收单元所需的设备尺寸较小，整个装置的投资和能耗较低。

2）有机硫催化水解技术

利用气相固定床水解有机硫首次应用于国内的天然气净化领域。该方法主要是利用 COS 与 H_2O 发生水解反应生成 H_2S 和 CO_2的特性，通过胺液的进一步吸收与脱除，确保净化天然气中 H_2S 含量小于 20mg/m³，总硫含量（以硫计）小于 200mg/m³，满足《天然气》（GB 17820—1999）二类气技术指标要求。

有机硫水解装置位于一级、二级主吸收塔之间，主要由气相固定床水解反应器、水解反应器进出料换热器、水解反应器入口分离器、水解反应器预热器、水解反应器出口空冷器等设备、控制系统及 COS 在线监测分析仪等组成。

经一级主吸收塔部分脱硫后的天然气首先通过水解反应器进出料换热器与水解反应器出口空冷器完成气体换热，换热升温后的气体进入水解反应器入口分离器分离出携带的胺液，分离出的胺液被排入胺液回收罐。低压凝结水升压后在入口分离器前作为水解反应物被注入天然气中，可促进反应器中发生的水解反应。分离胺液后的天然气由水解反应器预热器加热后，由 110℃升温至 141℃，水解反应器预热器由饱和高压蒸汽作为加热介质，气体被加热后可防止在水解反应器中产生凝液。

在有机硫催化水解技术应用中，技术人员选用羰基硫作为水解催化剂，该催化剂具有活性范围宽、操作温度低的特点，可实现有机硫脱除率达 95.0%以上。

2. 克劳斯硫黄回收及成型技术

克劳斯法是一种催化氧化制硫的工艺方法，其从被发明开始就成为硫回收工业中的标准工艺流程，也是目前应用最为广泛的硫回收工艺之一，尤其被广泛应用于大规模的硫黄回收装置中。克劳斯法具有硫黄回收率较高、装置适应性强、硫黄产品品质好等特点。近年来，随着对环境污染的控制和尾气排放标准的提高，世界上许多公司和科研机构均加强了对硫回收技术的开发，出现了诸如超级克劳斯法、超优克劳斯法等新的技术，使硫黄回收率可达 99.4%以上。但是，单纯采用克劳斯法已经无法满足当前 SO_2尾气排放的指标控制要求。因此，在现有克劳斯法的基础上，技术人员还配套建设了还原-吸收法(SCOT)尾气处理装置或氧化-还原吸收法尾气处理装置等，使总硫回收率达99.8%以上。

1）单列20.0×10^4t/a硫黄回收技术

技术人员在普光气田天然气净化厂单列20.0×10^4t/a硫黄回收装置中采用了技术成熟的直流克劳斯法。由于该硫黄回收装置为国内最大单列装置，因而对装置中的关键设备——克劳斯反应炉，从炉体制造尺寸、处理能力、配套设备性能、安全保障等方面都提出了新的技术要求：炉体体积变大，在结构、布局和性能上需要进行优化；要考虑反应炉在运行中可能发生的振动情况；因大型杜克燃烧器为首次在国内使用，因而必须提高燃烧器点火的可靠性、安全性。此外，设备的平稳运行和工艺操作难度都会相应增大。

硫黄回收单元由进料系统、燃烧空气供给系统、燃烧反应部分和催化反应部分组成。经过燃烧反应和催化反应，总硫回收率达95.0%以上。其工艺流程如图8-9所示。

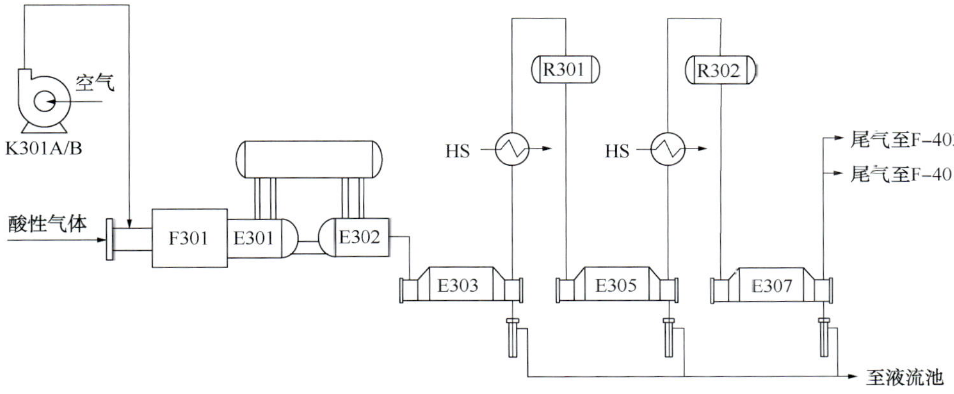

图8-9　硫黄回收装置工艺流程图

在该工艺中，技术人员将前馈、反馈等多种方法结合起来，并经过一系列数值运算及逻辑判断，消除各种波动对硫回收率的影响，使装置始终保持较高的硫回收率。在末级硫冷凝器出口处设置H_2S/SO_2比值在线分析仪，实现闭环控制，以保证较高的硫黄回收率。采用饱和蒸汽加热，控制反应床层入口温度，操作简单、有效，保证了催化剂的高活性。在反应炉中，安装进口高强度专用燃烧器，并配备性能可靠的火焰检测仪，使装置具有较大的操作弹性。

2）硫黄湿法成型技术

在普光气田天然气净化厂，技术人员建成了国内首套硫黄湿法成型装置，该套硫黄成型装置的产能为90t/h，硫黄产品颗粒粒径为2~6mm，颗粒呈圆球状，表面硬度高，含水量小于2%。

来自硫黄回收或液硫罐区单元的液硫通过成型装置成型盘上的孔眼，被滴入装满冷却水的成型罐内冷却后得到硫颗粒，然后经两级脱水振动筛将硫颗粒和水进行分离，并由传送带送至袋装生产线或散装料仓。冷却水由冷水泵送到成型罐内，最后被回收到循环水池中，完成整个硫黄成型过程。硫黄湿法成型技术路线如图8-10所示。

硫黄湿法成型装置具有生产能力大、操作灵活、弹性范围广和安全性能高等特点。

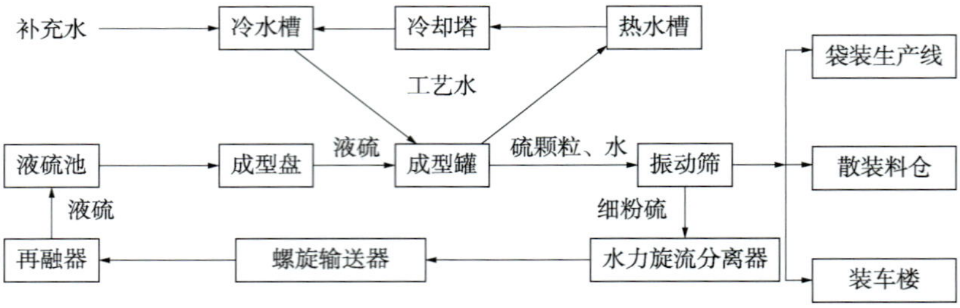

图 8-10 硫黄湿法成型技术路线简图

3. 元坝气田天然气净化工艺

元坝气田和普光气田天然气均为高含硫天然气，虽同为高含硫天然气，但元坝气田天然气的净化难度要高于普光气田天然气。元坝气田天然气中除了含有 H_2S、CO_2以外，还含有 COS、甲硫醇、乙硫醇等多种成分的有机硫，其有机硫种类远多于普光气田天然气，因此在脱除酸性气体的同时，还必须对其中的有机硫组分进行脱除。元坝气田天然气中 H_2S 含量相对于 CO_2含量更低，由溶剂再生部分再生的酸性气体中 H_2S 的最低浓度极端工况可能达 38%左右，这远低于炼油厂硫黄回收装置的酸性气体浓度，大幅增加了硫黄回收装置的操作难度。

技术人员采用胺法脱硫技术，使元坝气田年处理原料气能力达 $40.0\times10^8m^3$，年产硫黄能力达 30.0×10^4t。其中，具有中国石化自主知识产权的天然气净化工艺设计，包括脱除H_2S、CO_2的有机硫溶剂的工艺技术及尾气超重力硫化氢吸收技术，实现总硫回收率达 99.8%以上。

第三节 “四化”技术在特殊类型气田中的应用

一、“四化”技术的形成

为了规范油气田地面工程建设，以及降低成本、提高质量，2012 年 4 月，中国石化启动了地面工程“标准化设计、模块化建设、标准化采购”的“三化”工作。2012 年 9 月，中国石化油田勘探开发事业部制定并下发了《油田板块推进“标准化设计、模块化建设、标准化采购”工作方案》，方案中明确了工作思路、工作目标、重点工作安排等，建立了相应组织机构和运行机制。2012 年，中国石化开展了 6 项标准化设计试点工程，通过总结试点工程经验，建立了一套标准化的工作体系和工作流程，形成标准化的设计文本。

2014 年，在“三化”的基础上，又增加了“信息化提升”的内容，简称“四化”工作，确定了 7 项“四化”工作示范工程。共形成简单工程标准化设计成果 154 项、小型站场标准化设计成果 40 项、中型站场标准化设计成果 13 项、大型站场标准化设计成果 11 项。据统计，2019 年，简单工程标准化设计覆盖率约 100%，小型站场标准化设计覆盖率约 98%，小型站场工厂化预制率达 40%，大、中型站场工厂化预制率达 11%。通过模块化建设方式，减少了现场工作量，缩短了建设工期，提高了工程质量。“四化”技术在特殊类型气田地面工程建设应用中取得了较好的效果。

二、元坝气田“四化”示范工程建设

(一) 项目概况

元坝气田地面工程建设是在普光气田、大湾气田工程设计经验的基础上，根据开发井位部署情况、井口基础参数情况，形成的一套完整的单井站、集气站工艺流程。针对工艺流程中涉及的各类装置，技术人员分别从处理规模、设计压力等方面进行了撬装化设计。标准化设计覆盖率达100%，且达到缩短设计时间的目的，同时为站场模块化施工创造了条件。

在施工方面，通过将加工预制工作放在生产条件较为完备的撬块制造厂来完成，以及在施工现场强化预制深度的方法，达到加强质量与工期控制的目的。其模块预制化率达100%。

在物资采购方面，减少了商务谈判的形式，更多地通过物资采购电子商务网执行标准化的招标程序。对各项物资，根据设计单位提供的技术规格书及数据表进行设计和与供货商面对面技术交流，通过技术交流使供货商更加了解元坝气田的实际工况、需求及技术条件等，也使设计单位更加了解相关行业的制造水平。根据技术交流情况，选取能够满足项目技术、质量、工期、资质等各方面要求的厂家签订技术框架协议。通过上述方法，使元坝气田框架协议采购率达90%以上。在投资控制方面取得了良好成绩。

此外，为了实现气田智能化、安全化，技术人员研发了以下技术：

1. 元坝气田地面集输工程过程控制技术

在元坝气田地面集输工程中采用SCADA系统进行过程监控，SCADA系统是以计算机为基础的生产过程控制与调度自动化系统，它可以对现场的运行设备进行监视和控制，以实现数据采集、设备控制、测量、参数调节及各类信号报警等。元坝气田地面集输工程SCADA系统可达到在控制中心对全线所有井站进行自动监控的技术水平。

2. 元坝气田安全联锁控制系统优化设计

在国内现有酸性气田地面集输系统中，技术人员一般采用SCADA+SIS系统的架构，以实现对地面集输系统的安全控制。目前，在元坝气田地面集输系统中，技术人员通过借鉴已有经验，依然采用了SCADA+SIS系统的架构，其中SCADA系统主要用于地面集输系统的过程监控，SIS系统主要用于地面集输系统的安全联锁控制。此外，结合实际生产需求，技术人员对SIS系统进行了相关优化设计。

元坝气田地面集输系统中共有集气站27座、采气井场3座、集气总站1座、污水站2座、注水站2座、低温蒸馏站1座。酸性气管道长度为136.49km，燃料气管道长度为105.59km，污水收集管道长度为74.15km，回注管道长度为24.97km。元坝气田地面集输系统管网总体布局如图8-11所示。

(二)“四化”技术应用成果

1.“四化”理念贯穿设计和工程建设始末

在元坝气田地面集输系统中，技术人员整体上采用标准化建设模式，将“四化”理念贯穿设计和工程建设的各个环节。在标准化设计中，技术人员运用模块化设计理念和三维模拟手段确定了采气站场、单井站、集气站、集气总站四类站场的标准化布局和24个高

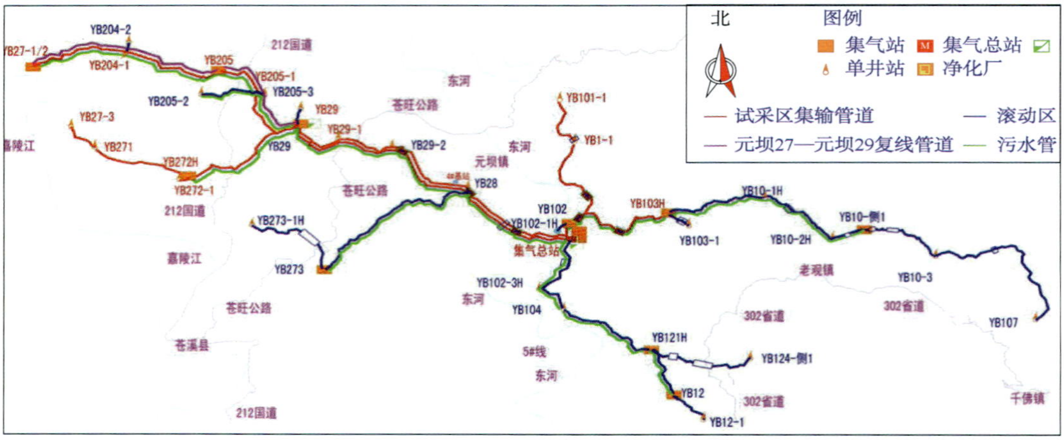

图 8-11　元坝气田地面集输系统管网总体布局图

集成度的模块。在元坝气田现场，技术人员采用模块化建设理念，实现组件预制工厂化、工序作业流水化、模块出厂成品化和现场安装插件化。同时，通过采用标准化采购，比普光气田节约采购成本约 30%，并实现快速、低成本高含硫标准化示范气田的整体建设。

2. 标准化采购有效控制投资

如前所述，在元坝气田地面集输系统物资采购方面，减少了商务谈判的形式，更多地通过物资采购电子商务网执行标准化的招标程序。对各项物资，根据设计单位提供的技术规格书及数据表进行设计和与供货商面对面技术交流，通过技术交流使供货商更加了解元坝气田的实际工况、需求及技术条件等，也使设计单位更加了解相关行业的制造水平。根据技术交流情况，选取能够满足项目技术、质量、工期、资质等各方面要求的厂家签订技术框架协议。通过该方法，使元坝气田框架协议采购率达 90% 以上。在投资控制方面取得了良好成绩。

3. 一体化自控体系自控水平高

针对元坝气田高含硫、地处山区、应急响应慢等特点，技术人员采用光缆冗余环状通信+SCADA 系统+ESD 关断和设备自带 PLC 的全方位自控技术，形成“四级”应急联锁关断、全气田数据实时采集上传、腐蚀监测和数据分析智能化管理、“产、储、输”动态数据自动优化调度和自动化控制的气田一体化自控体系，实现气田地面集输系统无人操作和管理，达到国内高含硫气田自控一流水平。

三、大牛地气田“四化”示范工程建设

在大牛地气田地面集输系统中，实现了“工艺流程标准化、平面布置标准化、功能分区模块化、工艺设备定型化”。经过多年的系统建设和生产实践验证，大牛地气田地面集输工艺流程符合低产、低渗气田的天然气生产和滚动开发要求，比较好地实现了安全生产、工艺要求和建设投资的平衡，表现出较好的先进性、实用性、可靠性和经济性，创造了独具特色和适合气田滚动开发的建设模式，保证了大牛地气田的大规模经济、有效开发。通过对地面集输系统采用标准化设计，提高了设计效率，减少了材料规格、种类，保

证了设计质量，达到缩短设计周期和建设周期的目的。标准化设计的范围包括井口、集气站、集输管网、道路及标识等。

(一) 气井标准化

1. 标准化系列

在大牛地气田，形成单井及多井相结合的 3 种标准化系列，分别为单井井场、两井组井场和三井组井场。

2. 平面布置标准化

在井场平面布置中，技术人员采用标准化设计，实现设备统一、布置紧凑，并减小了用地面积。采气井场实现无人值守，其中在井口位置设置了水平井采气树、通信监控设施、自控远传仪表及配套的太阳能供电装置。对井口场地完成平整后，在井口设施四周安装 1.8m 高的围栏，并在围栏四角设置水泥基础。同时，为围栏配备相应的安全标识牌。不同布井方式的标准化井场征地面积详见表 8-2。

表 8-2 各井场征地统计表

布井方式	井场征地面积/m^2	布井方式	井场征地面积/m^2
单井井场	1200(30m×40m)	三井组井场	1600(40m×40m)
两井组井场	1600(40m×40m)		

3. 流程标准化

在大牛地气田，技术人员采用高压集气工艺进行生产，且井口不节流，天然气由气井采出后通过单井采气管线进入集气站，为防止输气管线在输送天然气过程中出现冰堵，采用单井注醇泵通过注醇管线向井口注入甲醇。

(二) 集气站标准化

1. 建设规模系列化

根据大牛地气田滚动开发建设经验，针对老区气井多、分布集中、单井配产低的特点，早期集气站建设分为 24 井式和 32 井式两个系列。但自 2012 年开始，大牛地气田转入大规模水平井开发建设阶段，为满足水平井开发需要，在优化集气站集输流程的前提下，对新建集气站的设计均为 32 井式。

2. 工艺流程通用化

在标准化集气站中，技术人员设计了高压集气、低温分离流程，其主要功能为采集气井天然气、节流、分离、计量、通过集气管线外输，同时在站内设置脱水装置、注醇和放空装置。此外，站内还设有加热炉、预冷换热器、节流阀、计量分离器、生产分离器、低温分离器和计量仪表等设施，以满足各项功能要求。

3. 安装设计模块化

根据站内设备的功能，技术人员将其制成独立的、标准的小型模块，并进行了单独设计和安装。各模块之间由管网连接在一起，既相互独立，又互相联系，有利于设计图纸中的模块组合，也给施工预制奠定了基础。同时，采用三维设计软件对定型化的设备、标准化的管阀配件进行了优化设计，使各站场中的相同功能模块达到安装、预配尺寸的统一和固化。

按照集气站功能可将其划分为 12 个固定模块和 1 个移动模块。固定模块：进站阀组、水套式加热炉、节流阀组、计量及生产分离器、产液计量、低温脱水、污水及甲醇罐、燃料气及计量、清管外输、放空区、注醇泵房和甲醇污水装卸。移动模块：高压移动式自动排液撬。针对水平井在生产初期产液量较大的特点，技术人员将单井移动式排液模块与进站阀组通过快速接头连接。在天然气进站时，进行了气体和液体分离，减小了后续流程中加热及分离过程的负荷。该模块为可移动装置，在气井稳产后可将其移至新投产井。

（三）集输管网标准化

1. 输气首站标准化

在首站站内预留阀门，为气田后期滚动开发时其他来气的接入提供了条件。在首站出站管线中设有发球阀，可完成干线清管器发送操作。同时，在站场中设有放空流程，并汇入放空立管进行放空。

2. 阀室标准化

输气干线来气经过线路截断阀流向下游，由截断阀两侧分别引出放空管，当发生事故时，管线内天然气经过放空管线、放空立管排入大气。为了满足安全和环保的要求，对放空气量可通过调节节流阀开度进行控制。

插输阀室主要为集气干线预留阀门接口，以便后期新建集气站集气管线接入集气干线。

线路截断阀是管道线路部分的重要设备。为了便于输气管道的维修，以及当输气管道发生破损时，尽可能减少损失和防止事故扩大，在输气线路及大型河流穿（跨）越段设置截断阀。

第九章 稳气控水是水驱气藏高效开发的关键

据统计，目前国内外开发的大多数气藏都属于不同程度的水驱气藏，在水驱气藏中赋存了多种类型的地层水，如边水、底水、层间水和层内水等，其中边水、底水活跃的气藏约占气藏总量的40%~50%，尤其在我国四川盆地，有水气藏储量约占总储量的80%以上，此类气藏中多数储层都发育裂缝，采气过程中边水或底水容易沿裂缝侵入并分割气藏，造成气井产水后产量加速递减，储量难以被充分动用，因此边水和底水的存在对气藏生产的危害很大。

中国石化已开发的气藏类型多种多样。其中，有以新场沙溪庙组为代表的砂岩气藏，以普光、元坝为代表的超深碳酸盐岩气藏，以雅克拉为代表的凝析气藏，还有以松南为代表的火山岩气藏，以上气藏均为水驱气藏，这些气藏按出水特征主要分为边水气藏、底水气藏两大类，此外不同类型气藏的气井产水特征不同。由于水驱气藏的气水分布模式复杂多样，同一水动力系统可能存在多个含气圈闭，同时水驱气藏开采过程中水的侵入是一个复杂的过程，且与多种因素有关，影响气井见水时间的因素有边(底)水的活跃程度、井底距原始气水界面的高度、储层物性和气井的生产压差等。因此，如何在开发前期正确认识气藏地质背景和水体驱动能量，如何在开发过程中合理布井、制定合理工作制度及控水对策，对延长气藏无水采气期和自喷生产时间非常重要。

第一节 水对气藏开发的影响

气藏开发的主要目的是在经济效益允许的条件下，最大限度地提高气藏采收率。对于与气藏开发最终效果有密切关系的地层水，则要充分认识其在气藏开发过程中可能带来的影响和伤害，并在开发过程中尽量减少这种影响和伤害，因此水驱气藏的开采对策将直接影响整个气田的最终开发效果和采收率。

一、水侵对生产的不利影响

与油藏开发不同，水对气藏开发的危害极大，尤其是对于非均质的气藏，裂缝或大孔道是主要的水窜通道，开发过程中水很难进入低渗高压孔隙，而是绕过低渗孔隙带，沿裂缝或大孔隙推进，形成气藏内的低渗高压死气区，这种“水锁效应”将对气藏开发造成很大影响。根据现场数据统计资料及室内实验分析，水侵对气藏生产的不利影响具体可体现在以下几个方面：

1. 气藏发生水侵后气相渗透率大幅降低，在渗流过程中造成压力损失增大，导致气井产量迅速下降

根据达西定律，气相渗透率远远大于液相渗透率，气井见水后产生气、水两相流动，导致气相渗透率呈几何级数下降，同时气井见水后使水敏储层渗透率下降，而且这种趋势

具有不可逆性，两种作用的叠加导致气井见水后产量大幅下降，开发成本大幅提高。因此，延长气井的无水采气期是提高气田开发效益和效果的关键。

由于气、水黏度有较大差异，因此水在流动中必须获得大于气所需的驱动力才能流动。在气藏开发过程中，在气藏内会逐渐形成压降漏斗，边水在驱动力作用下沿着渗流通道侵入井底并从气井产出。当水体突破至井底后，从渗透率的角度分析，由于水分子比烃类流体分子更具“通行”优势，无论是在裂缝中还是在孔隙中，含水饱和度均会随着地层水的侵入和渗吸作用而增大，进而表现为烃类流体相对渗透率减小，地层水相对渗透率增大。因此，当气井出水后，主要表现为初期产水量上升迅猛、产水量大，且产水情况难以被控制等特征，随着气井产量的逐步下降，采气速度明显降低，导致气藏的稳产条件被破坏，气藏递减期提前，所以为了控制水驱气藏特别是非均质水驱气藏的选择性水侵或边（底）水的突进，水驱气藏在开发中的采气速度一般会低于气驱气藏。

威远震旦系灯影组裂缝–孔洞型底水气藏构造面积为859km²，含气面积为216km²，含气高度为244m，主要储层岩石为裂缝–孔洞型白云岩，溶蚀孔洞发育，并有多组斜交和垂直裂缝，原始地层压力为29.5MPa，顶部埋藏深度在2800m左右。该气藏于1965年10月正式投入开发，完钻井共91口，生产井最多时达到65口，初期产气量为$(20.0\sim30.0)\times10^4m^3/d$，1975年产气量达到最高，为$330.0\times10^4m^3/d$，但该气藏自投入开发后几乎没有稳产期，产量在达到高峰后就逐渐下降。1970年，在部分气井相继出水后，由于地层中的气、水两相流动阻力增加，气相渗透率减小，有效产出井段减少，在井筒外围形成封闭气，致使气井产能大幅下降（表9–1）。此外，由于气藏非均质性严重，裂缝分布极不均匀，加之受邻井的相互影响，导致气井水侵特征极其复杂，根据气井产水特征分析，主要有纵窜型、水锥型和纵窜横侵型3种类型，生产至1984年底，气藏已被全部水侵，大部分气井处于带水自喷生产阶段，由于底水不断沿裂缝上窜至气井内，加之地层压力降低，进一步加快了气井产量的下降速度，最终导致部分气井因水淹停产，1985年后，对几乎所有气井不得不采取人工排水采气措施才能维持生产，气藏产气量也下降到仅有$67.0\times10^4m^3/d$，气藏的压降漏斗也由水侵前顶部区的1个，增加到1994年的6个，表明由于地层水的侵入，气藏逐渐被分割为互不连通的6个独立的区块。由此可见，地层水水窜增加了气藏开采的难度，严重影响了气藏开发效果，按初始压降储量计算，气田采出程度仅约35%。

表9–1　威远震旦系灯影组气藏气井出水前、后无阻流量变化表　　$10^4m^3/d$

井　号	威23井	威34井	威39井	威40井	威61井
出水前	69.7	31.4	77.2	64.4	23.1
出水后	40.7	20.0	50.1	31.1	16.5

2. 气井产水后油管柱内形成气、水两相流动，导致管柱内的阻力损失明显增大，生产压差降低和废弃地层压力升高

国内外气田开发研究和实践表明，生产压差使底水很快沿高渗带或裂缝窜至局部气井，生产压差越大，则水窜速度越快，当气井出水后，在其渗流通道和自喷生产管柱内将形成气、水两相流动，并由此造成气藏的能量损失、管柱内阻力损失和管柱内对地层的回压明显增大，随着气井产水量的不断增加，生产压差逐渐减小，气井连续自喷生产能力也随之逐渐变差，当气井产气量低于极限携液能力时，则井筒中聚积的液柱最终会将气井

"压死"，导致气井难以实现自喷采气，同时造成气藏废弃地层压力升高。

中坝气田须二段气藏是典型的裂缝-孔隙型边水气藏，其含气面积为24.5km^2，埋藏深度为2400～2750m，原始地层压力为27.0MPa，采用天然气压降法计算的储量为100.0×$10^8 m^3$。由于储层在沉积厚度、孔渗性、孔喉类型与结构等方面均表现出较大的差异性，即使同一口井的同一砂岩储层段，其不同部位的储集性能或孔喉特征也存在明显差异，加之裂缝发育极不均匀，非均质性更为突出，因此中坝气田须二段气藏储层的非均质性极强，此外研究认为，须二段气藏边水水体不大，属弹性能量有限的不活跃边水，主要分布于东北翼的中22井、中64井一带及南翼区域。该气藏于1973年8月投入开发，总井数为26口，至1978年4月不到5年的无水采气期后，位于东北翼的中4井、中19井、中35井等相继出水，由于边水沿裂缝水侵，使大量孔隙中的天然气被水封闭而无法被采出，因此气井见水后的产气量迅速下降，很快便失去自喷能力，且气井停喷时地层压力很高，如中4井在1982年5月24日第一次出现停喷时的地层压力高达20.0MPa。同时，为了控制水侵速度，技术人员被迫调整了气藏产量，产气量由1978年5月的130.0×$10^4 m^3/d$逐步下降到1990年7月的60.0×$10^4 m^3/d$，但位于北翼的中3井、中25井、中36井、中37井、中62井仍然先后出水，此外中19井、中35井因水淹停喷，导致中坝气田须二段气藏开发效果不理想。

3. 气藏产水后，由于地层水沿裂缝(高渗透通道)窜入分割气藏，形成死气区，降低最终采收率

受储层的非均质性影响，开发过程中气藏不同部位的地层水推进速度不尽相同，对于均匀介质区域或网状小裂缝区域，地层水推进速度差异较小，表现出"舌进型"水侵特征，对于非均质强的介质区域或大裂缝区域，地层水推进速度差异大，表现出"窜入型"水侵特征。当裂缝较为发育的非均质性储层发生水侵后，地层水首先占据大裂缝渗流通道，其次是中、小裂缝，最后为微细裂缝和孔隙，使含气区储层基质孔洞中气的产出通道被水封堵，而难以采出这一部分气，同时水沿储层中的裂缝窜进，封隔了一些无井控制的裂缝不发育的含气边缘区，这一部分气也难以被采出。

气藏储层基质孔隙中气的产出通道之所以被水封堵，是因为水比气更容易流动而从气井中产出。首先从分子物理学的角度分析，水分子直径(0.4nm)小于烃类流体分子直径(甲烷分子直径为0.4nm)，在一定的驱动压差下，地层水比烃类流体更具"通过性"。从油层物理学的角度分析，储层孔隙介质具有先天的"亲水性"，孔喉内壁对地层水更具"吸引性"，对烃类流体更具"排斥性"，因此对于非均质储层，尤其是发育裂缝的储层，由于岩石的"通过性"和"亲水性"，当水窜入裂缝后总是首先沿高渗带、裂缝和孔隙表面流动，而气体则主要沿其中央流动，在比较粗糙的裂缝表面和孔隙喉道变形处，由于存在因贾敏效应产生的附加阻力，使连续流动的气体发生卡断现象从而形成封闭气。由于高渗带和裂缝具有很高的导流能力，因此在较低的压差下，水就会窜入较大的裂缝和高渗带，以较快的速度发生水窜，绕流现象将导致许多孔隙和微裂缝中的气体被封闭起来，形成封闭气；同时，一端存在盲端的孔隙，也会由于渗流通道被堵而形成封闭气(图9-1)。

四川盆地水驱气藏储层类型繁多，按储层主要储集空间及渗流通道可分为裂缝-孔隙型、裂缝-孔洞型、裂缝-洞穴型、裂缝-洞孔型及孔隙型5种主要类型，对于储层发育裂缝的水驱气藏，在气井开采过层中所形成的压力降，首先沿裂缝传到远处，因此在裂缝中

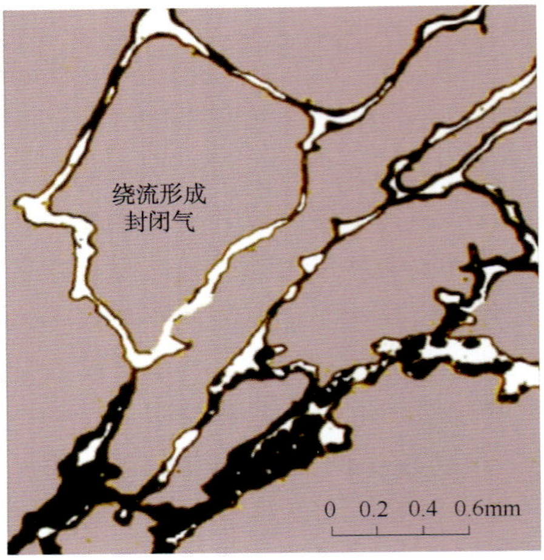

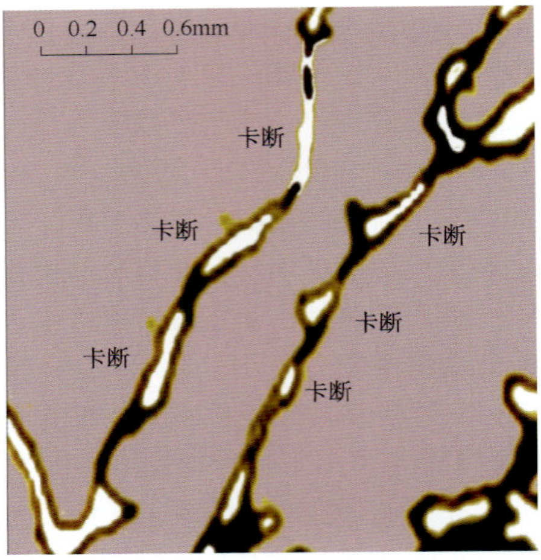

图 9-1　裂缝绕流和卡断形成封闭气

形成低能带，如果裂缝与水体连通，则水沿裂缝迅速到达井底，形成裂缝水窜，气藏出水后裂缝被地层水占据，通过与之相连通的微细裂缝、溶洞、溶孔及孔隙，以卡断、绕流等方式将气藏分割成互不连通的死气区而很难再被采出，因而降低了气藏的采收率。已有资料表明，采收率最大可下降 50% 以上。

4. 气井产水后将增加生产运行成本，大幅降低气田开发效益

由于当地层出水后气井往往不能正常生产，需要采取相应的助排工艺措施和增加配套的地面处理设备，才能实现气藏的稳产和挖潜，因此将大幅提高气田的生产运行成本，导致其最终开发效益降低。

一是地层出水后可能使部分气井不得不被压低产气量，甚至长期关井，因此气田产能得不到充分发挥。二是地层水中往往含有 H_2S、CO_2 和 Cl^- 等，易造成井下工具、设备管道腐蚀、磨损及穿孔等，严重威胁气井的正常生产和寿命，如果处理不当，还会影响整个气田的正常开发。三是由于地层出水后增加了污水转输、处理泵站和管网、回注井等的配套建设和二次采气中的排水采气井下工艺，使地面配套设备及补充开发井增多，因而投入资金多、操作费用高，造成采气成本大幅增加。

二、合理利用水体能量提高气藏采收率

根据国内 70 余个大、中型气藏开发方案设计及实际生产资料统计，不同类型气藏的开发指标有较大差异（表 9-2）。其中，气驱气藏的开发效果最好，而水驱气藏的开发相对较为复杂，其采收率也远低于气驱气藏，但是水对气的驱替作用与对油的驱替作用相似，当水体能量得到合理利用和控制时，也可以起到维持气藏地层压力和保持气井产量的作用。

表 9-2　国内不同类型大、中型气藏开发指标对比

气藏类型	采气速度/%	稳产期/年	稳产期末采出程度/%	采收率/%
气驱气藏	2.0~7.0	8~15	35~65	70~90
水驱气藏	2.5~4.0	5~10	20~50	30~70
一般低渗致密气藏[$(1.0\sim10.0)\times10^{-3}\mu m^3$]	2.0~4.0	5~10	30~50	50~70
特低渗致密气藏[$(0.1\sim1.0)\times10^{-3}\mu m^3$]	<2.0	—	15~20	30~40

水驱气藏的开发一般分为三个阶段，即无水采气期、带水采气期和排水采气期。国内外大量的开发实践结果表明，无水采气的开发效果比带水采气的开发效果要好得多，该阶段的气井产量保持相对稳定，且阶段累计产气量较高。因此，在气藏开发过程中，应合理确定采气速度，降低生产压差，实施稳气控水措施，尽可能地延长无水采气期，这是提高气藏开发效益和效果的关键。

近年来，国内外学者开展了许多气藏水侵机理物理模拟研究，为揭示气藏水侵机理、提高底水气藏采收率开辟了重要路径。乐长荣(1981)将水驱气过程分为两个阶段：第一阶段，地层压力下降时，破坏了毛管压力的平衡状态，在毛管渗吸作用下，水驱替岩块孔隙中的天然气，该过程主要取决于地层压力(其中包括裂缝、孔隙中的压力)的下降和毛管压力的作用；第二阶段，依靠水动力作用，驱替裂缝中的天然气，其饱和度由临界气饱和度变为残余气饱和度。巴斯宁耶夫等(1992)在水驱气机理研究方面也做了大量研究，他们通过岩心驱替实验对水驱气机理进行了研究，结果表明，在低驱动速度范围内，气的采收率随着驱动速度提高而迅速上升，在经过最高值后又稍微降低，在超过速度的合理值后，孔隙介质的非均质性才开始表现出来，残余气饱和度除与原始含气饱和度有关外，还与驱替条件及地层本身特性等有关系。

在特殊成藏条件下，如在单斜构造中，水驱有利于气藏采收率的提高，尤其是在气藏被相对均衡开发的前提下，均质孔隙型边水气藏各部位的压力均匀下降，边界压力基本相等，水侵整体上呈环状横向推进，气水界面前缘呈连续面向气藏高部位驱动。因此水驱效率较高且补充了气藏能量，可延长气井稳产期、较高气藏采收率。而均质底水气藏的气水界面边界压力下降也表现为较为均匀，由于储层性质的各向同性，从整体上讲，水侵呈垂直活塞式推进，气水界面前缘呈连续面向上驱动，水驱效率高且补充了气藏能量，对气藏开发有利。此外，根据气井出水特征，水驱气藏在开发过程中存在一个临界生产压差，只要把尚未产水的气井的工作制度控制在这个临界生产压差之下，就能减缓气藏的水侵速度，延长无水采气期。

因此，在编制气藏开发方案或调整方案时，应充分应用新技术和地震、测井、钻井、测试等资料，进一步深化气藏的构造形态、断层展布、裂缝发育带的精细研究和储层横向预测，对气水关系、水体能量作出准确判断，并在实际生产过程中合理利用水体能量，优化生产动态，避免水侵形成水封，有利于降低气田开采成本和提高开发效益。同时，国内外边(底)水气藏开发实践表明，在弹性水驱、储层纵横向非均质性较强的情况下，采气速度和井网部署对气田的采收率均有很大影响。一般来说，在构造高部位集中布井，可以充分利用边水能量，保持边缘带高压，以阻止边水推进，延长无水采气期。

第二节　稳气控水是实现高效开发的关键

水驱气藏在开发过程中发生水侵是必然的，而通过采取合理布井、合理工作制度有利于延长气藏无水采气期和自喷生产时间。国内外边(底)水气藏开发实践表明，不同的开发方式对水驱气藏开发效果的影响有较大的不同，长期以来，人们一直在不断研究和探索有针对性的解决方案，以实现改善气藏开发效果的目标。水驱气藏的开发对策应兼顾近期目标和远期效果两个方面，近期目标指产量规模、稳产年限，远期效果指气藏采收率。水驱气藏近期目标将直接影响其远期效果。合理的近期目标，将取得良好的远期效果，反之，则会导致远期效果变差，降低气藏采收率和开发效益。

一、落实气水分布规律是提高开发效果的前提

正确认识水驱气藏的气水分布规律，是在编制气田开发方案过程中制定合理近期目标、兼顾远期效果的前提和基础。然而，在许多情况下，受研究技术方法和完钻井测试资料等因素的限制，正确认识水驱气藏的气水分布状况不可能一蹴而就，而是需要一个逐步研究和认识的过程。若要在气藏开发前准确落实其气水分布规律，则需要钻一定数量的评价井，并根据这些评价井的测井及测试结果，判断气藏的气水边界。但在实际工作中，为了尽早认识清楚气藏的气水分布而钻一定数量的评价井并不是最经济的做法，因此通过对已有井进行试气试采，分析气藏生产动态特征、水侵动态特征，以及逐步认识气藏气水分布规律则更为实际。

在普光气田主体上报探明地质储量时的 8 口完钻井中，仅有普光 3 井、普光 8 井和普光 9 井 3 口井钻遇水层，利用这些井的测井、试气等资料，技术人员最终确定普光 3 块飞仙关组的气水界面深度为 4990m，同时认为普光 2 块飞仙关组和长兴组具有统一的气水界面，气水界面深度为 5230m，并在此基础上编制了普光气田的开发方案。

在气田开发方案实施过程中，随着完钻开发井和边部评价井数量的增多，技术人员发现普光 2 块和普光 3 块飞仙关组与长兴组气藏的气水关系较前期认识更加复杂。其中，在普光主体东翼完钻的普光 10 井、普光 12 井、普光 101 井 3 口评价井均在飞仙关组中部钻遇水层，在东南翼完钻的普光 304-3 井、普光 304-1 井、普光 305-2 井 3 口开发井在长兴组也均钻遇水层。因此，最终综合普光 10 井等钻遇水层井的测井、试气资料，确定普光 2 块飞仙关组、长兴组为两套独立的气水系统，同时长兴组内部气水界面也不统一，具有多套气水系统。

根据以上认识，技术人员提出了原开发方案中位于构造低部位气水过渡带尚未钻探的 8 口井不实施、2 口正钻井靶点上移、1 口评价井不利用的建议，并被现场人员及时采纳，有效规避了开发风险，大幅节约了钻井成本。

截至 2020 年底，普光气田主体已实现连续 10 年稳产，取得了巨大的经济效益和良好的社会效益，该气田累计生产天然气 $634.1\times10^8m^3$，采出程度为 34.8%。由此可见，通过对气藏气水分布规律的正确评价与认识，及时指导开发方案的优化和调整，对确保实现高效开发十分重要。

二、正确的开发对策是稳气控水的保障

一般来说，在开发水驱气藏过程中，技术人员通过合理布井和采取合理工作制度，在一定程度上可以延长气藏或气井的无水采气期，以及延长已经出水气井的带水采气期，如果开发过程中地层水均匀扫过气区，将不会影响气藏的最终开发效果，也不存在如何减小水侵危害的问题。但是，实际储层具有非均质性，地层水不可能均匀扫过气区，进而表现出地层水非均匀侵入，形成被卡断或水锁的死气区，如果不能采出死气区的天然气，必将影响气藏开发效果。由于不同气藏的地质特征不同，影响气藏最终开发效果的因素也有较大差异，因此为了提高水驱气藏的采收率，在气藏开发过程中，要采取一切防水侵措施，

充分利用地层能量，优化生产动态管理，避免因水侵形成水封，延长气井无水采气期、自喷采气期和措施有效期，有效降低开采成本，提高开发效益。

1. 普光气田开发早期控水对策

在普光气田主体开发方案的编制过程中，针对飞仙关组和长兴组气藏具有边(底)水的特征，以及气田局部地区气井在开发过程中不可避免地受边(底)水影响的问题，技术人员以完钻井储层物性参数为基础，建立了气藏三维地质模型，在开发井型优选、底水气井避射高度、生产压差、气藏采气速度优化等开发对策方面开展了数值模拟研究，为指导气田开发方案的编制，以及确保气田投入开发后保持高效开发奠定了良好的理论基础。

第一，通过水平井开发效果研究，明确了在垂向裂缝较发育的长兴组生物礁相底水气藏中不适宜部署水平井，而在飞仙关组生屑滩相气藏构造低部位邻近边水气区，由于储层分布较均匀，在不存在连通边水的裂缝或高渗条带的情况下，采用水平井开发见水时间晚，开发效果明显好于直井，因此可部署水平井。最终，将普光3块部署的2口开发井均设计为水平井，在普光2块构造低部位也部署了5口水平井。

第二，通过开展气井生产压差控水优化研究，明确了构造低部位靠近边水的气井若开发过程中生产压差过大，将会加快边水的推进速度，导致气藏无水采气期和无水期采出程度明显减小，严重影响气田的开发效果。因此，根据数值模拟研究结果，技术人员建议将方案中靠近边水的气井投产后的生产压差控制在7MPa以内。

第三，普光气田长兴组底水气藏的气层避射高度对气田开发非常关键。研究结果表明，钻遇底水的气井若避射高度越低，则气井见水时间越早，无水采气期采出程度越低，底水锥进越明显；若避射高度过高，虽然开发过程中气井的无水采气期较长，但稳产期也较短。最终，通过综合研究和对比，技术人员建议对钻遇底水的气井，避射高度以靠近气层顶部且以打开30%左右为宜。

第四，数值模拟研究表明，气藏构造低部位气井距边水的距离对气井的见水时间和无水采气期采出程度影响较大(表9-3)，因此技术人员建议在构造低部位靠近边水的位置部署开发井时，与边水应适当保持一定距离。

表9-3 不同距离情况下开发指标对比表

采气速度	距离边水100m		距离边水200m		距离边水300m	
	见水时间/年	无水期采出程度/%	见水时间/年	无水期采出程度/%	见水时间/年	无水期采出程度/%
3.0%	4.7	14.1	8.3	24.9	11.7	35.1
4.0%	3.7	14.8	6.3	25.2	9.3	36.8

第五，通过研究采气速度对边水推进的影响，明确了随着气藏采气速度的增加，边水推进速度加快，邻近边水气井见水时间提前，稳产期大幅缩短(图9-2)。因此，在满足供气量的前提下，应从提高气藏采收率角度出发，在开发过程中尽量降低气藏的采气速度，以减缓气藏水侵速度。

第六，通过对不同区域采取不同采气速度的开发效果研究，明确了对普光边(底)水气藏不同区域应采用不同的采气速度来开发。在构造高部位受边(底)水影响小的区域，可适当提高采气速度，而在受边(底)水影响大的构造低部位，则应采用较低的采气速度开发。最终，结合经济界限要求，技术人员确定普光气田在以平均4.4%的采气速度开发的同时，在构造高部位采用4.8%、构造低部位采用2.7%左右的采气速度较为适宜。

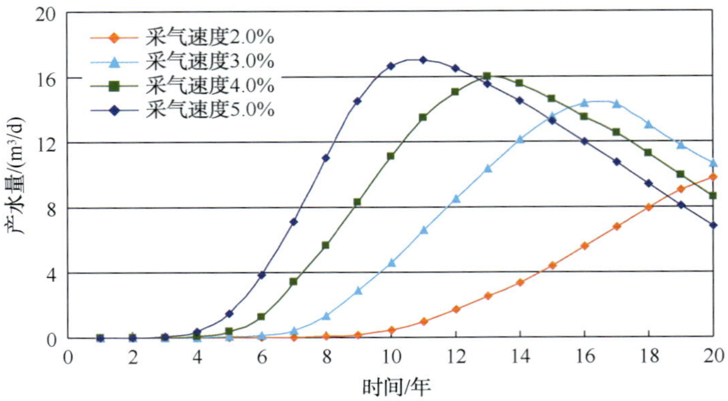

图 9-2　不同采气速度下产水量对比图

2. 雅克拉凝析气田边水均衡推进控制对策

雅克拉白垩系气藏上、下两套均为边水(图 9-3)，在开发过程中，如何在合理开发井网的基础上进一步减缓水侵速度，延长气井无水采气期，是气藏实现高效开发的关键。为此，在开发全过程中，技术人员始终坚持层内均衡、层间均衡、平面均衡和时间均衡的“四个均衡”开发管理理念，使气田开发更具科学性和先进性。为最终实现气田采收率和效益的最大化奠定了良好的基础。

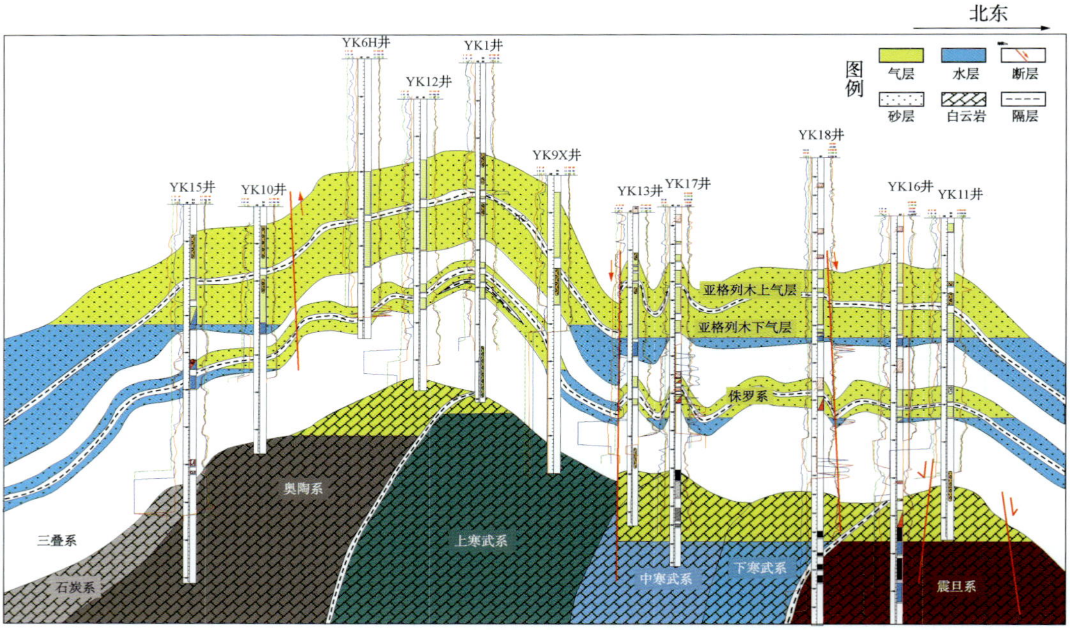

图 9-3　雅克拉白垩系凝析气藏剖面图

1）合理控制实现层内均衡

层内均衡主要是指同一气层内不同孔隙度、不同渗透率、不同构造部位、不同水体状况下的均衡采气，通过加强含水化验及氯根监测，建立了见水预警模式(图 9-4)，对不同含水井进行了分级管理，在生产过程中主动控制产量和差异化配产，以控制气藏压力场和流场，最终实现均衡反凝析和均衡水侵控制。

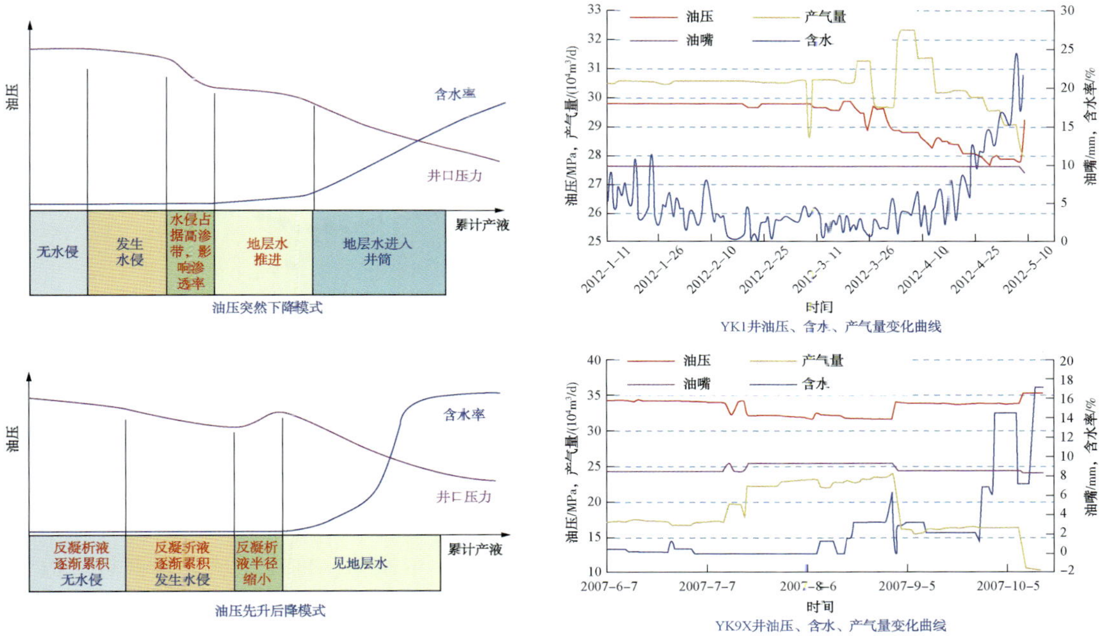

图 9-4　雅克拉凝析气田单井见水预警模式图

2）上下调控实现层间均衡

层间均衡是指不同层系、不同气层之间的均衡采气。对雅克拉白垩系气藏，技术人员采用了一套开发井网动用上、下两套层系，并设计了 3 口合采井。在开发早期，物性好的下气层采气速度大于上气层，在开发中、后期，则逐渐降低下气层的采气速度，通过均衡调整延缓了下气层的水侵速度，实现了上、下气层的层间均衡。

3）东西调整实现区块均衡

区块均衡是指相邻相似区块间的均衡互补，即不同区块或断块间为平衡采气速度和下游需求气量所进行的调控。具体到雅克拉气田，则是主构造和雅东构造两个区块在阶段采出程度上的均衡。在开发实施过程中，根据两个构造的地质特征，按照先主体再东扩的顺序，将雅东区块作为产能接替区，当雅东区块开发后则逐步控制西部主体区块的采气速度，从而达到全气藏稳气控水的均衡采气效果。

2011 年 5 月—2012 年 12 月，技术人员在雅克拉气田实施的东西调整，实际上是穿插在主构造上、下气层调整中进行的，调整的原则是在雅东区块新井和措施井投产的基础上，进行主构造的上、下层系调整，保持总产量不变，优先调整主构造下气层。通过调整，上气层采气速度保持稳定，下气层采气速度逐步下降，上、下气层采气速度趋于平衡，雅东区块进入高速开发阶段且实现东西均衡(图 9-5)。

4）按需配产实现时间均衡

一是按下游用户的需求配产。雅克拉气田在开发早期，受用户需求限制，采气速度较低，以开发下气层为主，产气量在 $200.0\times10^4m^3/d$ 以内；在开发中期，根据“西气东输”的产量需求，开始了提速开发，产气量最高时可达 $310.0\times10^4m^3/d$，该阶段持续时间长达 5 年。

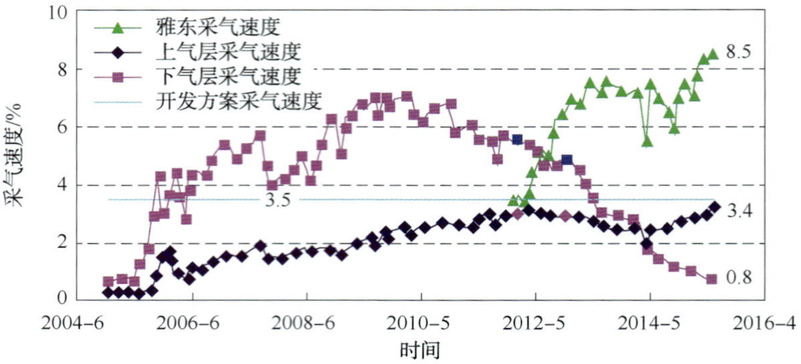

图 9-5　雅克拉气田上、下气层与雅东区块采气速度变化曲线图

二是按气藏不同开发阶段的特点配产。在开发早期，以合理采气速度、合理产能为原则；在开发中期，将水侵作为气藏开发的核心问题进行管理。主要做法：①调整部分井的生产层位，尽量保证高采气速度下的上、下气层均衡。②将下气层高含水的合采井逐渐上返到上气层，提高上气层的动用程度。③进行东西、上下调整，即雅东区块投产后，以水侵严重的主体区下气层为重点，分批进行产量调整。④以见水风险井为重点，对气藏进行整体压产调整。

通过采取“四个均衡”的开发管理模式，技术人员探索并实践了边水均衡推进控制技术，实现气水界面的均匀推进，并使雅克拉气田实现持续稳产 12 年的目标。

3. 松南火山岩气田稳气控水开发精细管理

松南气田火山岩气藏不同火山机构由于被断层分隔和储层具有非均质性，流体主要受火山机构、构造、岩性多种因素控制，纵向上总体为上气下水，储层具有似层状特点，不同气藏的气水界面不统一，主体气藏气水界面基本统一。

气藏在投产初期，气井以产凝析水为主，随着气藏采出程度的增加，底水不均衡锥进，气井则以产地层水为主，水气比不断上升。由于火山岩气藏渗流机理与常规砂岩气藏存在差异，同时火山岩气藏存在多个气水界面，局部发育微裂缝，在开采过程中，底水沿裂缝不均衡锥进，严重影响了气井产能和气藏开发效果。因此，要强化动态监测资料录取，综合考虑火山岩气藏岩性、岩相的非均质性、渗流条件、压力场、饱和度场等因素，通过差异化配产技术，根据底水锥进临界生产压差和临界产气量确定气井配产，树立“红线”配产意识，实现气藏总体压降均衡、底水均匀抬升，以及延长无水采气期，这是提高气藏采收率的关键环节之一。具体做法如下：

1）气井产水动态监测

在开发过程中，建立规范化的开发动态监测体系，严格按照气藏开发井资料录取技术规范取全、取准各项动态资料，每年均编制气藏动态监测方案，对关键井开展压力恢复、流动压力及流动压力梯度、静止压力及静止压力梯度监测，为气藏开发管理奠定良好的资料基础。

一是根据气井产水分析化验资料，建立以水气比、氯根、钠钾离子、矿化度为核心的水性判别方法和水性化验监测制度规范，并根据产出水中氯根及矿化度变化特征，建立松南气田气井产水阶段判别标准，确定火山岩气田气井水型(图 9-6)。其中，氯根小于1000mg/L，矿化度小于4000mg/L为产凝析水阶段；氯根大于1000mg/L且小于3000mg/L，矿化度大于4000mg/L且小于30000mg/L为地层出水征兆阶段；氯根大于3000mg/L，矿化度大于30000mg/L为地层出水显示阶段。

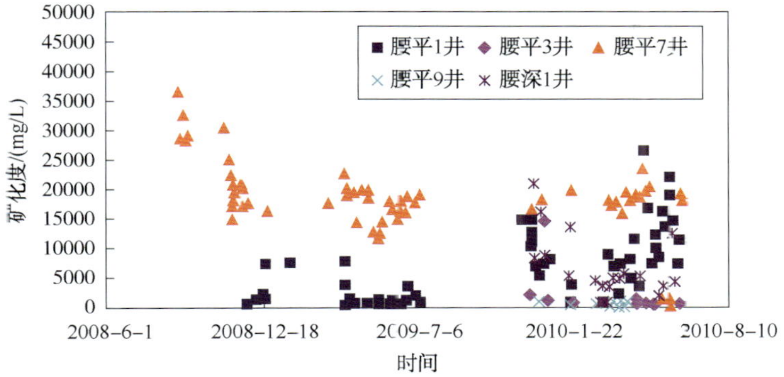

图 9-6　松南气田不同时间产出水矿化度统计

二是流动/静止压力监测技术贯穿气藏开发全过程。除了常规地反映气井生产变化、制定合理压差、计算合理产能、诊断井筒积液、研究水侵规律外，进一步地把流动/静止压力资料延伸至井筒流动模型和气藏储量动用状况分析中，为火山岩气藏开发管理提供翔实的资料。

三是将试井资料与数值模拟技术紧密结合，准确表征地层参数变化和动用状况变化规律，及时了解剩余气分布特征，做到井间、层间、区块间调整的及时性、合理性。

2）稳气控水对策制定

在松南气田开发过程中，通过分析采气速度与水锥的关系，对不同开发阶段分别制定了相应的控水策略。

在气藏开发早期，在充分研究气井产水机理和影响因素的基础上，技术人员制定了有针对性的控水对策，并充分发挥水平井生产压差小、底水锥进临界产量大于直井的临界产量的优势，根据底水锥进临界生产压差和临界产气量确定气井配产。

一是根据产量、压力、产水变化特征，将营城组生产井分为两种类型：A类井产凝析水，距气水界面较远，可以适当提高配产；B类井产地层水，距气水界面较近，采取降低配产策略，定生产压差控水(表 9-4)。

表 9-4　松南气田气井差异化配产表

类　型	产水状况	距气水界面距离	井　号	临界生产压差/MPa	临界产气量/($10^4m^3/d$)	实际生产压差/MPa	实际产气量/($10^4m^3/d$)	差异化配产
A类井	凝析水、弹性驱	较远	腰平 9 井	1.88	35.9	1.52	30.0	高配
			腰平 8 井	1.66	28.0	1.43	24.0	
			腰平 6 井	1.83	32.0	1.60	28.0	
			腰深 1 井	2.50	12.0	1.86	9.0	
			腰平 5 井	1.91	33.0	1.67	28.0	

续表

类型	产水状况	距气水界面距离	井号	临界生产压差/MPa	临界产气量/($10^4m^3/d$)	实际生产压差/MPa	实际产气量/($10^4m^3/d$)	差异化配产
B类井	地层水、弱弹性驱	较近	腰平1井	1.08	11.0	0.91	8.0	低配
			腰平3井	1.10	14.0	0.85	10.0	
			腰平10井	1.03	12.2	0.78	9.0	
			腰平2井	0.86	9.0	0.66	6.0	
			腰平12井	2.45	6.0	2.30	5.0	
			腰平13井	1.80	22.0	1.48	17.0	

二是根据与气水界面的距离、裂缝发育差异、物性差异，计算临界生产压差与临界产气量，将气井生产压差控制在临界生产压差以下，确保气藏气水界面近均匀抬升。此外，在气藏开发过程中，时时关注气井临界生产压差，不断调整工作制度，将产量保持在底水锥进临界产量之下，防止底水过早锥进，以延长气井无水采气期和提高气藏的最终采收率。

在稳产阶段中、后期，为了实现气藏气水界面均匀推进、储量均衡动用，以及提高气藏采收率，技术人员系统地开展了剩余气描述研究，采取了“老井措施验证、水平井评价产能、水平井立体开发”的策略，分批次部署了调整井位，通过对水平井实施综合挖潜及差异化完井方式，随着气水界面上移，生产井、生产层同步上移，实现气藏的全周期控制动用，形成“三层楼”式的立体开发井网，气藏开发状态得到改善并延长了稳产期，自投产以来，水气比总体可控，基本保持在1.1左右，松南气田稳气控水取得了较好效果。

总之，延长无水采气期是提高气藏开发效果的关键，因此在水驱气藏开发过程中，可通过将气井部署在远离气水界面的位置、边部采用水平井开发、钻遇底水气井优化避射高度，以及优化气藏采气速度等方式，尽量延长气井的无水采气期。同时，在生产过程中，还需要强化动态监测资料的录取和跟踪分析，及时分析和预测水侵前缘变化规律，并通过制定有针对性的稳气控水对策，实现水驱气藏的高效开发。

第十章　技术创新和管理创新是气田高效开发的根本保障

由前述章节可知，中国石化开发的特殊类型气田，有普光气田和元坝气田等高含硫的碳酸盐岩气田，这类气田埋藏深、钻井投资大、钻完井工艺复杂、集输净化处理复杂，又有大牛地气田和川西中、浅层气田等致密砂岩气田，这类气田具有低渗透率、低孔隙度、低产量的特征，还有松南火山岩气田和雅克拉气田、大涝坝气田等凝析气田，这类气田具有储层相变复杂、反凝析严重的特点。上述气田开发难度大，处于效益开发的边缘，加之当时正处在中国石化天然气发展起步阶段，实施气田开发的主体单位大多由从事勘探业务的单位转型而来，没有气田开发方面的技术和实践经验，所面临的困难和挑战是前所未有的。通过多年来的开发实践，这些特殊类型气田都得以成功开发，中国石化走出了一条特殊类型气田高效开发之路。这些成功源于始终坚持“实事求是、问题导向、不断创新”的科学态度，以及持之以恒的技术创新和管理创新，通过技术创新和管理创新的有机融合，保证了气田开发的高速度、高水平、高效益。

第一节　技术创新为气田高效开发提供技术保障

科技是事业之基，创新是进步之魂，科技创新在气田开发建设中具有举足轻重的作用和地位。突出问题导向、坚持创新驱动，充分利用系统内外资源，发挥各级科技创新平台作用，加强科技与生产结合、勘探开发与工程技术结合，突破理论认识瓶颈，持续提升科技创新力度，为气田高效开发提供强有力的科技支撑。

气田开发伴随着技术的不断创新和进步。技术人员将科技创新与开发生产紧密结合，推动了气田高效开发进程。以基础研究、专项技术攻关、先导试验及推广应用为依托，提升了技术适应性和实用性，提高了科技成果的利用率和转化率。通过这些特殊类型气田高效开发的成功实践，技术人员创新并形成特殊类型气田高效开发的两种开发模式和十项配套开发工程技术和方法。

一、两种开发模式

1. 直井(大斜度井)开发模式

一是形成低渗致密砂岩气田“分层压裂、合层开采”的直井开发模式。低渗致密气田的开发是世界性难题，在水平井没有取得实质性突破的情况下，针对大牛地气田储层含气性差和自然产量低的特点，通过开发先导试验和大型压裂，技术人员选择了一套主力气层或多层叠合气层进行分层压裂、合层开采。在气田基本地质特征和整体评价的基础上，实施了勘探开发一体化；按照“先易后难、先肥后瘦”原则和“先导试验、开发评价、实施建产和开发生产”4 个阶段，对开发层系、有利区带进行了分类评价动用，根据不同的高产富集层、富集区制定了主力气层 1~2 层、低产气层多层合采的开发方案；以太 1 段、太 2

段、山 1 段、山 2 段、盒 2 段和盒 3 段相对高产层为主，优先进行了开发，通过气藏精细描述和渗流机理研究，建立了大牛地气田产能预测公式和产量预测模型，揭示了气井生产规律，评价了气井产能，确定了合理开发井网，优化了开发指标，确定了开发政策，有效指导了气田的开发。按照“整体部署、分批实施、跟踪调整”的思路，保证了钻井成功率和开发方案的实施效果。

二是形成较厚储层的高含硫、酸性气田直井（大斜度井）开发模式。根据普光气田较厚碳酸盐岩储层的特点，通过直井（大斜度）钻井，尽可能多地控制和动用有效储量，通过大规模酸化压裂改造提高单井控制半径，以及提高单井控制储量和单井产量，既保证了气田的开发效益，又降低了钻井的难度和成本，同时大幅提高了普光气田的开发效果和效益。

2. 水平井（丛式水平井）开发模式

一是针对大牛地气田剩余难采储量，技术人员创新并形成低渗致密砂岩气田“交错井网、多段压裂”的水平井开发模式。针对薄、差、散的大量难采储量和采用直井根本无法有效开发的问题，通过持续几年的水平井先导试验，开展了水平井自然建产和分支水平井、中短水平段压裂建产、中长水平段压裂建产和丛式井压裂建产，形成水平井开发储量评价与选区、薄储层三维地震综合预测与单砂体精细刻画、水平井轨迹优化设计与跟踪调整、水平井钻完井、水平井多级分段压裂、水平井排水采气、丛式水平井井组优化设计和水平井开发技术政策优化等开发配套技术，并形成以裸眼多级管外封隔器为主和以水力喷射为辅的水平井压裂工艺技术体系，建立了有效渗透率与非线性有效应力模型，以及受储层非均质性和启动压力梯度影响的多级分段压裂水平井产能预测模型，攻克了大牛地气田Ⅱ类、Ⅲ类储层压裂建产的难题，按照“整体部署、分批实施、跟踪调整”的思路，编制了水平井的整体开发方案，连续 3 年在大牛地气田探明未动用储量中筛选出相对优质的大 8 井区、大 10 井区、大 98 井区、大 65 井区等，动用地质储量达 $1315.2\times10^8m^3$，提高储量动用率 28.9%。

二是针对大湾气田、元坝气田生物礁储层薄、分布不均，直井钻遇储层少、井控储量少，以及开发效益低的问题，在普光气田开发认识的基础上，创新并形成大湾气田、元坝气田水平井开发模式。通过旋转导向定向钻井、加长水平段长度、酸化压裂增加单井控制储量和提高单井产量的方式，使处于开发效益边缘的酸性气田实现了高效开发。

三是创新并形成凝析气藏和火山岩气藏水平井钻井技术。在保证产量稳定的前提下，尽可能减小生产压差，有效延缓了凝析油的反凝析，使凝析气藏压力比较均衡地下降，提高了雅克拉凝析气藏的开发效果和效益。采用火山岩气藏水平井钻井技术，最大限度地钻遇和沟通火山喷发的不同相带，以控制更多储量，通过这种方式提高了单井产量，保证了松南火山岩气藏的高效开发。

二、十项配套开发工程技术和方法

1. 创新并形成探井、评价井试气试采配套工程技术和方法

通过创造试气试采条件，实现长时间的试气试采，为正确评价储层、准确评价单井产能和产量，以及准确认识气藏打下了坚实的基础。

通过探井试气试采、进管线试气试采、撬装设备试气试采、燃烧放空试气试采和酸性

气焚烧炉试气试采等多种方式，尽一切可能延长了试气试采时间。减少了探井封井、开发时重新打开井造成的地层二次污染和投资，加快了气藏评价进程；通过各种试气试采的先进评价方法和技术，获得精准的储层评价参数，指明工程技术先导试验的攻关方向；准确评价气井产能、产量和弹性产率，评价气藏的稳产期限，为井型设计、储层改造提供依据。这套技术和方法很好地指导了普光气田、元坝气田、大牛地气日、松南气田的高效开发，有效避免了清溪1井区、川科1井区、大邑1井区、元坝陆相、河坝区块等气藏的重大开发决策失误，也避免了重大投资损失。

2. 创新并形成开发先导试验和开发评价工程技术和方法

开发先导试验和开发评价工程技术和方法为全面、准确认识气藏奠定了坚实的基础，为高效开发气藏及编制气藏开发方案做好了技术准备。

在试气试采的基础上，在获得储层参数、压力系数、弹性产率、产量及控制范围等前提下，通过部署一定数量的开发评价井，进一步掌握了储层的纵向、横向展布情况和连通情况，试验了大幅提高单井产量的工程技术（压裂、酸化和分层、分段改造）措施，开展了工程技术先导试验，普光气田、元坝气田、大牛地气田、松南气田开发之所以如此成功和高效，与这些气田的开发先导试验和开发评价做得非常到位是分不开的，这是中国石化气田开发的一条成功之路。

1）大牛地气田开发先导试验

大牛地气田为多套气藏复合叠加连片的整装气田，具备良好的开发前景。针对大牛地气田压力低、渗透率低的储层特点，根据储量分类评价结果，技术人员选择山1段、山2段、盒3段进行了先导试验，气田单井产能以低产为主，中、高产次之，其中太2段、山1段、山2段、盒1段为低产层，无阻流量一般小于$5.0\times10^4m^3/d$，盒2段、盒3段为中、高产层，平均无阻流量为$11.6\times10^4m^3/d$。通过对大牛地气田实施开发先导试验，深化了对该气田地质特征的认识，初步落实了单井、单层产能及储量，确定了气田开发指标及采气工艺，形成适合于大牛地气田开发的工艺技术，为气田的高效开发奠定了坚实的基础。同时，大牛地气田水平井及分段压裂技术先导试验的突破，为该气田难采储量的水平井开发提供了强有力的技术保障。

2）元坝气田开发先导试验

在元坝气田开发初期，采用6000多米深的直井根本无法实现气田的有效开发，为此技术人员先后部署了元坝103H井等开发先导试验评价井，这些评价井的成功实施为元坝气田的开发建设做好了技术储备。

（1）元坝103H井与元坝121H井的成功实施验证了长兴组礁滩相储层的预测模式，为进一步的储层预测与精细描述做好了技术储备。

（2）元坝103H井、元坝121H井、元坝272H井的成功实施明确了优质储层的发育与展布规律，即生物礁储层优于生屑滩储层（生物礁带上的元坝103H井、元坝272H井钻遇储层及测试成果均优于生屑滩区的元坝121H井），礁盖优于礁基，礁后优于礁前（礁顶的元坝103H斜导眼井钻遇储层优于礁前的元坝272H斜导眼井），此认识为后期开发区优选与井位部署提供了依据。

（3）明确了长兴组气藏是一个局部构造低部位含水的构造-岩性气藏，这为长兴组礁滩相气藏的开发评价提供了依据。

（4）证明了水平井的产能是早期直井产能的 2~3 倍，这为长兴组超深高含硫气藏的高效开发、科学开发技术政策的制定奠定了基础。

（5）元坝气田超深水平井钻井经验为同类井的钻井施工提供了重要参考，也为元坝气田的开发奠定了先进的水平井工程技术支撑。

3. 创新并形成地质沉积体系指导下的沉积相、沉积微相和储层精细刻画技术和方法

认识清楚气藏储层在纵向和横向上的空间展布规律，可为提高储层钻遇率和钻井成功率提供强有力的保证。

通过对大牛地气田盒 2 段、盒 3 段陆相和太 2 段海相沉积关系的演变规律研究，指导了陆相地层沉积空间展布的研究。深入开展沉积相、储层预测研究，寻找富集区、富集层，指导了开发井的部署，提高了钻井成功率。利用地震薄层调谐振幅属性分析技术预测了大牛地气田盒 3 段辫状河道的分布规律，并沿河道部署了开发井，使钻井成功率超过 95%。针对元坝气田生物礁优质储层主控因素不明、分布规律与分布模式不清，以及储层精细描述难度大等问题，技术人员在消化和吸收国外生物礁气田考察成果的基础上，结合实钻成果，改变了优质储层发育于礁前的传统认识，得出了生物礁优质储层主要发育于礁盖，其次是礁后和礁前的结论。根据海平面升降曲线和生物礁内幕结构与构型解剖，并应用层序地层学理论，建立了生物礁形成期次与发育模式，提出了不同期次生物礁沉积最高部位的礁顶是优质储层发育的有利部位，建立了生物礁储层发育与分布模式。对该模式的提出，是在充分消化和吸收国外调研成果的基础上，突破传统认识而实现的。在生物礁内幕解剖、层序地层学理论指导下，结合细致研究与实钻资料，通过集成化创新，丰富了碳酸盐岩优质储层形成与分布理论，有力指导了生物礁储层预测、精细描述与气藏选区评价，为气田开发方案编制与井位部署提供了依据，保证了气藏开发中的储层钻遇率和钻井成功率。

4. 创新并形成储层含气性检测技术和方法

含气性检测为气田开发提供了重要技术支撑。

针对储层含气性检测中面临的技术难题，近年来中国石化开展了多种储层含气性检测方法的科技攻关，主要包括地震波形结构特征分析、叠前叠后弹性波反演、AVO 异常检测、频谱分解等，以及由这些方法结合和改进衍生出的方法。技术人员将上述方法应用于生产实践中，取得一定效果。特别是地震波形结构特征分析技术被引进吸收和改进提升以后，在指导普光气田、元坝气田、松南气田的开发中发挥了重要作用；通过地震波形结构特征分析，在平面上含气性相对较好的地区钻井，并按照含气性由好向差逐步外扩钻井，提高了钻井成功率，在剖面上通过两条十字剖面检测储层的含气性，从而保证了井眼轨迹尽可能多地钻遇含气性好的储层，提高了含气性储层的钻遇率。普光气田、元坝气田、松南气田钻井成功率达 100%，正是由于该技术起到了重要支撑。大牛地气田储层岩性复杂，岩性和电性特征多样，部分层系受煤层干扰严重，储层含气性特征复杂，因此储层含气性检测是落实该区高产富集层的有效手段，但也是该区油气勘探开发面临的关键技术难点。通过低渗致密储层非均质性精细描述，结合三维地震储层精细预测，创新并形成低渗致密砂岩储层精细描述和含气性检测技术，砂体预测符合率达 90%以上，含气性检测符合率达 80%以上，开发井钻井成功率达 95%，提高储量动用率约 26%，保证了气田的高效开发。

5. 创新并形成气藏评价和精细描述技术和方法

正确的气藏认识是实现气田高效开发的根基，也是实现气田经济开发和提高采收率的基础。

对松南气田火山机构认识的深化，有效指导了该气田的高效开发。2008 年，技术人员在对松南气田营城组火山岩气藏进行产能建设时，认为其是受岩性和构造双重控制的底水块状气藏，具有 1 个火山机构，且具有统一的气水界面，但在产能建设过程中，技术人员发现该气藏远比前期的认识复杂，随着腰平 4 井、腰平 7 井完钻后证实钻遇水层，表明前期对火山机构的认识还需要进一步深化；技术人员利用地震反射结构特征、相干体、等时切片及气体组分分析等研究方法，识别出松南气田存在 3 个火山机构，且每个火山机构均具有各自独立的气水系统，这一认识改变了初期火山岩为大型块状结构体的认识，为松南气田高效开发奠定了基础，也为后期井位的调整起到了很好的指导作用。元坝气田原来被认为是一个生物礁相富含天然气、生屑滩相含气性稍差的整装气田，但随着开发评价的深入，技术人员对气藏认识不断深化，得出元坝气田是一个受构造控制，礁带上生物礁富含天然气、生屑滩含气性差异较大，整体上西北部富含天然气、东南部和中南部含水较多的气田，随后将在东南部滚动区部署的开发井向西北部的试采区调整，提高了元坝气田的钻井成功率，很好地指导了气田的高效开发。

6. 创新并形成“整体部署、分批实施，先易后难、先肥后瘦，跟踪分析、及时调整”的开发方案优化思路、技术和方法

对于气田开发来说，开发方案的编制和优化是基础。在气田基本地质特征和整体评价的基础上，必须认真做好勘探开发一体化；按照“先易后难、先肥后瘦”原则和“先导试验、开发评价、实施建产和开发生产”4 个阶段，对开发层系、有利区带进行了分类评价动用，通过气藏精细描述和渗流机理研究，建立了气田产能预测公式和产量预测模型，揭示了气井生产规律，评价了气井产能，并遵照“多打高产井、少打低产井、避免无效井”的原则，将气藏地质、气藏工程与经济评价相结合，优化了技术经济界限、井网井型井距、采气速度等开发技术政策，编制了经济、有效的开发方案，实现了气田的科学、高效开发，获得了最大的社会效益和经济效益。通过“整体部署、分批实施、跟踪调整”，保证了钻井成功率和开发方案的实施效果。在大牛地气田，直井开发动用地质储量为 $1905.0\times10^8m^3$，建成产能 $32.5\times10^8m^3/a$，钻井成功率达 95%。在普光气田主体初步探明资料有限的情况下，技术人员编制了开发方案，设计开发井 52 口，设计采气速度为 4.7%。在方案实施过程中，采取了多家研究机构平行跟踪研究、分公司和总部两级审查把关、7 轮次专家审定井位的方式，使 4 个井区的井位得到优化。开发井数由 52 口优化为 40 口，单井平均产量由 $70.0\times10^4m^3/d$ 提高到 $80.0\times10^4m^3/d$。普光气田主体正式投产后，随着气田的开发，边(底)水推进明显，严重影响了开采效果，在实现投产初期 $105.0\times10^8m^3/a$ 产能的条件下，气田的稳产期仅有 3 年。为了满足稳定供气的需要，技术人员对开发方案进行了优化和调整，将采气速度调整到 4.0%左右，同时将天然气产能调整到 $73.0\times10^8m^3/a$，使气田的稳产期可以达到 7 年左右。通过优化调整，在普光气田开发中得到很好的效果，钻井成功率达 100%，钻遇储层符合率达 87%，气井产能达标率为 100%，实现了普光气田的科学、高效开发。

7. 创新并形成先进适用、经济可靠的直井、水平井优快钻井技术和配套钻完井工程技术和方法

创新并形成低渗致密砂岩气田直井优快钻井技术和钻完井保护技术。针对大牛地气田

钻井过程中的垮塌、卡钻、断钻具等问题，技术人员通过优化钻头、优化钻井液性能体系，以及优化垮塌地层钻进速度等方式解决了上述技术难题，大幅提高了钻井速度，使直井钻井周期由最初的 56.7d 缩短到最短的 16.7d，实现了优快钻井；针对大牛地气田储层以水相圈闭伤害为主和以黏土矿物、固相侵入伤害为辅的特点，优选了屏蔽暂堵和钾铵基聚合物钻完井保护液体系，对储层进行保护，减少了地层污染，为提高气井产量创造了条件。

普光气田上部陆相地层可钻性差，常规钻井速度为 1.2m/h，通过引进气体钻井技术，使钻井速度达到 8.5m/h，比常规钻井速度提高了 6~8 倍，单井建井周期缩短到 7 个月左右。通过研发新型入井液体系，解决了普光气田地层垮塌和防漏的技术难题，入井液在 20d 内保持性能稳定，并实现在同一平台上重复使用，降低了投入成本，且气井未发生气窜和井漏。对井内管串采用了封隔器保护上部套管+油管+井下和井口两级紧急关断系统；对入井管材、工具均采用高抗 H_2S、高抗 CO_2 的“双抗”合金材料；实现地面和井下两级安全控制，保证了高含硫气井的安全生产。

创新并形成低渗致密砂岩气田水平井开发钻井技术。通过使用链式标定、叠前弹性三参数反演和三步法轨迹设计技术，使导眼点深度误差小于 2m；通过使用水平段多靶点井眼轨迹控制技术和水平井钻井液流变参数控制技术，使钻井轨迹与设计轨迹符合率达 96%；通过钻头选型，优选出适合大牛地气田不同层段的钻头类型，经过井身结构、钻井参数等的优化，形成水平井优快钻井技术，使全井平均钻井速度得到大幅提高，提高了约 2.46 倍；水平井钻完井周期由初期的 80.9d 降低到正常时期的 45.8d，大幅提高了钻井效率和降低了钻井成本。

针对薄层碳酸盐岩气藏直井产能低、产能主控因素不明等难题，技术人员积极开展了水平井先导试验，加强了水平井设计与钻井实施过程中的井眼轨迹优化，提高了钻井成功率、储层钻遇率。通过攻关超深强非均质性储层酸化压裂改造技术，实现了大湾气田、元坝气田的高效开发。

针对元坝气田超深高含硫水平井完井技术安全性和技术经济性之间的矛盾，在管柱力学分析和防腐材质腐蚀实验评价的基础上，技术人员采用了完井酸化投产一体化管柱简化工序、优化工艺，实现防腐管材、采气井口装置的大规模国产化应用，通过气井井筒完整性风险评价研究，创新并形成高含硫超深水平井完井酸化投产一体化技术，将该技术成果直接应用于 37 口井的完井测试和 31 口投产井的安全生产中，降低了完井成本超过 4 亿元，确保了元坝气田安全生产、效益开发。

8. *创新并形成大幅提高单井产量的储层改造关键技术和方法*

针对中国石化特殊类型气田的特点，技术人员以提高单井产量为核心，千方百计地加大储层的厚度(h)和提高储层的渗透率(K)，通过不断地进行技术攻关，在储层压裂、酸化压裂改造和水平井分段压裂等方面取得重大进展，创新并形成以提高单井产量为核心的储层改造工艺技术，基本满足了气田效益开发的需要。

针对致密气田气井产量低的难题，技术人员开展了大规模压裂和多层合压技术攻关，使气井产量得到大幅提高，实现新场气田沙溪庙组气藏、大牛地气田气藏的经济、有效开发；2010 年以后，技术人员专门针对Ⅱ类、Ⅲ类气层开展了水平井分段压裂技术攻关，大幅提高了单井产量，实现了直井难动用储量的水平井经济、有效开发，使川西地区、大牛地气田的产量快速增长。

创新并形成低渗致密砂岩气藏压裂提高气井产能的储层压裂改造技术。针对直井、合采井、水平井等不同井型，技术人员研发了以大型压裂、不动管柱分层压裂和裸眼多级管外封隔器为主和以水力喷射为辅的水平井压裂工艺技术体系及相应的配套技术，大幅提高了气井产量。详述如下：研发了以"氮气增能羟丙基瓜胶水基压裂液体系"为主的压裂液体系；根据储层宏观结构和厚度，确定了大型压裂方式，对裂缝长度、铺砂浓度、砂比、加砂规模及施工排量等进行了优化设计，施工结束后采用快速返排技术，减少了压裂液对储层的伤害，提高了气井产量；通过对不动管柱分层压裂工具的优化选型和试验，形成一套不动管柱连续分层压裂工艺技术，实现对多层叠置气层的均衡改造，缩短了压裂投产的作业时间，提高了单井产能。技术人员在大牛地气田采用了三维压裂设计方法和水平段二元破胶技术，实现了对低渗致密储层的有效改造，使平均单井压裂段数从 3 段提高到 10 段，平均单段加砂规模从 $24m^3$ 提高到 $49m^3$，平均单井产量达 $3.0\times10^4m^3/d$，是该类储层直井平均产量的 8~10 倍，大幅提高了单井产量，并使难采储量得到了经济、有效开发。

通过推广大型压裂技术，使之成为低渗气藏提高单井产量的主要技术。大牛地气田平均加砂规模从 $35m^3$ 增加到 $65m^3$，最大加砂规模达 $151m^3$，压裂后平均单井产量在 $1.0\times10^4m^3/d$ 左右；川西地区平均加砂规模从 $10\sim20m^3$ 提高到 $30\sim40m^3$，最大加砂规模达 $155m^3$，压裂后平均单井产量在 $1.8\times10^4m^3/d$ 左右。

通过加大分层压裂技术攻关与应用，提高了储量动用率。分层压裂技术的突破为合层开采提供了技术保障，实现由一套井网一套层系开发转为一套井网多套层系开发，川西地区分层压裂井平均单井产量为 $1.6\times10^4m^3/d$，比单层压裂井平均单井产量提高了 1~2 倍。

9. 创新并形成特殊类型气田地面集输及净化工艺技术和方法

针对中国石化气田的特殊性，技术人员开展了地面集输工程工艺技术攻关，在低渗致密气田集输技术、增压技术，酸性气田天然气集输及处理技术、气田水处理技术，以及高含硫气田腐蚀防护技术等方面取得重要突破，形成系列化的地面工程集输和净化工艺配套技术，有效支撑了气田的生产建设。

针对大牛地气田，创新并形成地面集输"早期高压集气、中晚期降压采气、分级增压集气、集中净化脱水"的集输净化工艺技术。技术人员充分利用地层的天然能量，实现天然气的脱水与外输，减少了早期大量的设备投入和投资，简化了操作，大幅提高了气田开发初期集输的经济效益；随着大牛地气田地层压力的下降，其地面集输工艺转变为"中压集气、降压采气、两级增压、外冷脱水"，形成覆盖全气田的集输系统及配套设施，保障了气田中、后期的开发效益，提高了气田的采收率。

针对普光气田、元坝气田，通过湿气集输大幅减少了地面脱水装置，简化了集输流程，极大降低了各种连接处形成的泄漏风险。通过提高管输材料材质、管线腐蚀监测，以及管道通球涂膜防腐，提高了地面集输的安全等级。通过系统泄漏监测、地面泄漏紧急关断和报警，将事故控制在可控范围内，提高了系统的安全性。其中，针对元坝气田，技术人员改良了湿气集输工艺，把从单井到集气站的集输仍然按湿气集输，极大地减小了集输半径，在集气站进行了气、水分离后再集输到净化厂，从而提高了集输工艺的适应性，保证了元坝气田的高效开发。针对普光气田，技术人员在有机硫化合物的脱除、CO_2 吸收精细控制、脱硫剂优选评价、循环胺液质量改善等方面进行了攻关和创新，形成普光气田特有的净化技术。

10. 创新并形成稳气控水开发技术和方法

气藏在开发中遇到的最大难题是气井产水，气井产水具有五大严重危害：一是根据达西定律，气井产水后，近井地带由气相流变成气、水两相流，两相的渗透率呈几何级数降低，这是气井见水后大幅减产的根本原因。二是气井产水后，由于过水的地层经过水的浸泡，遇水敏感的矿物质会吸水膨胀，致使原地层孔隙度、渗透率变小，气井产量降低，且这种改变具有不可逆性。三是气井见水后使井筒大量积水，致使气井流动压力提高、生产压差减小，导致气井减产。四是气井产水时不得不进行泡排、排水采气和产出水的处理，增加了大量生产成本，降低了开发效益。五是气井过早见水，造成地层内部形成被水隔离的死气区，严重降低了气藏的采收率。因此，在气藏开发过程中，做好稳气控水，使气藏边(底)水、裂缝水均匀推进，防止形成水锥，尽量延长无水采气期，是气藏高效开发、提高采收率的核心环节。在开发有水气藏时，严格控制邻近气水带气井的生产压差、大幅降低配产，使水体均匀推进。从当时来看，产量是低了，但带来了长期产量和累计产量的提高、生产成本的大幅降低，以及开发效益的大幅提高。中国石化在普光气田、元坝气田、松南气田、雅克拉气田投入开发时，正是认识到水的危害性，着重研究了如何规避水害的措施，形成具有自身特色的稳气控水技术和方法。在开发布井时，尽量远离边(底)水进行布井，尽可能延长水侵至气井的时间；在配产时，进行差异化配产，对远离水区的井高配，对靠近水区的井低配；在完井时，提高完井井段，避开含水气层；在生产过程中，密切关注生产动态，当出现见水迹象时，及时降低配产、甚至停产。尽可能采用小油管甚至速度管进行采气，使井筒内不产生滑脱液体而积压井底。正是在气田开发过程中技术人员高度重视研究稳气控水技术和方法，才使普光气田、元坝气田、松南气田和雅克拉气田都取得了良好的开发效果和效益。

第二节　管理创新为气田高效开发提供组织保障

一、“集团化运作、项目化管理、市场化竞争、社会化服务”是气田高效开发的组织保障

中国石化通过勘探发现的普光气田、大牛地气田、雅克拉气田、松南气田、元坝气田等特殊类型气田，都是其气田开发历史上首次遇到的气田，一个气田一种类型，没有成熟经验可以借鉴。此外，气田开发实施主体大多是由原新星石油公司从事勘探的队伍转制而成的，缺乏从事开发的队伍和开发经验。面对遇到的世界性开发难题和挑战，单纯依靠原单位队伍根本无法完成。因此，中国石化根据企业实际，提出并实施了“集团化运作、项目化管理、市场化竞争、社会化服务”的工作方针，充分利用集团内外的先进技术和管理经验，通过走出去、请进来，并动用一切可以动用的力量，保证了上述气田的高效开发。

1. 集团化运作为气田高效开发提供组织保障

集团化运作就是依靠集团的人力、物力和技术优势统一管理、集中决策，集中全集团的力量实施气田开发。在大型气田开发中，一般都组建集团公司领导小组，在中、小型气

田开发中，一般由集团成立指导组。气田勘探开发战略部署、气田开发方案编制和方案审定等重大事项由总部集中决策，统一协调技术研究、技术集成和工程进度，充分利用系统内外力量，对重大开发方案进行多方案比选、多方面分析。普光气田、大牛地气田和元坝气田的高效开发就是集团化运作取得成功的典型案例。

例如，元坝气田开发建设作为中国石化“十二五”时期重点工程，投资大、任务重、时间紧、要求高、挑战多、风险大，从项目可研、方案设计、计划调整到组织实施，始终坚持集团化运作，从总部层面开展了顶层设计、总体部署、分批实施、把控要害，保证了气田开发建设科学、有序推进和超深水平井钻井成功率，大幅提高了单井产量和减少了投资，最终提高了气田产量和开发效果。

在特殊类型气田开发方案和布井方案编制、审定过程中，油田事业部建立了决策审定平台，组织行业内外顶尖的专家团队进行了审定。一是借众力、聚众智，把方案编制并优化好。二是通过专家组使各级方案编制队伍和项目业主单位形成强大合力，从而激发队伍的动力和活力，使其更加认真、更加负责地做好气田的方案编制和优化工作。例如，在大牛地气田首个 $10.0\times10^8m^3/a$ 产能建设中，通过 1 年内 10 多次的开发井位审定和调整，保证了项目的顺利完成。又如，对普光气田、大湾气田、元坝气田、松南气田，通过审定每口井的井位、井身轨迹方案，保证了气田开发钻井成功率达 100%。

2. 实施项目化管理，落实气田产能项目主体责任

气田开发建设是一项庞大、复杂而艰巨的系统工程，通过创新以项目化管理为核心的新机制，保证对气田的高效开发建设。项目管理就是把项目建设任务、建设工期、项目质量、安全环保、投资控制和投资效益的主要目标责任落实到项目管理部，使项目任务明确、责任清晰。下面以元坝气田开发建设为例，介绍项目化管理的主要做法。

（1）统筹实施、滚动衔接。在元坝气田开发建设中，数十个专业、上百支队伍在几百平方千米范围内同时作业，且面临时间紧、任务重、风险高、压力大的困难，元坝气田项目部坚持以生产运行为中心，以统筹控制为依据，按照超前性、计划性、及时性、统一性原则，进行了统筹安排、超前计划、及时跟踪、快速协调、滚动衔接，保证了任务的圆满完成。

（2）强化过程管理、严格制度管理。项目管理是一项全过程的管理，必须健全制度、严格执行，在提速度、抢进度的同时，强化安全、环保、质量等过程管理。通过不断地新建、修订、完善，在元坝气田项目部形成了涵盖 30 个业务种类、173 个执行类制度的管控体系，基本做到了各层级、各业务、各环节、各过程的“全覆盖”；定期开展制度评价，优化控制环节，强化控制重点，细化控制节点，推进闭环管理。通过制度实施过程中的严格管理，保证了项目任务的完成。

3. 市场化竞争为气田高效开发提供先进适用的技术和优质的工程技术队伍

在气田产能建设过程中，需要各种工程技术服务队伍和各种技术。通过市场化竞争可以优选出行业内外各种优质、高效、低成本的工程技术队伍和先进适用的技术。此外，通过市场化竞争，还可以促使各种队伍不断强化管理、引进先进技术、提高技术水平和降低成本。通过市场化竞争，为气田高效开发提供了队伍和技术保障。

（1）规范项目选商活动，建立公开、公平、透明、有序、高效的选商机制。

（2）规范招投标及商务谈判流程，强化过程控制，减少法律风险。

（3）加强合同法律审查，强化合同全过程管理。

(4) 充分利用市场在资源配置中的决定性作用，积极培育内外部市场，通过竞争优选出气田高效开发所需的各种工程技术队伍和技术。

4. 社会化服务为气田开发提供强大社会支撑

这些特殊类型气田大多远离基地，如果全部事情均依靠自己来完成，会造成投资大、时间紧的困难。因此，必须充分利用社会力量，在电力、交通、水资源、维护保养、后勤保障等领域获得支持，以促进气田技术人员集中精力抓产能、抓建设、抓投运、抓高效开发。例如，中国海油有关单位的地震结构数据体直接预测含气性技术就很好地指导了普光气田、元坝气田的开发布井，中国石油大学、西南石油大学在气藏精细描述及开发井部署和产能评价等方面提供了技术支撑，北京科技大学在普光气田地面集输系统的防腐方面给予了大力支持。

二、实施勘探开发一体化是加快勘探开发节奏、实现高效开发的机制保障

1. 优化管控模式，实施勘探开发一体化管理

在传统勘探开发模式中，勘探阶段在经过预探评价提交探明储量之后便进入开发阶段，勘探阶段与开发阶段完全分开。在勘探阶段，主要任务是上报储量，而在开发阶段，则主要根据批复的储量在进行评价后投入开发。

中国石化天然气储量相对较小，开发的气田也相对较少，为了满足快速发展的市场需求，必须加快气田勘探开发步伐，为此实施了勘探开发一体化。在通过勘探获得发现后，开发便提前介入，部署开发评价井，加快开发评价进度，即在预探评价之后，在提交探明储量期间，启动前期评价、探井试采、开发概念设计等工作，将勘探与开发由传统的“串联”方式创新为“并联”方式，提高了工作效率。勘探开发一体化管理包括一体化部署、一体化研究和一体化实施，体现为预探评价与开发评价相结合、储量探明与开发概念设计相结合、勘探钻井与开发钻井相结合、勘探试气与开发评价试采相结合，极大地促进了储量的探明提交，加快了对气藏的认识和对气井产量的认识及评价。通过探井直接试采，减少了探井封井、开发二次作业的投资，减少了对储层的二次污染，为早期准确认识储层和气藏评价提供了坚实的保障。

以元坝气田勘探开发为例，在元坝气田开发会战初期，为了推进开发评价工作进程，积极实施了勘探开发一体化，做到了勘探开发一起部署，确定了勘探开发阶段不同的钻井任务，开发评价井为储量提交提供了大量可靠的地质参数。同时，强调了地质与地球物理、地质与工程、科研与生产的一体化。一体化贯穿勘探布井、气藏描述、方案编制、井位部署、钻井施工的全过程，推动了元坝气田的探明进程和开发工作。

2. 勘探开发一体化的高级形式是一体化管理

在大牛地气田勘探开发初期，由于华北油气分公司是由地矿系统事业单位(专门负责勘探)转企而来的，因而实现了高度的勘探开发一体化。为了尽快动用通过勘探发现的储量，技术人员优先部署并探明了盒3段、盒2段、太2段等相对优质层段的储量。全权交由一名领导负责勘探开发，在探井实施时就充分考虑开发评价所需的资料，试气时就要准确评价气井产能。大牛地气田的大多数探井都没有通过短期试气而被封井，且大多都是直接转为试采井，为气井产能评价、储层评价、气藏评价提供了大量准确的资料，减少了大量探井被封井和开发时重新作业等无效投资，以及减少了储层的二次污染。从这个意义上说，大牛地气田的成功开发是勘探开发一体化高效管理的成果。

三、抓好投资控制、实施低成本战略，为气田效益开发提供保障

中国石化特殊类型气田储量品位低、高含硫、埋藏深、钻井投资大，要实现效益开发面临严峻的挑战，坚持技术与经济的一体化，抓好投资控制、实施低成本战略，是特殊类型气田效益开发的最现实选择。

气田开发建设的过程，就是不断投资的过程。投资形成固定资产，固定资产形成折旧并变成生产成本。要使投资形成的折旧少，就必须控制好产能建设的投资，从源头上控制好成本。

1. 牢固树立“今天的投资就是明天的成本”理念，切实抓好投资控制

要提高气田开发效益，就必须从投资源头抓起，投资形成的折旧成本具有刚性和不可逆性，要使未来的折旧成本低，就必须从投资源头抓起，通过降低成本获得事半功倍的效果。

加强投资控制，必须实施系统化、全过程投资管理和全流程投资控制。一是通过方案优化控制和大幅减少投资，例如在普光气田，通过优化减少了气水边界附近的 12 口井，减少投资近 20 亿元，保证了气田的开发效益。二是通过工程技术进步控制投资，例如在松南气田，通过水平井技术攻关，将开发井数由原来的 25 口直井减少为数量不到一半的水平井，大幅减少了投资，保证了气田的开发效益；在大牛地气田，通过水平井分段压裂技术攻关，使大牛地气田难采储量得以动用，提高了气田开发效益。三是通过市场化竞争控制投资，在队伍选择、物资设备供应等方面通过市场化竞争，优选质优价廉的产品和服务，降低了投资成本，例如在大牛地气田开发过程中，低成本的民营队伍参与竞争促进了投资成本的降低。四是通过产能建设现场的施工组织控制投资，通过地下与地面的有机衔接，降低了施工组织损失，减少了待工时间，同时减少了冬季施工作业时间和冬季施工投资。五是通过严格“三算”审查和审计控制投资，做到了资金的严格支出。综上所述，通过多方面的投资控制，大幅降低了气田开发建设的投资，为实现气田高效开发奠定了坚实的基础。

2. 全面实施低成本战略，提高气田开发效益

气田开发效益的高低取决于投资成本的高低，很多特殊类型气田无法实现效益开发，其核心是开发成本太高。因此，实施低成本战略是特殊类型气田开发的现实选择。要实施低成本战略，就必须从构成成本的全要素出发进行管理，既要管好当前可控的操作成本、管理费用，还要管好储量发现成本、折旧成本、资金成本、人工成本，解决更大范围、更长时间内的问题。一是强化投资源头管理，降低折旧成本。二是强化资金管理，降低资金成本。三是强化用工管理，降低人工成本。四是强化生产管理，降低操作成本。五是降低成本不仅要在各成本要素上下功夫，更要注重增加收入，这是更为积极的降低成本的措施。

在普光气田、雅克拉气田、松南气田、大牛地气田、元坝气田等特殊类型气田的开发过程中，工作人员在抓好投资源头控制的同时，十分注重对全要素的成本控制，特别突出生产能力的长期稳定发挥，在增加收入、降低成本上下足了功夫，从而保证了上述特殊类型气田的高效开发，为中国石化东北油气分公司、华北油气分公司、西南油气分公司、西北油气分公司的生存和发展打下了坚实的经济基础，为中国石化天然气大发展作出了突出贡献。

第三节 特殊类型气田高效开发促进中国石化天然气大发展

经过10多年的勘探开发，中国石化天然气开发实现了大发展，常规天然气产量由2004年的$58×10^8m^3$增长到2020年的$214×10^8m^3$(数据统计至2020年)，产量翻了约两番，取得了令人瞩目的成果。通过高效开发大牛地低渗致密砂岩气田，走出了一条低渗致密砂岩气田的高效开发之路；通过安全、高效开发大型高含硫普光气田，引领了我国高含硫气田开发技术的进步；建成了世界上第一个深度超过7000m的高含硫生物礁气田——元坝气田，实现了对低效益气田的高效开发；通过创新凝析气田"均衡采气"开发理论，高效开发了雅克拉凝析气田；通过提出火山岩气藏"立体开发"理念，实现少井高产的目标，高效开发了松南火山岩气田。中国石化这五类特殊类型气田的高效开发，是中国石化攻坚克难、不断创新、不懈奋斗的结果。

一、雅克拉气田

如前所述，雅克拉气田发现于1989年，是中国石化最大的整装凝析气田。雅克拉气田含气层位白垩系亚格列木组于2005年正式投入开发，为中孔隙度、中渗透率、中含凝析油的边(底)水凝析气藏。2009年以来，技术人员开展了井网调整、气井工作制度调整、措施挖潜等工作，气田保持了15年的稳产，目前产量主要来自上气层，由于受边(底)水上升的影响，已进入递减开发阶段。

截至2020年底，雅克拉气田探明天然气地质储量为$266.0×10^8m^3$，凝析油地质储量为$507.0×10^4t$，现已被全部动用。天然气技术可采储量为$158.6×10^8m^3$，采收率为59.6%。年产气量为$7.2×10^8m^3$，累计产气量为$138.6×10^8m^3$；年产凝析油量为$11.0×10^4t$，累计产凝析油量为$317.1×10^4t$。技术人员在实践中创新了凝析气田"均衡采气"开发理论，开创了水平井衰竭式开发雅克拉凝析气田的先河。

截至2020年底，雅克拉气田累计实现利润166亿元，累计上缴利税23.25亿元。雅克拉采气厂连续5年获得"银牌采气队""金牌采气队""优胜采气厂""红旗采气厂"等荣誉称号；"雅克拉凝析气藏高效开发技术研究"荣获新疆石油学会科学技术奖二等奖、"超深层凝析气藏精细开发及稳产技术研究"荣获中国石化科学技术进步奖三等奖、"雅克拉区块综合调整治理项目"荣获中国石化规模增加经济可采储量二等奖。

二、大牛地气田

如前所述，大牛地气田是中国石化勘探开发的第一个大型低渗致密砂岩气田，具有低渗透率、气藏压力低、含气丰度低、产能低的"四低"特点。大牛地气田内发育7套气层，自下而上分别是太1段、太2段、山1段、山2段、盒1段、盒2段和盒3段，2005年正式投入开发，后又经历了直井单层开采、直井多层合采、水平井开发、老区综合调整4个阶段。

截至2020年底，大牛地气田累计提交探明地质储量为$4819.6×10^8m^3$，累计动用地质储量为$3661.8×10^8m^3$，技术可采储量为$778.8×10^8m^3$，采收率为21.2%，年产气量为$32.6×10^8m^3$，累计产气量为$418.9×10^8m^3$，开发效果显著。大牛地气田的成功开发，奠定了华北油气分公司生存和发展的经济基础，有效推动了鄂尔多斯盆地低渗致密气田的高效开发进程，为中国石化天然气大发展作出了贡献。

截至 2020 年底，大牛地气田累计实现利润 140 亿元，累计上缴利税 161 亿元。荣获中国石化"'十三五'高效开发气田"、中国石化"红旗采气厂"、中华全国总工会"全国模范职工小家"、河南省"五一劳动奖状"等荣誉称号 38 项；"大牛地气田致密碎屑岩成藏理论与勘探开发实践"荣获国家科学技术进步奖二等奖、"大牛地气田致密碎屑岩成藏理论与勘探开发实践"荣获中国石化科学技术进步奖一等奖、"致密砂岩气藏水平井开发关键技术与应用"荣获中国石化科学技术进步奖一等奖、"大牛地气田奥陶系有效储层评价与分布"荣获中国石化科学技术进步奖二等奖、"大牛地致密砂岩气田难动用储量水平井整体开发评价技术"荣获中国石化科学技术进步奖三等奖、"鄂尔多斯盆地天然气与煤炭资源协调开采关键技术方案"荣获中国石化科学技术进步奖三等奖、"多层叠合致密岩性气藏有效开发技术研究"荣获中国石化科学技术进步奖三等奖。

三、普光气田

如前所述，普光气田是中国石化开发的第一个大型超深层海相高含硫碳酸盐岩气田。2003 年，技术人员在普光 1 井取得突破，标志着普光气田的发现。2009 年，普光气田主体投入开发，大湾气田于 2012 年投入开发。

截至 2020 年底，技术人员在普光气田主体、大湾气田共上报探明地质储量为 $4157.1\times10^8m^3$。开发层位为三叠系下统飞仙关组和二叠系上统长兴组，气藏类型为海相碳酸盐岩气藏。普光气田主体累计动用地质储量为 $2679.5\times10^8m^3$，技术可采储量为 $1571.8\times10^8m^3$，采收率为 58.7%，年产混合气量为 $82.6\times10^8m^3$（年产净化气量为 $61.8\times10^8m^3$），累计产混合气量为 $905.3\times10^8m^3$（累计产净化气量为 $694.8\times10^8m^3$），实现了普光气田的高效开发，为"川气东送"工程提供了稳定、可靠的气源。

截至 2020 年底，普光气田累计实现利润 350.51 亿元，累计上缴利税 148.21 亿元。普光气田荣获全国"五一劳动奖状"、全国"工人先锋号"、"国家级绿色矿山"、"中央企业先进基层党组织"、"国家优质工程奖"等省部级以上荣誉 23 项；"特大型超深高含硫气田安全高效开发技术及工业化应用"荣获国家科学技术进步奖特等奖、"炼化含硫废气超低硫排放及资源化利用成套技术开发与应用"荣获国家科学技术进步奖二等奖、"普光气田高产稳产技术"荣获中国石化科学技术进步奖一等奖，共 34 项科技成果获得省部级及以上奖项。

四、元坝气田

如前所述，元坝气田海相长兴组气藏为具有超深、高压、高温、高含硫特点的气藏，其于 2014 年 12 月投入开发，并于 2016 年全面建成投产，建成了全球首个埋藏深度近 7000m 的超深层高含硫生物礁大气田和具有中国石化自主知识产权的净化厂。

截至 2020 年底，元坝气田长兴组气藏累计提交探明储量为 $1943.1\times10^8m^3$，累计动用地质储量为 $1061.9\times10^8m^3$，技术可采储量为 $529.8\times10^8m^3$，采收率为 49.9%，年产混合气量为 $36.6\times10^8m^3$（年产净化气量为 $33.9\times10^8m^3$），累计产混合气量为 $197.2\times10^8m^3$（累计产净化气量为 $180.7\times10^8m^3$），实现了元坝气田的安全生产和效益开发。元坝气田的高效、安全开发为超深高含硫天然气资源开发开辟了一条成功的道路，巩固了中国石化在超深高含硫气田开发建设上的领先地位。

截至2020年底，元坝气田累计实现利润58.47亿元，累计上缴利税78.18亿元。“元坝气田产能建设工程”获得“国家优质工程”荣誉称号；“元坝超深高含硫气藏水平井钻完井关键技术”荣获四川省科学技术进步奖二等奖、“超深高含硫生物礁大气田高效开发技术”荣获中国石化科学技术进步奖一等奖、“超深层缓坡型礁滩相气藏精细刻画技术及应用”荣获中国石化科学技术进步奖二等奖、“元坝超深高含硫生物礁大气田高产稳产技术”荣获中国地质学会十大地质科技进展奖。

五、松南气田

如前所述，松南气田是中国石化开发的第一个火山岩气田。该气田发现于2006年，开发层位为营城组，气藏类型为低渗火山岩气藏，于2008年全面投入开发。自2015年以来，技术人员持续开展调整挖潜，针对火山岩地层内幕结构复杂、储集类型多样、储层连通性差、非均质性强的特点，提出了“立体开发”理念，创新并形成松南气田火山岩气藏高效开发的五项配套技术。

截至2020年底，松南气田营城组火山岩气藏累计提交探明储量为$433.6\times10^8m^3$，累计动用地质储量为$160.0\times10^8m^3$，技术可采储量为$112.1\times10^8m^3$，采收率为70.0%，年产混合气量为$7.7\times10^8m^3$，累计产混合气量为$70.9\times10^8m^3$，实现了松南气田的高效开发，奠定了东北油气分公司生存和发展的经济基础。

松南气田荣获中国石化“十一五”“十二五”“十三五”高效产能建设项目奖；“松南火山岩气藏精细描述及高效开发调整研究”荣获中国石化科学技术进步奖三等奖。

参 考 文 献

[1] 石兴春，胡文革. 雅克拉凝析气田高效开发技术与实践[M]. 北京：中国石化出版社，2017.

[2] 石兴春，增大乾，张数球. 普光高含硫气田高效开发技术与实践[M]. 北京：中国石化出版社，2014.

[3] 石兴春，武恒志，刘言. 元坝超深高含硫生物礁气田高效开发技术与实践[M]. 北京：中国石化出版社，2018.

[4] 石兴春，李广月，陈奎，等. 大牛地致密砂岩气田高效开发技术与实践[M]. 北京：中国石化出版社，2021.

[5] 石兴春，元涛，李江龙，等. 松南火山岩气田高效开发技术与实践[M]. 北京：中国石化出版社，2018.

[6] Lin Changrong, Wang Shangxu, Zhang Yong. Predicting the distribution of reservoirs by applying the method of seismic data structure characteristics: Example from the eighth zone in Tahe oilfield[J]. Applied Geophysics, 2006. 3(4): 234-242.

[7] Wang Shangxu and Lin Changrong, The analysis of seismic data structure and oil and gas prediction[J]. Applied Geophysics, 2004. 1(2), 75-82.

[8] 林昌荣. 地震数据结构特征与油气预测[J]. 中国海上油气(地质)，2000，14(6)：417-421.

[9] 林昌荣. 应用灰色系统理论预测石油产能的初探[J]. 中国海上油气，1989，4(2)：15-22.

[10] 林昌荣，王尚旭，张勇. 应用地震数据体结构特征法预测油层分布规律[J]. 中国石油大学学报(自然科学版)，2008，32(2)：39-42.

[11] 林昌荣，王尚旭，马在田，等. 地震数据体结构特征时空关系与油气预测[J]. 石油勘探与开发，2008，36(2)：208-215.

[12] 孟伟. 地震结构灰色关联在塔河油田4区奥陶系储层预测中的应用[J]. 新疆地质，2012，22(3)：66-72.

[13] 刘雯林. 油气田开发地震技术[M]. 北京：石油工业出版社，1996.

[14] 邓聚龙. 灰色系统基本方法[M]. 武汉：华中理工大学出版社，1987.

[15] 邓聚龙. 灰色预测与决策[M]. 武汉：华中理工大学出版社，1986.

[16] 李健，吴智勇，曾大乾，等. 深层致密砂岩气藏勘探开发技术[M]. 北京：石油工业出版社，2002.

[17] Matheron G. The intrinsic random functions and their applications[J]. Advances in Applied Probability, 1973, 5(3): 439-468.

[18] Journel A G. Geostatistics for conditional simulation of ore bodes[J]. Economic Geology, 1974, 69(5): 673-683.

[19] 印兴耀. 地震技术新进展[M]. 东营：石油大学出版社，2006.

[20] 陈冬. 地震多属性分析及其在储层预测中的应用研究[D]. 北京：中国地质大学(北京)，2008.

[21] 王仁铎，胡光道. 线性地质统计学[M]. 北京：地质出版社，1988.

[22] 侯景儒. 实用地质统计学(空间信息统计)[M]. 北京：地质出版社，1998.

[23] 冉新权，李安琪. 苏里格气田开发论[M]. 北京：石油工业出版社，2008.

[24] 杜世通. 地震波动力学[M]. 东营：石油大学出版社，1996.

[25] Gray Mavko, Tapan Mukerji, Jack Dvorkin. 岩石物理手册[M]. 合肥：中国科学技术大学出版社，2008.

[26] Biot M A. Theory of propagation of elastic waves in a fluid-saturated porous solid: Ⅰ. Low-frequency range[J]. J Acoust Soc Am, 1956, 28(2): 168-178.

[27] Biot M A. Mechanics of deformations and acoustic propagation in porous media[J]. J Appl Phy, 1962, 33

(4): 1482-1498.
[28] Biot M A. Generalized theory of acoustic propagation in porous dissipative media[J]. J Acoustl Soc, 1962, 34(9A): 1254-1264.
[29] Dilay A, Eastwood J. Spectral analysis applied to seismic monitoring of thermal recovery[J]. The Leading Edge, l995, 14(11): 1117-1122.
[30] 董宁, 杨立强. 基于小波变换的吸收衰减技术在塔河油田储层预测中的应用研究[J]. 地球物理学进展, 2008, 23(2): 58-65.
[31] Sun S, Castagna J P, Siefried R W. Examples of enhanced spectral processing in direc hydrocarbon detection. 72th Ann. Internat Mtg., Soc. Expi. Geophys[J]. Expanded Abstracts, 2002, 4(02): 457-460.
[32] Castagna J P, Sun S, Siefried R W. Instantaneous spectral analysis: Detection of low-frequency shadows associated with hydrocarbons[J]. The Leading Edge , 2003, 22(2): 120-127.
[33] Jurado F, Saenz J R. Comparison between discrete STFT and wavelets for the analysis of power quality events[J]. Electric Power Systems Research, 2002, 62(3): 183-190.
[34] 高静怀, 汪文秉, 朱光明. 小波变换与信号瞬时特征分析[J]. 地球物理学报, 1997, 40(6): 821-832.
[35] Sinha S, Routh P S, Anrio P D, et al. Spectral decomposition of seismic data with continuous wavelet transform [J]. Geophysics, 2005, 70(6): 19-25.
[36] 李庆忠. 论地震约束反演的策略[J]. 石油地球物理勘探, 1998 , 33(4): 423-438.
[37] 陈路原. 大牛地气田盒1气藏水平井开发工程技术与实践[J]. 石油钻探技术 2015, 43(1): 44-51.
[38] 邢景宝. 大牛地气田水平井分段压裂技术研究与应用[J]. 钻采技术, 2011, 34(2): 25-28.
[39] 秦玉英. 不动管柱分层压裂工艺技术在大牛地气田的研究与应用[J]. 2008, 17(1): 53-55.
[40] 夏家祥. 元坝气田超深酸性气藏钻完井关键技术[J]. 天然气工业, 2016, 36(9): 90-95.
[41] 孔凡群. 普光高含硫气田开发关键技术[J]. 天然气工业, 2011, 31(3): 1-4.
[42] 刘言. 元坝超深高含硫气田开发关键技术[J]. 特种油气藏, 2015, 22(4): 94-97.
[43] 刘言. 元坝超深水平井井身结构优化与轨迹控制技术[J]. 2014, 36(4): 131-136.
[44] 李海平. 气藏动态分析实例[M]. 北京: 石油工业出版社, 2001.
[45] 李安琪. 苏里格气田开发论[M]. 北京: 石油工业出版社, 2008.
[46] 李士伦, 王鸣华. 气田及凝析气田开发[M]. 北京: 石油工业出版社, 2001.
[47] 冈秦麟. 中国五类气藏开发模式[M]. 北京: 石油工业出版社, 1995.
[48] 王卫红. 低渗透气藏气井产能试井资料分析方法研究[J]. 天然气工业, 2005, 25(11): 76-78.
[49] 刘传喜. 低渗岩性气藏开发选区评价方法研究[J]. 石油与天然气地质, 2008, (29): 697-702.
[50] 李士伦. 气田开发方案设计[M]. 北京: 石油工业出版社, 2006.
[51] 李允, 李治平. 气井及凝析气井产能试井与产能评价[M]. 北京: 石油工业出版社, 2000.
[52] 李士伦. 天然气工程[M]. 北京: 石油工业出版社, 2008.
[53] 王鸣华. 气藏工程[M]. 北京: 石油工业出版社, 1993.
[54] 张数球. 异常高压气藏产能特征分析[J]. 石油与天然气地质, 2008, 4(29): 376-382.
[55] 钟高明. 松南气田火山岩气藏产能评价及影响因素分析[J]. 内蒙古石油化工, 2012, 6(18): 72-74.
[56] 段永刚, 陈伟, 李允, 等. 罗家寨气藏非稳态产能预测新方法研究[J]. 西南石油大学学报, 2007, 29(1): 64-66.
[57] 冉启全. 火山岩气田开发[M]. 北京: 石油工业出版社, 2016.
[58] 戴想. 火山岩气藏水平井产能预测方法研究[J]. 科学技术与工程, 2011, 11(36): 8981-8983.
[59] 李海平, 贾爱林, 何东博, 等. 中国石油的天然气开发技术进展及展望[J]. 天然气工业, 2010,

30(1)：5-7.
[60] 邵锐，唐亚会，毕晓明，等. 徐深气田火山岩气藏开发早期试井评价[J]. 石油学报，2006，27(S1)：142-146.
[61] 杨胜来，肖香娇，王小强，等. 异常高压气藏岩石应力敏感性及其对产能的影响[J]. 天然气工业，2005，25(5)：94-95.
[62] 朱忠谦，李汝勇. 异常高压气藏岩石变形特征及其对开发的影响[J]. 天然气地球科学，2003，14(1)：60-63.
[63] 邓远忠. 异常高压气藏开发特征的解析研究[J]. 石油学报，2002，3(04)：120-126.
[64] 郑伟. 渡口河、罗家寨气田飞仙关组气藏已获气井产能分析[J]. 天然气工业，2003，11(08)：46-52.
[65] 李正华. 普光气田高含硫气井地层静压计算新方法[J]. 天然气技术与经济，2021，21(1)：12-17.
[66] 孔凡群，王寿平. 普光高含硫气田开发关键技术[J]. 天然气工业，2011，31(3)：1-4.
[67] 任世林，徐守成，杨杰，等. 元坝气田超深层生物礁气藏产水类型识别与开发对策[J]. 天然气勘探与开发，2020，43(1)：36-43.
[68] 刘成川，柯光明，李毓. 元坝气田超深高含硫生物礁气藏高效开发技术与实践[J] 天然气工业，2019，39(S01)：149-155.
[69] 黎洪珍，刘萍，刘畅，等. 川东地区高含硫气田安全高效开发技术瓶颈与措施效果分析[J]. 天然气勘探与开发，2015，38(3)：43-47.
[70] 刘言. 元坝超深高含硫气田开发关键技术[J]. 特种油气，2015，22(4)：94-97.
[71] 刘言，倪杰，陈海龙，等. 元坝气田超深高产气井产能评价探讨[J]. 石油地质与工程，2014，28(4)：77-78.
[72] 刘忠群. 鄂尔多斯盆地大牛地致密砂岩气田水平井开发气藏工程优化技术[J]. 石油与天然气地质，2016，37(2)：261-266.
[73] 闫长辉，李正健，郑军，等. 大牛地气田低孔低渗气藏合采时机分析[J]. 石油天然气学报，2011，33(9)：109-112.
[74] 赵文智，邹才能，李建忠，等. 中国陆上东、西部地区火山岩成藏比较研究与意义[J]. 石油勘探与开发，2009，36(1)：1-11.
[75] 赵一农，薛良玉. 火山岩油气藏开发特征[J]. 内蒙古石油化工，2010，36(16)：139-141.
[76] 郑伟. 松南气田营城组火山岩气藏描述[D]. 大庆：东北石油大学，2013.
[77] 周祥林，张麒麟，惠正文，等. 查干凹陷火山岩与泥岩地层安全钻井影响因素分析[J]. 断块油气田，2013，20(6)：813-816.
[78] 董家辛，童敏，冉博，等. 火山岩气藏不同储渗模式下的非线性渗流机理[J]. 石油勘探与开发，2013，40(3)：346-351.
[79] 钟高明. 松南气田火山岩气藏产能评价及影响因素分析[J]. 内蒙古石油化工，2012，10(18)：72-74.
[80] 石兴春，李广月，周跃忠. 加强配套技术攻关，不断推进复杂气藏有效开发[J]. 天然气工业，2010，30(01)：39-46.
[81] 石兴春. 降低成本是石油石化企业生存发展之路[J]. 石油企业管理，1999，9(04)：29-37.
[82] 石兴春. 建立投资回报的新机制[J]. 石油企业管理，1998，8(10)：22-27.
[83] 何晓东，邹绍林. 边水气藏水侵特征识别及机理初探[J]. 天然气工业，2006，9(03)：48-52.
[84] 夏崇双. 不同类型有水气藏提高采收率的途径和方法[J]. 天然气工业，2002，10(05)：79-84.
[85] 李川东. 裂缝性有水气藏开采技术浅析[J]. 天然气工业，2004，7(04)：82-86.
[86] 孙志道. 裂缝性有水气藏开采特征和开发方式优选[J]. 石油勘探与开发，2002，9(08)：59-64.

[87] 康晓东，李相方. 气藏早期水侵识别方法[J]. 天然气地球科学，2004，7(12)：33-38.
[88] 冯异勇，贺胜宁. 裂缝性底水气藏气井水侵动态研究[J]. 天然气工业，1998，6(05)：72-76.
[89] 任洪明，何志强. 裂缝-孔隙型气藏早期出水研究[J]. 重庆石油高等专科学校学报，2002，4(04)：90-94.
[90] 张烈辉，梅青艳. 提高边水气藏采收率的方法研究[J]. 天然气工业，2006，11(02)：60-65.
[91] 何晓东. 有水气藏特性及开采对策浅议[J]. 石油勘探与开发，2011，7(09)：88-93.
[92] 裘怿楠. 河流沉积学中的河型分类[J]. 石油勘探与开发，1985，12(2)：72-74.
[93] 吴胜和，金振奎，陈崇河，等. 储层建模[M]. 北京：石油工业出版社，1999.
[94] 吴胜和，李宇鹏. 储层地质建模的现状与展望[J]. 海相油气地质，2007，12(3)：53-60.
[95] 穆龙新，贾爱林，陈亮，等. 储层精细研究方法——国内外露头储层和现代沉积及精细地质建模研究[M]. 北京：石油工业出版社，2000.
[96] 尹天放. 油藏地球物理学方法在地质建模中的应用[J]. 石油勘探与开发，2000，27(5)：61-62.
[97] 蔡希源. 川东北北坝地区长兴组大型生物礁滩体岩性气藏储层精细刻画技术及勘探实效分析[J]. 中国工程科学，2011，13(10)：28-33.
[98] 陈恭洋，胡勇，周艳丽. 地震波阻抗约束下的储层地质建模方法与实践[J]. 地学前缘，2012，19(2)：67-73.
[99] 陈勇. 川东北元坝地区长兴组生物礁储层预测研究[J]. 石油物探，2011，50(2)：173-180.
[100] 程锦翔，谭钦银，郭童楼. 川东北元坝地区长兴组—飞仙关组碳酸盐岩台地边缘沉积特征及演化[J]. 沉积与特提斯地质，2010，30(4)：29-36.
[101] 邓剑，段金宝，王正和，等. 川东北元坝地区长兴组生物礁沉积特征研究[J]. 西南石油大学学报(自然科学版)，2014，36(4)：63-72.
[102] 夏明军. 普光气田长兴组台地边缘礁、滩沉积相及储层特征[J]. 天然气地球科学，2009，7(08)：549-557.
[103] 司马利强. 碳酸盐岩储层测井评价方法及应用[M]. 北京：石油工业出版社. 2009.
[104] 郭鹏. 松辽盆地长岭断陷火山岩储层特征及油气特征研究[J]. 化工管理，2020，9(11)：214-215.
[105] 王璞珺，陈崇阳，张英，等. 松辽盆地长岭断陷火山岩储层特征及有效储层分布规律[J]. 天然气工业，2015，35(08)：10-18.
[106] 赵静，白连德. 松辽盆地南部火山岩优质储层主控因素[J]. 特种油气藏，2016，23(03)：52-56.
[107] 陈欢庆，胡永乐，冉启全，等. 火山岩体追踪识别及其在气藏有效开发中的应用——以松辽盆地徐东地区营城组一段火山岩储层为例[J]. 地球科学与环境学报，2016，38(04)：494-504.
[108] 唐大卿，陈新军，张先平. 川东北宣汉—达县地区断裂系统及构造演化[J]. 石油实验地质，2008，9(01)：58-63.
[109] 唐永，梅廉夫，肖安成，等. 川东北宣汉—达县地区晚中生代—新生代构造应力场转化及其油气意义[J]. 石油学报，2013，34(01)：59-70.
[110] 唐永，梅廉夫，陈友智，等. 川东北宣汉—达县地区构造应力场对裂缝的控制[J]. 地质力学学报，2012，18(02)：120-139.
[111] 舒姚，胡明. 川东北地区构造特征及变形期次探讨[J]. 复杂油气藏，2010，3(02)：17-20.
[112] 张毅，屈丹龙，徐孝轩. 中国石化油气田地面工程关键技术[M]. 北京：中国石化出版社，2021.
[113] 王开岳. 天然气净化工艺——脱硫脱碳、脱水、硫黄回收及尾气处理[M]. 北京：石油工业出版社，2005.